从新手到高手

Excel 函数、公式、图表、数据处理从新手到高手

尚品科技◎编著

清华大学出版社
北京

内容简介

本书详细介绍了Excel中的函数、公式、图表、数据处理与分析技术，以及在实际应用中使用这些技术进行数据处理和分析的具体方法。

全书共分为13章，内容包括输入不同类型数据，导入外部数据，使用数据验证功能限制数据的输入，移动和复制数据，设置单元格的外观格式，设置字体格式和数字格式，使用单元格样式，设置条件格式，创建与使用工作簿和工作表模板，保护工作簿和工作表，公式和函数的基本概念和常规操作，在公式中引用外部数据，创建和使用名称，创建数组公式，处理公式中的错误，逻辑函数、信息函数、文本函数、日期和时间函数、数学函数、统计函数、查找和引用函数等，还包括排序、筛选、分类汇总、模拟运算表、方案、单变量求解、规划求解、分析工具库、数据透视表、图表等。

本书内容系统，案例丰富，既可将Excel技术和案例制作分开学习，也可在学习案例制作的过程中随时跳转查阅相关的Excel技术点。本书适合所有想要学习使用Excel进行数据处理和分析的用户阅读，主要面向从事数据处理与分析工作的人员，特别是职场新手和迫切希望提高自身职业技能的进阶者，对具有一定工作经验但想提高Excel操作水平的办公人员也有很大帮助。

图书在版编目（CIP）数据

Excel 函数、公式、图表、数据处理从新手到高手 / 尚品科技编著. —北京：清华大学出版社，2019（2020.11重印）

（从新手到高手）

ISBN 978-7-302-53246-0

Ⅰ ①E… Ⅱ. ①尚… Ⅲ. ①表处理软件 Ⅳ. ①TP391.13

中国版本图书馆CIP数据核字（2019）第134514号

责任编辑：张　敏
封面设计：杨玉兰
责任校对：徐俊伟
责任印制：宋　林

出版发行：清华大学出版社
网　　址：http://www.tup.com.cn，　http://www.wqbook.com
地　　址：北京清华大学学研大厦A座　　**邮　　编：**100084
社 总 机：010-62770175　　**邮　　购：**010-83470235
投稿与读者服务：010-62776969, c-service@tup.tsinghua.edu.cn
质量反馈：010-62772015, zhiliang@tup.tsinghua.edu.cn
印 装 者：三河市铭诚印务有限公司
经　　销：全国新华书店
开　　本：185mm×260mm　　**印　　张：**18　　**字　　数：**488千字
版　　次：2019年9月第1版　　**印　　次：**2020年11月第2次印刷
定　　价：69.80元

产品编号：081494-01

前 言

本书旨在帮助读者快速掌握 Excel 中的数据处理和分析工具与技术，以便顺利完成实际工作中的任务，并解决实际应用中遇到的问题。本书主要有以下 3 个特点：

（1）全书结构清晰，内容针对性强：本书涉及的 Excel 技术以数据处理与分析工作中所需使用的技术和操作为主，并非是对 Excel 所有功能进行大全式介绍。

（2）技术讲解与案例制作有效分离：将 Excel 技术点的讲解与案例制作步骤分开，这样做，可以避免不同案例使用相同技术点时的重复性讲解，消除冗余内容，提升内容的含金量，同时使案例的操作过程更加流畅。

（3）为读者提供便捷的技术点查阅方式：本书在案例制作过程中提供了随处可见的交叉参考，便于读者在案例制作过程中随时跳转查阅相关技术点。

本书以 Excel 2016 为主要操作环境，但内容本身同样适用于 Excel 2019 以及 Excel 2016 之前的 Excel 版本，如果您正在使用 Excel 2007/2010/2013/2016/2019 中的任意一个版本，则界面环境与 Excel 2016 差别很小。

本书共包括 13 章和 1 个附录，各章的具体内容见下表。

章　名	简　介
第 1 章　输入与编辑数据	首先对 Excel 界面环境和一些基本操作进行介绍，然后主要介绍输入与编辑数据的方法和技巧
第 2 章　设置数据格式	介绍单元格格式的设置方法，包括设置单元格的尺寸、边框和填充、字体格式、数字格式、数据对齐方式、单元格样式、条件格式等，还介绍创建工作簿和工作表模板、保护工作簿和工作表等内容
第 3 章　使用公式和函数进行计算	首先介绍公式和函数的基础知识，然后介绍在数据处理和分析中常用的一些函数及相关案例
第 4 章　排序、筛选和分类汇总	介绍使用排序、筛选和分类汇总这几种简单工具处理和分析数据的方法
第 5 章　使用高级分析工具	介绍使用模拟运算表、方案、单变量求解、规划求解和分析工具库等工具分析数据的方法

续表

章　名	简　介
第 6 章　使用数据透视表汇总和分析数据	介绍使用数据透视表处理和分析数据的方法
第 7 章　使用图表直观呈现数据	介绍图表的基本概念，以及创建和编辑图表的方法
第 8 章　处理员工信息	介绍员工信息表的编制，以及基于此表对员工信息进行常用的统计分析等内容
第 9 章　处理客户信息	介绍客户资料表的创建与设置、客户销售额占比分析与排名、客户等级划分与统计等内容
第 10 章　处理抽样与调查问卷数据	介绍如何设计产品调查问卷，以及对调查问卷结果进行统计和分析的方法
第 11 章　处理销售数据	从 3 个方面介绍处理和分析销售数据的方法，包括销售费用预测分析、销售额分析和产销率分析
第 12 章　处理投资决策数据	介绍使用 Excel 中的公式和函数，对投资决策中的投资现值、投资终值、等额还款和投资回收期等常用参数进行计算的方法
第 13 章　处理财务数据	介绍使用数据透视表处理和分析财务数据的方法
附　录　Excel 快捷键和组合键	列出 Excel 常用命令对应的快捷键和组合键，可以提高操作效率

本书适合以下人群阅读：

- 以 Excel 为主要工作环境进行数据处理和分析的办公人员；
- 经常使用 Excel 制作各类报表和图表的用户；
- 希望掌握函数、公式、图表、数据透视表和高级分析工具的用户；
- 在校学生和社会求职者。

本书附赠以下资源：

- 本书所有案例的源文件；
- 本书重点技术内容的多媒体视频教程；
- 本书案例的多媒体视频教程；
- Excel VBA 编程电子书；
- Excel 文档模板；
- Windows 10 多媒体视频教程。

如果读者在使用本书的过程中遇到问题，或对本书的编写有什么意见或建议，欢迎随时加入专为本书建立的 QQ 技术交流群（779109328）进行在线交流，加群时请注明“读者”或书名以验证身份，验证通过后可获取本书赠送资源。

目 录

第 1 章 输入与编辑数据

数据是构成 Excel 文件的主体，也是 Excel 各种功能和命令所操作的对象，因此，如何在 Excel 中正确、快速地输入数据变得非常重要。为了让本书的内容更完整，也让没有任何 Excel 操作经验的读者快速熟悉 Excel，本章先对 Excel 界面环境和一些基本操作进行介绍，然后介绍输入与编辑数据的方法和技巧。

1.1 快速熟悉 Excel 界面环境

在 Excel 2007 及其更高版本中，微软使用功能区和快速访问工具栏代替了 Excel 早期版本中的菜单栏和工具栏，这种改变让用户可以更快地找到所需的命令，而不必在层叠的多级菜单中逐一查找。本节将介绍 Excel 界面的组织结构以及自定义界面环境的方法。

1.1.1 Excel 界面结构

默认情况下，任何一个 Excel 窗口都包括如图 1-1 所示的几个部分。

图 1-1 Excel 界面结构

图 1-1 中各个部分的说明如下：

- 标题栏：位于 Excel 窗口的顶部，用于显示在窗口中打开的 Excel 文件的名称，以及 Excel 程序的名称。
- 快速访问工具栏：位于标题栏的左侧，以按钮的形式显示一些常用的命令。用户可以将常用命令添加到快速访问工具栏，或删除不需要的命令。
- 窗口控制按钮：位于标题栏的右侧，用于调整窗口的状态，包括“最小化”“最大化/还原”“关闭”3 个按钮。“最大化”和“还原”的按钮位于同一个位置，但是不会同时出现。
- 功能区：位于标题栏的下方，且横跨 Excel 窗口的矩形区域。功能区由选项卡、组和命令 3 个部分组成，如图 1-2 所示。每个选项卡的顶部有一个用于标识选项卡类别的文字标签，如“开始”选项卡，单击标签将会切换到相应的选项卡。每个选项卡中的命令按功能类别划分为不同的组。如“开始”选项卡中的“剪贴板”组和“字体”组。组中的命令是用户可以执行的具体操作。
- “文件”按钮：如果用户没有改变选项卡的默认位置，那么“文件”按钮位于“开始”选项卡的左侧。在单击“文件”按钮进入的界面中，包括与文档操作相关的命令。如果要对 Excel 程序本身的功能特性进行设置，则需要单击“文件”按钮，然后单击“选项”命令。
- 名称框：当前选中的单元格的地址会显示在名称框中。也可以通过在名称框中输入单元格地址或已定义名称，来快速选择相应的单元格。
- 编辑栏：可以在编辑栏中输入和修改公式，也可以复制整个公式或其中的某一部分。编辑栏中显示的是单元格中的内容本身，而不具有任何设置的格式。
- 内容编辑区：位于功能区的下方，如图 1-3 所示。内容编辑区以横、列交错的表格形式显示，可以在其中输入数据和公式，也可以插入图片、图形和图表。

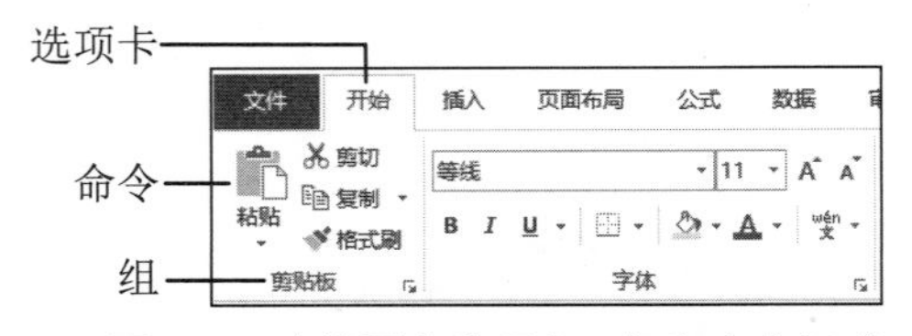

图 1-2　功能区由选项卡、组和命令组成

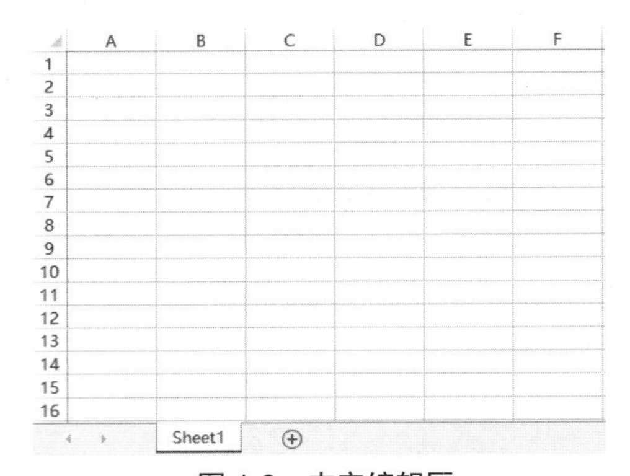

图 1-3　内容编辑区

- 滚动条：调整 Excel 窗口中当前显示的内容。当无法在窗口的横向范围内显示所有内容时，窗口下方会自动显示水平滚动条，拖动滚动条上的滑块可以显示水平方向上位于窗口外的内容；当无法在窗口的纵向范围内显示所有内容时，窗口右侧会自动显示垂直滚动条，拖动滚动条上的滑块可以显示垂直方向上位于窗口外的内容。
- 状态栏：位于 Excel 窗口的底部，如图 1-4 所示。在状态栏中显示当前 Excel 工作簿的相关信息，如当前选区中的所有数值总和与平均值。右击状态栏中的空白处，在弹出的快捷菜单中可以选择要在状态栏中显示的信息类型。状态栏的右侧提供了用于调整窗口显示比例的控件，显示比例控件的左侧是视图按钮，单击这些按钮，可以快速在不同视图之间切换。

图 1-4 状态栏

1.1.2 上下文选项卡

除了固定显示在功能区中的“开始”“插入”“公式”等选项卡之外，在进行一些操作时，还会在功能区中临时显示一个或多个选项卡。

例如，当选中工作表中的图表时，功能区中会显示名为“图表工具”|“设计”和“图表工具”|“格式”两个选项卡，其中包含的命令专门用于图表的设置，如图 1-5 所示。一旦取消图表的选中状态，这两个选项卡就会自动隐藏，因此将这类选项卡称为“上下文选项卡”。

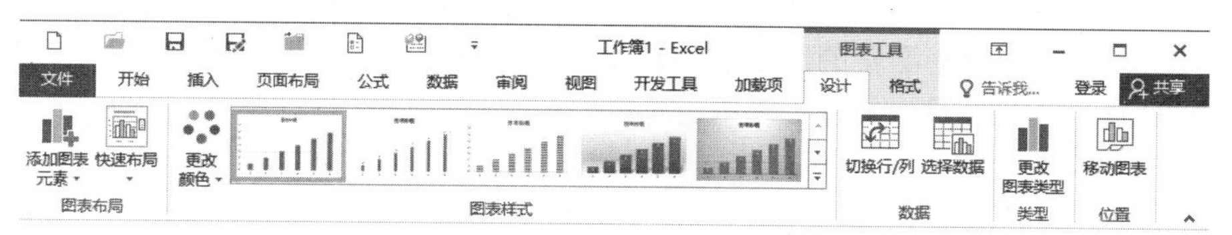

图 1-5 “图表工具”|“设计”和“图表工具”|“格式”都是上下文选项卡

1.1.3 对话框启动器

在选项卡中的某些组的右下角，会显示一个形状的按钮，将其称为“对话框启动器”。单击该按钮将打开一个对话框，其中的选项对应于按钮所在组中的选项，而且通常还包括一些未显示在组中的选项。

例如，单击“开始”选项卡下“对齐方式”组右下角的对话框启动器，将打开“设置单元格格式”对话框的“对齐”选项卡，其中包括与文本对齐相关的选项，如图 1-6 所示。

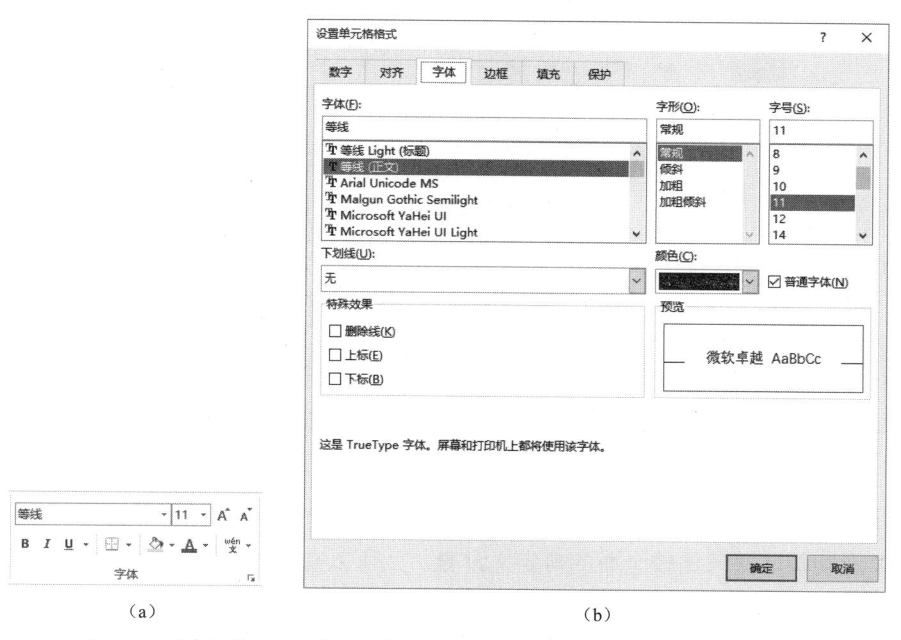

图 1-6 “字体”组与“设置单元格格式”对话框中的“字体”选项卡

注意：可以将功能区中的按钮、文本框等各种可操作对象称为“控件”，这些控件的外观会随着窗口大小的变化进行自动调整。当 Excel 窗口最大化显示时，功能区中的大多数命令都会完整显示。如果改变窗口的大小，一些控件的外观和尺寸会自动调整，以适应窗口尺寸的变化。例如，原来同时显示文字和图标的按钮，将只显示图标而隐藏文字，如图 1-7 所示。

图 1-7　显示文字和图标的命令改为只显示图标

1.1.4　自定义 Excel 界面环境

为了提高操作效率，用户可以将常用命令添加到快速访问工具栏。如果要添加的命令数量较多，则可以在功能区中创建新的选项卡，并将所需命令添加到新建的选项卡中。对于不想显示在功能区中的选项卡和组，用户可以将它们隐藏起来，还可以将功能区折叠起来，从而扩大内容编辑区的空间。

1. 显示和隐藏功能区与选项卡

隐藏功能区的方法有以下几种：

- 双击功能区中的任意一个选项卡的标签。
- 单击功能区右侧下边缘上的“折叠功能区”按钮 ^。
- 单击应用程序窗口标题栏右侧的 按钮，在下拉菜单中单击“显示选项卡”命令。
- 右击功能区或快速访问工具栏，在弹出的快捷菜单中单击“折叠功能区”命令。
- 按 Ctrl+F1 组合键。

隐藏功能区后的效果如图 1-8 所示。显示功能区的方法与此类似。例如，在功能区处于隐藏时，双击功能区中的任意一个选项卡的标签，即可显示功能区。

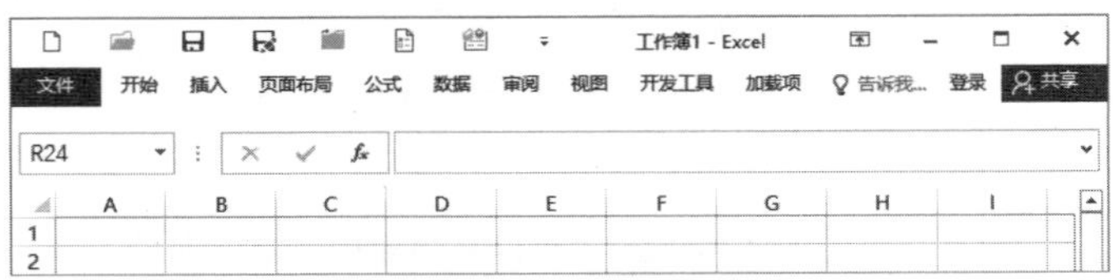

图 1-8　处于隐藏状态的功能区

显示和隐藏选项卡是指设置在功能区中显示或隐藏哪些选项卡，操作步骤如下：

（1）在快速访问工具栏或功能区中右击，然后在弹出的快捷菜单中单击“自定义功能区”命令。

（2）打开“Excel 选项”对话框的“自定义功能区”选项卡，在右侧列表框中取消选中选项卡名称左侧的复选框，即可隐藏该选项卡。如图 1-9 所示，由于没有选中“开发工具”复选框，因此该选项卡不会显示在功能区中。

2. 创建选项卡和组

如果要对功能区进行比较全面的自定义设置，则可以在功能区中创建选项卡和组，然后在新建的组中添加所需的命令。

在“Excel 选项”对话框的“自定义功能区”选项卡中单击“新建选项卡”按钮，将在右侧列表框中添加一个新的选项卡，其中包含一个默认的组。新增选项卡的名称默认为“新建选项卡（自定义）”，单击“重命名”按钮可以修改其名称，如图 1-10 所示。

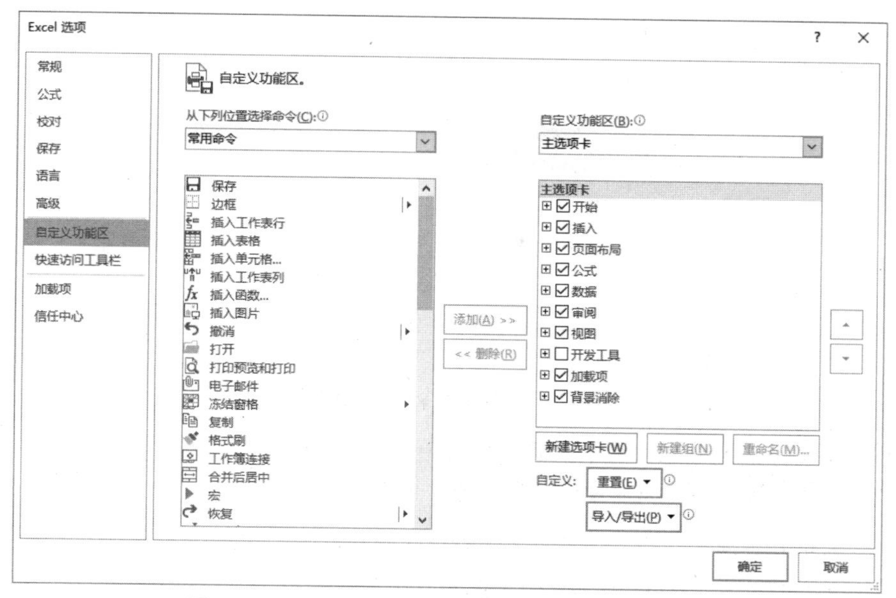

图 1-9　通过是否选中复选框来显示或隐藏选项卡

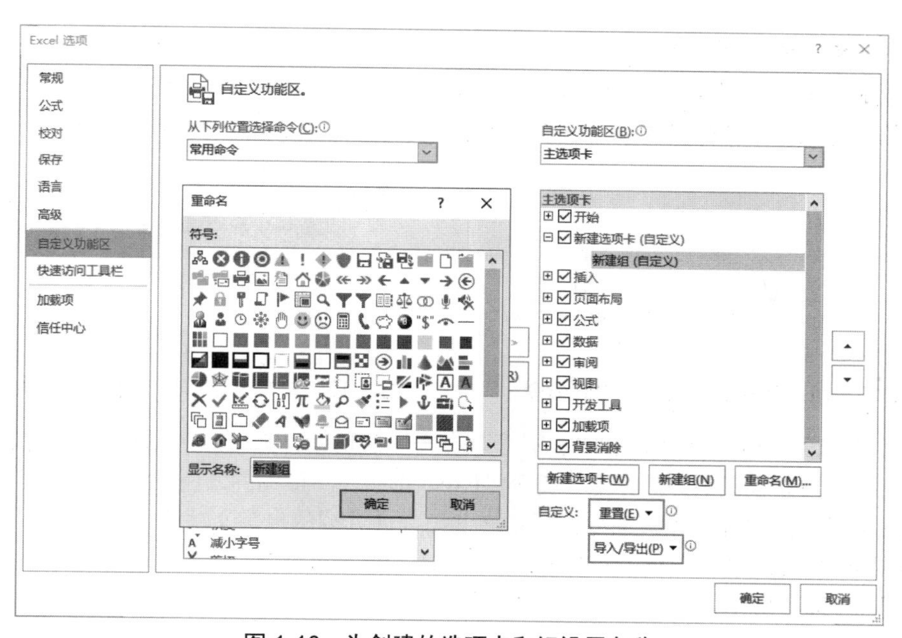

图 1-10　为创建的选项卡和组设置名称

选择要向其内部添加命令的组，然后在左侧列表框中选择所需的命令，单击“添加”按钮，即可将所选命令添加到选中的组中。如果在左侧列表框中未找到所需命令，则可以在左侧列表框上方的下拉列表中选择不同的位置，下方的列表框会自动显示所选位置中包含的所有命令，如图 1-11 所示。如果添加了错误的命令，则可以在右侧列表框中选择该命令，然后单击“删除”按钮。

注意：如果要在 Excel 默认的选项卡中添加命令，则需要在这些选项卡中先创建组，然后在新的组中添加命令，无法直接将命令添加到这些选项卡包含的默认组中。

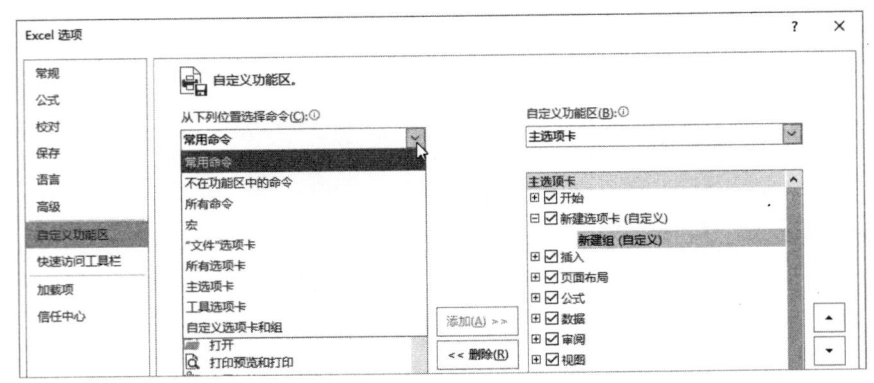

图 1-11　选择命令所在的位置

添加好所需的所有命令后，单击“确定”按钮，关闭“Excel 选项”对话框，将在功能区中显示用户创建的选项卡、组及其中的命令，如图 1-12 所示。

提示：如果用户不满意选项卡、组和命令的排列顺序，则可以在“Excel 选项”对话框的“自定义功能区”选项卡中，在右侧选择要调整位置的命令，然后单击“上移”按钮 或“下移”按钮 。

3. 自定义快速访问工具栏

如果要将功能区中的某个命令添加到快速访问工具栏，则可以在功能区中右击该命令，然后在弹出的快捷菜单中单击“添加到快速访问工具栏”命令，如图 1-13 所示。

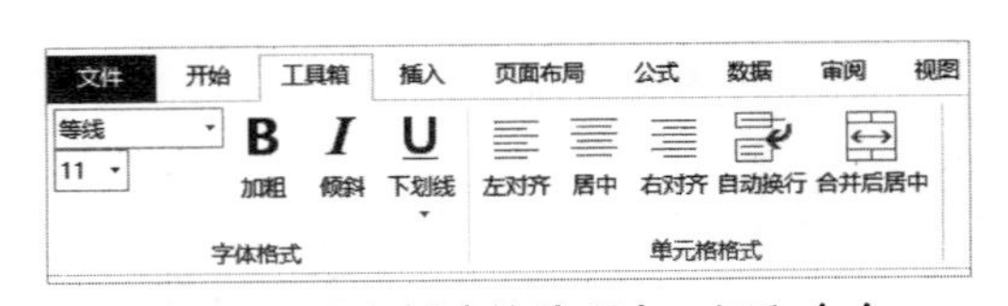

图 1-12　用户创建的选项卡、组和命令

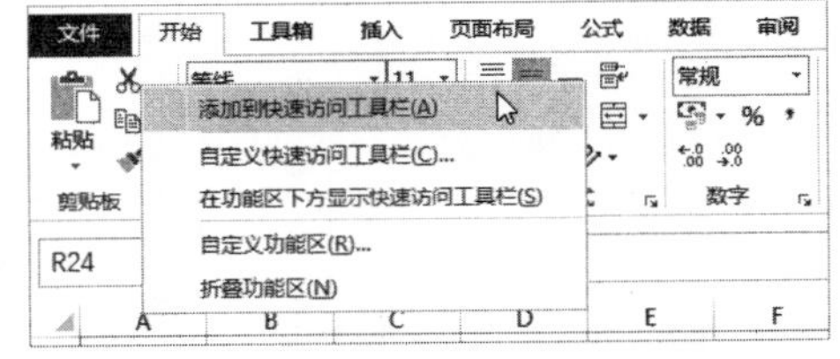

图 1-13　单击“添加到快速访问工具栏”命令

如果要添加的命令不在功能区中，则可以右击快速访问工具栏，然后在弹出的快捷菜单中单击“自定义快速访问工具栏”命令，打开“Excel 选项”对话框的“快速访问工具栏”选项卡，然后向快速访问工具栏添加所需命令，操作方法与前面介绍的自定义功能区类似。

如果要删除快速访问工具栏中的命令，则可以右击要删除的命令，然后在弹出的快捷菜单中单击“从快速访问工具栏删除”命令。

4. 备份和恢复界面配置信息

为了使多台计算机使用统一的 Excel 界面环境，可以在其中一台计算机中设置好 Excel 界面环境后，将界面配置信息以文件的形式备份，然后在其他计算机中导入该配置信息，即可快速完成 Excel 界面环境的设置工作。

在“Excel 选项”对话框的“自定义功能区”或“快速访问工具栏”选项卡中，单击“导入/导出”按钮，在下拉菜单中单击“导出所有自定义设置”命令，如图 1-14 所示。然后选择文件的名称和存储位置，单击“保存”按钮，即可将界面配置信息以文件的形式存储。以后选择图 1-14 中的“导入自定义文件”命令，即可将 Excel 界面的配置情况导入所需的计算机中。

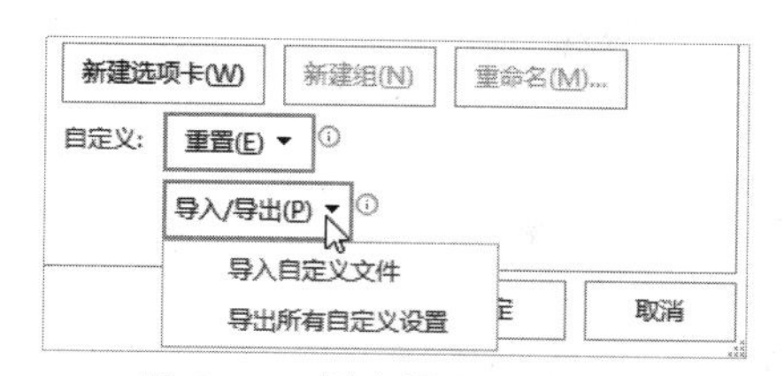

图 1-14　导出界面配置信息

1.2　工作簿、工作表和单元格的基本操作

工作簿是 Excel 文件的一个特有称呼。一个工作簿可以包含一个或多个工作表，每个工作表包含上百万个单元格。掌握工作簿、工作表和单元格的相关操作，是在 Excel 中进行其他操作的基础，因此，本节将介绍这 3 类对象的基本操作。

1.2.1　Excel 文件格式与兼容性

在 Excel 2007 及其更高版本中，Excel 工作簿的默认文件格式为 .xlsx 和 .xlsm，即在 Excel 2003 的文件扩展名 .xls 的末尾添加字母 x 或 m，以 x 结尾的扩展名的工作簿不能存储 VBA 代码，以 m 结尾的扩展名的工作簿可以存储 VBA 代码。而在 Excel 2003 中，无论文件中是否包含 VBA 代码，都使用同一种文件格式存储数据。表 1-1 列出了 Excel 支持的主要文件类型及其扩展名。

表 1-1　Excel 支持的主要文件类型及其扩展名

文 件 类 型	扩　展　名	是否可以存储 VBA 代码
Excel 工作簿	.xlsx	不可以
Excel 启用宏的工作簿	.xlsm	可以
Excel 模板	.xltx	不可以
Excel 启用宏的模板	.xltm	可以
Excel 加载宏	.xlam	可以
Excel 97-2003 工作簿	.xls	可以
Excel 97-2003 模板	.xlt	可以
Excel 97-2003 加载宏	.xla	可以

在 Excel 2007 及其更高版本中打开由 Excel 2003 创建的工作簿时，将在 Excel 窗口标题栏中显示“[兼容模式]”字样，如图 1-15 所示。在兼容模式下会禁用一些在 Excel 早期版本中不支持的新功能。有一些新功能可以在兼容模式下使用，但是如果仍以早期文件格式保存工作簿，Excel 会检查当前工作簿是否支持这些功能，如果不支持，则会显示相关的提示信息。

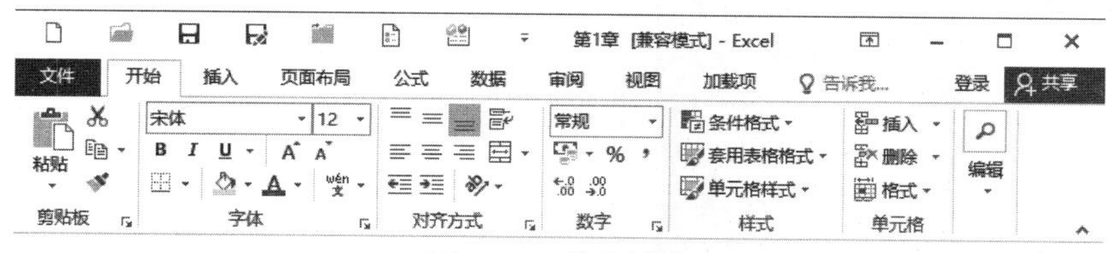

图 1-15　兼容模式

如果希望 .xls 格式的工作簿可以使用 Excel 高版本的新功能，则需要将其转换为新的文件格式，操作步骤如下：

（1）在 Excel 高版本（如 Excel 2016）中打开“.xls”格式的工作簿，然后单击“文件”|“信息”命令，在进入的界面中单击“转换”按钮，如图 1-16 所示。

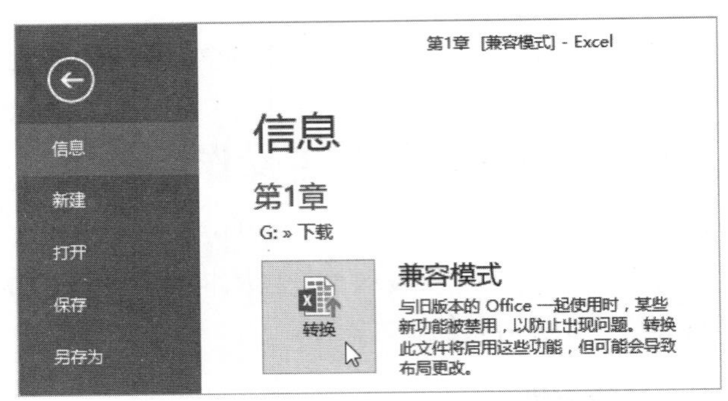

图 1-16　单击“转换”按钮

（2）弹出如图 1-17 所示的对话框，单击“确定”按钮，即可将当前工作簿升级到新的文件格式，Excel 窗口标题栏中的“[兼容模式]”字样不再显示。

图 1-17　转换工作簿格式时的提示信息

1.2.2　工作簿的新建、打开、保存和关闭

启动 Excel 后，默认会显示如图 1-18 所示的界面，该界面称为“开始屏幕”。界面左侧列出了最近打开过的几个工作簿的名称，右侧以缩略图的形式显示一些内置模板，可以使用这些模板创建新的工作簿。如需获得更多的内置模板，则可以在上方的文本框中输入关键字进行搜索。如果要新建一个空白工作簿，则可以单击界面中的“空白工作簿”。

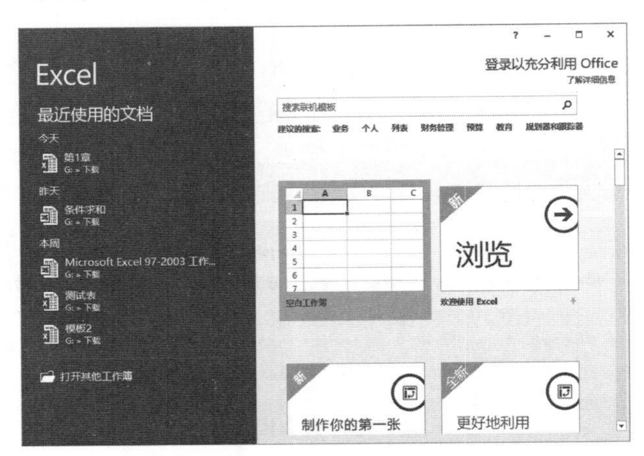

图 1-18　Excel 的“开始屏幕”界面

如果已从开始屏幕切换到正常的 Excel 窗口，并希望在当前环境下新建工作簿，则可以使用以下两种方法：

- 单击快速访问工具栏中的“新建”按钮，或按 Ctrl+N 组合键，创建一个空白工作簿。
- 单击“文件”|“新建”命令，在进入的界面中选择要基于哪个模板创建工作簿，该界面类似于开始屏幕。

在 Excel 开始屏幕中，可以快速打开列出的一些曾经使用过的工作簿。如果要打开的工作簿没有列出，则可以单击“打开其他工作簿”，进入如图 1-19 所示的界面，然后选择工作簿所在的位置进行打开。

图 1-19　选择要打开的工作簿或其所在的特定位置

如果当前正在 Excel 窗口中工作，则可以使用以下两种方法打开工作簿：

- 如果已将“打开”命令添加到快速访问工具栏，则可以选择该命令，然后在“打开”对话框中选择要打开的工作簿，如图 1-20 所示。与在 Windows 文件资源管理器中选择文件的方法类似，在“打开”对话框中可以使用 Ctrl 键或 Shift 键并配合鼠标单击，来选择一个或多个工作簿，并将它们同时打开。
- 单击“文件”|“打开”命令，在进入的界面中选择要打开的工作簿或其所在的特定位置。

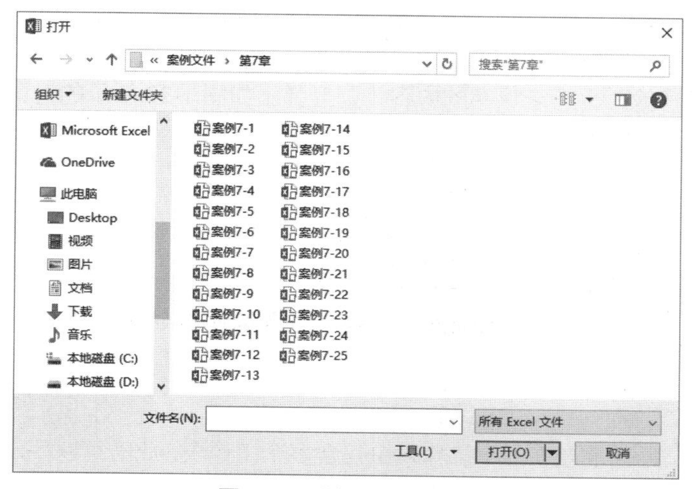

图 1-20　“打开”对话框

提示：按 Ctrl+O 组合键也可以打开“打开”对话框。

为了在以后随时查看和编辑工作簿，需要将工作簿中的现有内容保存到计算机中，可以采用以下两种方法：

- 单击快速访问工具栏中的“保存”命令，或按 Ctrl+S 组合键。
- 单击“文件”|“保存”命令。

如果当前是一个新建的工作簿，在单击“保存”命令时，将显示如图 1-21 所示的“另存为”对话框，设置好文件名和存储位置，然后单击“保存”按钮，即可将当前工作簿保存到计算机中。

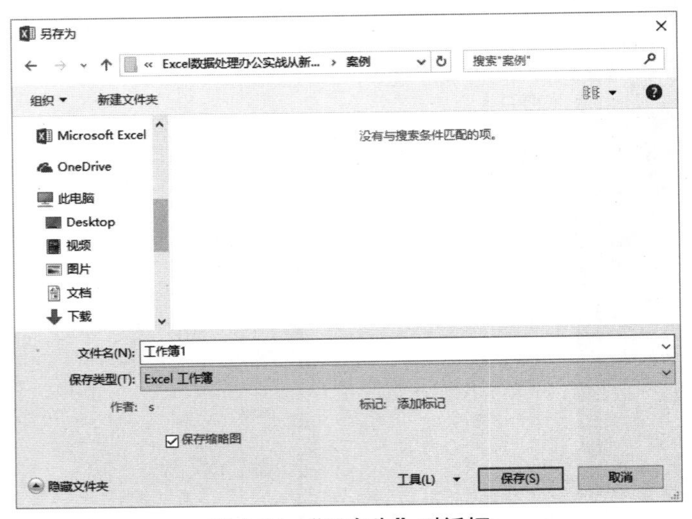

图 1-21 “另存为”对话框

如果已将工作簿保存到计算机中，则在单击“保存”命令时，Excel 会将上次保存之后的最新修改直接保存到当前工作簿中，而不再显示“另存为”对话框。如果想要将当前工作簿以其他名称保存，则可以单击“文件”|“另存为”命令，在进入的界面中选择一个目标位置，然后在打开的“另存为”对话框中设置要保存的文件名，最后单击“保存”按钮。

可以将暂时不使用的工作簿关闭，从而节省它们占用的内存资源。关闭工作簿的方法有以下两种：

- 如果已将“关闭”命令添加到快速访问工具栏，则可以执行该命令。
- 单击“文件”|“关闭”命令。

如果在关闭工作簿时含有未保存的内容，则会弹出如图 1-22 所示的对话框，单击“保存”按钮，即可保存内容并关闭工作簿。

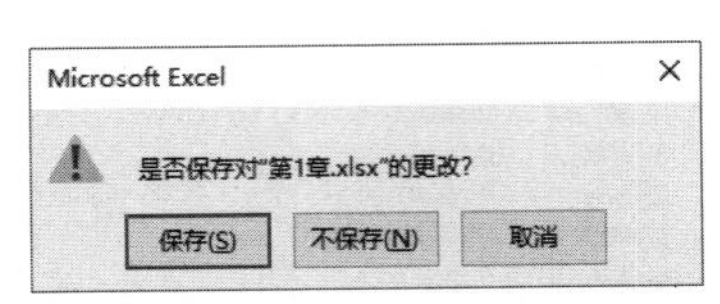

图 1-22 关闭含有未保存内容的工作簿时显示的提示信息

1.2.3 添加工作表

在实际应用中，通常需要在一个工作簿中包含多个工作表，此时可以手动添加新的工作表，有以下几种方法：

- 单击工作表标签右侧的“新工作表”按钮⊕。
- 在功能区“开始”|“单元格”组中单击“插入”按钮上的下拉按钮，然后在下拉菜单中单击“插入工作表”命令。
- 右击任意一个工作表标签，在弹出的快捷菜单中单击“插入”命令，打开“插入”对话框的“常用”选项卡，选择“工作表”并单击“确定”按钮，或者直接双击“工作表”，如图 1-23 所示。
- 按 Shift+F11 组合键或 Alt+Shift+F1 组合键。

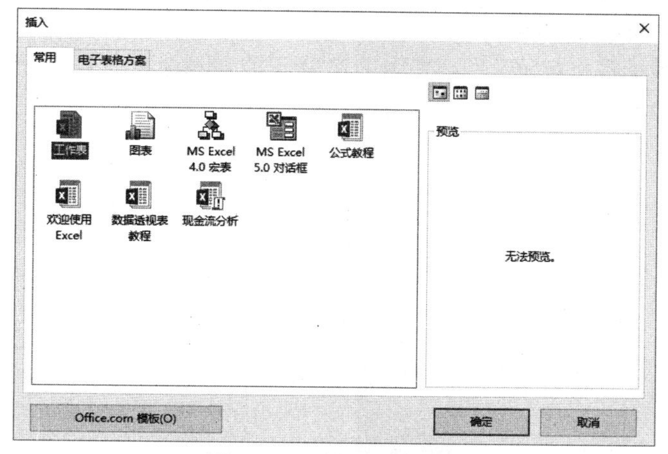

图 1-23　“插入”对话框

提示：使用第一种方法添加的工作表位于活动工作表的右侧，使用其他 3 种方法添加的工作表位于活动工作表的左侧。

在一些版本的 Excel 中，新建的工作簿中默认只包含一个工作表。如果经常要在工作簿中使用多个工作表，则可以通过设置来改变新建工作簿时默认包含的工作表数量，操作步骤如下：

（1）单击“文件”|“选项”命令，打开“Excel 选项”对话框。

（2）选择“常规”选项卡，然后在“新建工作簿时”区域中修改“包含的工作表数”文本框中的数字，如图 1-24 所示，该数字就是新建工作簿时默认包含的工作表数量。

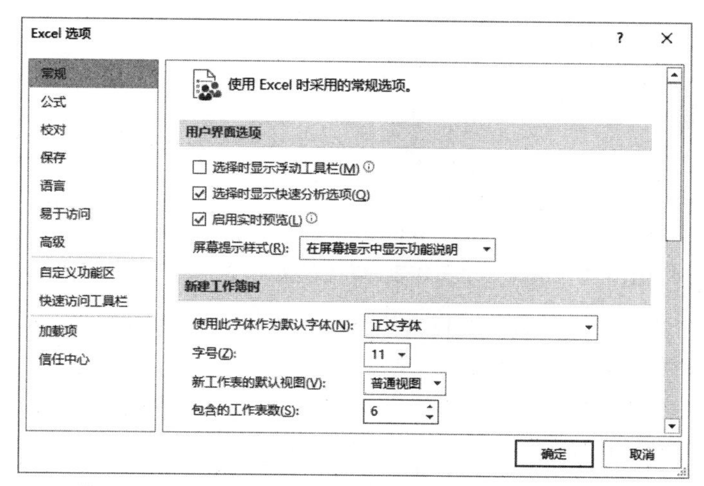

图 1-24　设置新建的工作簿中默认包含的工作表数量

（3）单击“确定”按钮，关闭“Excel 选项”对话框。

提示： 工作簿包含的工作表的最大数量受计算机可用内存容量的限制。

1.2.4 选择工作表

在工作表中输入数据之前，需要先选择特定的工作表。选择一个工作表后，该工作表就会显示在当前 Excel 窗口中，此时的这个工作表就是“活动工作表”。

每个工作表都有一个标签，位于内容编辑区的下边缘与状态栏之间，标签用于显示工作表的名称，如 Sheet1、Sheet2、Sheet3。单击工作表标签即可选择相应的工作表，此时的这个工作表标签的外观与其他标签将有所区别。如图 1-25 所示的 Sheet2 工作表是活动工作表，其标签呈凸起状态（或称反白），标签中的文字显示为绿色。

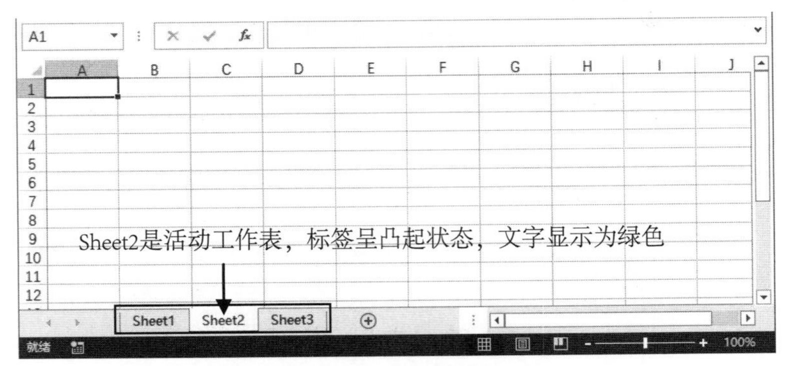

图 1-25 活动工作表

如果一个工作簿包含多个工作表，则可以选择位置上相邻或不相邻的多个工作表，还可以选择工作簿中的所有工作表，方法如下：

- 选择相邻的多个工作表：先选择所有待选择的工作表中的第一个工作表，然后按住 Shift 键，再选择这些工作表中位于最后一个位置上的工作表，即可选中包含这两个工作表在内，以及位于它们之间的所有工作表。

提示： 同时选择多个工作表时，会在 Excel 窗口标题栏中显示“[组]”字样，如图 1-26 所示，表示当前已选中多个工作表。

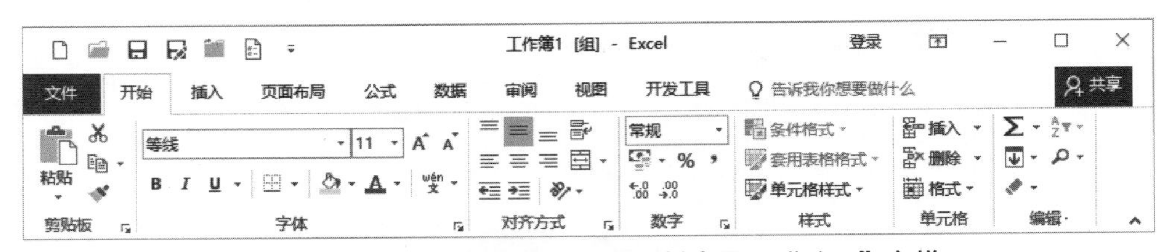

图 1-26 选择多个工作表时在标题栏中显示“[组]”字样

- 选择不相邻的多个工作表：选择待选择的所有工作表中的任意一个工作表，然后按住 Ctrl 键，再依次单击其他要选择的工作表。
- 选择所有工作表：右击任意一个工作表标签，在弹出的快捷菜单中单击“选定全部工作表”命令，如图 1-27 所示。

图 1-27　单击“选定全部工作表”命令

如果想要取消多个工作表的选中状态，则可以单击未被选中的任意一个工作表。如果当前选中了所有工作表，则需要单击活动工作表以外的任意一个工作表。另外，还可以右击选中的任意一个工作表，在弹出的快捷菜单中单击“取消组合工作表”命令。取消多个工作表的选中状态后，Excel 窗口标题栏中的“[组]”字样也将消失。

1.2.5　重命名工作表

Excel 默认使用 Sheet1、Sheet2、Sheet3 等作为工作表的默认名称，用户可以为工作表设置更有意义的名称。可以使用以下几种方法重命名工作表：

- 双击工作表标签。
- 右击工作表标签，在弹出的快捷菜单中单击“重命名”命令。
- 在功能区“开始”|“单元格”组中单击“格式”按钮，然后在下拉菜单中单击“重命名工作表”命令。

使用以上任意一种方法都将进入名称编辑状态，输入新名称后按 Enter 键确认。

工作表名称最多可以包含 31 个字符，名称中可以包含空格，但是不能包含“:”“?”“*”“/”“\”“[”“]”等字符。

1.2.6　移动和复制工作表

移动工作表可以改变工作表的位置，复制工作表可以获得工作表的副本。可以将一个工作表移动或复制到当前打开的任意一个工作簿中，也可以是一个新建的工作簿。可以使用鼠标配合键盘进行移动和复制，也可以在“移动或复制工作表”对话框中完成移动和复制操作。

如果使用鼠标移动或复制工作表，则可以单击要移动的工作表标签，然后按住鼠标左键并将其拖动到目标位置，即可完成移动操作。如果在拖动过程中按住 Ctrl 键，则将执行复制工作表的操作。拖动工作表标签时会显示一个黑色三角，它指示当前移动或复制到的位置，如图 1-28 所示。

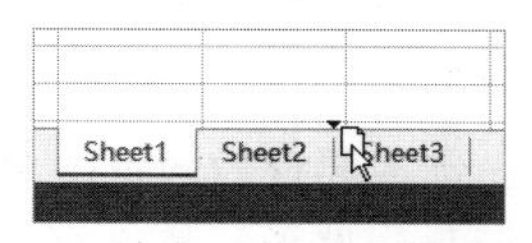

图 1-28　拖动工作表标签时会显示黑色三角

移动或复制工作表的另一种方法是使用“移动或复制工作表”对话框。右击要移动或复制的工作表标签，在弹出的快捷菜单中单击“移动或复制”命令，打开如图 1-29 所示的“移动或复制工作表”对话框，在“下列选定工作表之前”列表框中选择要将工作表移动到哪个工作表的左侧。

如果要复制工作表，则需要选中“建立副本”复选框。如果要将工作表移动或复制到其他工作簿，则可以在“工作簿”下拉列表中选择目标工作簿。如果选择的是“(新工作簿)”，则将工作表移动或复制到一个新建的工作簿中。设置完成后单击“确定”按钮。

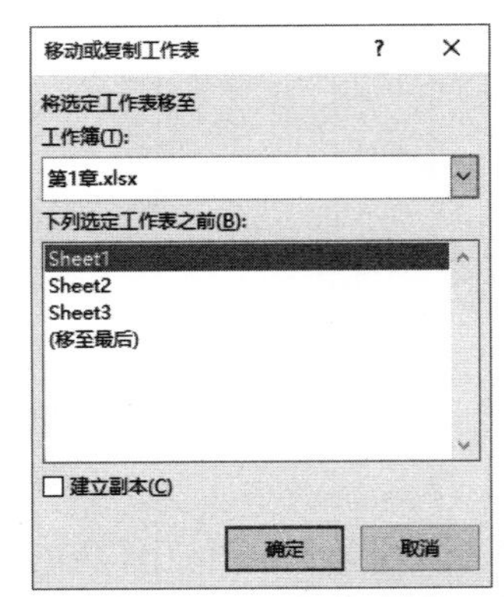

图 1-29 “移动或复制工作表”对话框

1.2.7 删除工作表

可以将工作簿中不需要的工作表删除，但是当工作簿中只有一个工作表时，无法将其删除。如果在删除工作表后，保存并关闭了其所在的工作簿，则将无法恢复已删除的工作表。删除工作表的方法有以下两种：

- 右击要删除的工作表标签，在弹出的快捷菜单中单击“删除”命令。
- 选择要删除的工作表，然后在功能区“开始”|“单元格”组中单击“删除”按钮上的下拉按钮，在下拉菜单中单击“删除工作表”命令。

如果正在删除的工作表包含内容或格式设置信息，则会弹出如图 1-30 所示的对话框，单击“删除”按钮即可将该工作表删除。

图 1-30 删除包含数据的工作表时显示的提示信息

1.2.8 选择单元格

默认情况下，Excel 内容编辑区中的每一行由 1、2、3 等数字标识，将这些数字称为“行号”，每一列由 A、B、C 等英文字母标识，将这些字母称为“列标”。在 Excel 2007 及其更高版本中，工作表的最大列标为 XFD（即 16384 列），最大行号为 1048576。

单元格是一行和一列的交点，并以其所在的行号和列标进行标识，列标在前，行号在后。例如，第 6 行与 B 列的交点上的单元格表示为 B6，B6 就是单元格的地址。Excel 通过单元格地址来引用其中存储的数据，将这种调用数据的方式称为“单元格引用”，将使用列标和行号表示单元格地址的方式称为“A1 引用样式”。

提示： 如果列标显示为数字而非字母，则说明当前使用的是 R1C1 引用样式。可以单击“文件”|“选项”命令，在“Excel 选项”对话框中选择“保存”选项卡，然后取消选中“R1C1 引用样式”复选框，最后单击“确定”按钮。

在工作表中输入数据之前，需要先选择要存放数据的单元格。掌握正确的单元格选择方法，可以确保将数据输入到正确的位置，而且一些单元格选择方面的技巧还可以提高操作效率。

1. 选择一个或多个单元格

单击某个单元格，即可将选中。如果要选择由相邻的多个单元格组成的区域，则可以使用以下几种方法：

- 选择区域左上角的单元格，然后按住鼠标左键，并向区域右下角单元格的方向拖动，到达右下角单元格时释放鼠标左键。
- 选择区域左上角的单元格，然后按住 Shift 键，再选择区域右下角的单元格。
- 选择区域左上角的单元格，然后按 F8 键进入“扩展”模式，直接选择区域右下角的单元格，而不需要按住 Shift 键。在“扩展”模式下按 F8 键或 Esc 键将退出该模式。

如果要选择的多个单元格不相邻，则可以使用以下两种方法：

- 选择一个单元格，然后按住 Ctrl 键，再选择其他单元格或区域。
- 选择一个单元格，然后按 Shift+F8 组合键进入“添加”模式，依次选择其他单元格或区域，而不需要按住 Ctrl 键。在“添加”模式下按 Shift+F8 组合键或 Esc 键将退出该模式。

提示：选择一个单元格后，该单元格将成为活动单元格，输入的内容会被添加到活动单元格中。如果选择的是一个单元格区域，那么其中高亮显示的单元格是活动单元格。如图 1-31 所示，当前选中 B2:D5 单元格区域，其中的 B2 单元格是活动单元格。

2. 选择整行或整列

单击某行的行号或某列的列标，即可选中相应的行或列。选中行的行号和选中列的列标的背景色会发生改变，整行或整列中的单元格都将高亮显示，如图 1-32 所示。

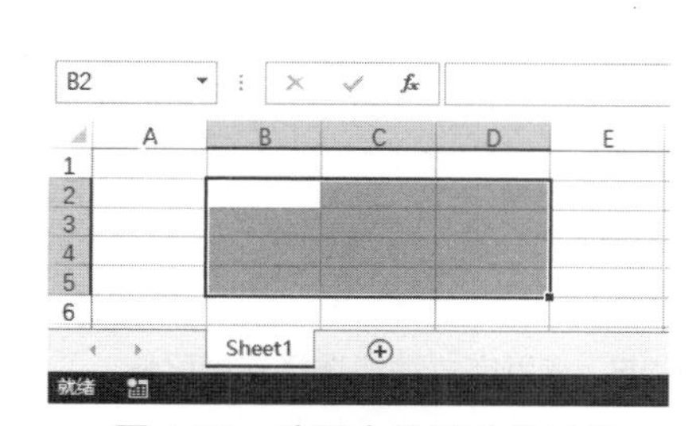

图 1-31　选区中的活动单元格

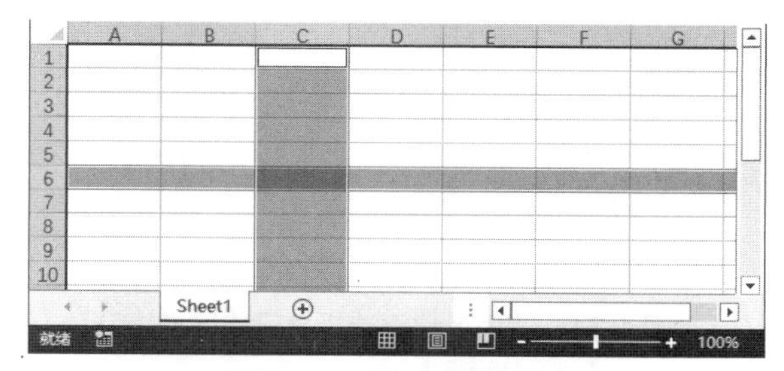

图 1-32　同时选择行和列

选择一行后，按住鼠标左键并向上或向下拖动，即可选择连续的多行。选择多列的方法与此类似。如果要选择不连续的多行，则可以先选择一行，然后按住 Ctrl 键，再选择其他行。选择不连续多列的方法与此类似。

3. 选择所有单元格

单击工作表区域左上角的全选按钮，即可选中工作表中的所有单元格，如图 1-33 所示。

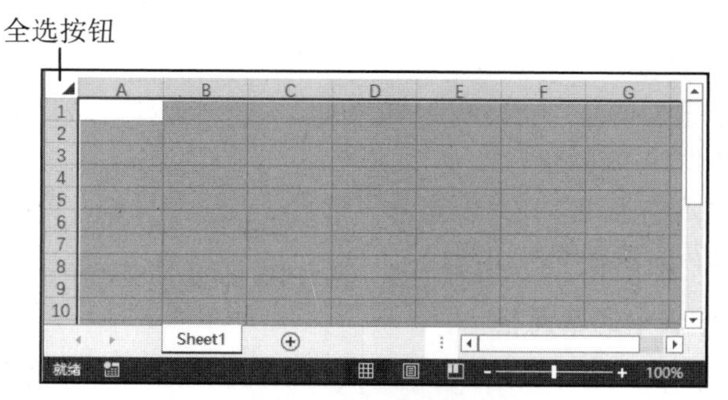

图 1-33　选择工作表中的所有单元格

如果工作表中不包含任何数据，可以按 Ctrl+A 组合键选中工作表中的所有单元格。如果工作表中包含数据，单击数据区域中的任意一个单元格，然后按两次 Ctrl+A 组合键，即可选中工作表中的所有单元格。

4．使用名称框选择单元格

如果要选择的单元格区域范围很大，那么使用拖动鼠标的方法将变得很不方便。此时可以在名称框中直接输入单元格区域的地址，然后按 Enter 键来快速选择。例如，如果要选择 G100:H600 单元格区域，则可以单击名称框，输入“G100:H600”，然后按 Enter 键，如图 1-34 所示。

除了使用名称框之外，还可以使用 Excel 的定位功能来实现类似的选择方法。在功能区“开始”|“编辑”组中单击“查找和选择”按钮，然后在下拉菜单中单击“转到”命令，或直接按 F5 键，打开“定位”对话框，在“引用位置”文本框中输入要选择的单元格区域的地址，最后单击“确定”按钮，如图 1-35 所示。

图 1-34　使用名称框选择单元格区域

图 1-35　使用定位功能选择连续区域

技巧： *如果要使用名称框或定位功能选择不相邻的多个区域，则可以在输入的多组地址之间使用英文半角逗号分隔，如“A6,B2:E6,H8,D10:F50”。*

5．选择符合特定条件的单元格

在实际应用中，遇到的更多情况是选择符合特定条件的单元格，如包含文本或数值的单元格，使用定位条件功能可以满足这类需求。

按 F5 键打开“定位”对话框，单击“定位条件”按钮，打开“定位条件”对话框，如图 1-36 所示，选择一个特定的条件，然后单击“确定”按钮，即可自动选中与所选条件匹配的单元格。具体选择哪些单元格，还由以下因素决定：

- 如果在打开“定位条件”对话框之前选择了一个单元格区域，Excel 将在该区域中查找并选择符合条件的单元格。
- 如果在打开“定位条件”对话框之前只选择了一个单元格，Excel 将在当前整个工作表中查找并选择符合条件的单元格。

6．选择多个工作表中的单元格

如果要处理多个工作表中的相同单元格，则可以先在其中一个工作表中选择要处理的单元格，然后使用 1.2.4 节中介绍的方法，同时选择其他所需处理的工作表，再对选区进行所需的处理，如输入内容、设置格式等，操作结果会自动作用于所有选中的工作表的相同区域中。

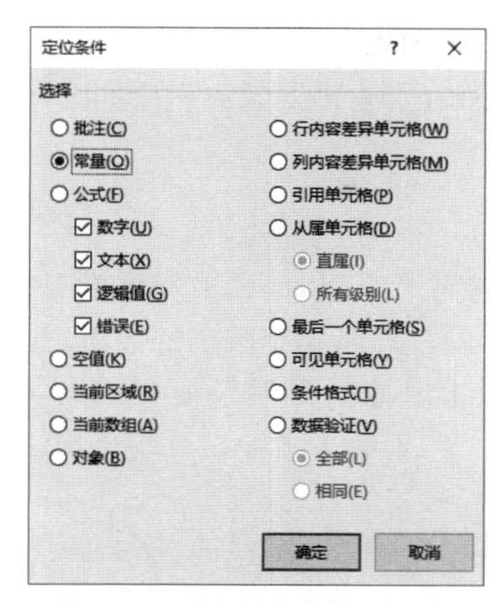

图 1-36　“定位条件”对话框

1.3　输入数据

Excel 为数据输入提供了多种不同的方式，用户可以根据要输入的数据类型及实际需求来选择最合适的方法进行输入。换句话说，数据类型的不同在一定程度上决定用户所选择的输入方式。因此，在输入数据前，有必要了解一下 Excel 中的数据类型。

1.3.1　Excel 中的数据类型

Excel 中的数据分为文本、数值、日期和时间、逻辑值、错误值 5 种基本类型，日期和时间本质上是数值的一种特殊形式。下面将简要介绍这 5 种数据类型各自具有的一些特性，这些内容会为以后在 Excel 中输入和处理数据提供帮助。

1. 文本

文本用于表示任何具有描述性的内容，如姓名、商品名称、产品编号、报表标题等。文本可以是任意字符的组合，一些不需要计算的数字也可以文本格式存储，如电话号码、身份证号码等。文本不能用于数值计算，但是可以比较文本的大小。

一个单元格最多容纳 32 767 个字符，所有内容可以完整显示在编辑栏中，而在单元格中最多只能显示 1 024 个字符。在单元格中输入的文本默认为左对齐。

2. 数值

数值用于表示具有特定含义的数量，如销量、销售额、人数、体重等。数值可以参与计算，但并不是所有数值都有必要参与计算。例如，在员工健康调查表中，通常不会对员工的身高和体重进行任何计算。在单元格中输入的数值默认为右对齐。

Excel 支持的最大正数约为 9E+307，最小正数约为 2E-308，最大负数与最小负数和这两个数字相同，只是需要在数字开头添加负号。虽然 Excel 支持一定范围内的数字，但只能正常存储和显示最大精确到 15 位有效数字的数字。对于超过 15 位的整数，多出的位数会自动变为 0，如 12345678987654321 会变为 12345678987654300。对于超过 15 位有效数字的小数，多出的位数会被截去。如果要在单元格中输入 15 位以上的数字，则必须以文本格式输入，才能保持数字的原貌。

在单元格中输入数值时，如果数值位数的长度超过单元格的宽度，Excel 会自动增加列宽以完全容纳其中的内容。如果整数位数超过 11 位，则将以科学计数形式显示。如果数值的小数位数较多，且超过单元格的宽度，Excel 会自动对超出宽度的第一个小数位进行四舍五入，并截去其后的小数位。

3. 日期和时间

在 Excel 中，日期和时间存储为“序列值”，其范围是 1 ～ 2 958 465，每个序列值对应一个日期。因此，日期和时间实际上是一个特定范围内的数值，这个数值范围就是 1 ～ 2 958 465，在 Windows 操作系统中，序列值 1 对应的日期是 1900 年 1 月 1 日，序列值 2 对应的日期是 1900 年 1 月 2 日，以此类推，最大序列值 2 958 465 对应的日期是 9999 年 12 月 31 日。在单元格中输入的日期和时间默认为右对齐。

表示日期的序列值是一个整数，一天的数值单位是 1，一天有 24 个小时，因此 1 小时可以表示为 1/24。1 小时有 60 分钟，那么 1 分钟可以表示为 1/（24×60）。按照这种换算方式，一天中的每一个时刻都有与其对应的数值表示形式，如中午 12 点可以表示为 0.5。对于一个大于 1 的小数，Excel 会将其整数部分换算为日期，将小数部分换算为时间。例如，序列值 43 466.75 表示 2019 年 1 月 1 日 18 点。

技巧：如果要查看一个日期对应的序列值，可以先在单元格中输入这个日期，然后将其格式设置为“常规”。

4. 逻辑值

逻辑值主要用在公式中，作为条件判断的结果，只包含 TRUE（真）和 FALSE（假）两个值。当条件判断结果为 TRUE 时，执行一种指定的计算；当条件判断结果为 FALSE 时，执行另一种指定的计算，从而实现更智能的计算方式。

逻辑值可以进行四则运算，此时的 TRUE 等价于 1，FALSE 等价于 0。当逻辑值用在条件判断时，任何非 0 的数字等价于逻辑值 TRUE，0 等价于逻辑值 FALSE。在单元格中输入的逻辑值默认为居中对齐。

5. 错误值

错误值包含 #DIV/0!、#NUM!、#VALUE!、#REF!、#NAME?、#N/A、#NULL!7 个，用于表示不同的错误类型。每个错误值都以 # 符号开头。用户可以手动输入错误值，但是在更多的情况下，错误值是由公式出错自动产生的。错误值不参与数据计算和排序。

1.3.2 手动输入和修改数据

输入数据前，需要先选择一个单元格，然后输入所需的内容，输入过程中会显示一个闪烁的竖线（可称其为“插入点”），表示当前输入内容的位置。输入完成后，按 Enter 键或单击编辑栏左侧的✔按钮确认输入。输入的内容会同时显示在单元格和编辑栏中，如图 1-37 所示。如果在输入过程中想要取消本次输入，可以按 Esc 键或单击编辑栏左侧的✖按钮。

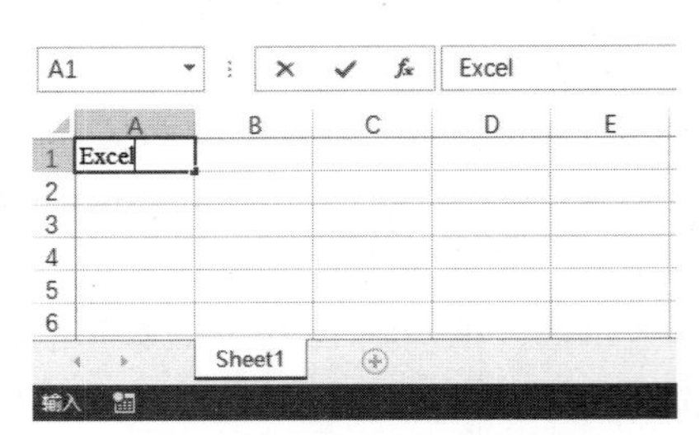

图 1-37 在单元格中输入数据

提示： 按 Enter 键会使当前单元格下方的单元格成为活动单元格，而单击✔按钮不会改变活动单元格的位置。

输入内容前，状态栏左侧显示“就绪”字样，一旦开始在单元格中输入内容，状态栏左侧会显示“输入”字样。此时如果按箭头键，其效果与按 Enter 键类似，将结束当前的输入。如果想要在输入过程中使用箭头键移动插入点的位置，以便修改已输入的内容，则可以按 F2 键，此时状态栏左侧会显示“编辑”字样。

可以修改单元格中的部分内容，也可以使用新内容替换单元格中的所有内容。如果要修改单元格中的部分内容，则可以使用以下几种方法进入“编辑”模式，然后将插入点定位到所需位置，使用 BackSpace 键或 Delete 键删除插入点左侧或右侧的内容，再输入所需内容。

- 双击单元格。
- 单击单元格，然后按 F2 键。
- 单击单元格，然后单击编辑栏。

如果要替换单元格中的所有内容，选择这个单元格，然后输入所需内容即可，不需要进入“编辑”模式。

如果要删除单元格中的内容，选择单元格，然后按 Delete 键。如果为单元格设置了格式，那么使用该方法只能删除内容，无法删除单元格中的格式。如果要同时删除单元格中的内容和格式，则可以在功能区“开始”|“编辑”组中单击“清除”按钮，然后在下拉菜单中单击“全部清除”命令，如图 1-38 所示。

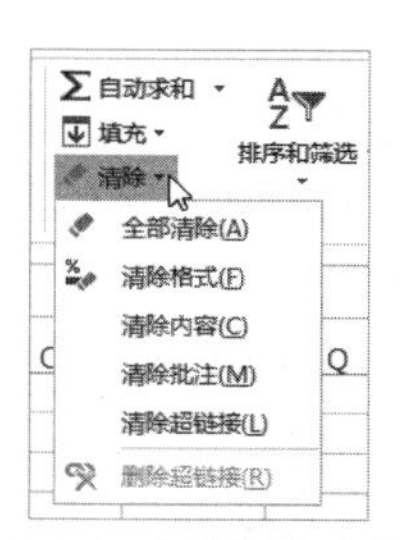

图 1-38　单击“全部清除”命令删除内容和格式

1.3.3　自动填充数据

手动输入数据虽然灵活方便，但是效率很低。如果输入的数据存在某种关系或规律，则可以使用填充功能快速批量地输入一系列数据。例如，在填充数值时，可以按照固定的差值填充一系列值，最常见的就是填充自然数序列。在填充日期时，可以按照固定的天数间隔填充连续的多个日期。用户还可以按照特定的顺序填充文本，Excel 内置了一些文本序列，用户也可以根据自身需求，创建新的文本序列，以满足任何所需的文本排列顺序。

“填充”是指使用鼠标拖动单元格右下角的填充柄，在鼠标拖动过的每个单元格中自动填入数据，这些数据与起始单元格存在某种关系。“填充柄”是指选中的单元格右下角的小方块，将光标指向它时，光标会变为十字形状，此时可以拖动鼠标完成填充数据的操作，如图 1-39 所示。

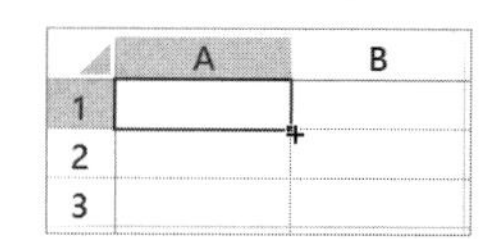

图 1-39　单元格右下角的填充柄

提示： 如果不能正常使用填充功能，则可以单击“文件”|“选项”命令，打开“Excel 选项”对话框，选择“高级”选项卡，然后在“编辑选项”区域中选中“启用填充柄和单元格拖放功能”复选框，如图 1-40 所示。

图 1-40 选中“启用填充柄和单元格拖放功能”复选框

1．填充数值

可以使用以下两种方法填充数值：

- 在相邻的两个单元格中输入数据序列中的前两个值，然后选择这两个值所在的单元格，在水平方向或垂直方向上拖动第二个单元格右下角的填充柄，具体往哪个方向拖动，取决于前两个值是水平排列还是垂直排列。
- 输入数据序列中的第一个值，按住 Ctrl 键后拖动单元格右下角的填充柄。如果不按住 Ctrl 键进行拖动，则会执行复制操作。

数值默认以等差的方式进行填充。填充数值时，在单元格中依次填入哪些值取决于起始两个值之间的差值。如果使用第二种方法只输入一个起始值，则将按自然数序列进行填充，即按差值为 1 依次填充各个值。

例如，要在 A 列中自动输入 1、3、5、7、9、11 这样的数字序列，操作步骤如下：

（1）在 A 列任意两个相邻的单元格中输入数字 1 和 3，这里为 A1 和 A2 单元格。

（2）选择 A1 和 A2 单元格，将光标指向 A2 单元格右下角的填充柄。当光标变为十字形时，按住鼠标左键向下拖动，在拖动过的每个单元格中会自动填入与上一个单元格差值为 2 的值，如 A3 单元格的值为 5，A4 单元格的值为 7，如图 1-41 所示。

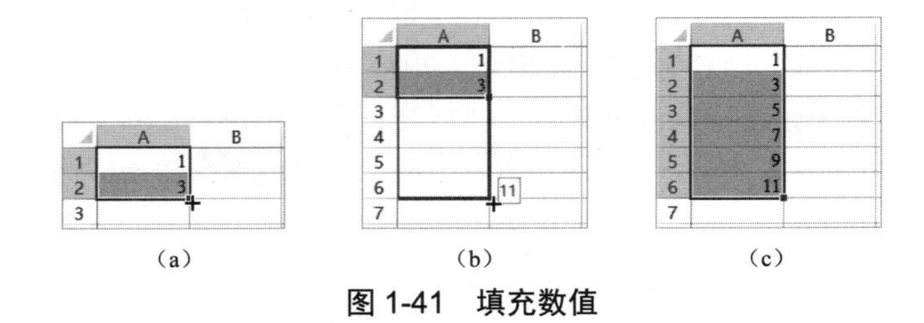

图 1-41 填充数值

技巧： 除了使用鼠标拖动填充柄的方式填充数据之外，还可以直接双击填充柄，快速将数据填充至相邻列中连续数据区域的最后一个数据所在的位置。

还能以等比的方式填充数值，此时需要使用鼠标右键拖动填充柄，然后在弹出的快捷菜单中单击“等比序列”命令，如图 1-42 所示。

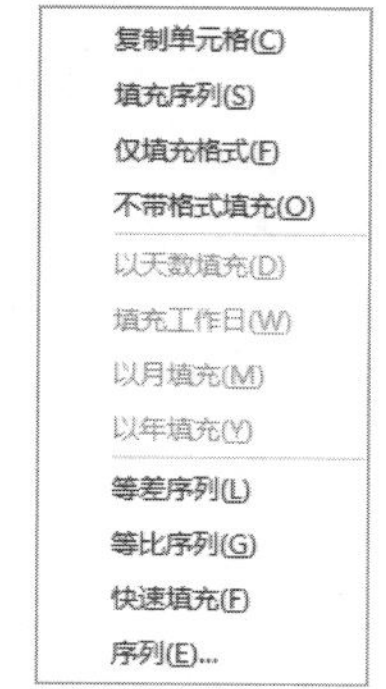

图 1-42　鼠标右键快捷菜单中的“等比序列”命令

2．填充日期

日期的填充方式比数值填充更加丰富，可以按日、月、年等不同时间单位进行填充，还可以按工作日来填充。按日填充时，默认以 1 天为时间单位，输入一个起始日期即可进行填充。在一个单元格中输入起始日期，然后拖动该单元格右下角的填充柄，即可完成日期的填充，拖动过程中会显示当前填充到的日期，如图 1-43 所示。

如果想要按“月”或“年”来填充日期，则可以使用鼠标右键拖动填充柄，在弹出的快捷菜单中选择日期的填充方式，如图 1-44 所示，如选择“以月填充”，将按“月”填充日期。

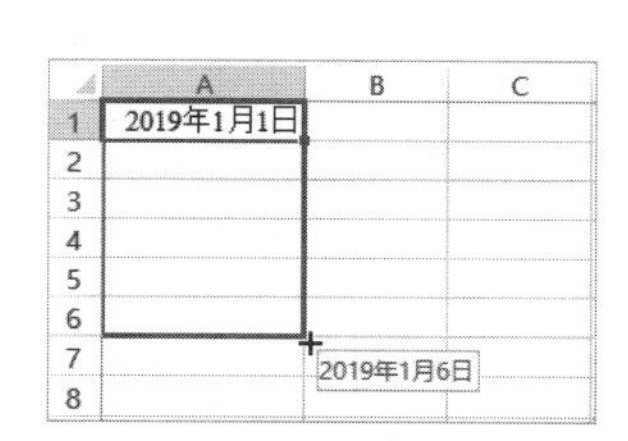

图 1-43　填充日期

图 1-44　在鼠标右键快捷菜单中选择日期的填充方式

无论填充数值还是日期，都能以更灵活的方式进行填充。为此，需要在使用鼠标右键拖动填充柄所弹出的菜单中单击“序列”命令，打开如图 1-45 所示的“序列”对话框。在该对话框中可以对填充的相关选项进行以下设置：

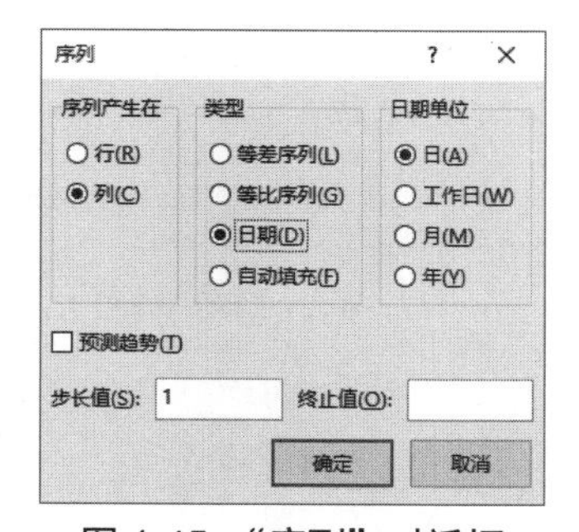

图 1-45　“序列”对话框

- 序列产生在：在“序列产生在”中选择在“行”或“列”的方向上填充，该项设置不受拖动填充柄方向的影响。例如，如果在打开“序列”对话框之前，在垂直方向上拖动填充柄，那么在“序列”对话框后中选择“行”选项后，最终会将值填充在行的方向上，而非列。
- 类型：在“类型”中可以选择是按数值的等差或等比进行填充，还是按日期进行填充。
- 日期单位：用户只有在“类型”中选择“日期”选项后，才能选择一种日期单位。
- 步长值和终止值：对于等差填充来说，步长值相当于填充的两个相邻值之间的差值。对于等比填充来说，步长值相当于填充的两个相邻值之间的倍数。终止值就是填充序列的最后一个值。如果设置了终止值，则无论将填充柄拖到哪里，只要到达终止值，填充序列就会自动停止。

- 预测趋势：当在连续两个或两个以上的单元格中输入数据，并选择好要填充的区域后，如果在“序列”对话框中选中“预测趋势”复选框，则Excel会根据已输入数据之间的规律，自动判断填充方式并完成填充操作。

例如，在A1单元格中输入1，然后使用鼠标右键向下拖动该单元格右下角的填充柄，在弹出的快捷菜单中单击“序列”命令。打开“序列”对话框，进行以下几项设置，如图1-46所示。

- 选择“行”选项。
- 将“步长值”设置为100。
- 将“终止值”设置为600。

单击“确定”按钮，将在第一行自动填充差值为100的多个值，并确保最后一个值是小于或等于600的最大值，如图1-47所示。

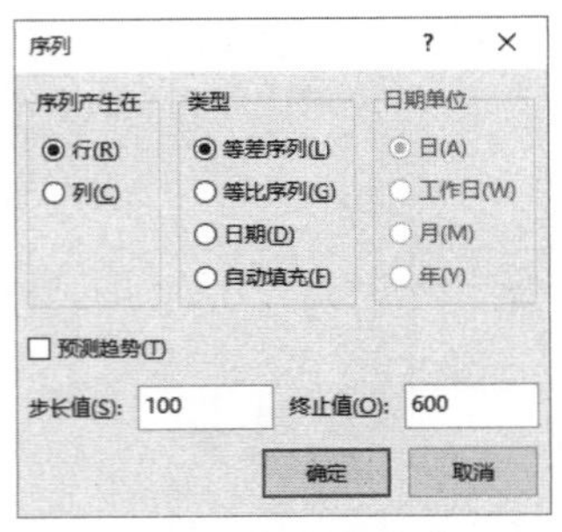

图 1-46　设置填充选项

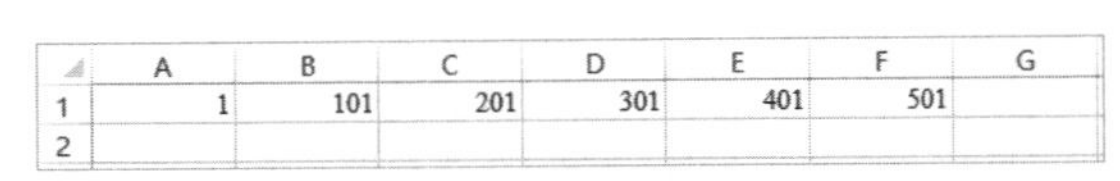

	A	B	C	D	E	F	G
1	1	101	201	301	401	501	
2							

图 1-47　填充结果

3．填充文本

默认情况下，对单元格中输入的文本使用填充柄填充时，将会执行复制文本的操作。如果输入的文本正好是Excel内置文本序列中的值，则会自动使用该文本序列进行填充。例如，如果拖动包含“甲”字的单元格填充柄，则在拖动过程中会自动填充“乙”“丙”“丁”等字。

可以查看Excel内置的文本序列，操作步骤如下：

（1）单击“文件”|“选项”命令，打开“Excel选项”对话框。

（2）选择“高级”选项卡，在“常规”区域中单击“编辑自定义列表”按钮，如图1-48所示。

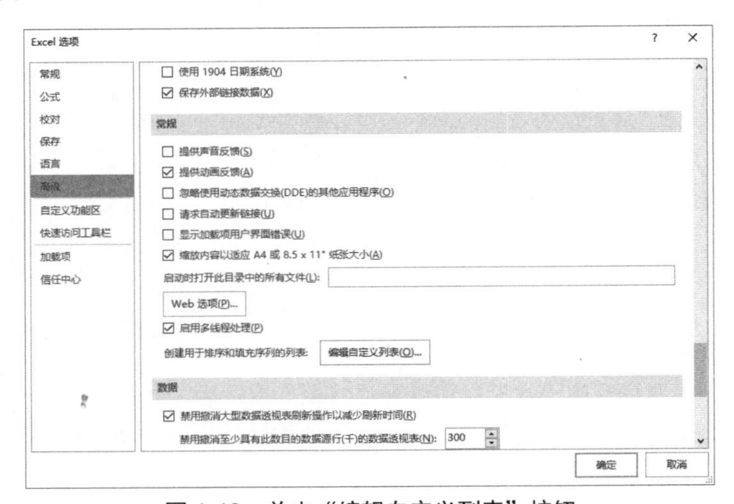

图 1-48　单击“编辑自定义列表”按钮

（3）打开“自定义序列”对话框，左侧显示了 Excel 内置的文本序列，选择任意一个序列，右侧会显示该序列中包含的所有值，如图 1-49 所示。

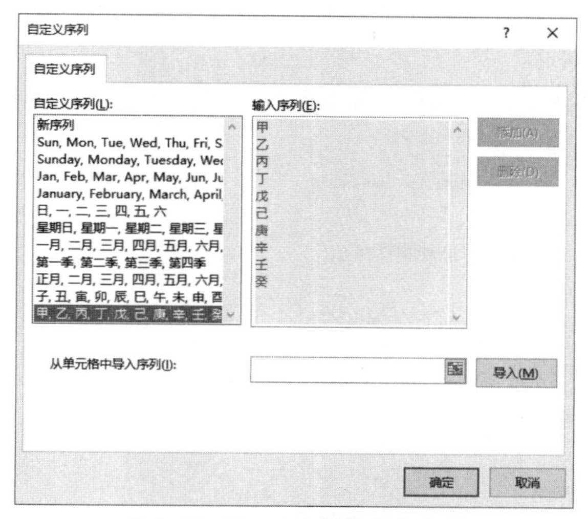

图 1-49　Excel 内置的文本序列

用户可以在“自定义序列”对话框中创建新的文本序列，在左侧选择“新序列”，然后在右侧输入文本序列中的每一个值，每个值要单独占据一行，即每输入一个值都要按一次 Enter 键，如图 1-50 所示。输入好序列中的所有值之后，单击“添加”按钮，将自定义序列添加到左侧列表框中，以后就可以使用创建的文本序列进行填充了。

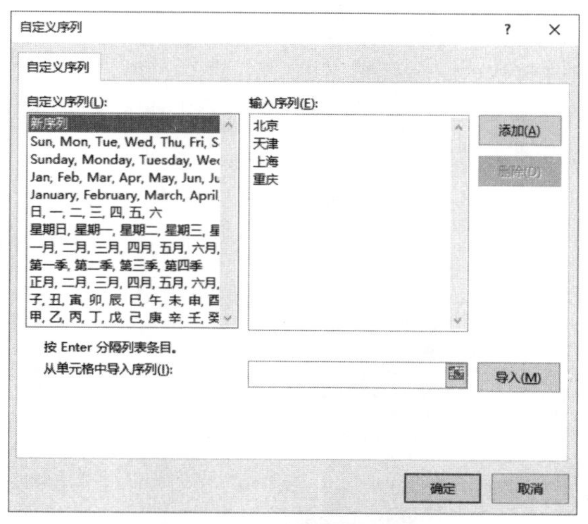

图 1-50　创建新的文本序列

提示：如果事先将文本序列中的各个值输入到单元格区域中，则可以在“自定义序列”对话框中单击“导入”按钮左侧的折叠按钮，然后在工作表中选择该单元格区域，再单击展开按钮返回“自定义序列”对话框，最后单击“导入”按钮，将选区中的内容创建为文本序列。

1.3.4　导入外部数据

Excel 支持从多种类型的程序中导入数据，这样就不用手动输入这些数据。最常见的情况是将文本文件和 Access 数据库中的数据导入到 Excel 中，由于它们的导入方法类似，因此，这里以导入 Access 数据库中的数据为例，操作步骤如下：

（1）新建或打开一个要导入数据的工作簿，然后在功能区“数据”|“获取外部数据”组中单击“自 Access”按钮。

（2）打开“选取数据源”对话框，双击包含要导入数据的 Access 数据库，如图 1-51 所示。

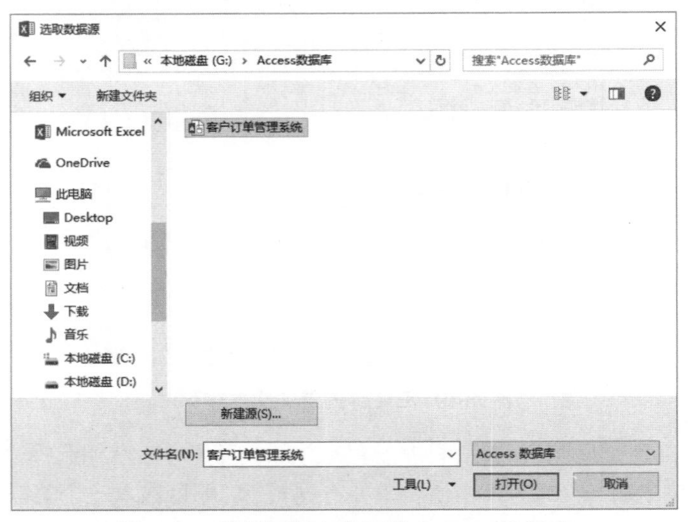

图 1-51 选择要导入数据的 Access 数据库

（3）打开“选择表格”对话框，选择要导入数据的 Access 表，然后单击“确定”按钮，如图 1-52 所示。

（4）打开如图 1-53 所示的“导入数据”对话框，选择导入后的数据显示方式，如选择“表”选项。默认将数据导入到当前工作表中，可以选择“新工作表”选项，将导入的数据放置到新建的工作表中，最后单击“确定”按钮。

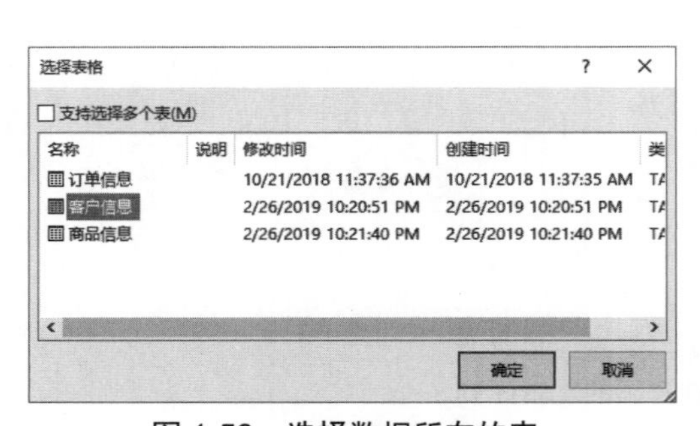

图 1-52 选择数据所在的表

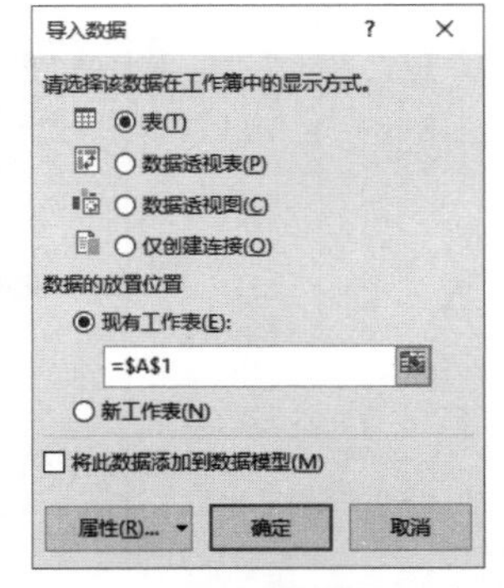

图 1-53 设置数据导入选项

1.4 使用数据验证功能限制数据的输入

Excel 为用户提供了非常灵活的数据输入方式，用户可以在工作表中随意输入任何数据。这样带来的问题也很明显，输入的很多不规范数据为后期的数据汇总和分析带来麻烦。利用 Excel 中的数据验证功能，用户可以设置数据输入规则，只有符合规则的数据才会被输入到单元格中，从而起到规范化数据输入的目的。从 Excel 2013 开始，将原来的“数据有效性”改名为“数据验证”。

1.4.1　了解数据验证

数据验证功能根据用户指定的验证规则，检查用户输入的数据，只有符合规则的数据才会被添加到单元格中，并禁止在单元格中输入不符合规则的数据。数据验证功能是基于单元格的，因此，可以针对一个或多个单元格进行设置。复制单元格时，默认也会复制其中包含的数据验证规则。

选择要设置数据验证规则的单元格，然后在功能区“数据”|“数据工具”组中单击“数据验证”按钮，打开“数据验证”对话框，在“设置”选项卡中打开“允许”下拉列表，从中选择一种数据验证方式，如图 1-54 所示。

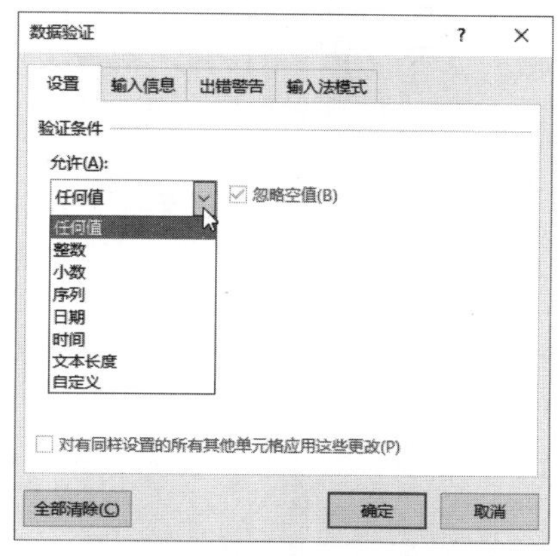

图 1-54　“数据验证”对话框

下面对这几种验证方式进行简要说明：

- 任何值：在单元格中输入的内容不受限制。
- 整数：只能在单元格中输入特定范围内的整数。
- 小数：只能在单元格中输入特定范围内的小数。
- 序列：为单元格提供一个下拉列表，只能从下拉列表中选择一项输入到单元格中。
- 日期：只能在单元格中输入特定范围内的日期。
- 时间：只能在单元格中输入特定范围内的时间。
- 文本长度：只能在单元格中输入特定长度的字符。
- 自定义：使用公式和函数设置数据验证规则。如果公式返回逻辑值 TRUE 或非 0 数字，则表示输入的数据符合验证规则；如果公式返回逻辑值 FALSE 或 0，则表示输入的数据不符合验证规则。

除了“设置”选项卡外，“数据验证”对话框还包含“输入信息”“出错警告”和“输入法模式”3 个选项卡，经常设置的是“输入信息”和“出错警告”选项卡。“输入信息”选项卡用于设置当选择包含数据验证规则的单元格时，要向用户显示的提示信息。“出错警告”选项卡用于设置当输入的数据不符合数据验证规则时，向用户发出的警告信息，并可选择是否禁止当前的输入。

在“数据验证”对话框中设置好所需的选项，单击“确定”按钮，即可为所选单元格创建数据验证规则。单击任意一个选项卡左下角的“全部清除”按钮，将清除用户在所有选项卡中进行的设置。

1.4.2 为用户提供限定范围内的输入项

数据验证功能最常见的一个应用是为单元格提供下拉列表，用户可从中选择一项，并将其输入到单元格中，如果用户在单元格中输入列表之外的内容，Excel 会禁止输入并发出警告信息。

要实现此功能，需要在“数据验证”对话框“设置”选项卡的“允许”下拉列表中选择“序列”，然后在“来源”文本框中输入列表中的每一项，各项之间使用英文半角逗号分隔，如图 1-55 所示。如果要修改“来源”文本框中的内容，则需要按 F2 键进入编辑状态，然后才能随意移动光标，与在单元格中输入和编辑数据的方法类似。

提示：如果单元格区域中已经包含下拉列表中的各项，则可以单击“来源”文本框右侧的折叠按钮，在工作表中选择该区域，即可将区域中的内容直接导入到“来源”文本框中。

为了让用户可以正常打开下拉列表，需要确保已选中“提供下拉箭头”复选框，这样就会在设置了数据验证规则的单元格中显示一个下拉按钮，单击该按钮即可打开下拉列表。如图 1-56 所示为设置数据验证规则并打开下拉列表后的效果，如图 1-56 所示。

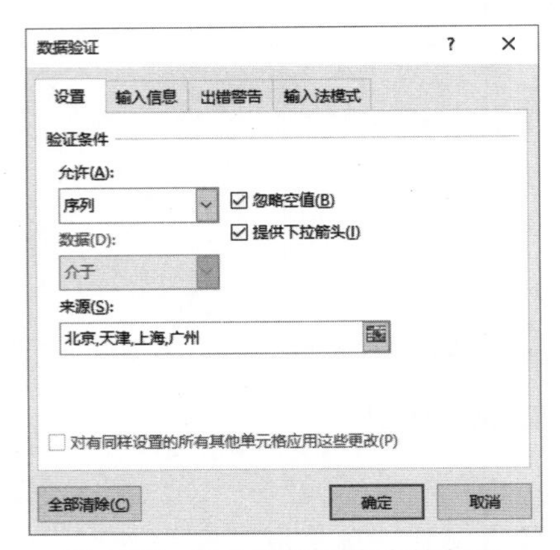

图 1-55 输入下拉列表中的各项

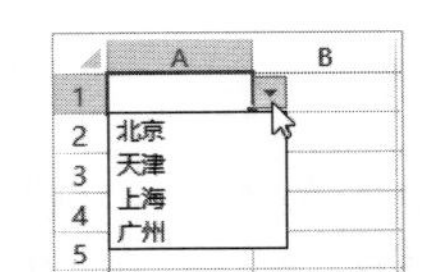

图 1-56 设置了数据验证规则的单元格效果

提示：如果选中“忽略空值”复选框，则允许将设置了数据验证的单元格留空，即可以不在其中输入任何内容，Excel 也不会发出警告信息。

如果要禁止用户在单元格中输入列表之外的内容，则需要在“数据验证”对话框的“出错警告”选项卡中进行设置。首先选中“输入无效数据时显示出错警告”复选框，然后在“样式”下拉列表中选择“停止”。如果希望在输入无效数据时，向用户发出文字提示信息，则可以设置“标题”和“错误信息”两项，如图 1-57 所示。

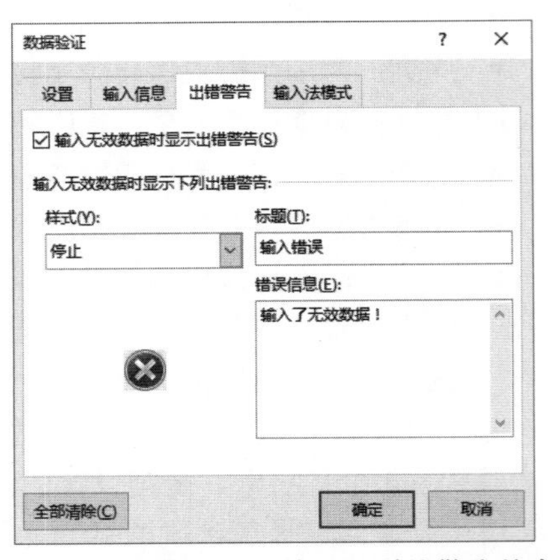

图 1-57 设置输入无效数据时的警告信息

1.4.3 创建基于公式的数据验证规则

如果想要发挥数据验证的强大功能，则需要使用公式创建数据验证规则。要在数据验证规则中使用公式，需要在“数据验证”对话框“设置”选项卡的“允许”下拉列表中选择“自定义”，然后在“公式”文本框中输入公式。

在输入员工信息时，每个员工的编号都是唯一的，因此，需要避免误输入重复的员工编号，此时就可以通过数据验证功能来实现此目的，操作步骤如下：

（1）选择要输入员工编号的单元格区域，如 A2:A10。

（2）打开“数据验证”对话框，在“设置”选项卡中进行以下设置，如图 1-58 所示。

- 在“允许”下拉列表中选择“自定义”。
- 在“公式”文本框中输入下面的公式：

```
=COUNTIF($A$2:$A$10,A2)=1
```

图 1-58　在数据验证规则中输入公式

提示： COUNTIF 函数用于统计符合条件的单元格的数量，第 3 章将会介绍该函数的用法。

（3）切换到“出错警告”选项卡，然后进行以下设置：

- 选中“输入无效数据时显示出错警告”复选框。
- 在“样式”下拉列表中选择“停止”。
- 在“标题”和“错误信息”两个文本框中分别输入“编号错误”和“不能输入重复的编号”。

（4）设置完成后，单击“确定”按钮，关闭“数据验证”对话框。

如果在设置了数据验证规则的区域中输入重复的编号，则会显示如图 1-59 所示的提示信息，并禁止将编号输入到单元格中。

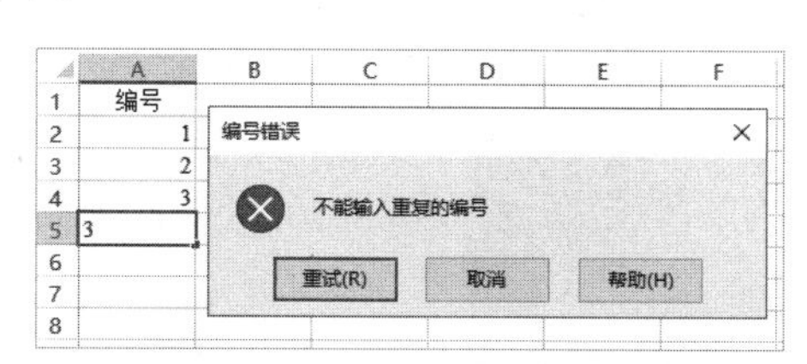

图 1-59　输入无效数据时显示的提示信息

1.4.4　管理数据验证

如果要修改现有的数据验证规则，则需要先选择包含数据验证规则的单元格，然后打开“数据验证”对话框，再进行所需的修改。

如果为多个单元格设置了相同的数据验证规则，则可以先修改任意一个单元格的数据验证规则，然后在关闭“数据验证”对话框之前，在“设置”选项卡中选中“对有同样设置的所有其他单元格应用这些更改”复选框，即可将当前设置结果应用到其他包含相同数据验证规则的单元格中。

当复制包含数据验证规则的单元格时，将会同时复制该单元格包含的内容和数据验证规则。如果只想复制单元格中的数据验证规则，则可以在执行“复制”命令后，右击要进行粘贴的位置，然后在弹出的快捷菜单中单击“选择性粘贴”命令，在打开的对话框中选择“数据验证”单选按钮，最后单击“确定”按钮。

注意：如果复制一个不包含数据验证规则的单元格，并将其粘贴到包含数据验证规则的单元格中，则会覆盖目标单元格中的数据验证规则。

如果要删除单元格中的数据验证规则，可以打开“数据验证”对话框，然后在任意一个选项卡中单击“全部清除”按钮。

当工作表中包含不止一种数据验证规则时，删除所有这些数据验证规则的操作步骤如下：

（1）单击内容编辑区左上角的全选按钮，选中工作表中的所有单元格。

（2）在功能区“数据”|“数据验证”组中单击“数据验证”按钮，将显示如图1-60所示的提示信息，单击“确定”按钮。

（3）打开“数据验证”对话框，不作任何设置，直接单击“确定”按钮，即可删除在当前工作表中设置的所有数据验证规则。

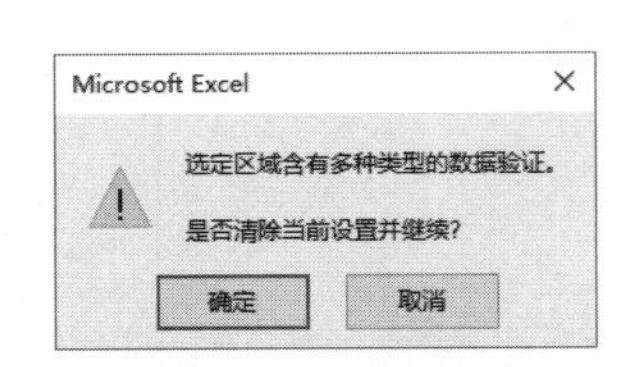

图 1-60　包含多种数据验证规则时显示的提示信息

1.5　移动和复制数据

移动和复制是对数据执行的两个常用操作，移动可以改变数据的位置，复制可以创建数据的副本。可以使用多种方法执行移动和复制操作，包括功能区命令、鼠标右键快捷菜单命令、键盘快捷键或拖动鼠标等。除了拖动鼠标的方法之外，在使用其他几种方法移动和复制数据时，最后都需要执行粘贴操作。Excel 提供了多种粘贴方式，用户可以选择移动和复制数据后的格式。

1.5.1　移动和复制数据的几种方法

移动或复制的数据可以位于单个单元格中，也可以位于单元格区域中。不能同时移动不相邻的单元格中的数据，但是可以对具有相同行数或相同列数的连续或不连续的单元格进行复制。如图 1-61 所示的两个选区（A1:A3 和 C1:D3）可以执行复制操作，因为它们都包含 3 行，即使它们的列数不同。如图 1-62 所示的两个选区（A1:A3 和 C1:D2）不能进行复制操作，因为它们包含不同的行数，在对这样结构的区域执行移动或复制操作时，会显示如图 1-63 所示的提示信息。

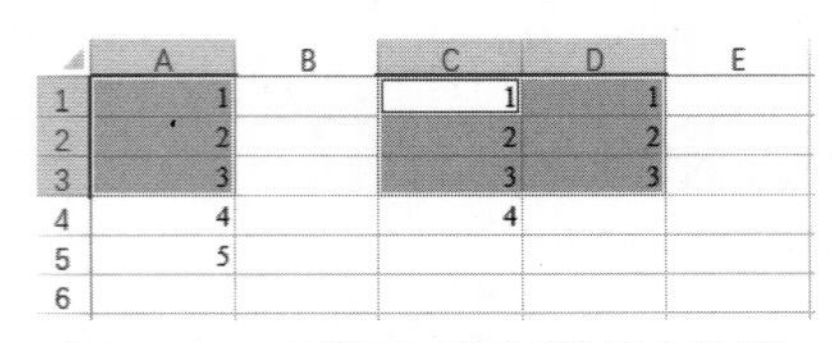

图 1-61　可以同时复制的两个选区

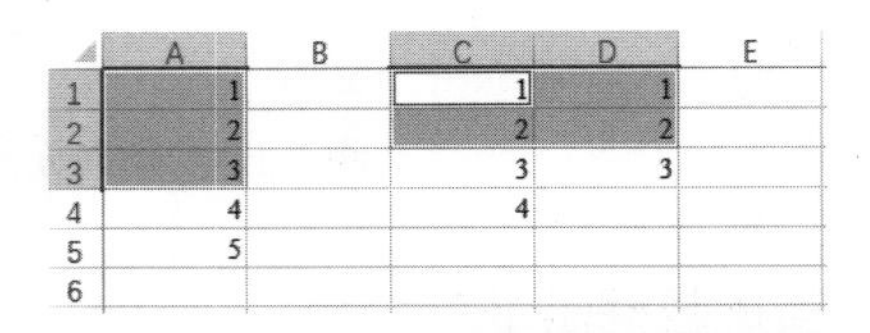

图 1-62　不能同时复制的两个选区

下面介绍移动和复制数据的几种方法。

1．使用鼠标拖动

移动数据：将光标指向单元格的边框，当光标变为十字箭头时，按住鼠标左键并拖动到目标单元格，即可完成数据的移动。

复制数据：复制数据的方法与移动数据类似，在拖动鼠标的过程中按住 Ctrl 键，到达目标单元格后，先释放鼠标左键，再释放 Ctrl 键，即可完成数据的复制。

无论移动还是复制数据，如果目标单元格包含数据，都会显示如图 1-64 所示的提示信息，用户需要选择是否使用当前正在移动或复制的数据覆盖目标单元格中的数据。

2. 使用鼠标右键菜单中的命令

移动数据：右击包含数据的单元格，在弹出的快捷菜单中单击“剪切”命令，然后右击目标单元格，在弹出的快捷菜单中单击“粘贴选项”中的“粘贴”命令，如图 1-65 所示，即可完成数据的移动。

复制数据：复制数据的方法与移动数据类似，只需将移动数据时单击的“剪切”命令改为单击“复制”命令即可，其他操作相同。

图 1-63　不允许对不连续的单元格执行复制操作

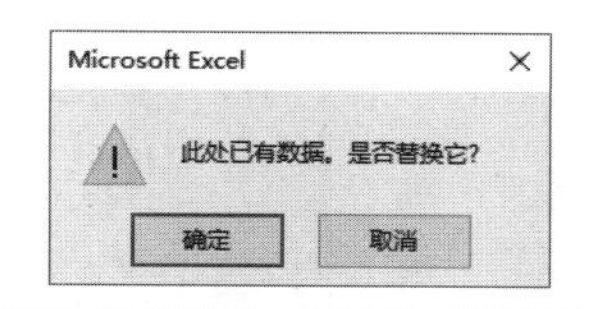

图 1-64　目标单元格包含数据时显示的提示信息

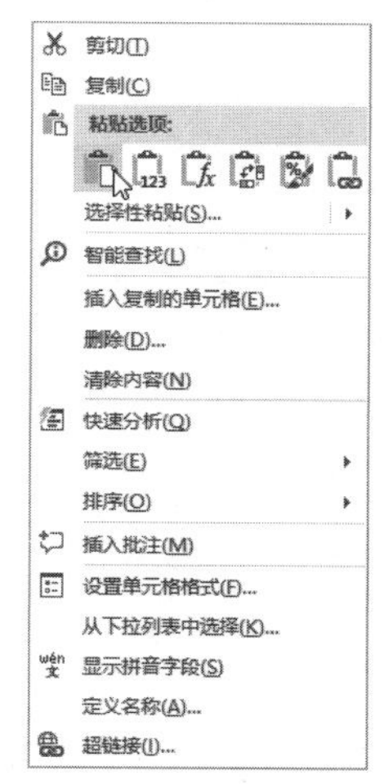

图 1-65　单击“粘贴选项”中的“粘贴”命令

3. 使用功能区命令

移动数据：选择包含数据的单元格，然后在功能区“开始”|“剪贴板”组中单击“剪切”按钮，然后选择目标单元格，在功能区“开始”|“剪贴板”组中单击“粘贴”按钮，即可完成数据的移动。

复制数据：复制数据的方法与移动数据类似，将移动数据时单击的“剪切”按钮改为单击“复制”按钮即可，其他操作相同。

4. 使用快捷键

移动数据：选择包含数据的单元格，按 Ctrl+X 组合键执行剪切操作，然后选择目标单元格，按 Ctrl+V 组合键或 Enter 键执行粘贴操作，即可完成数据的移动。

复制数据：复制数据的方法与移动数据类似，将移动数据时按下的 Ctrl+X 组合键改为 Ctrl+C 组合键即可，其他操作相同。

提示：无论使用以上哪一种方法移动和复制数据，在对单元格执行“剪切”或“复制”命令后，相应单元格的边框都会显示虚线，表示当前处于剪切复制模式。在该模式下，可以执行多次粘贴操作，但如果是通过按 Enter 键执行粘贴操作，则在粘贴后将退出剪切复制模式。如果想要在执行粘贴前退出该模式，则可以按 Esc 键。

1.5.2 使用不同的粘贴方式

无论移动还是复制数据，最后都需要执行粘贴操作，才能将数据移动或复制到目标位置。默认情况下，Excel 会将执行移动或复制操作的原始单元格中的所有内容和格式粘贴到目标单元格。为了实现更灵活的移动和复制操作，Excel 为用户提供了很多粘贴选项，用户可以选择粘贴数据的方式。

对数据执行"复制"命令后，粘贴选项会出现在以下 3 个位置：

- 右击目标单元格，在弹出的快捷菜单中将光标指向"选择性粘贴"右侧的箭头后弹出的菜单，如图 1-66 所示。
- 在功能区"开始"|"剪贴板"组中单击"粘贴"按钮上的下拉按钮后弹出的菜单中，如图 1-67 所示。
- 对目标单元格执行粘贴命令，然后单击目标单元格右下角的"粘贴选项"按钮后弹出的菜单，如图 1-68 所示。

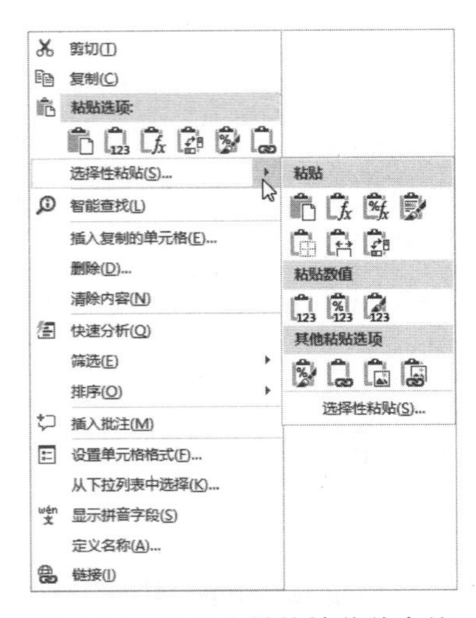

图 1-66 鼠标右键快捷菜单中的粘贴选项

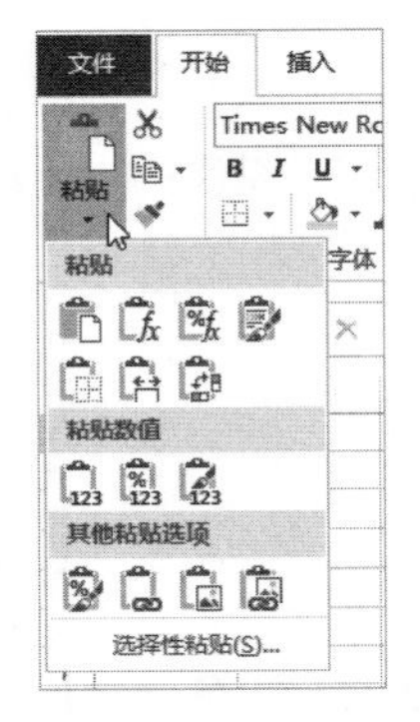

图 1-67 功能区中的粘贴选项

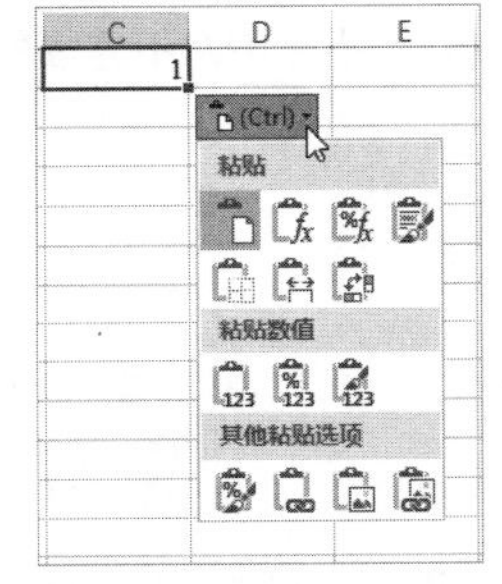

图 1-68 "粘贴选项"按钮中的粘贴选项

实际上，提供粘贴选项的另一个位置是"选择性粘贴"对话框，而且该对话框包含完整的粘贴选项。单击"复制"命令后，在目标位置右击，在弹出的快捷菜单中单击"选择性粘贴"命令，即可打开"选择性粘贴"对话框，如图 1-69 所示。

选择性粘贴功能最常见的两个应用是将单元格中的公式转换为固定不变的值，以及转换数据的方向。

1. 将公式转换为值

将公式转换为值是指将公式的计算结果转换为不会发生改变的值，即删除公式中的所有内容，只保留计算结果，以后无论公式中涉及的单元格的值发生怎样的变化，都不再影响公式的计算结果。

例如，B1 单元格中包含以下公式，用于对 A1:A6 单元格区域求和。

```
=SUM(A1:A6)
```

如果只想保留公式结果，而删除公式，则可以选择公式所在的 B1 单元格，按 Ctrl+C 组合键对其进行复制。然后右击 B1 单元格，在弹出的快捷菜单中单击"粘贴选项"中的"值"命令，如图 1-70 所示。

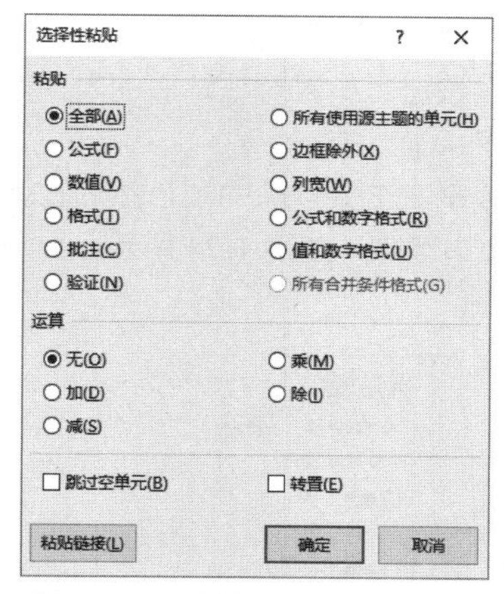

图 1-69　“选择性粘贴”对话框

图 1-70　单击“值”命令将公式转换为值

2．转换数据的方向

A 列包含“姓名”“性别”“年龄”“学历”4 个标题，现在要将这些标题输入到第一行中。选择数据区域并按 Ctrl+C 组合键进行复制，然后右击第一行中的任一空白单元格，如 B1，在弹出的快捷菜单中单击“粘贴选项”中的“转置”命令，如图 1-71 所示。

将 A 列中的内容粘贴到以 B1 单元格为起始单元格的一行中，如图 1-72 所示，最后删除 A 列即可。

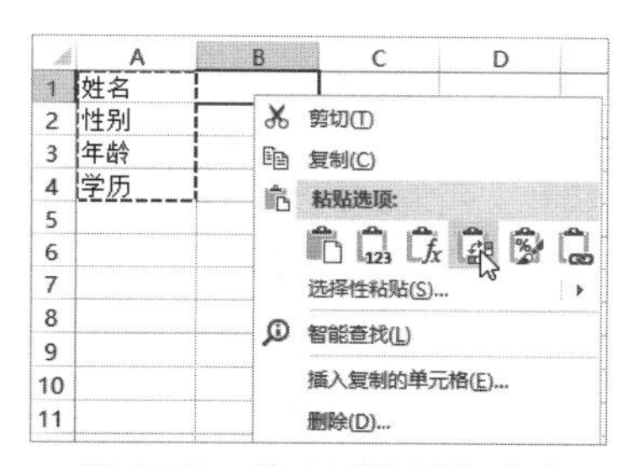

图 1-71　单击“转置”命令

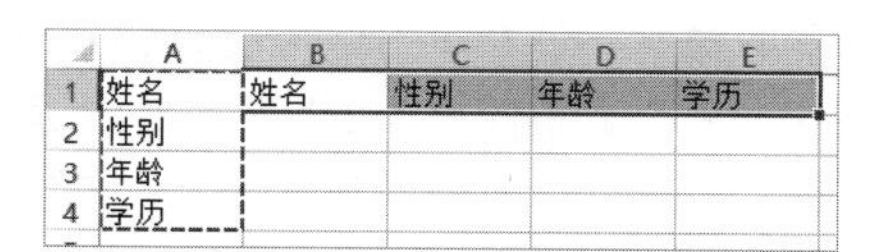

图 1-72　转置后的效果

1.5.3　使用 Office 剪贴板进行粘贴

Office 剪贴板是 Microsoft Office 程序中的一个内部功能，它与 Windows 剪贴板类似，也用于临时存放用户剪切或复制的内容。与 Windows 剪贴板不同的是，Office 剪贴板可以临时存储 24 项内容，极大地增强了 Office 剪贴板交换信息的能力。Windows 剪贴板中的内容对应于 Office 剪贴板中的第一项内容。

打开 Office 剪贴板的方法主要有以下两种：

- 单击功能区“开始”|“剪贴板”组右下角的对话框启动器。
- 连续按两次 Ctrl+C 组合键。如果该方法无效，则可以单击 Office 剪贴板下方的“选项”按钮，在下拉菜单中选择“按 Ctrl+C 两次后显示 Office 剪贴板”选项，使其左侧出现对勾标记，如图 1-73 所示。

打开 Office 剪贴板后，每次单击“剪切”或“复制”命令时，相应的数据会被添加到 Office 剪贴板中，最新剪切或复制的内容位于列表顶部。可以使用以下几种方法将 Office 剪贴板中的内容粘贴到工作表中：

- 粘贴一项或多项：单击 Office 剪贴板中要粘贴的内容，将其粘贴到单元格中。
- 粘贴所有项：单击 Office 剪贴板中的“全部粘贴”按钮。如果对粘贴后的内容顺序有要求，那么在复制这些内容时就需要注意复制的顺序。
- 粘贴除个别项以外的其他所有项：在 Office 剪贴板中右击要排除的项，然后在弹出的快捷菜单中单击“删除”命令，将其从 Office 剪贴板中删除，如图 1-74 所示。再单击“全部粘贴”按钮将其他所有项粘贴到工作表中。

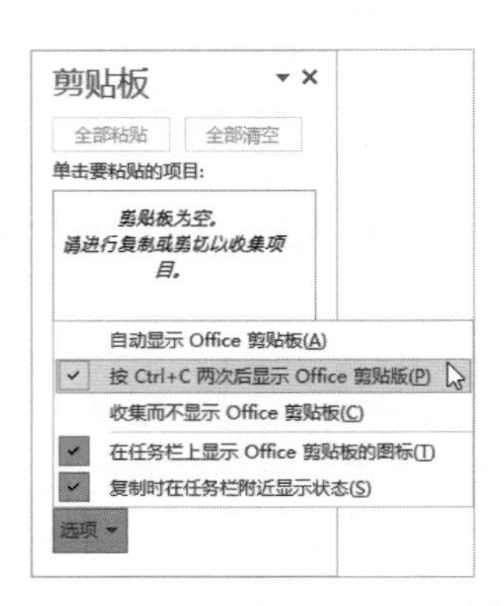

图 1-73 选择“按 Ctrl+C 两次后显示 Office 剪贴板”选项

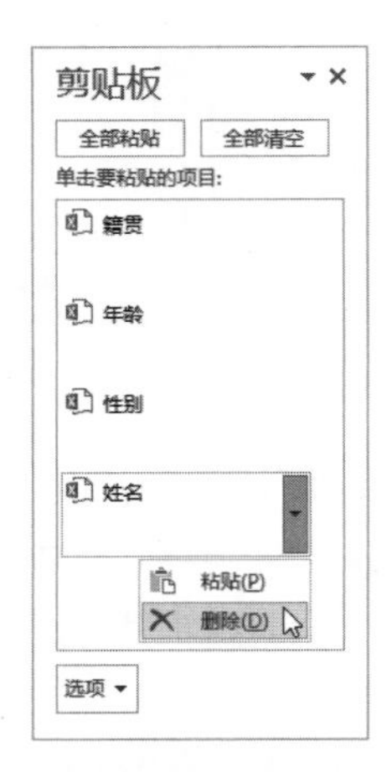

图 1-74 从 Office 剪贴板中删除不需要的项

如果要删除 Office 剪贴板中的所有项，可以单击“全部清空”按钮。

1.5.4 将数据一次性复制到多个工作表

如果要将一个工作表中的数据复制到同一个工作簿中的其他工作表，则可以选择包含要复制的数据区域，然后使用 1.2.4 节的方法选择多个工作表，再在功能区“开始”|“编辑”组中单击“填充”按钮，在下拉菜单中单击“成组工作表”命令，如图 1-75 所示。

打开“填充成组工作表”对话框，选择一种复制方式，“全部”是指同时复制单元格中的内容和格式，“内容”是指只复制单元格中的内容，“格式”是指只复制单元格中的格式，如图 1-76 所示。

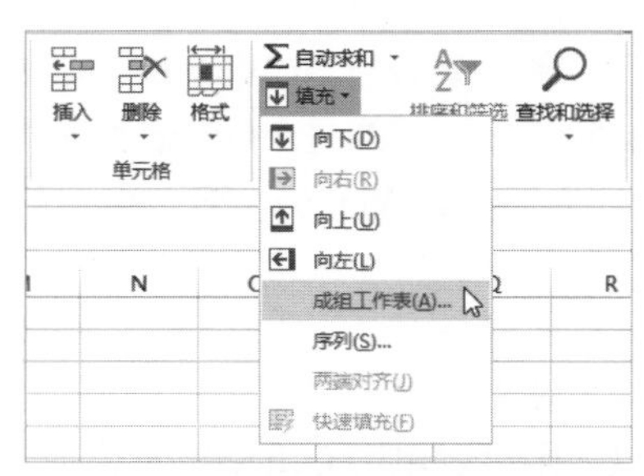

图 1-75 单击“成组工作表”命令

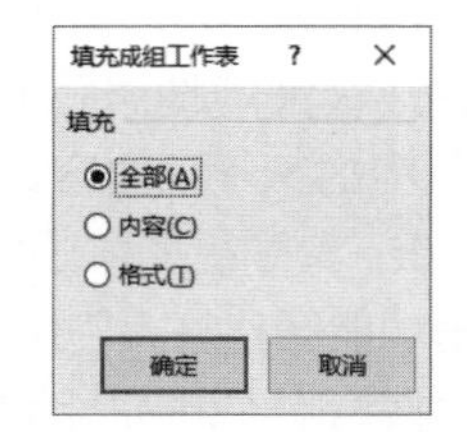

图 1-76 选择复制方式

选择好复制方式后，单击“确定”按钮，将指定内容复制到选择的所有工作表中的相同位置上。

注意：如果要复制到的目标工作表中包含数据，并且数据的位置正好与源工作表中复制数据的位置相同，那么复制后会自动覆盖目标工作表中的数据，而不会显示任何提示。

第2章 设置数据格式

通过为数据设置合适的格式，不但可以使数据更易阅读，还能起到美化工作表的作用。设置数据的格式只改变数据的显示外观，不影响数据本身的内容。本章主要介绍 Excel 提供的单元格格式功能及其设置方法，包括设置单元格的尺寸、边框和填充、字体格式、数字格式、数据对齐方式等单元格的基本格式，以及单元格样式、条件格式等高级格式功能。最后介绍创建工作簿和工作表模板，以及保护工作簿和工作表的方法。

2.1 设置单元格的外观格式

单元格的外观格式主要包括单元格的尺寸、单元格边框和填充效果。无论是否在单元格中输入数据，这几种格式设置都能直接改变单元格自身的外观。

2.1.1 设置单元格的尺寸

单元格的尺寸是指单元格的宽度和高度。实际上一旦改变某个单元格的宽度和高度，与该单元格相关的整行和整列的尺寸也会同时改变，因此，设置单元格的宽度和高度相当于设置其所在列的列宽和所在行的行高。可以使用以下几种方法设置列宽和行高：

- 使用鼠标拖动的方法手动调整列宽和行高。
- 根据数据的字符高度和长度，让 Excel 自动将列宽和行高设置为正好容纳数据的最合适尺寸。
- 将列宽和行高设置为精确的值。

1. 手动调整列宽和行高

当单元格包含文本类型的内容，且内容长度超过单元格的宽度时，为了让内容在单元格中完全显示，可以将光标指向两个列标之间的位置，当光标变为左右箭头时，按住鼠标左键并向左或向右拖动，即可改变单元格的宽度，如图 2-1 所示。

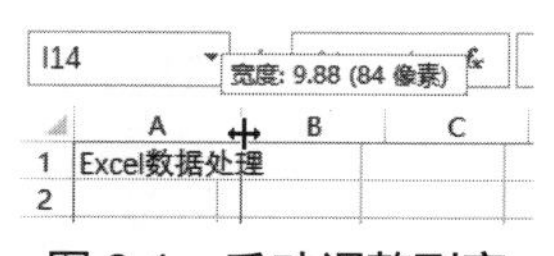

图 2-1 手动调整列宽

手动调整行高的方法与调整列宽类似，只需将光标指向两个行号之间，当光标变为上下箭头时向上或向下拖动即可。

2．自动调整列宽和行高

如果要让单元格的宽度正好容纳其中的内容，除了采用手动调整列宽以达到宽度匹配外，更简单的方法是让 Excel 自动进行调整。Excel 自动调整列宽有以下两种方法：

- 选择要调整宽度的一列或多列，然后在功能区“开始”|“单元格”组中单击“格式”按钮，在下拉菜单中单击“自动调整列宽”命令，如图 2-2 所示。如果要调整行高，则单击“自动调整行高”命令。

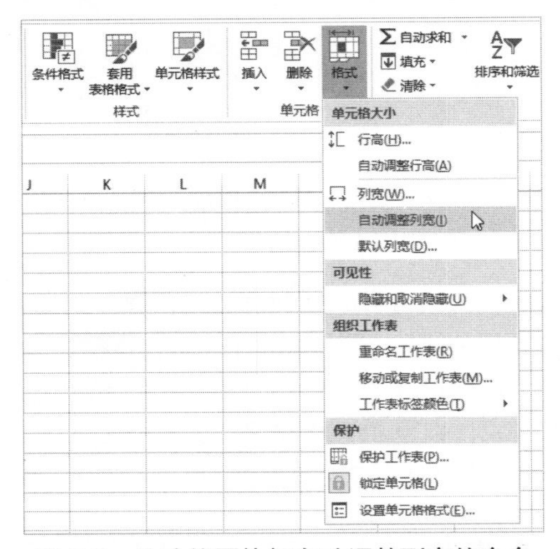

图 2-2　从功能区执行自动调整列宽的命令

- 将光标指向两个列标之间的位置，当光标变为左右箭头时双击，即可自动调整光标左侧列的宽度。该方法也可同时作用于多列，选择这些列，然后双击其中任意两列之间的位置，即可同时调整这些列的列宽。自动调整行高的方法与此类似，双击两个行号之间的位置。

3．精确设置列宽和行高

如果要为列宽精确设置一个值，则需要先选择要设置的一列或多列，然后右击选区范围内或选中的任意一个列标，在弹出的快捷菜单中单击“列宽”命令，如图 2-3 所示。打开“列宽”对话框，如图 2-4 所示，输入要设置的值，然后单击“确定”按钮。

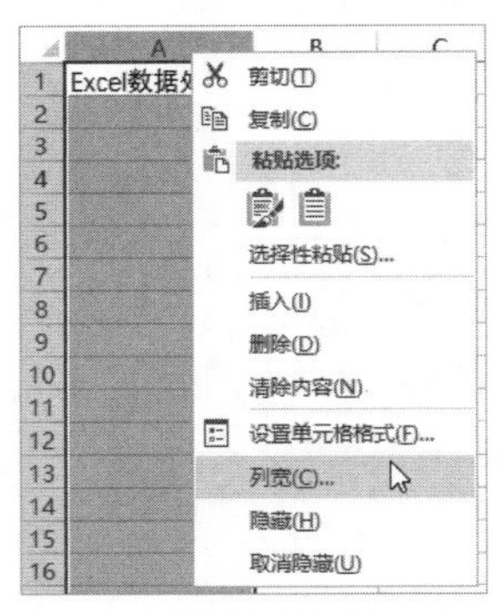

图 2-3　单击“列宽”命令

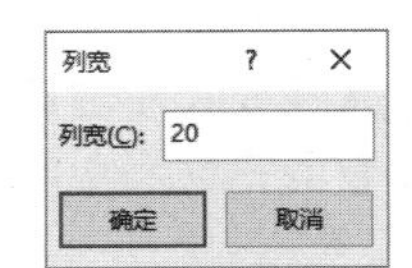

图 2-4　精确设置列宽

设置行高的方法与此类似，在右击行号后单击“行高”命令，然后在弹出的“行高”对话框中进行设置。

2.1.2 设置单元格的边框

默认情况下，Excel 中的单元格由纵横交错的浅灰色线条包围，这些线条称为“网格线”。通过网格线可以清晰显示单元格的边界，但在打印工作表时不会显示这些网格线。使用功能区“视图”|“显示”组中的“网格线”复选框，可以控制网格线的显示或隐藏，如图 2-5 所示。

图 2-5 使用“网格线”复选框控制网格线的显示状态

如果要在屏幕或纸张上的表格中显示网格线，则需要用户手动设置单元格的边框。设置单元格边框的方法有以下两种：

- 在功能区“开始”|“对齐方式”组中打开“边框”下拉列表，然后选择内置的边框方案或选择手动绘制边框，如图 2-6 所示。

图 2-6 功能区中的边框命令及其相关选项

- 如果要对边框进行更多设置，则可以打开“设置单元格格式”对话框的“边框”选项卡，在该选项卡中可以对边框的线型、颜色、添加的位置等进行设置。

打开“设置单元格格式”对话框的“边框”选项卡的方法有以下几种：

- 在图 2-6 菜单中单击“其他边框”命令。
- 在功能区“开始”选项卡的“字体”“对齐方式”或“数字”这 3 个组的任一组中单击对话框启动器，打开“设置单元格格式”对话框，然后切换到“边框”选项卡。

- 右击选区，在弹出的快捷菜单中单击“设置单元格格式”命令，然后在打开的“设置单元格格式”对话框中切换到“边框”选项卡。

例如，为 A1:D6 单元格区域设置蓝色的双线边框的操作步骤如下：

（1）选择 A1:D6 单元格区域，然后打开“设置单元格格式”对话框的“边框”选项卡，如图 2-7 所示。

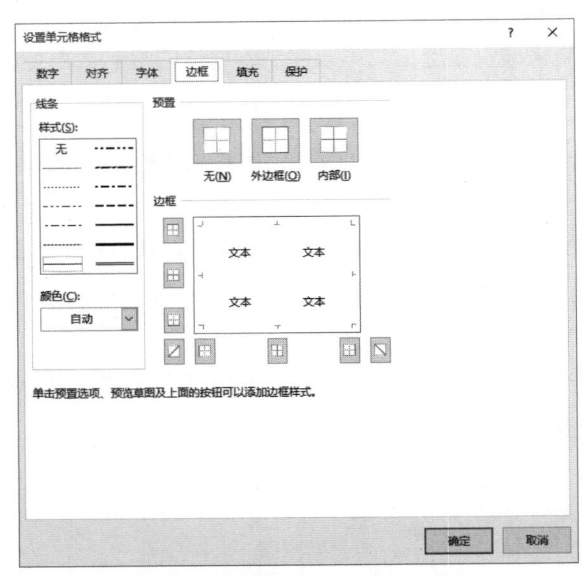

图 2-7　设置前的“边框”选项卡

（2）在“样式”中选择双线型，在“颜色”下拉列表中选择“蓝色”，然后分别单击“外边框”和“内部”按钮，位于按钮下方的预览图中会显示添加边框后的效果，如图 2-8 所示。如果选择了不同的线型和颜色，需要重新单击“外边框”和“内部”按钮，以应用最新的更改。

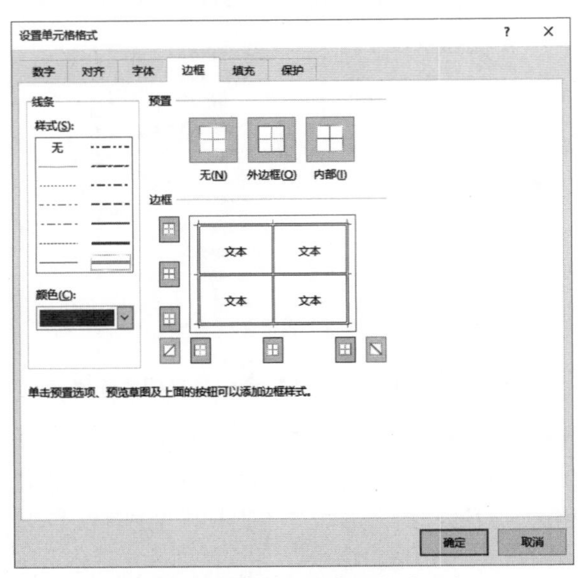

图 2-8　设置后的“边框”选项卡

提示：可以使用“边框”区域中的 8 个按钮控制单元格各个边框的样式和显示状态。

（3）单击“确定”按钮，设置边框后的效果如图 2-9 所示。

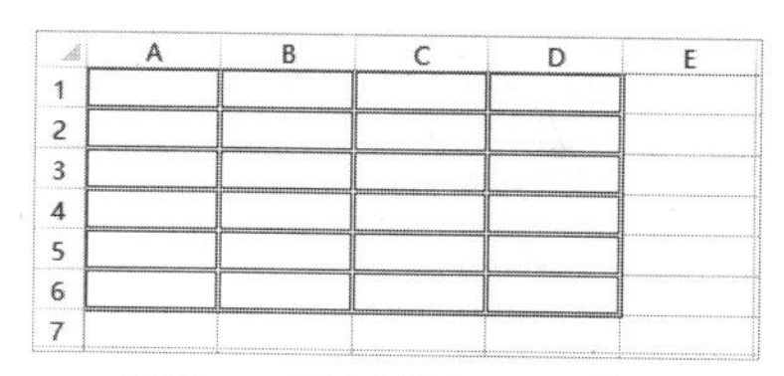

图 2-9　设置边框后的效果

2.1.3　设置单元格的背景色

与边框相比，设置更多的可能是单元格的背景色。为单元格设置背景色，可以增强单元格的视觉效果。在功能区“开始”|“字体”组中单击“填充颜色”按钮上的下拉按钮，然后在打开的颜色列表中选择一种颜色，如图 2-10 所示。如图 2-11 所示是为 A1:C1 单元格区域设置灰色背景色后的效果。

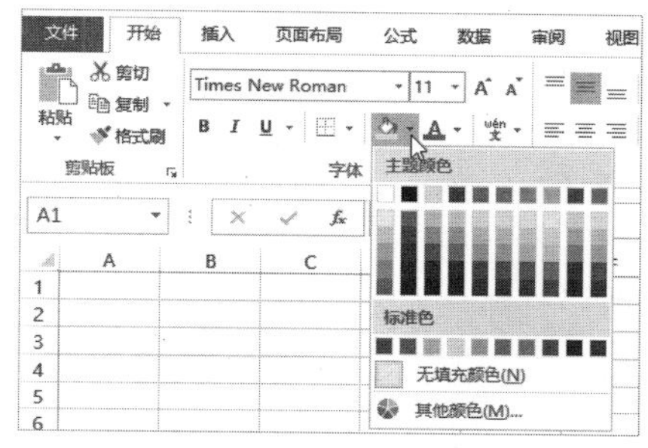

图 2-10　选择背景色

	A	B	C
1	编号	性别	年龄
2	A001	男	23
3	A002	女	26
4	A003	女	25
5	A004	男	29
6	A005	女	39

图 2-11　设置背景色后的效果

如果要对单元格的背景色进行更多设置，则可以打开“设置单元格格式”对话框的“填充”选项卡，在该选项卡中除了可以设置单色背景色之外，还可以设置渐变色背景、图案背景等效果，如图 2-12 所示。

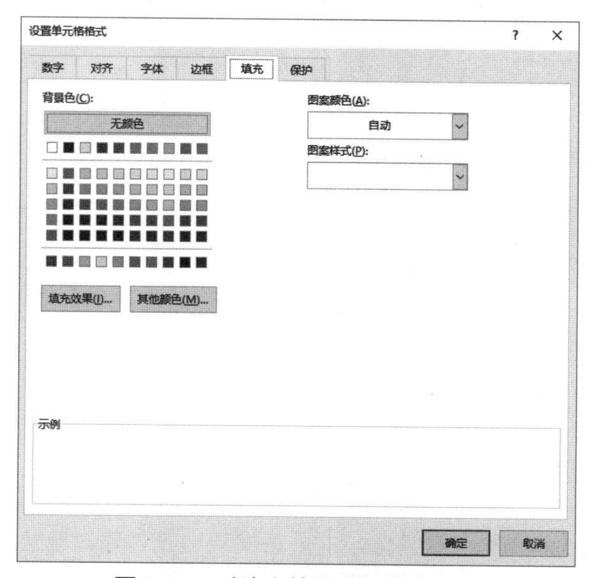

图 2-12　对填充效果进行更多设置

2.2 设置数据在单元格中的显示方式

单元格的一些格式主要是针对数据设置的，如字体格式、数字格式、文本对齐方式等。换句话说，只有在单元格中输入数据后，设置的这些格式才会通过数据显示出来。本节将介绍这类格式的设置方法。

2.2.1 设置字体格式

Excel 2016 的默认字体是“等线”，字号是 11 号。“默认”意味着在每次新建的工作表中，每个单元格的字体都是“等线”，字体大小都是 11 号。用户可以手动更改单元格的字体格式，主要有以下几种方法：

- 在功能区“开始”|“字体”组中，从“字体”下拉列表中选择字体，从“字号”下拉列表中选择字号，“字体”组中还提供了其他一些有关字体格式的选项，如加粗、倾斜、字体颜色等，如图 2-13 所示。
- 在“设置单元格格式”对话框的“字体”选项卡中设置字体格式，如图 2-14 所示。
- 使用浮动工具栏设置字体格式。

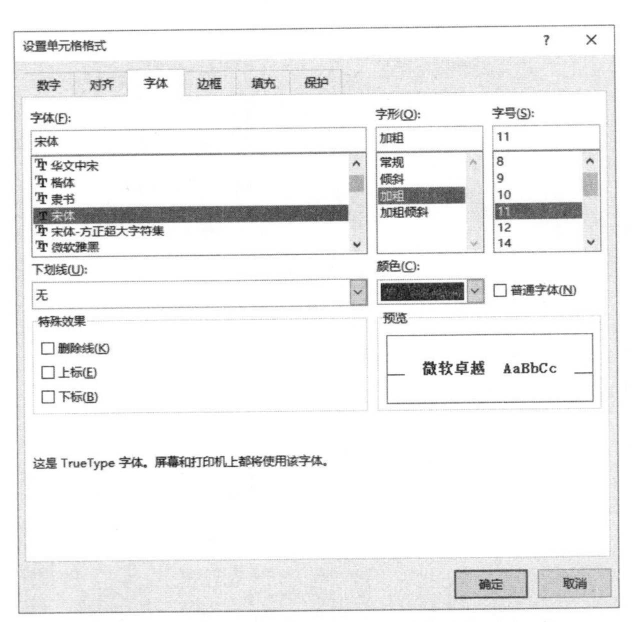

图 2-13 “字体”组中的字体格式选项

图 2-14 在“字体”选项卡中设置字体格式

无论使用上述哪种方法设置字体格式，都需要先选择要设置字体格式的单元格，然后再进行设置。如果要为单元格中的部分内容设置字体格式，则需要双击单元格进入编辑状态，选择其中的部分内容后再进行设置。如图 2-15 所示是将 A1:C1 单元格区域中的文字字体设置为“楷体”，将字号设置为 16，并设置字体加粗后的效果。

	A	B	C
1	编号	性别	年龄
2	A001	男	23
3	A002	女	26
4	A003	女	25
5	A004	男	29
6	A005	女	39

图 2-15 为文字设置字体格式

如果在工作表中总是使用某种固定的字体格式，则可以将这种字体格式设置为 Excel 的默认字体，以后每次新建工作表时就会自动应用所设置的默认字体。设置默认字体需要打开“Excel 选项”对话框，选择“常规”选项卡，然后在“新建工作簿时”区域中设置“使用此字体作为默认字体”和“字号”两个选项，如图 2-16 所示。

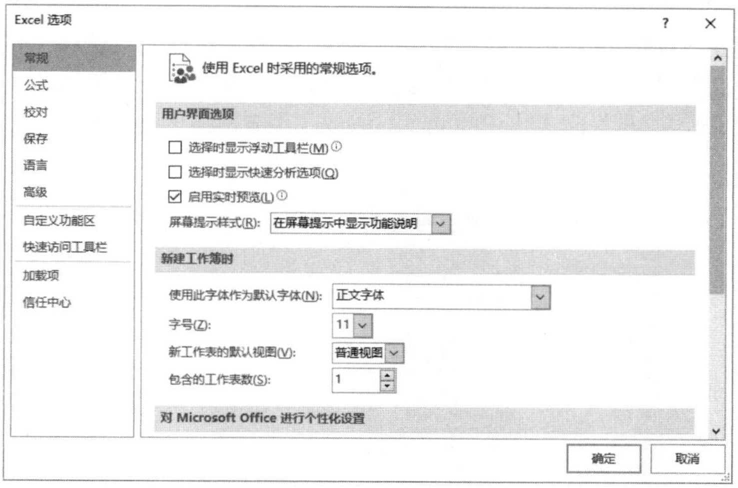

Excel 选项
常规
公式
校对
保存
语言
高级
自定义功能区
快速访问工具栏
加载项
信任中心
使用 Excel 时采用的常规选项。
用户界面选项
选择时显示浮动工具栏(M)
选择时显示快速分析选项(Q)
启用实时预览(L)
屏幕提示样式(R):
在屏幕提示中显示功能说明
新建工作簿时
使用此字体作为默认字体(N):
正文字体
字号(Z):
11
新工作表的默认视图(V):
普通视图
包含的工作表数(S):
1
对 Microsoft Office 进行个性化设置
确定
取消

图 2-16　设置 Excel 默认字体

2.2.2　设置数字格式

在单元格中输入一个数字后，这个数字在不同场合下可以有多种含义。例如，在销售分析表中，它可能表示商品的销量；在员工信息表中，它可能表示员工的体重；在财务报表中，它也可能表示按月计算的还款期限。

为了让工作表中的数据清晰表示特定的含义，可以为数据设置适当的数字格式。Excel 内置了一些数字格式，在选择要设置的单元格后，可以在功能区“开始”|“数字”组中的“数字格式”下拉列表选择这些数字格式，如图 2-17 所示。如图 2-18 所示是为表示工资的数字设置了货币格式，这样就可以很容易地从货币符号判断出这列数字表示的是金额。

自动换行
合并后居中
对齐方式
常规
无特定格式
数字
工资
货币
工资
会计专用
工资
短日期
工资
长日期
工资
时间
工资
百分比
工资
分数
工资
科学记数
工资
其他数字格式(M)...

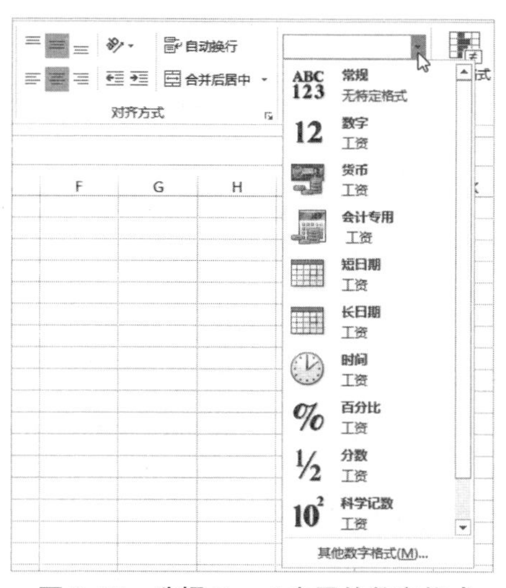

图 2-17　选择 Excel 内置的数字格式

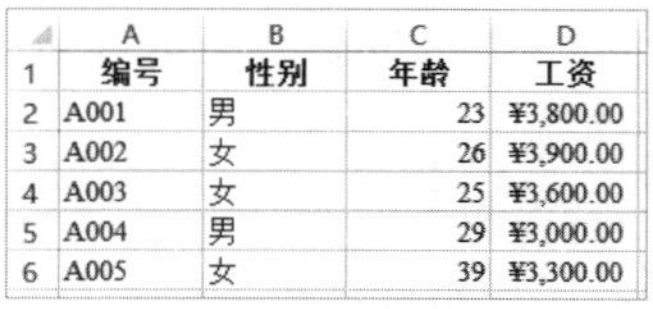

	A	B	C	D
1	编号	性别	年龄	工资
2	A001	男	23	¥3,800.00
3	A002	女	26	¥3,900.00
4	A003	女	25	¥3,600.00
5	A004	男	29	¥3,000.00
6	A005	女	39	¥3,300.00

图 2-18　为数字设置货币格式

注意：无论为数据设置哪种数字格式，都只是改变数据的显示效果，而不会改变数据本身。

如果 Excel 内置的数字格式无法满足实际需求，那么用户可以创建新的数字格式。打开“设置单元格格式”对话框的“数字”选项卡，在“分类”列表框中选择“自定义”，然后在右侧的“类型”文本框中输入数字格式代码。

Excel 内置的所有数字格式都有对应的格式代码，如果要查看特定的数字格式代码，可以在“设置单元格格式”对话框的“数字”选项卡中选择一种数字格式，然后在“分类”列表框中选择“自定义”，在“类型”文本框中会显示所选数字格式对应的格式代码，如图 2-19 所示。

图 2-19　查看内置数字格式的格式代码

提示：在“数字”选项卡的“分类”列表框中选择“自定义”后，对话框的右下角会显示一个“删除”按钮，如果该按钮为灰色不可用状态，则说明当前选择的是 Excel 内置的数字格式代码，无法将其删除，否则可以单击“删除”按钮，将当前选中的数字格式删除。

格式代码由 4 个部分组成，各部分代码对应不同类型的内容，各部分之间使用半角分号“;”分隔，代码结构如下：

```
正数;负数;零值;文本
```

在创建格式代码时，并非必须完整提供所有部分。当格式代码只包含 1 ～ 3 个部分时，各部分代码的含义如下：

- 包含一个部分：设置所有数值。
- 包含两个部分：第一部分用于设置正数和零值，第二部分用于设置负数。
- 包含三个部分：第一部分用于设置正数，第二部分用于设置负数，第三部分用于设置零值。

在格式代码中可以使用“比较运算符 + 数值”的形式设置条件值，并且只能在格式代码的前两个部分设置条件，第三部分自动以“除此之外”作为该部分的条件，第四部分仍然用于设置文本格式，代码结构如下：

```
条件1;条件2;除了条件1和条件2之外的数值;文本
```

使用条件的格式代码至少要包含两个部分，当只提供 2 ～ 3 个部分时，各部分代码的含义如下：

- 如果格式代码包含两个部分，则第一部分用于设置满足条件 1 的情况，第二部分用于设置其他情况。
- 如果格式代码包含三个部分，则第一部分用于设置满足条件 1 的情况，第二部分用于设置满足条件 2 的情况，第三部分用于设置其他情况。

在创建的格式代码中必须使用 Excel 限定的字符，其他字符无效。可在格式代码中使用的字符见表 2-1。

表 2-1　可在格式代码中使用的字符及其含义

代　码	说　明
G/ 通用格式	不设置任何格式，等同于“常规”格式
#	数字占位符，只显示有效数字，不显示无意义的零值
0	数字占位符，如果数字位数小于代码指定的位数，则显示无意义的零值
?	数字占位符，与“0”类似，但以空格代替无意义的零值，可用于显示分数
@	文本占位符，等同于“文本”格式
.	小数点
,	千位分隔符
%	百分号
*	重复下一个字符来填充列宽
\ 或 !	显示“\”或“!”右侧的一个字符，用于显示格式代码中的特定字符本身
_	保留与下一个字符宽度相同的空格
E-、E+、e- 和 e+	科学计数符号
" 文本内容 "	显示双引号之间的文本
[颜色]	显示相应的颜色，在中文版的 Excel 中只能使用中文颜色名称：[黑色]、[白色]、[红色]、[黄色]、[蓝色]、[绿色]、[青绿色]、[洋红]，而英文版 Excel 必须使用英文颜色名称
[颜色 n]	显示兼容 Excel 2003 调色板上的颜色，n 为 1 ～ 56 的数字
[条件]	在格式代码中使用“比较运算符 + 数值”的形式设置条件
[DBNum1]	显示中文小写数字，例如“186”显示为“一百八十六”
[DBNum2]	显示中文大写数字，例如“186”显示为“壹佰捌拾陆”
[DBNum3]	显示全角的阿拉伯数字与小写的中文单位，例如“186”显示为 1 百 8 十 6

在创建日期和时间格式代码时可以使用的字符见表 2-2。

表 2-2　用于日期和时间格式代码的字符及其含义

代　码	说　明
y	使用两位数字显示年份（00 ～ 99）
yy	使用两位数字显示年份（00 ～ 99）
yyyy	使用四位数字显示年份（1900 ～ 9999）
m	使用没有前导零的数字显示月份（1 ～ 12）或分钟（0 ～ 59）

续表

代　码	说　明
mm	使用有前导零的数字显示月份（01 ～ 12）或分钟（00 ～ 59）
mmm	使用英文缩写显示月份（Jan ～ Dec）
mmmm	使用英文全拼显示月份（January ～ December）
mmmmm	使用英文首字母显示月份（J ～ D）
d	使用没有前导零的数字显示日期（1 ～ 31）
dd	使用有前导零的数字显示日期（01 ～ 31）
ddd	使用英文全称显示星期（Sun ～ Sat）
dddd	使用英文全拼显示星期（Sunday ～ Saturday）
aaa	使用中文简称显示星期几（一～日）
aaaa	使用中文全称显示星期几（星期一～星期日）
h	使用没有前导零的数字显示小时（0 ～ 23）
hh	使用有前导零的数字显示小时（00 ～ 23）
s	使用没有前导零的数字显示秒（0 ～ 59）
ss	使用有前导零的数字显示秒（00 ～ 59）
[h]、[m]、[s]	显示超出进制的小时数、分钟数、秒数
AM/PM	使用英文上下午显示十二进制时间
A/P	与 AM/PM 相同
上午 / 下午	使用中文上下午显示十二进制时间

下面通过两个示例来介绍创建数字格式的方法。

如图 2-20 所示，A 列中的日期包含年、月、日的信息，如果要在日期中显示星期几，则可以创建下面的数字格式代码，设置后的日期显示为如图 2-21 所示的效果。

```
yyyy"年"m"月"d"日" aaaa
```

	A	B
1	日期	销量
2	2019年3月12日	369
3	2019年3月22日	300
4	2019年3月22日	175
5	2019年3月26日	257
6	2019年3月27日	183

图 2-20　不显示星期的日期

	A	B
1	日期	销量
2	2019年3月12日 星期二	369
3	2019年3月22日 星期五	300
4	2019年3月22日 星期五	175
5	2019年3月26日 星期二	257
6	2019年3月27日 星期三	183

图 2-21　显示包含星期的日期

创建本例数字格式代码的操作步骤如下：

（1）选择日期所在的 A2:A6 单元格区域，然后单击功能区“开始”|“数字”组右下角的对话框启动器。

（2）打开“设置单元格格式”对话框，切换到“数字”选项卡，选择“自定义”，然后在“类型”文本框中输入上面给出的格式代码，如图 2-22 所示，最后单击“确定”按钮。

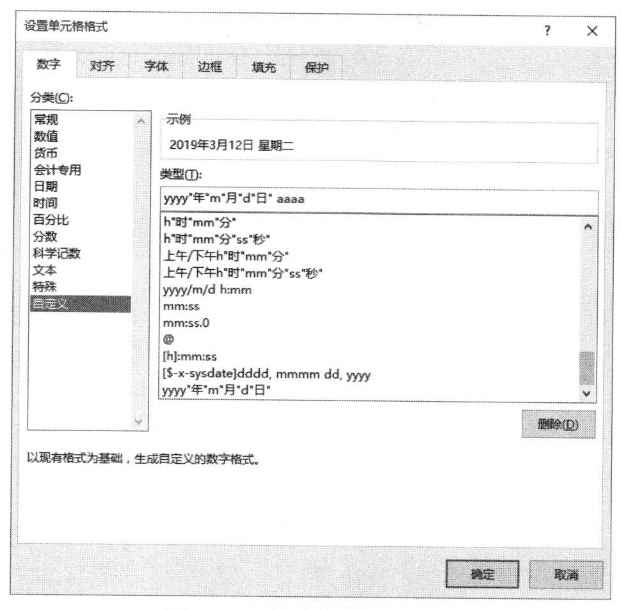

图 2-22　创建数字格式代码

如图 2-23 所示，B 列包含商品的销售额，如果要将所有销售额以“万”为单位显示，并在每个销售额的右侧自动添加“万元”，则可以创建下面的数字格式代码，创建步骤可参考创建 A 列的示例。设置后的销售额显示为如图 2-24 所示的效果。

```
0!.0,"万元"
```

	A	B
1	商品	销售额
2	面包	23836
3	酸奶	35656
4	牛奶	22051
5	酱油	14363
6	米醋	27327

图 2-23　正常显示的销售额

	A	B
1	商品	销售额
2	面包	2.4万元
3	酸奶	3.6万元
4	牛奶	2.2万元
5	酱油	1.4万元
6	米醋	2.7万元

图 2-24　以“万”为单位显示的销售额

用户创建的数字格式代码只存储在代码所在的工作簿中，如果要在其他工作簿中使用创建的数字格式，则需要将包含自定义数字格式的单元格复制到目标工作簿。如果要在所有工作簿中使用用户创建的数字格式，则可以在 Excel 工作簿模板中创建数字格式，基于该模板创建的每个工作簿都可以使用用户创建的数字格式。

2.2.3　设置数据在单元格中的位置

将数据输入到单元格中时，不同类型的数据在单元格中默认具有不同的位置：文本在单元格中左对齐，数值、日期和时间在单元格中右对齐，逻辑值和错误值在单元格中居中对齐。

用户可以通过设置单元格的对齐方式，来改变数据在单元格中的默认位置。单元格的对齐方式包括水平和垂直两个方向上的对齐，前面提到的不同类型数据的默认位置是指水平对齐。垂直对齐的效果只有在行高超过文字的高度时才会体现出来。

在功能区“开始”|“对齐方式”组中提供了 3 种常用的水平对齐和 3 种常用的垂直对齐。如果想要选择更多的对齐方式，则可以打开“设置单元格格式”对话框的“对齐”选项卡，然后在“水平对齐”和“垂直对齐”两个下拉列表中进行选择，如图 2-25 所示。

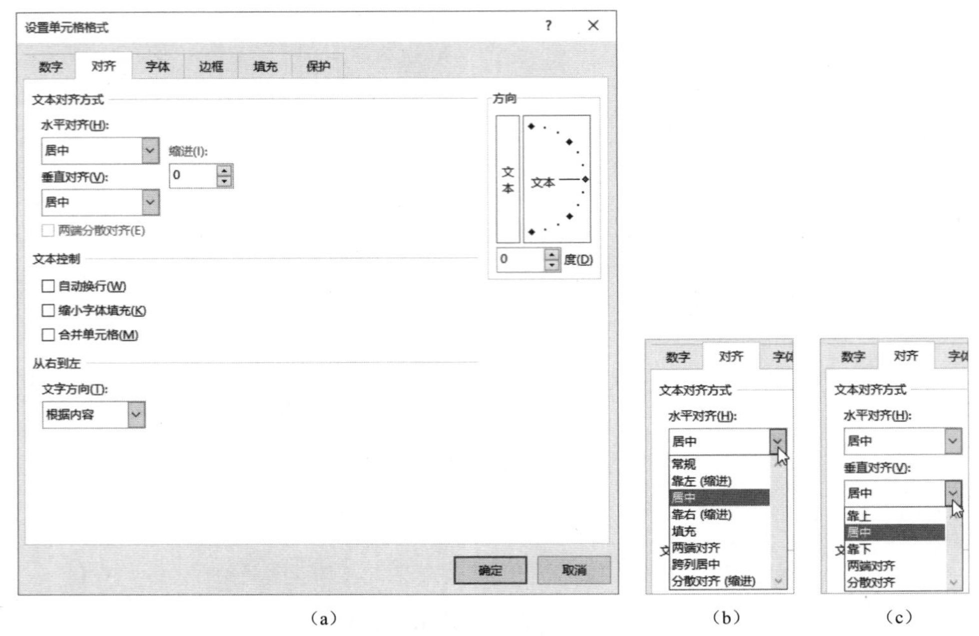

(a) (b) (c)

图 2-25　在“对齐”选项卡中选择更多的对齐方式

在所有的水平对齐方式中，“填充”和“跨列居中”的效果比较特殊。

- 填充：如果要在单元格中输入重复多次的内容，则可以将单元格的对齐方式设置为“填充”，Excel 会自动重复使用单元格中包含的内容来填充这个单元格，直到填满单元格，或单元格的剩余空间无法完整容纳该内容。例如，单元格中包含“A001”，如果将该单元格的对齐方式设置为“填充”，那么效果类似如图 2-26 所示，在当前宽度下，Excel 会自动使用“A001”填充单元格，直到单元格中的剩余空间不足以容纳“A001”。
- 跨列居中：“跨列居中”对齐方式的效果与使用功能区“开始”|“对齐方式”组中的“合并后居中”命令类似，但是“跨列居中”并未真正合并单元格，而只是在显示方面具有合并居中的效果。如图 2-27 所示是将 A1:D1 单元格区域的对齐方式设置为“跨列居中”后的效果，内容实际上位于 A1 单元格中。

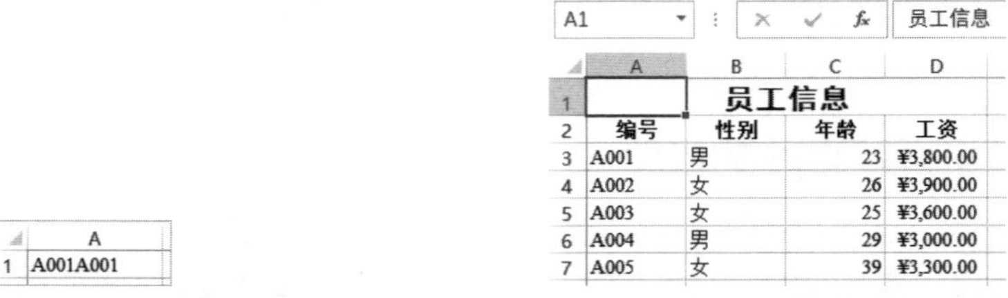

图 2-26　“填充”对齐方式的效果　　　图 2-27　“跨列居中”对齐方式的效果

2.3　使用样式快速设置多种格式

Excel 中的单元格样式为快速设置和修改单元格的多种格式提供了方便，与 Word 中的样式具有类似的概念和用途。本节将介绍使用 Excel 内置单元格样式设置格式，以及创建单元格样式的方法。本节还将介绍使用“合并样式”功能将用户创建的单元格样式用于其他工作簿的方法。

2.3.1　使用内置的单元格样式

单元格样式是单元格格式的组合，在单元格样式中可以包含以下 6 种单元格格式：数字、对齐、字体、边框、填充、保护，它们对应于“设置单元格格式”对话框中的 6 个选项卡。

Excel 内置了很多单元格样式，用户可以使用它们快速地为单元格设置多种基本格式。选择要设置格式的单元格，然后在功能区“开始”|“样式”组中单击“单元格样式”按钮，在打开的列表中选择一个单元格样式，如图 2-28 所示。

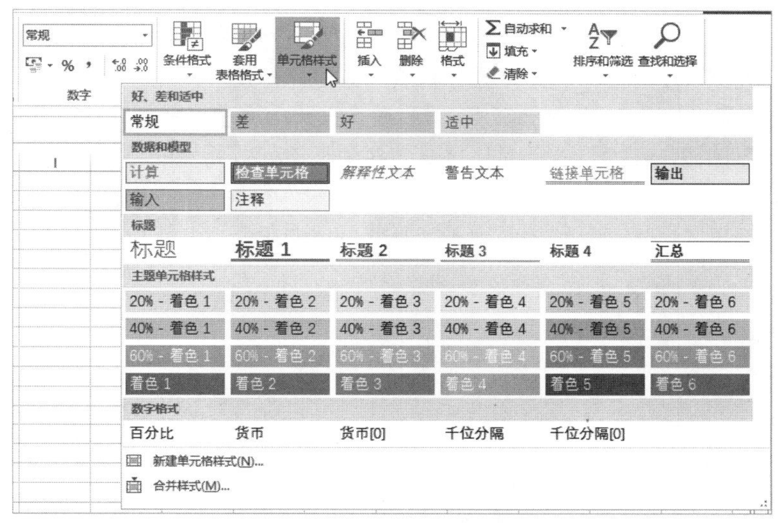

图 2-28　单元格样式列表

如果内置的单元格样式无法满足使用需求，则可以对其进行修改，以符合格式上的要求。打开图 2-28 的单元格样式列表，右击要修改的样式，在弹出的快捷菜单中单击“修改”命令，如图 2-29 所示。

打开“样式”对话框，每种格式对应一个复选框，处于选中状态的复选框表示相应的格式在当前的样式中正在发挥作用，如图 2-30 所示。用户可以根据需要，选中或取消选中相应格式的复选框，以决定在样式中是否使用特定的格式。如果要修改格式的细节，则可以单击“格式”按钮，然后在打开的“设置单元格格式”对话框中进行设置。

图 2-29　右击样式后单击“修改”命令

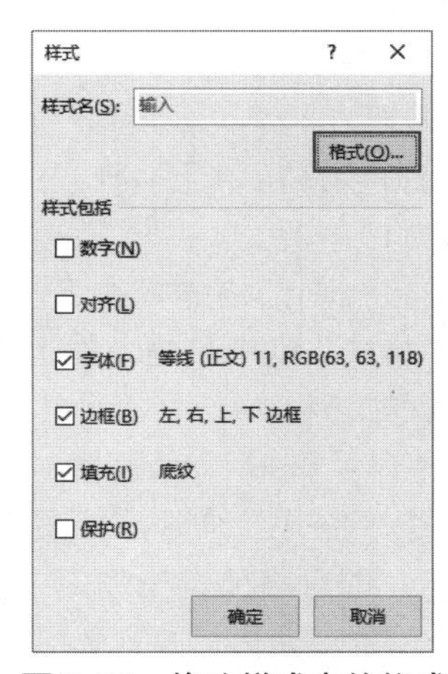

图 2-30　修改样式中的格式

技巧：如果要修改某个内置的单元格样式，但是又不想破坏它原来的格式，那么可以在单元格样式列表中右击要修改的样式，然后在弹出的快捷菜单中单击“复制”命令，这样将会创建该样式的一个副本，之后的修改工作只作用于这个样式副本，而不会影响原始样式。

2.3.2 创建单元格样式

除了直接使用或修改 Excel 内置的单元格样式之外，用户还可以创建新的单元格样式。就操作过程来说，创建新的单元格样式与修改内置的单元格样式并无本质区别。

要创建新的单元格样式，用户可以在功能区“开始”|“样式”组中单击“单元格样式”按钮，然后在打开的样式列表中单击“新建单元格样式”命令，打开“样式”对话框，如图 2-31 所示。在“样式名”文本框中输入新样式的名称，然后在下方选中要在样式中使用哪些格式的复选框，最后单击“格式”按钮，在“设置单元格格式”对话框中设置所需的格式。

创建好的单元格样式会显示在样式列表的“自定义”类别中，如图 2-32 所示。以后可以随时修改用户创建的单元格样式，在列表中右击样式，然后单击“修改”命令。

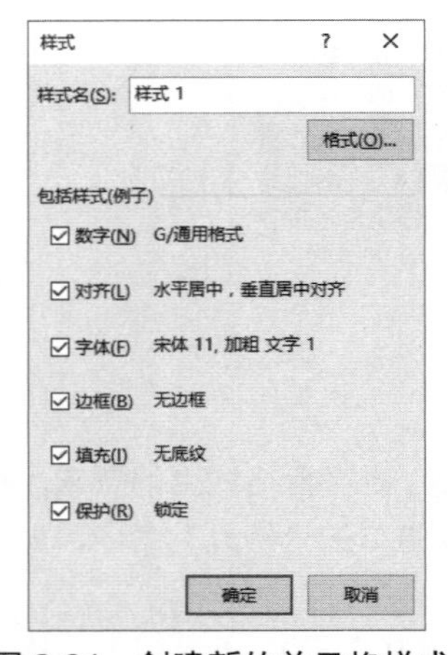

图 2-31 创建新的单元格样式

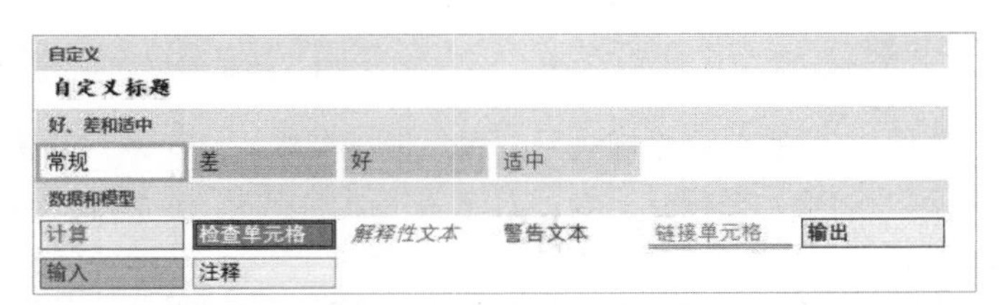

图 2-32 在样式列表的“自定义”类别中显示创建的单元格样式

2.3.3 将创建的单元格样式用于其他工作簿

用户创建的单元格样式只存在于创建该样式的工作簿中，如果要在其他工作簿中使用创建的单元格样式，则需要通过“合并样式”功能实现，操作步骤如下：

（1）同时打开要应用单元格样式的工作簿，以及包含单元格样式的工作簿。

（2）激活要应用单元格样式的工作簿，然后在功能区“开始”|“样式”组中单击“单元格样式”按钮，在打开的单元格样式列表中选择“合并样式”命令。

（3）打开“合并样式”对话框，选择包含要使用的单元格样式所在的工作簿，如图 2-33 所示。单击“确定”按钮，即可将所选工作簿中的单元格样式复制到当前工作簿的单元格样式列表中。

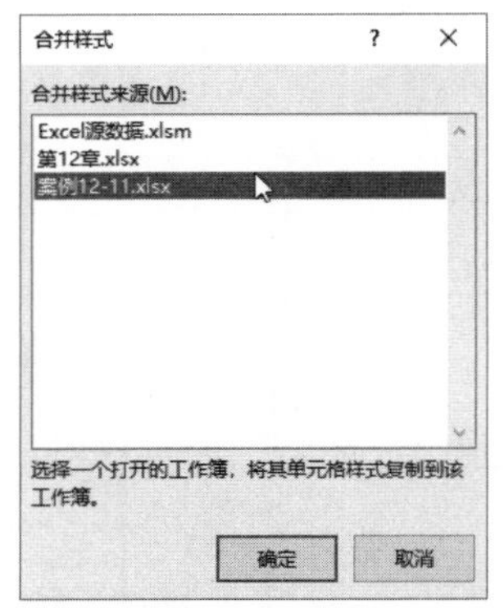

图 2-33 选择包含单元格样式的工作簿

2.4　为符合条件的数据设置格式

通过使用 Excel 中的条件格式功能，用户可以让 Excel 为符合条件的数据自动设置指定的格式。换句话说，为数据和单元格设置的格式完全由数据本身和用户设置的条件决定。当数据发生变化时，Excel 会自动检查当前数据是否符合设置的条件规则，如果符合，则继续应用设置好的格式，否则将清除已设置的格式，从而使格式设置变得更加智能。

2.4.1　使用内置的条件格式

Excel 内置了很多条件格式，它们可以满足一般应用需求。在功能区“开始”|“样式”组中单击“条件格式”按钮，弹出如图 2-34 所示的菜单，“突出显示单元格规则”“项目选取规则”“数据条”“色阶”和“图标集”是 Excel 内置的 5 种条件格式，它们的功能见表 2-3。

图 2-34　选择 Excel 内置的条件格式规则

表 2-3　内置条件格式规则的功能

条件格式规则	说　明
突出显示单元格规则	创建基于数值大小比较的规则，包括大于、小于、等于、介于、文本包含、发生日期、重复值或唯一值等
项目选取规则	创建基于排名或平均值的规则，包括前 *n* 项、后 *n* 项、前百分之项、后百分之 *n* 项、高于平均值、低于平均值等
数据条、色阶、图标集	以图形的方式呈现单元格中的值，包括数据条、色阶或图标集 3 种图形类型

选择要设置条件格式的单元格，然后从图 2-34 菜单中选择一种条件格式规则，如“突出显示单元格规则”，在子菜单中选择一个具体的规则，如“大于”。此时会打开如图 2-35 所示的对话框，在左侧设置一个基准值，如 3 500，在右侧选择当单元格中的值大于基准值时，为单元格设置的格式。

设置好后单击“确定”按钮，Excel 将自动为选区中所有大于 3 500 的单元格设置格式，如图 2-36 所示。

提示：如果想要自定义设置符合条件时的格式，则可以在类似前面打开的“大于”对话框的“设置为”下拉列表中选择“自定义格式”命令，如图 2-37 所示，然后在打开的“设置单元格格式”对话框中设置所需的格式。

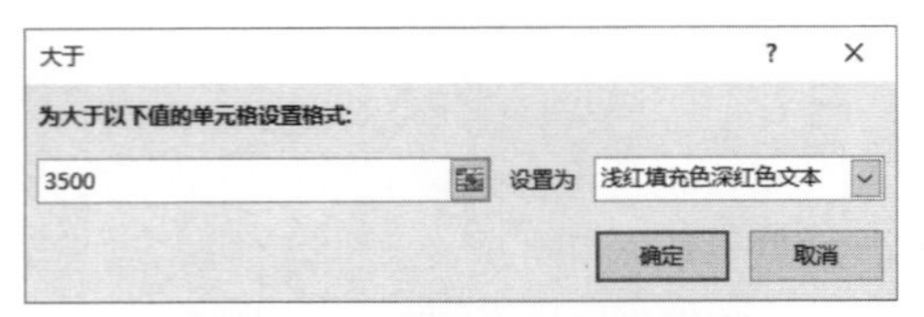

图 2-35 设置条件格式规则

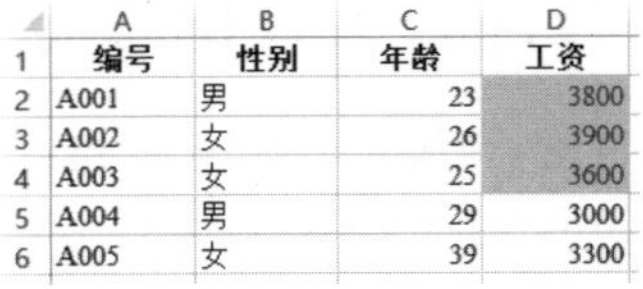

	A	B	C	D
1	编号	性别	年龄	工资
2	A001	男	23	3800
3	A002	女	26	3900
4	A003	女	25	3600
5	A004	男	29	3000
6	A005	女	39	3300

图 2-36 设置条件格式后的效果

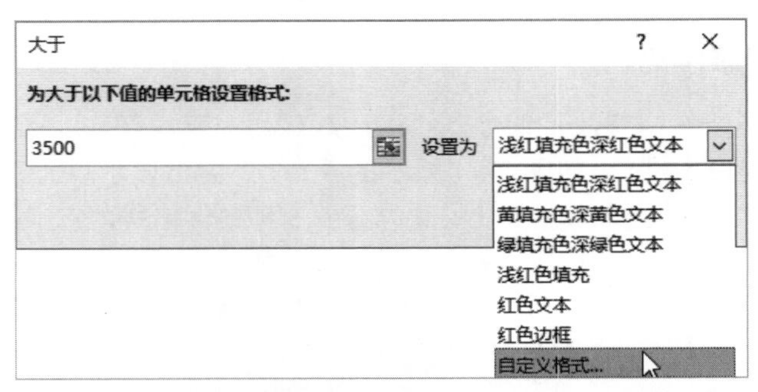

图 2-37 选择“自定义格式”命令自定义设置格式

如图 2-38 所示显示了使用其他类型的内置条件格式的效果。

	A	B	C	D	E	F	G	H	I
1	编号	性别	年龄	工资		编号	性别	年龄	工资
2	A001	男	23	3800		A001	男	23	3800
3	A002	女	26	3900		A002	女	26	3900
4	A003	女	25	3600		A003	女	25	3600
5	A004	男	29	3000		A004	男	29	3000
6	A005	女	39	3300		A005	女	39	3300
7									
8									
9	编号	性别	年龄	工资		编号	性别	年龄	工资
10	A001	男	23	3800		A001	男	23	3800
11	A002	女	26	3900		A002	女	26	3900
12	A003	女	25	3600		A003	女	25	3600
13	A004	男	29	3000		A004	男	29	3000
14	A005	女	39	3300		A005	女	39	3300

图 2-38 使用不同内置条件格式的效果

2.4.2 创建基于公式的条件格式规则

虽然 Excel 内置了很多条件格式，但是仍然无法满足灵活多变的应用需求。通过创建基于公式的条件格式规则，可以让格式的设置完全由公式的计算结果决定。

与创建基于公式的数据验证规则类似，在条件格式规则中创建的公式也需要返回逻辑值 TRUE 或 FALSE，如果返回的是数字，那么 0 等价于逻辑值 FALSE，非 0 数字等价于逻辑值 TRUE。当公式返回逻辑值 TRUE 或非 0 数字时，将自动为单元格设置由用户指定的格式，否则不为单元格设置任何格式。

要创建基于公式的条件格式规则，需要在功能区“开始”|“样式”组中单击“条件格式”按钮，然后在下拉菜单中单击“新建规则”命令。打开“新建格式规则”对话框，在“选择规则类型”列表框中选择“使用公式确定要设置格式的单元格”，进入如图 2-39 所示的界面，在“为符合此公式的值设置格式”文本框中输入所需的公式，然后单击“格式”按钮设置符合条件时应用的格式。

如图 2-40 所示，如果想要快速标记出同名商品的销售记录，那么就可以通过创建基于公式的条件格式规则来实现，操作步骤如下：

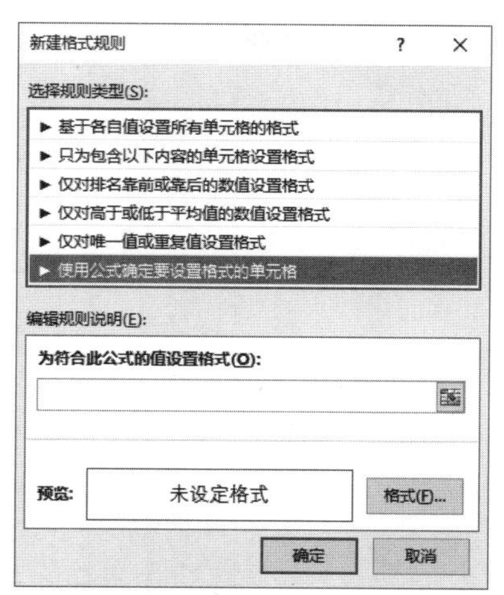

图 2-39　创建基于公式的条件格式规则的操作界面

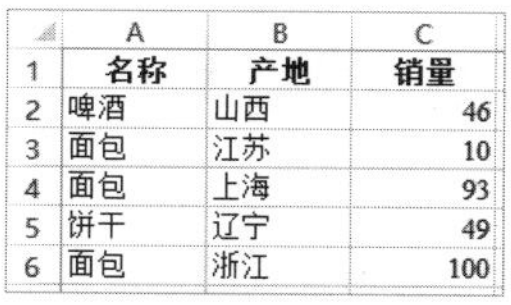

	A	B	C
1	名称	产地	销量
2	啤酒	山西	46
3	面包	江苏	10
4	面包	上海	93
5	饼干	辽宁	49
6	面包	浙江	100

图 2-40　包含同名商品的销售记录

（1）选择要设置条件格式的数据区域，本例为 A2:C6。

（2）在功能区“开始”|“样式”组中单击“条件格式”按钮，然后在下拉菜单中单击“新建规则”命令。

（3）打开“新建格式规则”对话框，在“选择规则类型”列表框中选择“使用公式确定要设置格式的单元格”，然后在“为符合此公式的值设置格式”文本框中输入下面的公式，如图 2-41 所示。

```
=COUNTIF($A$2:$C$6,$A2)>1
```

注意：确保公式中的单元格的相对引用和绝对引用的位置与上面的公式完全相同，否则可能会得到不同的结果。单元格的引用类型将在第 3 章进行介绍。

（4）单击“格式”按钮，打开“设置单元格格式”对话框，切换到“填充”选项卡，在“背景色”区域中选择一种颜色，如图 2-42 所示。

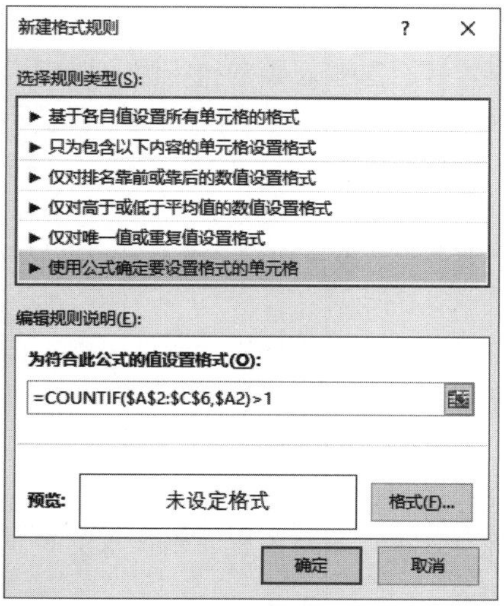

图 2-41　输入用于条件格式规则的公式

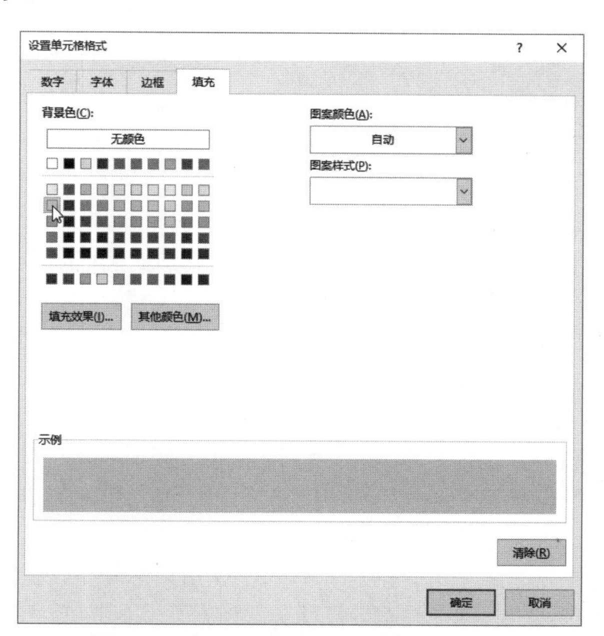

图 2-42　设置要为单元格设置的背景色

（5）单击两次“确定”按钮，依次关闭打开的对话框，选区中所有同名的商品所在的行将被设置为灰色背景色，如图 2-43 所示。

	A	B	C
1	名称	产地	销量
2	啤酒	山西	46
3	面包	江苏	10
4	面包	上海	93
5	饼干	辽宁	49
6	面包	浙江	100

图 2-43　自动为同名商品所在的行设置背景色

2.4.3　管理条件格式

用户可以随时修改或删除现有的条件格式规则。选择任意一个设置了条件格式的单元格，然后在功能区“开始”|“样式”组中单击“条件格式”按钮，在下拉菜单中单击“管理规则”命令，打开“条件格式规则管理器”对话框，其中显示了为当前选中的单元格设置的所有条件格式规则，如图 2-44 所示。双击要修改的规则，在打开的“编辑格式规则”对话框中进行修改，或者选择要删除的规则，然后单击“删除规则”按钮将其删除。

图 2-44　“条件格式规则管理器”对话框

如果要显示当前工作表中包含的所有条件格式规则，则可以在“显示其格式规则”下拉列表中选择“当前工作表”。如果要显示其他工作表中包含的条件格式，则可以在该下拉列表中选择其他工作表的名称。

如果为同一个单元格或区域设置了多个条件格式规则，那么这些规则的执行顺序以它们在“条件格式规则管理器”对话框中的显示顺序为准，从上到下依次执行，但是可以通过单击“上移”按钮▲或“下移”按钮▼调整规则的执行顺序。

如果为同一个单元格或区域设置了相同的条件格式规则，但是这些规则具有不同的格式设置，那么可以通过选中相应规则右侧的“如果为真则停止”复选框，以便在符合条件格式规则时，只应用特定规则中的格式，而不是所有相同规则中的格式。

例如，如果为一个单元格区域设置了相同的两个规则，但是这两个规则的格式设置不同，其中一个规则为单元格设置背景色，另一个规则将字体设置为加粗和倾斜。如果在符合规则时只想设置其中一个规则中的格式，则可以选中该规则右侧的“如果为真则停止”复选框。

如果多个规则在格式设置上存在冲突，则只执行优先级较高的规则。例如，一个规则为单元格设置红色的背景色，另一个规则为单元格设置蓝色的背景色，最终为单元格设置的背景色由这两个规则中具有较高优先级的那个规则决定。

2.5　创建与使用工作簿和工作表模板

每次在 Excel 2016 中新建空工作簿时，其中都会包含一个工作表，工作表会自动使用 Excel 预先设置好的默认格式，如字体是正文字体，字号是 11 号，行高是 13.5，列宽是 8.38，启动 Excel 时会自动加载这些设置。

如果想要修改这些默认设置，并将修改结果作为以后新建空工作簿时的默认设置，则创建名为“工作簿.xltx”的工作簿模板，该名称的模板是唯一可被中文版 Excel 识别的默认工作簿模板。如果 Excel 启动时检测到该模板，则会使用该模板中的设置，否则将使用上面列出的设置。

创建“工作簿.xltx”模板的操作步骤如下：

（1）新建一个工作簿，在其自带的工作表中设置所需的格式，如字体、字号、字体颜色、边框、填充、行高、列宽、数字格式、单元格样式、打印方面的设置等。也可以添加多个工作表，并进行所需的设置。

（2）按 F12 键打开“另存为”对话框，如图 2-45 所示，在“保存类型”下拉列表中选择“Excel 模板”，将“文件名”设置为“工作簿”，然后将保存位置设置为下面的路径，这里假设 Windows 操作系统安装在 C 盘。

```
C:\Users\<用户名>\AppData\Roaming\Microsoft\Excel\XLSTART
```

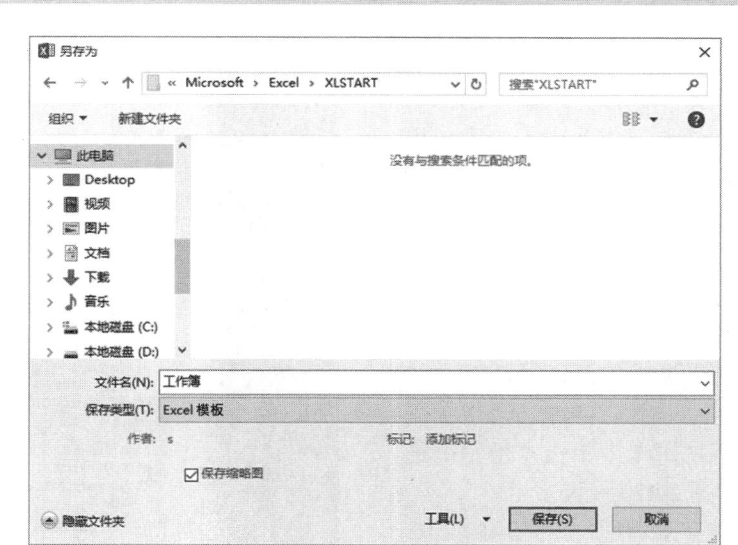

图 2-45　设置工作簿.xltx 模板的名称和存储路径

（3）单击“保存”按钮，以名称“工作簿.xltx”创建工作簿模板。

（4）单击“文件”|“选项”命令，打开“Excel 选项”对话框，选择“常规”选项卡，在“启动选项”区域中取消选中“此应用程序启动时显示开始屏幕”复选框，然后单击“确定”按钮，如图 2-46 所示。

以后启动 Excel 时会自动新建一个空工作簿，其中的工作表及其内部设置会自动基于该模板进行设置。通过快速访问工具栏中的“新建”按钮或 Ctrl+N 组合键新建的空工作簿也是如此。

注意： 如果在工作簿中手动添加新的工作表，则新工作表中的格式仍然使用 Excel 的默认设置。如果希望添加的工作表也能使用由用户自定义设置的格式，则需要创建名为“Sheet.xltx”的模板，并设置所需的格式，然后将其保存到“工作簿.xltx”模板所在的文件夹。

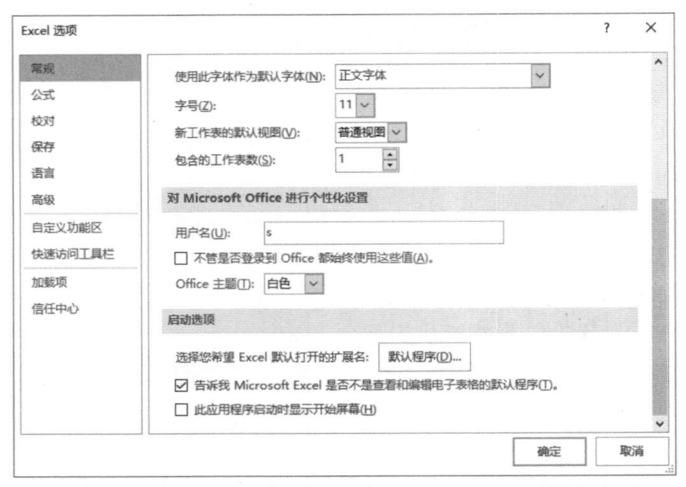

图 2-46　取消选中“此应用程序启动时显示开始屏幕”复选框

如果想要在新建的空工作簿中使用 Excel 默认的格式，则需要将 XLSTART 文件夹中的“工作簿 .xltx”文件删除。如果还创建了“Sheet.xltx”模板，还要将该文件删除。

2.6　保护工作簿和工作表的方法

为了避免工作簿中的数据泄露，也为了防止其他用户随意修改工作簿中的内容，用户可以使用密码保护工作簿。密码分为“打开”和“修改”两种，只有知道密码的用户才能打开工作簿并编辑其中的内容，两种密码可以分开设置。

如果要为工作簿设置“打开”密码，则先在 Excel 中打开要设置的工作簿，然后单击“文件”|“信息”命令，再单击“保护工作簿”按钮，在下拉菜单中单击“用密码进行加密”命令，如图 2-47 所示。

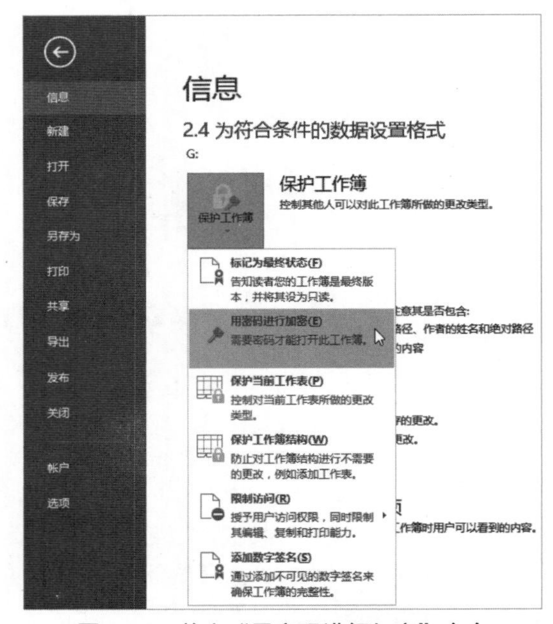

图 2-47　单击“用密码进行加密”命令

打开“加密文档”对话框，如图 2-48 所示，在文本框中输入密码，然后单击“确定”按钮。在打开的“确认密码”对话框中再次输入一遍相同的密码，然后单击“确定”按钮。

设置好密码后，保存并关闭工作簿。以后打开这个工作簿时，会显示如图 2-49 所示的对话框，只有输入正确的密码，才能将其打开。

删除“打开”密码的操作过程与设置密码类似，在单击“用密码进行加密”命令后，在打开的对话框中将文本框中的密码删除，然后保存工作簿即可。

如果要为工作簿设置“修改”密码，则可以按 F12 键打开“另存为”对话框，然后单击“工具”按钮，在下拉菜单中单击“常规选项”命令，如图 2-50 所示。

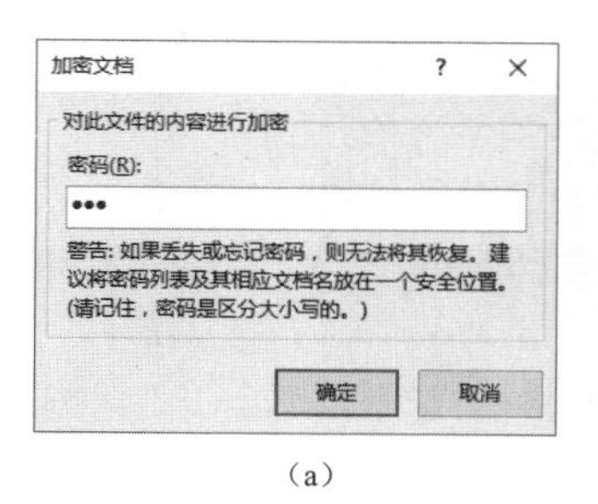

(a)

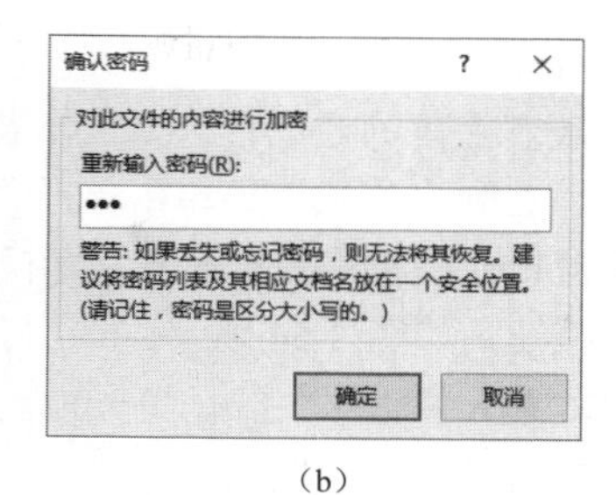

(b)

图 2-48 为工作簿设置“打开”密码

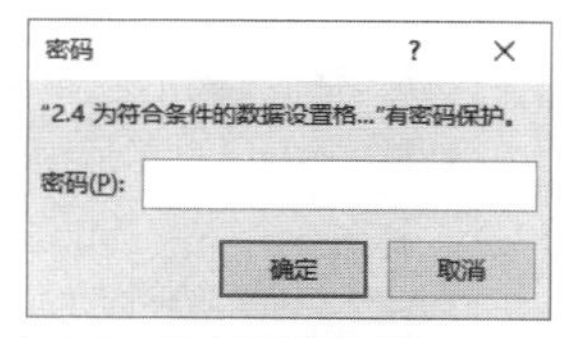

图 2-49 打开工作簿时需要输入“打开”密码

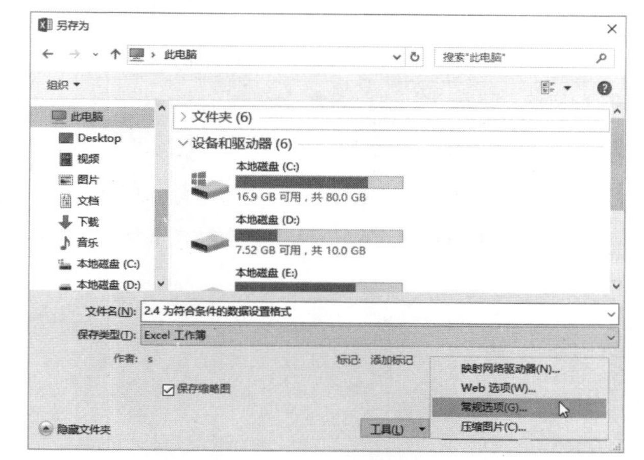

图 2-50 单击“常规选项”命令

打开“常规选项”对话框，如图 2-51 所示，在“修改权限密码”文本框中输入修改密码，然后单击“确定”按钮。在打开的另一个对话框中再次输入相同的密码，单击“确定”按钮后，即可为工作簿设置“修改”密码。最后单击“保存”按钮，保存当前工作簿。

以后打开包含“修改”密码的工作簿时，会显示如图 2-52 所示的对话框，只有输入正确的密码，才能编辑工作簿，否则将以只读方式打开工作簿。

除了通过为工作簿设置密码来限制打开和编辑工作簿之外，用户还可以限制对工作簿结构的调整和对工作表进行编辑。如果要禁止其他用户随意在工作簿中添加和删除工作表、修改工作表的名称等操作，则可以在打开这个工作簿后，在功能区“审阅”|“更改”组中单击“保护工作簿”按钮，打开“保护结构和窗口”对话框，如图 2-53 所示。选中“结构”复选框，并在“密码”文本框中输入密码，然后单击“确定”按钮，再输入一遍相同的密码，即可对工作簿结构实施保护。

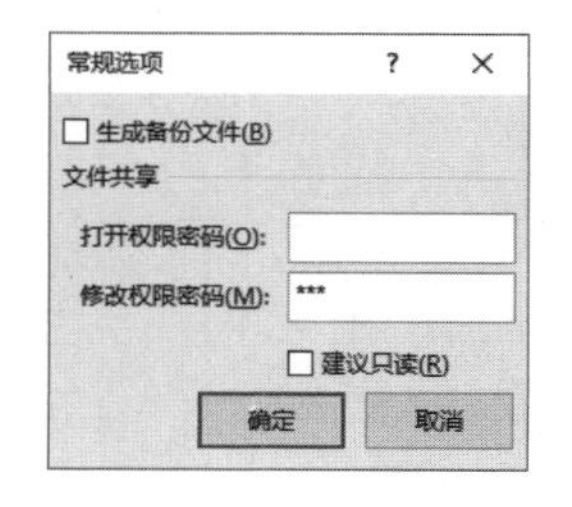

图 2-51 设置“修改”密码

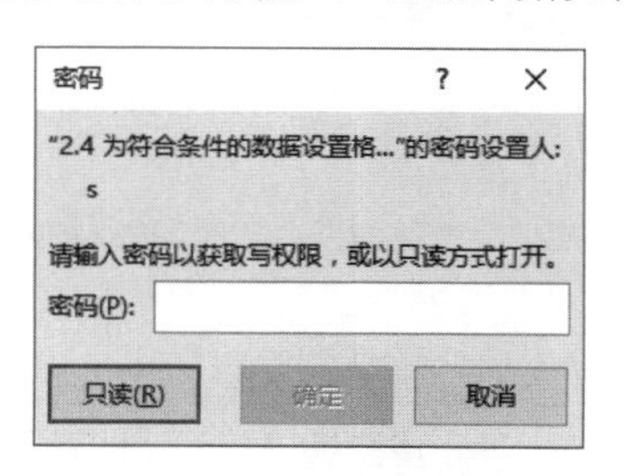

图 2-52 打开工作簿时需要输入“修改”密码

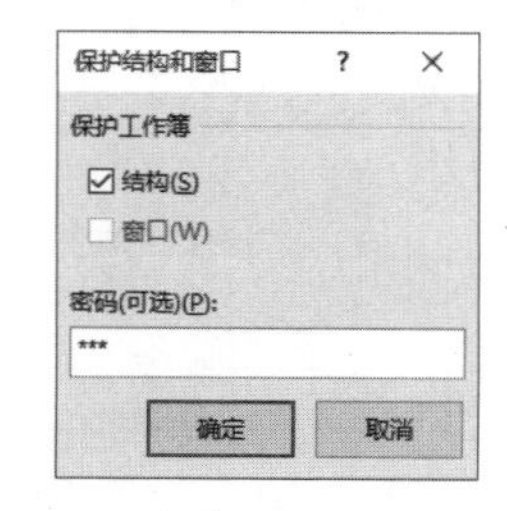

图 2-53 设置保护工作簿的结构

如果要禁止用户选择或编辑工作表中的特定单元格或区域，则可以使用“保护工作表”功能。

例如，禁止用户编辑但可以选择 A1:D6 单元格区域的操作步骤如下：

（1）单击工作表左上角的标记，选择工作表中的所有单元格。

（2）右击选区，在弹出的快捷菜单中单击“设置单元格格式”命令。

（3）打开“设置单元格格式”对话框，切换到“保护”选项卡，取消选中“锁定”复选框，然后单击“确定”按钮，如图 2-54 所示。

（4）选择 A1:D6 单元格，再次打开“设置单元格格式”对话框，在“保护”选项卡中选中“锁定”复选框，然后单击“确定”按钮。

（5）在功能区“审阅”|“更改”组中单击“保护工作表”按钮，打开如图 2-55 所示的对话框，在文本框中输入密码，并在下方的列表框中选中“选定锁定单元格”和“选定未锁定的单元格”复选框。

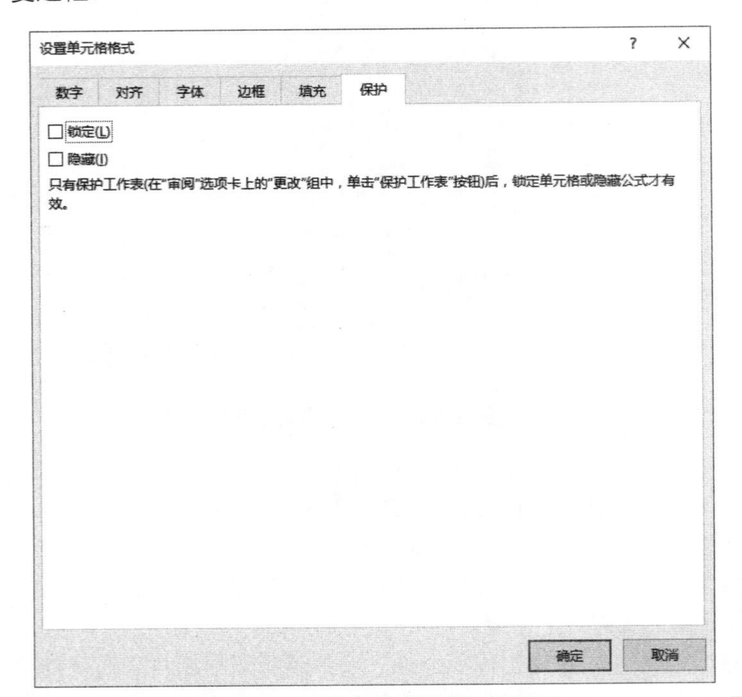

图 2-54　取消选中“锁定”复选框

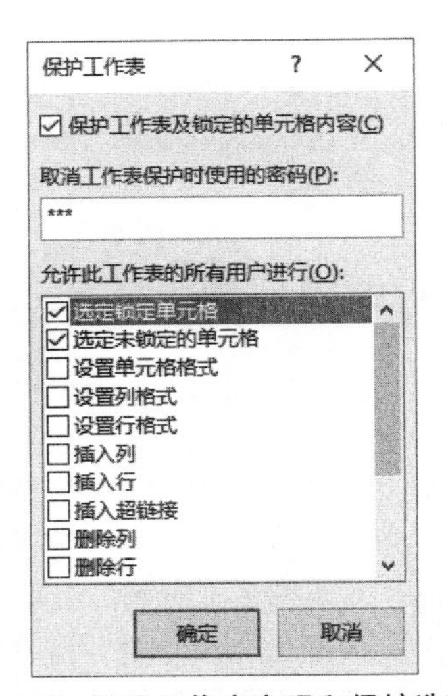

图 2-55　设置工作表密码和保护选项

（6）单击“确定”按钮，在打开的对话框中再输入一遍相同的密码，然后单击“确定”按钮。以后双击 A1:D6 单元格区域中的任一单元格时，会显示如图 2-56 所示的提示信息，此时禁止用户对该区域进行编辑，但是可以选择该区域中的单元格。

图 2-56　禁止用户编辑单元格的提示信息

第 3 章 使用公式和函数进行计算

公式和函数是 Excel 整个体系中非常重要的一部分，正因为有了公式和函数，工作表才变得更加智能和自动化。数据计算、动态图表，以及数据验证和条件格式的高级应用都离不开公式和函数。本章首先介绍公式和函数的一些基础知识，然后介绍在数据处理和分析中比较常用的一些函数。由于在实际应用中很少单独使用一个函数，因此，本章还会介绍一些辅助性函数，如 IF 函数和 IS 类函数等。在本书第 8 ～ 15 章中使用本章介绍的函数进行实际应用时，不再重复给出函数的语法说明。

3.1 公式和函数基础

在开始介绍具体的函数之前，首先介绍公式和函数的基本概念和相关操作。本节内容是独立于特定函数之外的，也就是说，对于任何类型的函数，本节内容都具有通用性。

3.1.1 公式的组成

Excel 中的公式由等号、常量、运算符、单元格引用、函数、定义的名称等内容组成。公式可以包括以上这些内容中一部分或全部，具体包括哪些由公式的复杂程度决定。无论哪个公式，都必须以等号开头，只有这样才会被 Excel 认为当前输入的是公式而不是文本或数字。

简单的公式可以只包含一个单元格引用或一个函数，如“=B1”和“=NOW()”。稍复杂一点的公式可能会包含常量、单元格引用、运算符和函数，如“=SUM(A1:A6)/2”。更复杂的公式会包含多个函数的嵌套使用。

常量就是字面量，可以是文本、数值或日期，如 666、Office、2019 年 5 月 1 日。单元格引用就是单元格地址，可以是单个单元格地址，也可以是单元格区域的地址，如 A1、A3:D6。函数可以是 Excel 内置的函数，如 SUM、LEFT、LOOKUP，也可以是用户通过编写 VBA 代码创建的自定义函数。名称是由用户在 Excel 中创建的，其中可以包含常量、单元格引用或公式，使用名称即可引用它所代表的内容，通常可以简化输入量，并使公式更易读。

运算符用于连接公式中的各个部分，并执行不同类型的运算，如“+”（加法运算符）用于计算运算符两侧的数字之和，“*”（乘法运算符）用于计算运算符两侧的数字乘积。不同类型的运算符具有不同的计算顺序，可以将这种顺序称为运算符的优先级。

Excel 中的运算符包括引用运算符、算术运算符、文本连接运算符、比较运算符 4 种类型，表 3-1 列出了按优先级从高到低的顺序排列的运算符。

表 3-1　Excel 中的运算符及其说明

运算符类型	运　算　符	说　　明	示　　例
引用运算符	冒号（:）	区域运算符，引用由冒号两侧的单元格组成的整个区域	=SUM(A1:A6)
	逗号（,）	联合运算符，将不相邻的多个区域合并为一个引用	=SUM(A1:B2,C5:D6)
	空格（ ）	交叉运算符，引用空格两侧的两个区域的重叠部分	=SUM(A1:B6 B2:C5)
算术运算符	-	负数	=-3*10
	%	百分比	=2*15%
	^	乘方（幂）	=3^2-6
	* 和 /	乘法和除法	=6*5/2
	+ 和 -	加法和减法	=2+18-10
文本连接运算符	&	将两部分内容连接在一起	= “Windows” & “系统”
比较运算符	=、<、<=、>、>= 和 <>	比较两部分内容并返回逻辑值	=A1<=A2

如果一个公式中包含多个不同类型的运算符，Excel 将按照这些运算符的优先级对公式中的各部分进行计算。如果一个公式中包含多个具有相同优先级的同一类型的运算符，Excel 将按照运算符在公式中出现的位置，从左到右对各部分进行计算。

例如，下面的公式的计算结果为 11，由于 * 和 / 这两个运算符的优先级高于 + 运算符，因此先计算 10*3，再将得到的结果 30 除以 6，最后将得到的结果 5 加 6，最终得到 11。

```
=6+10*3/6
```

如果想要先计算处于低优先级的加法，即 6+10 部分，那么可以使用小括号提升运算符的优先级，使低优先级的运算符先进行计算。下面的公式将“6+10”放到一对小括号中，使其在 * 和 / 之前先计算，因此该公式的计算结果为 8，即 6+10=16，16*3=48，48/6=8。

```
=(6+10)*3/6
```

当公式中包含嵌套的小括号时，即一对小括号位于另一对小括号中。在这种情况下，嵌套小括号的计算顺序是从最内层的小括号逐级向外层小括号进行计算。

3.1.2　输入和修改公式

输入公式的方法与第 1 章介绍的输入普通数据的方法类似，除了包含“输入”和“编辑”两种模式之外，输入公式时还多了一种“点”模式。该模式出现在输入一个运算符之后，如果此时按下方向键或单击任意一个单元格，就会进入“点”模式，当前选中的单元格的边框变为虚线，该单元格的地址会被添加到运算符的右侧，如图 3-1 所示。

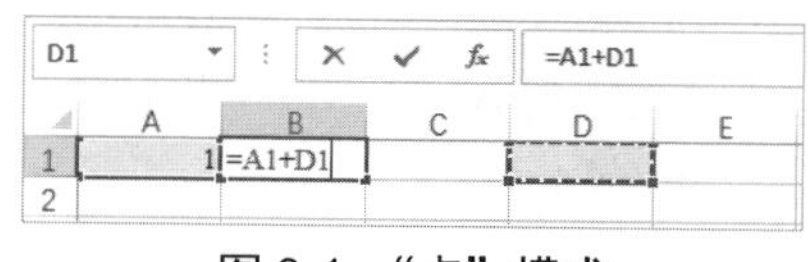

图 3-1　“点”模式

输入公式时，可以在“输入”“编辑”和“点”3 种模式之间随意切换。输入好公式中的所有内容后，按 Enter 键结束输入，如果没有错误，则会得到正确的计算结果。

如果要输入新的公式来代替单元格中的现有公式，选择包含公式的单元格，然后输入新的公式并按 Enter 键。如果要修改公式中的部分内容，则可以选择包含公式的单元格，然后使用以下几种方法进入“编辑”模式：

- 按 F2 键。
- 双击单元格。
- 单击编辑栏。

完成修改后，按 Enter 键确认并保存修改结果。如果在修改时按 Esc 键，则会放弃当前所做的所有修改并退出“编辑”模式。

3.1.3　移动和复制公式

用户可以将单元格中的公式移动或复制到其他位置，方法类似于移动和复制普通数据，具体内容已在第 1 章详细介绍过。填充数据的方法也同样适用于公式，通过拖动包含公式的单元格右下角的填充柄，可以在一行或一列中复制公式。也可以双击填充柄，将公式快速复制到与相邻的行或列中最后一个连续数据相同的位置上。

如果在复制的公式中包含单元格引用，那么单元格引用的类型将会影响复制后的公式。Excel 中的单元格引用类型分为相对引用、绝对引用、混合引用 3 种，可以通过单元格地址中是否包含 $ 符号，来从外观上区分这 3 种引用类型。

如果同时在行号和列标左侧添加 $ 符号，则该单元格的引用类型是绝对引用，如 $A$1。如果行号和列标左侧都没有 $ 符号，则该单元格的引用类型是相对引用，如 A1。如果只在单元格地址的行号左侧添加 $ 符号，则该单元格的引用类型是混合引用，即列相对引用、行绝对引用，如 A$1。如果只在单元格地址的列标左侧添加 $ 符号，则该单元格的引用类型也是混合引用，即列绝对引用、行相对引用，如 $A1。

用户可以在单元格地址中手动输入 $ 符号来改变单元格的引用类型。更便捷的方法是在单元格或编辑栏中选中单元格地址，然后使用 F4 键在不同的引用类型之间快速切换。假设 A1 单元格最初为相对引用，使用下面的方法将在不同的引用类型之间切换：

- 按 1 次 F4 键，将相对引用转换为绝对引用，即 A1 → $A$1。
- 按 2 次 F4 键：将相对引用转换为行绝对引用、列相对引用，即 A1 → A$1。
- 按 3 次 F4 键：将相对引用转换为行相对引用、列绝对引用，即 A1 → $A1。
- 按 4 次 F4 键：单元格的引用类型恢复为最初状态。

在将公式从一个单元格复制到另一个单元格时，公式中的绝对引用的单元格地址不会改变，而相对引用的单元格地址则会根据复制前、复制后的位置关系动态改变。将复制前的单元格地址看作起点，根据公式复制到的目标单元格与原始单元格之间的相对位置，改变复制公式后的单元格地址。

例如，如果B1单元格中的公式为“=A1+6”，将公式复制到C3单元格后，公式变为“=B3+6”，原来的A1自动变为B3，如图3-2所示。公式由B1复制到C3，相当于从B1向下移动2行，向右移动1列，从而到达C3。由于公式中的A1是相对引用，因此，该单元格也要向下移动2行，向右移动1列，从而到达B3。

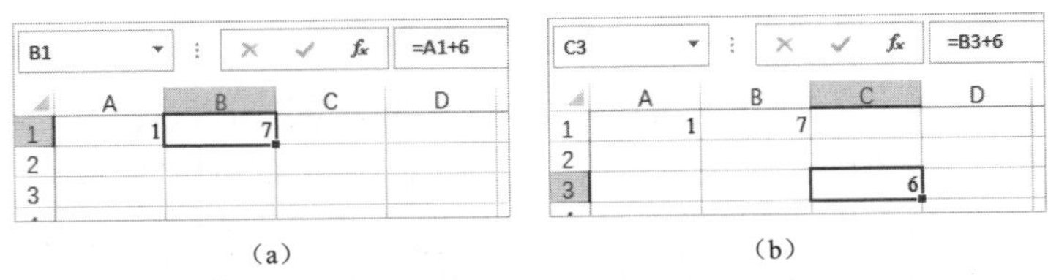

(a)　　(b)

图3-2　相对引用对复制公式的影响

如果单元格的引用类型是混合引用，则在复制公式时，只改变相对引用的部分，绝对引用的部分保持不变。仍使用上面的示例进行说明，如果B1单元格中的公式为“=A$1+6”，将该公式复制到C3单元格后，公式将变为“=B$1+6”，如图3-3所示。由于原来的A$1是行绝对引用、列相对引用，因此复制后只改变列的位置。

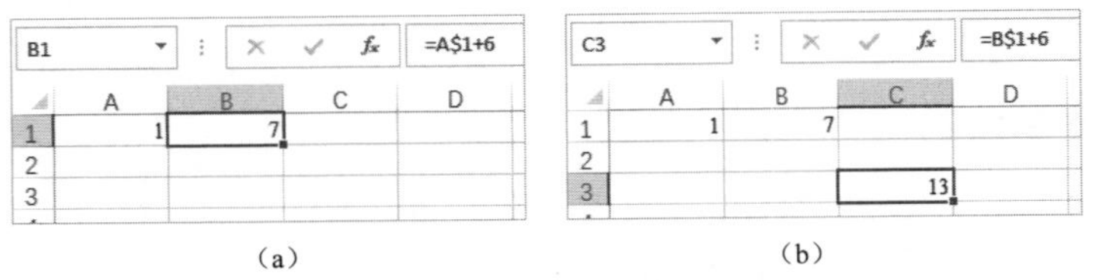

(a)　　(b)

图3-3　混合引用对复制公式的影响

3.1.4　改变公式的计算方式

在修改公式中的内容后，按Enter键会得到最新的计算结果。如果工作表中包含使用随机数函数的公式，则在编辑其他单元格并结束编辑后，随机数函数的值会自动更新。这是因为Excel的计算方式默认设置为“自动”。

如果工作表中包含大量的公式，那么这种自动重算功能会严重影响Excel的整体性能。此时，可以将计算方式改为“手动”，在功能区“公式”|“计算”组中单击“计算选项”按钮，然后在下拉菜单中单击“手动”命令，如图3-4所示。

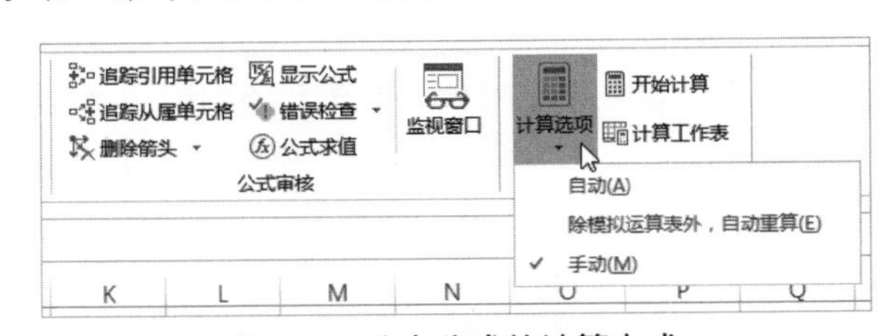

图3-4　改变公式的计算方式

提示： 如果将计算方式设置为“除模拟运算表外，自动重算”，则在Excel重新计算公式时会自动忽略模拟运算表的相关公式。

将计算方式设置为“手动”后，如果工作表中存在任何未计算的公式，则会在状态栏中显示“计算”字样，此时可以使用以下几种方法对公式执行计算：

- 在功能区“公式”|“计算”组中单击“开始计算”按钮，或按F9键，将重新计算所有

打开工作簿中的所有工作表中未计算的公式。

- 在功能区“公式”|“计算”组中单击“计算工作表”按钮，或按 Shift+F9 组合键，将重新计算当前工作表中的公式。
- 按 Ctrl+Alt+F9 组合键，将重新计算所有打开工作簿中的所有工作表中的公式，无论这些公式是否需要重新计算。
- 按 Ctrl+Shift+Alt+F9 组合键，将重新检查相关的公式，并重新计算所有打开工作簿中的所有工作表中的公式，无论这些公式是否需要重新计算。

3.1.5 函数的类型

Excel 提供了几百个内置函数，用于执行不同类型的计算，表 3-2 列出了 Excel 中的函数类别及其说明。为了使函数名可以更准确地描述函数的功能，从 Excel 2010 开始微软对 Excel 早期版本中的一些函数进行了重命名，同时改进了一些函数的性能和计算精度。后来的 Excel 版本仍然沿用 Excel 2010 中的函数命名方式。

表 3-2　Excel 中的函数类别及其说明

函数类别	说明
数学和三角函数	包括四则运算、数字舍入、指数与对数、阶乘、矩阵和三角函数等数学计算
日期和时间函数	对日期和时间进行计算和推算
逻辑函数	通过设置判断条件，使公式可以处理多种情况
文本函数	对文本进行查找、替换、提取或设置格式
查找和引用函数	查找和返回工作表中的匹配数据或特定信息
信息函数	返回单元格格式或数据类型的相关信息
统计函数	对数据进行统计计算和分析
财务函数	对财务数据进行计算和分析
工程函数	对工程数据进行计算和分析
数据库函数	对数据列表和数据库中的数据进行计算和分析
多维数据集函数	对多维数据集中的数据进行计算和分析
Web 函数	在 Excel 2013 中新增的函数类别，用于与网络数据进行交互
加载宏和自动化函数	通过加载宏提供的函数，扩展 Excel 函数的功能
兼容性函数	这些函数已被重命名后的函数代替，保留这些函数主要用于 Excel 早期版本

为了保持与 Excel 早期版本的兼容性，Excel 2010 及 Excel 更高版本中保留了重命名前的函数，它们位于功能区中的“公式”|“函数库”|“其他函数”|“兼容性”下拉列表中，如图 3-5 所示。重命名后的函数名称通常是在原有函数名称中间的某个位置添加了一个英文句点“.”，有的函数会在其原有名称的结尾添加包含英文句点在内的扩展名。例如，NORMSDIST 是 Excel 2003 中的标准正态累积分布函数，在 Excel 2010 及 Excel 更高版本中，将该函数重命名为 NORM.S.DIST。

图 3-5　兼容性函数

在关闭一些工作簿时，可能会显示用户是否保存工作簿的提示信息。即使在打开工作簿后未进行任何修改，关闭工作簿时仍然会显示这类提示信息。出现这种情况通常是由于在工作簿中使用了易失性函数。

在工作表中的任意一个单元格中输入或编辑数据，甚至只是打开工作簿这样的简单操作，工作表中的易失性函数都会自动重新计算，此时关闭工作簿，工作簿就成为了未保存状态，因此会显示是否保存的提示信息。常见的易失性函数有 TODAY、NOW、RAND、RANDBETWEEN、OFFSET、INDIRECT、CELL、INFO 等。

下面的操作不会触发易失性函数的自动重算：

- 将计算方式设置为“手动计算”。
- 设置单元格格式或其他显示方面的属性。
- 输入或编辑单元格时，按 Esc 键取消本次输入或编辑操作。
- 使用除鼠标双击外的其他方法来调整单元格的行高和列宽。

3.1.6　在公式中输入函数及其参数

用户可以使用以下几种方法在公式中输入函数：

- 手动输入函数。
- 使用功能区中的函数命令。
- 使用“插入函数”对话框。

1. 手动输入函数

如果知道要使用的函数，那么手动输入函数是简单直接的方法。当用户在公式中输入函数的首字母或前几个字母时，Excel 会自动显示包含与用户输入相匹配的函数和名称的列表，该列表由“公式记忆式键入”功能控制，用户可以从列表中选择某个函数，或继续输入更多的字母以缩小匹配范围。

例如，要使用 SUM 函数计算数字之和，首先在单元格中输入一个等号，然后输入 SUM 函数的首字母 S，此时会显示以字母 S 开头的所有函数和名称的列表，如图 3-6 所示。继续输入 SUM 函数的第 2 个字母 U，列表被自动筛选一次，此时显示以字母 SU 开头的函数和名称的列表。滚动鼠标滚轮或使用键盘上的方向键选择所需的函数（如 SUM），按 Tab 键即可将该函数添加到公式中，如图 3-7 所示。

图 3-6　输入函数的首字母会显示匹配的函数名

图 3-7　输入更多字母缩小匹配范围

Excel 会自动在函数名的右侧添加一个左括号，并在函数名的下方显示当前需要输入的参数信息，参数名显示为粗体，以中括号包围的参数是可选参数，如图 3-8 所示。输入参数后，需要输入一个右括号作为当前函数的结束标志。

提示：无论用户在输入函数时使用的是大写字母还是小写字母，只要函数名的拼写正确，按下 Enter 键后，函数名会自动转换为大写字母形式。

2．使用功能区中的函数命令

在功能区“公式”|“函数库”组中列出了不同的函数类别，用户可以从特定的函数类别中选择所需使用的函数。如图 3-9 所示为从“数学和三角函数”类别中选择的 SUM 函数，当光标指向某个函数时，会自动显示该函数的功能及其包含的参数。

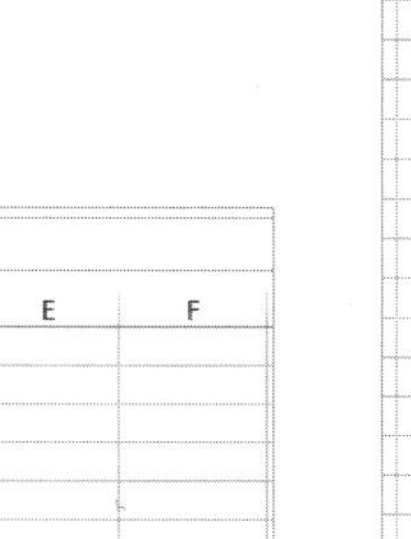

图 3-8　将函数输入到公式中

图 3-9　在功能区中选择要使用的函数

选择一个函数后，将打开“函数参数”对话框，其中显示了函数包含的各个参数，用户需要在相应的文本框中输入参数的值，可以单击文本框右侧的按钮在工作表中使用鼠标选择单元格或区域，每个参数的值会显示在文本框的右侧，下方会显示使用当前函数对各个参数计算后的结果，如图 3-10 所示。确认无误后，单击“确定”按钮，将包含参数的函数输入到公式中。

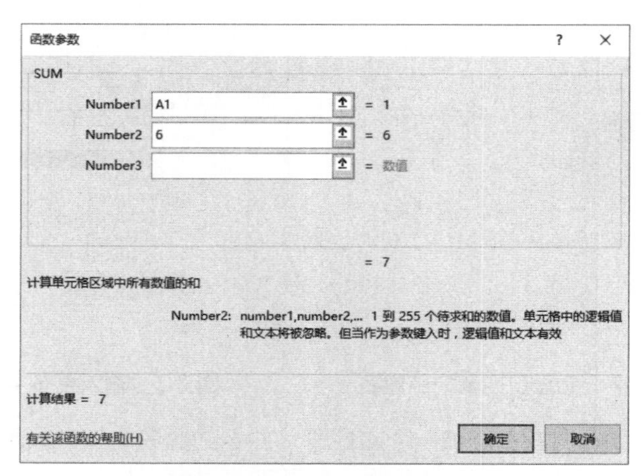

图 3-10　设置函数的参数值

3．使用“插入函数”对话框

除了使用功能区中的函数命令之外，还可以使用“插入函数”对话框来输入函数。单击编辑栏左侧的f_x按钮，打开“插入函数”对话框。在“搜索函数”文本框中输入有关计算目的或函数功能的描述信息，然后单击“转到”按钮，Excel 会显示与输入的功能相匹配的函数，如图 3-11 所示。

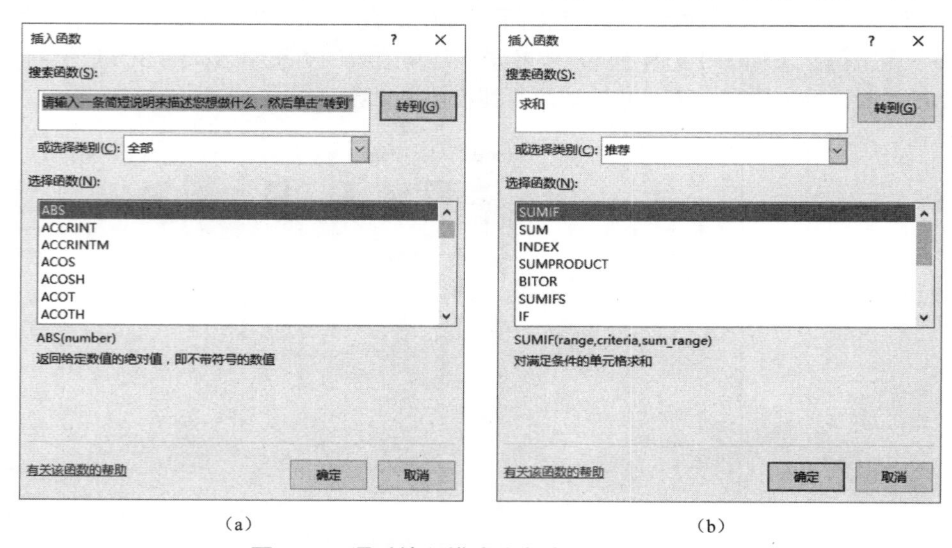

图 3-11　通过输入描述信息找到匹配的函数

在“选择函数”列表框中选择所需的函数，然后单击“确定”按钮，在打开的“函数参数”对话框中输入参数的值即可。

上面介绍输入函数时，都涉及函数的参数。每个函数都由函数名、一对小括号以及位于小括号中的一个或多个参数组成，各个参数之间使用英文逗号分隔，形式如下：

```
函数名(参数1,参数2,参数3,……,参数n)
```

参数是函数要进行计算的数据，用户只有根据函数语法中的参数位置，按照正确顺序输入相应类型的数据，才能使函数得到正确的计算结果，否则会返回错误值。个别函数不包含任何参数，输入这些函数时，输入函数名和一对小括号即可得到计算结果。

参数的值可以有多种形式，包括以常量形式输入的数值或文本、单元格引用、数组、名称或另一个函数的计算结果。将一个函数的计算结果作为另一个函数的参数的形式称为嵌套函数。

在为某些函数指定参数值时，并非必须提供函数语法中列出的所有参数，这是因为参数分为必选参数和可选参考两种：

- 必选参数：必须明确指定必选参数的值。
- 可选参数：可以省略可选参数，函数语法中使用中括号标记的参数就是可选参数，如图 3-12 所示。例如，SUM 函数最多有 255 个参数，只有第一个参数是必选参数，其他参数都是可选参数，因此只指定第一个参数，而省略其他 254 个参数。

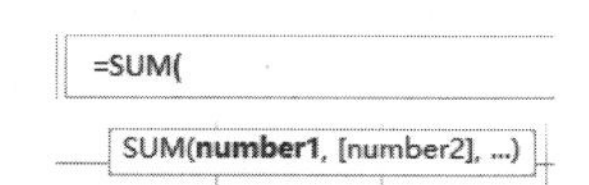

图 3-12　使用中括号标记可选参数

对于包含可选参数的函数来说，如果在可选参数之后还有参数。则当不指定前一个可选参数而直接指定其后的可选参数时，必须保留前一个可选参数的逗号占位符。例如，OFFSET 函数包含 5 个参数，前 3 个参数是必选参数，后 2 个参数是可选参数，当不指定该函数的第 4 个参数而需要指定第 5 个参数时，必须保留第 4 个参数与第 5 个参数之间的英文逗号，此时 Excel 会为第 4 个参数指定默认值。

3.1.7　在公式中引用其他工作表或工作簿中的数据

公式中引用的数据可以来自于公式所在的工作表，这种情况是最容易处理的。Excel 也支持在公式中引用来自于同一个工作簿的其他工作表或其他工作簿中的数据，此时就需要使用特定的格式在公式中输入所引用的数据。

1．在公式中引用其他工作表中的数据

如果要在公式中引用同一个工作簿的其他工作表中的数据，则需要在单元格地址的左侧添加工作表名称和一个英文感叹号，格式如下：

```
=工作表名称!单元格地址
```

例如，在 Sheet2 工作表的 A1 单元格中包含数值 111，如图 3-13 所示。如果要在该工作簿的 Sheet1 工作表的 A1 单元格中输入一个公式，来计算 Sheet2 工作表的 A1 单元格中的数值与 6 的乘积，则需要在 Sheet1 工作表的 A1 单元格中输入下面的公式，如图 3-14 所示。

```
=Sheet2!A1*6
```

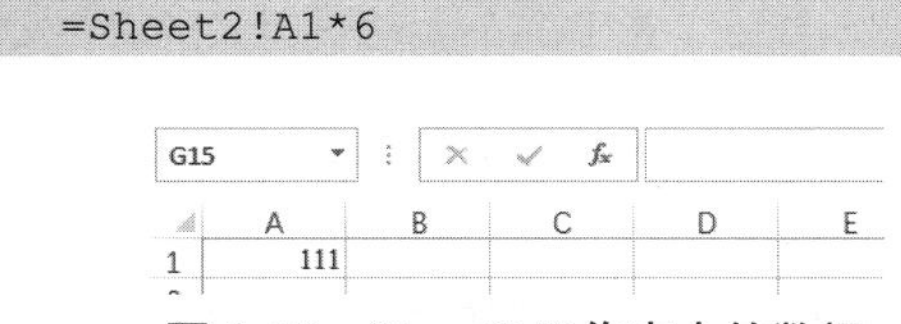

图 3-13　Sheet2 工作表中的数据

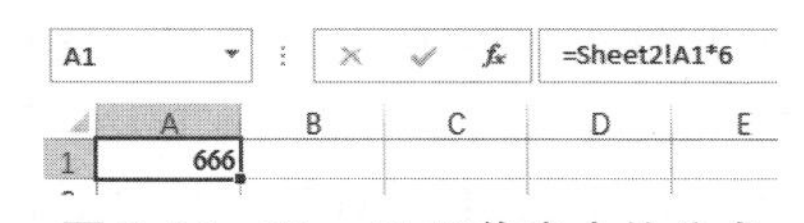

图 3-14　Sheet1 工作表中的公式

注意： 如果工作表的名称以数字开头，或其中包含空格、特殊字符（如 $、%、# 等），则在公式中需要使用一对单引号将工作表名称包围起来，如“='Sheet 2'!A1*6”。如果修改工作表的名称，公式中工作表名称会同步更新。

2．在公式中引用其他工作簿中的数据

如果要在公式中引用其他工作簿中的数据，则需要在单元格地址的左侧添加使用中括号括起的工作簿名称、工作表名称和一个英文感叹号，格式如下：

```
=[工作簿名称]工作表名称!单元格地址
```

如果工作簿名称或工作表名称以数字开头，或其中包含空格、特殊字符，则需要使用一对单引号同时将工作簿名称和工作表名称包围起来，格式如下：

```
='[工作簿名称]工作表名称'!单元格地址
```

如果公式中引用的数据所在的工作簿已经打开，则按照上面的格式输入工作簿的名称，否则必须在公式中输入工作簿的完整路径。为了简化输入，通常在打开工作簿的情况下创建这类公式。

提示：如果在工作簿打开的情况下设置好公式，在关闭工作簿后，其路径会被自动添加到公式中。

如图 3-15 所示，下面的公式引用“销售数据”工作簿 Sheet2 工作表中的 A1 单元格中的数据，并计算它与 5 的乘积。

```
=[销售数据.xlsx]Sheet2!A1*5
```

图 3-15　在公式中引用其他工作簿中的数据

3. 在公式中引用多个工作表中的相同区域

如果要引用多个相邻工作表中的相同区域，则可以使用工作表的三维引用，从而简化对每一个工作表的单独引用，格式如下：

```
起始位置的工作表名称:终止位置的工作表名称!单元格地址
```

用下面的公式来计算 Sheet1、Sheet2 和 Sheet3 这 3 个工作表 A1:A6 单元格区域中的数值总和：

```
=SUM(Sheet1:Sheet3!A1:A6)
```

如果不使用三维引用，则需要在公式中重复引用每一个工作表中的单元格区域：

```
=SUM(Sheet1!A1:A6,Sheet2!A1:A6,Sheet3!A1:A6)
```

下面列出的这些函数支持工作表的三维引用：

SUM、AVERAGE、AVERAGEA、COUNT、COUNTA、MAX、MAXA、MIN、MINA、PRODUCT、STDEV.P、STDEV.S、STDEVA、STDEVPA、VAR.P、VAR.S、VARA 和 VARPA。

如果改变公式中引用的多个工作表的起始工作表或终止工作表，或在所引用的多个工作表的范围内添加或删除工作表，那么 Excel 会自动调整公式中所引用的多个工作表的范围及其中包含的工作表。

技巧：如果要引用除了当前工作表之外的其他所有工作表，则可以使用通配符“*”代表公式所在的工作表之外的所有其他工作表的名称，类似于如下形式：

```
=SUM('*'!A1:A6)
```

3.1.8　创建和使用名称

在 Excel 中可以为常量、单元格、公式等内容创建名称，之后可以使用名称代替这些内容，这样做不但可以简化输入，还可以让公式更具可读性。用户可以使用名称框、“新建名称”对话框和“根据所选内容创建”命令 3 种方法创建名称。

1. 使用名称框

在工作表中选择要创建名称的单元格或区域，然后单击名称框，输入一个名称后按 Enter 键，即可为选中的单元格或区域创建名称，如图 3-16 所示。

使用名称框创建的名称默认为工作簿级名称，在名称所在工作簿的任意一个工作表中，可以直接使用工作簿级的名称，而不需要添加对工作表名称的引用。

如果想要创建工作表级名称，则要在名称框中输入名称前，先输入当前工作表的名称，然后输入一个感叹号，再输入名称，格式类似于在公式中引用其他工作表中的数据。输入公式如下：

```
Sheet1!销量
```

2. 使用“新建名称”对话框

使用“新建名称”对话框是创建名称最灵活的方法。该方法不但可以为单元格或区域创建名称，还可以为常量或公式创建名称。

在工作表中选择要创建名称的单元格或区域，然后在功能区“公式”|“定义的名称”组中单击“定义名称”按钮，打开如图 3-17 所示的“新建名称”对话框，进行以下设置：

- 在“名称”文本框中输入名称，如“销量”。
- 在“范围”下拉列表中选择名称的级别，选择“工作簿”将创建工作簿级名称，选择特定的工作表名将创建工作表级名称。
- 在“引用位置”文本框中自动填入了事先选中的单元格或区域。可以单击按钮，在工作表中重新选择区域。
- 在“备注”文本框中可以输入简要的说明信息。

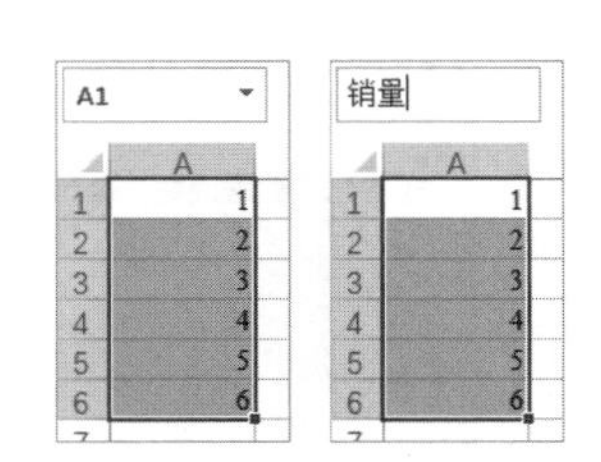

图 3-16　使用名称框创建名称

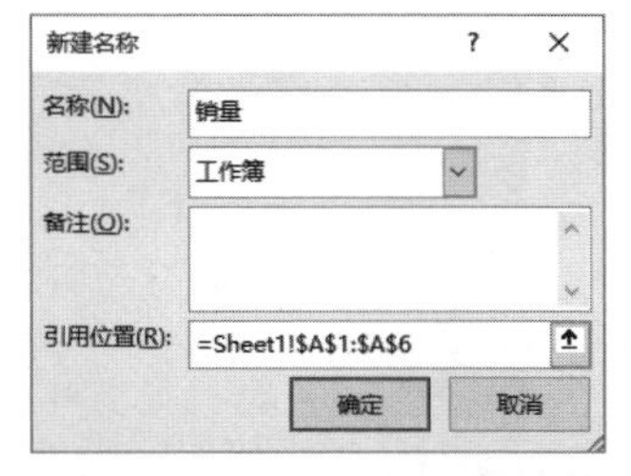

图 3-17　“新建名称”对话框

完成以上设置后，单击“确定”按钮，即可创建名称。

为常量或公式创建名称的方法与此类似，在“引用位置”文本框中输入所需的常量或公式即可。在“引用位置”文本框中输入内容时，也分为输入、编辑、点 3 种输入模式，可以按 F2 键在“输入”和“编辑”模式之间切换。

3. 使用“根据所选内容创建”命令

如果在数据区域的边界包含标题，则可以使用“根据所选内容创建”命令为与标题对应的数据区域创建名称，此方法适用于快速为多行或多列中的每一行或每一列数据创建名称。

如图 3-18 所示，数据区域的第一行是各列数据的标题，如果要将每列顶部的标题创建为相应列的名称，最快的方法是使用“根据所选内容创建”命令，操作步骤如下：

（1）选择包含列标题在内的数据区域，本例为 A1:C6。

（2）在功能区“公式”|“定义的名称”组中单击“根据所选内容创建”按钮，打开“根据所选内容创建名称”对话框，只选中“首行”复选框，如图 3-19 所示。

（3）单击“确定”按钮，将为每一列数据创建一个名称，名称就是各列顶部的标题。选择不包含标题的任意一列数据，名称框中将显示该列的名称，如图 3-20 所示。

	A	B	C
1	名称	产地	销量
2	啤酒	山西	46
3	饮料	江苏	10
4	面包	上海	93
5	饼干	辽宁	49
6	牛奶	浙江	100

图 3-18 包含标题的数据区域

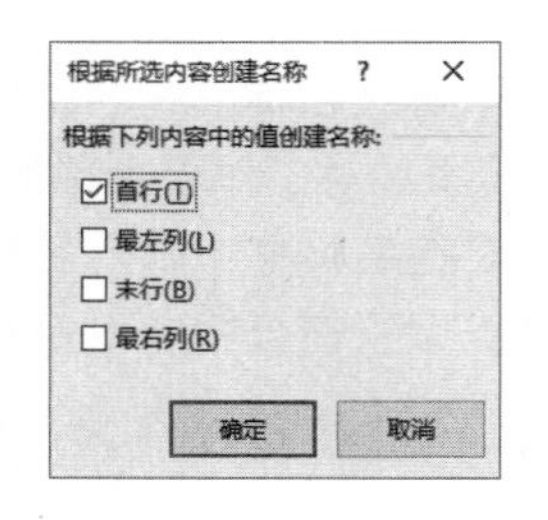

图 3-19 选中“首行”复选框

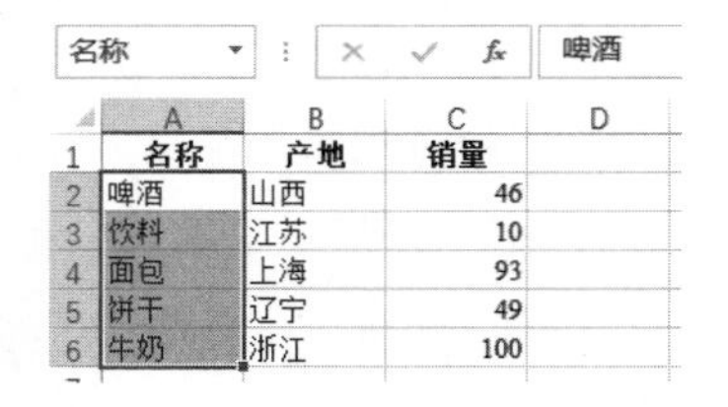

图 3-20 批量为各列创建名称

创建好名称后就可以在公式中使用它了。在公式中输入名称的方法与输入函数类似，Excel 也会自动显示与用户输入相匹配的包含名称和函数的列表，用户可以从中选择所需的名称，然后按 Tab 键，即可将名称添加到公式中。

还有一种输入名称的方法是在功能区“公式”|“定义的名称”组中单击“用于公式”按钮，然后在下拉菜单中选择所需的名称，如图 3-21 所示。

如果在输入好公式之后为公式中的单元格或区域创建了名称，那么可以让 Excel 自动使用名称替换公式中与名称对应的单元格或区域。

在功能区“公式”|“定义的名称”组中单击“定义名称”按钮上的下拉按钮，然后在下拉菜单中单击“应用名称”命令。打开如图 3-22 所示的“应用名称”对话框，在列表框中选择要进行替换的名称，最后单击“确定”按钮。

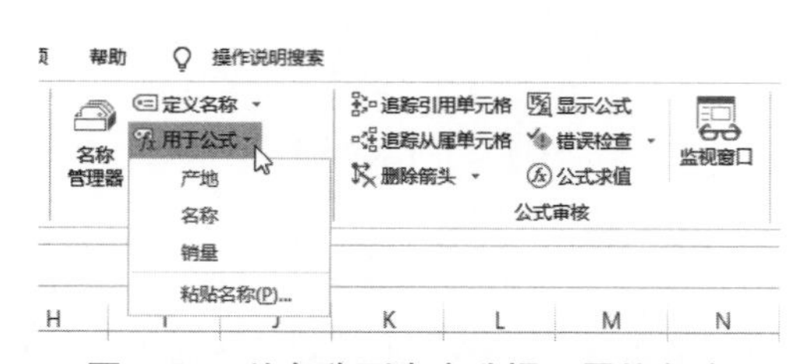

图 3-21 从名称列表中选择所需的名称

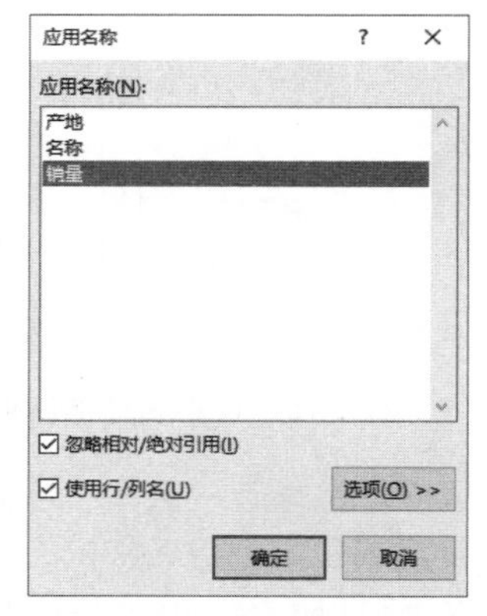

图 3-22 选择要进行替换的名称

如果要查看和修改已创建的名称，则可以在功能区“公式”|“定义的名称”组中单击“名称管理器”按钮，打开“名称管理器”对话框，如图 3-23 所示。在该对话框中可以创建、编辑和删除名称，具体如下：

- 创建名称：单击“新建”按钮，在打开的“新建名称”对话框中创建名称。

- 修改名称：单击“编辑”按钮，在打开的“编辑名称”对话框中修改名称，不能修改名称的范围。如果只修改名称的引用位置，则可以在“名称管理器”对话框底部的“引用位置”文本框中进行编辑。
- 删除名称：单击“删除”按钮删除选中的名称。可以在“名称管理器”对话框中拖动鼠标选择多个名称，或者使用 Shift 键或 Ctrl 键配合鼠标单击来选择多个相邻或不相邻的名称，方法类似于在 Windows 文件资源管理器中选择文件和文件夹。
- 查看名称：单击“筛选”按钮，在下拉菜单中选择筛选条件，将只显示符合特定条件的名称。

图 3-23　“名称管理器”对话框

3.1.9　创建数组公式

Excel 中的数组是指排列在一行、一列或多行多列中的一组数据的集合。数组中的每一个数据称为数组元素，数组元素的数据类型可以是 Excel 支持的任意数据类型。按数组的维数（维数即不同维度的个数，维度是指数组的行列方向）划分，可以将 Excel 中的数组分为以下两类：

- 一维数组：数组元素排列在一行或一列的数组是一维数组。数组元素排列在一行的数组是水平数组（或横向数组），数组元素排列在一列的数组是垂直数组（或纵向数组）。
- 二维数组：数组元素同时排列在多行多列的数组是二维数组。

数组的尺寸是指数组各行各列的元素个数。一行 N 列的一维水平数组的尺寸为 $1\times N$，一列 N 行的一维垂直数组的尺寸为 $N\times 1$，M 行 N 列的二维数组的尺寸为 $M\times N$。

按数组的存在形式划分，可以将 Excel 中的数组分为以下 3 类：

- 常量数组：常量数组是直接在公式中输入数组元素，并使用一对大括号将这些元素包围起来。如果数组元素是文本型数据，则需要使用英文双引号包围数组元素。常量数组不依赖于单元格区域。
- 区域数组：区域数组是公式中的单元格区域引用，如“=SUM(A1:B6)”中的 A1:B6 就是区域数组。
- 内存数组：内存数组是在公式的计算过程中，由中间步骤返回的多个结果临时构成的数组，通常作为一个整体继续参与下一步计算。内存数组存在于内存中，因此不依赖于单元格区域。

无论哪种类型的数组，数组中的元素都遵循以下格式：水平数组中的各个元素之间使用英文逗号分隔，垂直数组中的各个元素之间使用英文分号分隔。如图 3-24 所示，A1:F1 单元格区域中包含一个一维水平的常量数组，输入公式如下：

```
={1,2,3,4,5,6}
```

如图 3-25 所示，A1:A6 单元格区域中包含一个一维垂直的常量数组，输入公式如下：

```
={"A";"B";"C";"D";"E";"F"}
```

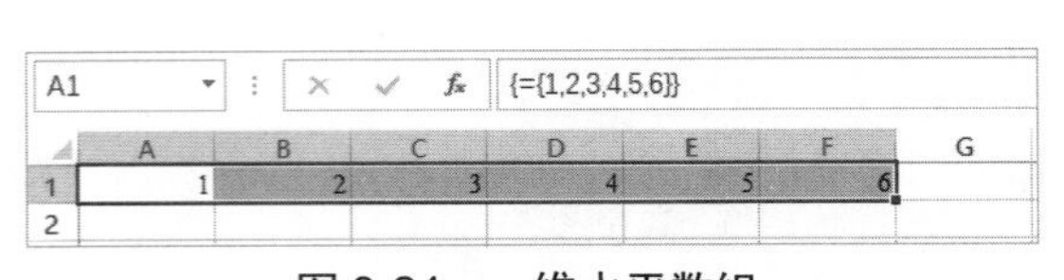

图 3-24　一维水平数组

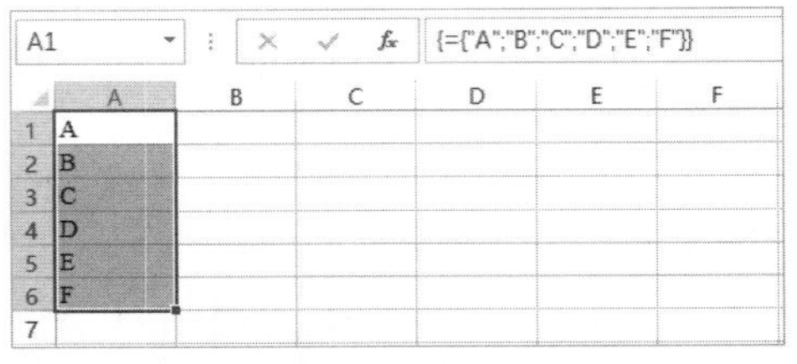

图 3-25　一维垂直数组

在输入上面两个常量数组时，需要先选择与数组方向及元素个数完全一致的单元格区域，然后输入数组公式并按 Ctrl+Shift+Enter 组合键，Excel 会自动添加一对大括号将整个公式包围起来。

根据数组公式占据的单元格数量，可以分为单个单元格数组公式和多个单元格数组公式（或称多单元格数组公式）。如果要修改多单元格数组公式，则需要选择数组公式占据的整个单元格区域，然后按 F2 键进入“编辑”模式后进行修改，完成后需要按 Ctrl+Shift+Enter 组合键结束。如果单独对多单元格数组公式的某个单元格进行修改，则会弹出如图 3-26 所示的对话框。

删除多单元格数组公式的方法与此类似，需要选择数组公式占据的整个单元格区域，然后按 Delete 键将数组公式删除。

如图 3-27 所示，使用下面的数组公式计算出所有商品的总销售额。如果按照常规方法则需要两步，首先分别计算每种商品的销售额，然后使用 SUM 函数对计算出的各个销售额求和。需要注意的是，公式两侧的大括号是按 Ctrl+Shift+Enter 组合键之后由 Excel 自动添加的，如果用户手动输入则会出错。

```
{=SUM(C2:C6*D2:D6)}
```

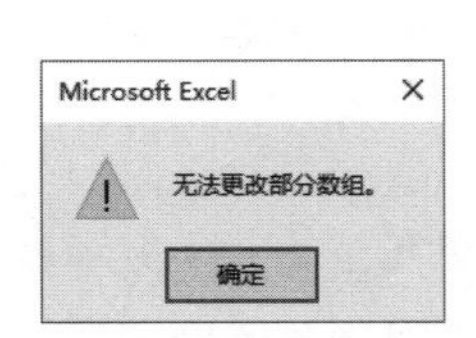

图 3-26　禁止修改多单元格数组公式中的部分单元格

G1　{=SUM(C2:C6*D2:D6)}

	A	B	C	D	E	F	G
1	商品	产地	单价	销量		总销售额	915.6
2	酒水	黑龙江	3.5	18			
3	酸奶	辽宁	5.6	34			
4	饼干	吉林	6.9	57			
5	精盐	河北	4.6	13			
6	酸奶	山西	5.1	41			

图 3-27　使用数组公式计算所有商品的总销售额

3.1.10　处理公式中的错误

当单元格中的公式发生可被 Excel 识别的错误时，将在单元格中显示 Excel 内置的错误值，它们都以 # 符号开头，每个错误值表示特定的错误类型和产生原因。表 3-3 列出了 Excel 内置的 7 种错误值及其说明。

表 3-3　Excel 内置的 7 种错误值及其说明

错误值	说明
#DIV/0!	当数字除以 0 时，将会出现该类型的错误
#NUM!	如果在公式或函数中使用了无效的数值，将会出现该类型的错误
#VALUE!	当在公式或函数中使用的参数或操作数的类型错误时，将会出现该类型的错误
#REF!	当单元格引用无效时，将会出现该类型的错误
#NAME?	当 Excel 无法识别公式中的文本时，将会出现该类型的错误
#N/A	当数值对函数或公式不可用时，将会出现该类型的错误
#NULL!	如果指定两个并不相交的区域的交点，将会出现该类型的错误

除了表 3-3 中列出的 7 种错误值之外，Excel 实际应用中经常出现的另一种错误是单元格被 # 符号填满，出现这种错误的原因主要有以下两个：

- 单元格的列宽过小，导致不能完全显示其中的内容。
- 在单元格中输入了负的日期或时间，而默认的 1900 日期，系统不支持负的日期和时间。

当 Excel 检测到单元格中包含错误时，将在该单元格的左上角显示一个绿色的三角，单击这个单元格会显示按钮，单击该按钮将弹出如图 3-28 所示的菜单，其中包含错误检查和处理的相关命令。

图 3-28　包含错误检查和处理命令的菜单

菜单顶部的文字说明了错误的类型，如图 3-28 中的“数字错误”，其他命令的功能如下：

- 关于此错误的帮助：打开帮助窗口并显示相应的错误帮助主题。
- 显示计算步骤：通过分步计算检查发生错误的位置。
- 忽略错误：保留当前值，并忽略单元格中的错误。
- 在编辑栏中编辑：进入单元格的“编辑”模式，用户可以在编辑栏中修改单元格中的内容。
- 错误检查选项：打开“Excel 选项”对话框中的“公式”选项卡，在该选项卡中设置错误的检查规则，如图 3-29 所示。只有选中“允许后台错误检查”复选框，才会启用 Excel 错误检查功能。

如果公式比较复杂，则在查找出错原因时可能会比较费时。使用 Excel 中的分步计算功能，可以将复杂的计算过程分解为单步计算，提高错误排查的效率。

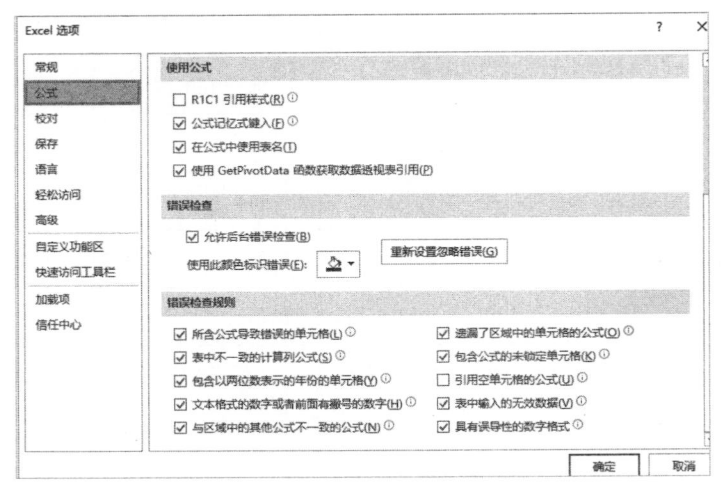

图 3-29　设置错误检查选项

选择公式所在的单元格，然后在功能区“公式”|“公式审核”组中单击“公式求值”按钮，打开“公式求值”对话框，如图 3-30 所示。带有下画线的内容表示当前准备计算的公式，单击“求值”按钮将得到下画线部分的计算结果，如图 3-31 所示。继续单击“求值”按钮依次计算公式中的其他部分，直到得出整个公式的最终结果。完成整个公式的计算后，可以单击“重新启动”按钮，重新对公式执行分步计算。

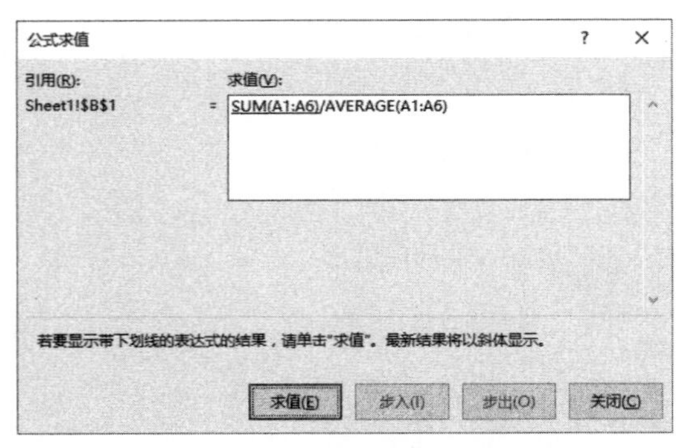

图 3-30　“公式求值”对话框

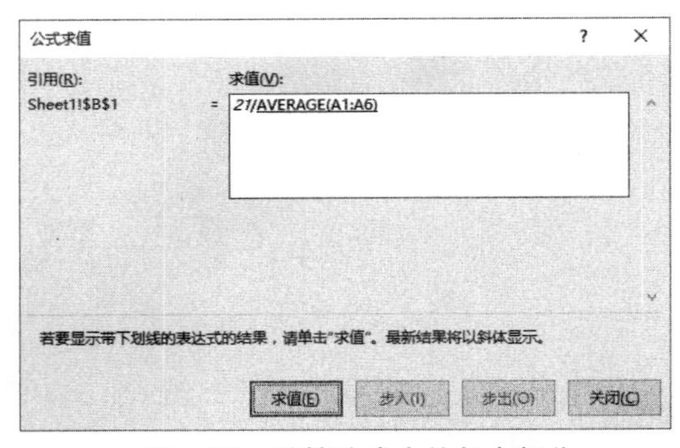

图 3-31　计算公式中的每个部分

“公式求值”对话框中还有“步入”和“步出”两个按钮。当公式中包含多个计算项且其中含有单元格引用时，“步入”按钮将变为可用状态，单击该按钮会显示分步计算中当前显示下画线部分的值。如果下画线部分包含公式，则会显示具体的公式。单击“步出”按钮，可以从“步入”的下画线部分返回到整个公式中。

3.2　逻辑函数和信息函数

在 Excel 的实际应用中，很少单独使用逻辑函数和信息函数，这两类函数通常都是与其他函数配合使用。本节主要介绍以下几个逻辑函数和信息函数：IF、IFERROR 和 IS 类函数。

3.2.1　IF 函数

IF 函数用于在公式中设置判断条件，根据判断条件返回的逻辑值 TRUE 或 FALSE 来得到不同的值，语法如下：

```
IF(logical_test,[value_if_true],[value_if_false])
```

- logical_test（必选）：要测试的值或表达式，计算结果为 TRUE 或 FALSE。例如，A1>10 是一个表达式，如果单元格 A1 中的值为 6，那么该表达式的结果为 FALSE（因为 6 不大于 10），只有当 A1 中的值大于 10 才返回 TRUE。如果 logical_test 参数是一个数字，那么非 0 等价于 TRUE，0 等价于 FALSE。
- value_if_true（可选）：当 logical_test 参数的结果为 TRUE 时函数返回的值。如果 logical_test 参数的结果为 TRUE 而 value_if_true 参数为空，IF 函数将返回 0。例如，IF(A1>10,," 小于 10")，当 A1>10 为 TRUE 时，该公式将返回 0，这是因为在省略 value_if_true 参数的值时，Excel 默认将该参数的值设置为 0。
- value_if_false（可选）：当 logical_test 参数的结果为 FALSE 时函数返回的值。如果 logical_test 参数的结果为 FALSE 且省略 value_if_false 参数，那么 IF 函数将返回 FALSE 而不是 0。如果在 value_if_true 参数之后输入一个逗号，但是不提供 value_if_false 参数的值，IF 函数将返回 0 而不是 FALSE，形如 IF(A1>10," 大于 10",)。

通过 IF 函数的语法，可以了解到“省略参数”和“省略参数的值”是两个不同的概念。省略参数是针对可选参数来说的，当一个函数包含多个可选参数时，需要从右向左依次省略参数，即从最后一个可选参数开始进行省略，省略时需要同时除去参数的值及其左侧的逗号。

省略参数的值对必选参数和可选参数同时有效。与省略参数不同的是，在省略参数的值时，虽然不输入参数的值，但是需要保留该参数左侧的逗号以作为参数的占位符。省略参数的值主要用于代替逻辑值 FALSE、0 和空文本。

下面的公式是判断 A1 单元格中的值是否大于 0，如果大于 0，则 IF 函数返回该值与 100 的乘积，否则返回文字“不是正数”，如图 3-32 所示。

```
=IF(A1>0,A1*100,"不是正数")
```

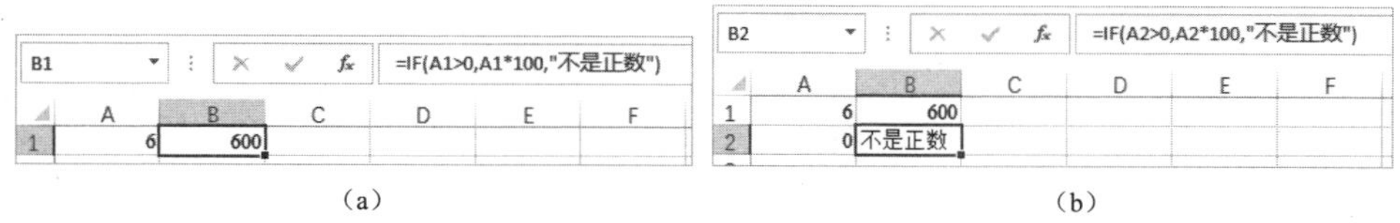

（a）　　（b）

图 3-32　IF 函数

3.2.2　IFERROR 函数

IFERROR 函数用于检测公式的计算结果是否为错误值，如果不是错误值，则返回公式的计算结果，否则返回由用户指定的值，语法如下：

```
IFERROR(value,value_if_error)
```

- value（必选）：检查是否存在错误的参数。如果没有错误则返回该参数的值。
- value_if_error（必选）：当 value 参数的结果为错误值时所返回的值。可被识别的错误类型就是表 3-3 中介绍的 7 种错误值，即 #N/A、#VALUE!、#REF!、#DIV/0!、#NUM!、#NAME? 和 #NULL!。

注意：如果任意一个参数引用的是空单元格，则 IFERROR 函数会将其视为空文本（""）。如果 value 参数是数组公式，则 IFERROR 函数为 value 中指定区域的每个单元格返回一个结果的数组。

假设 A1 单元格包含一个除法算式，下面的公式根据 A1 单元格中是否包含错误值而返回相应的信息。如果 A1 单元格中的公式使用“0”作为除数，则公式返回文字“除数不能为 0”，否则返回除法的运算结果，如图 3-33 所示。

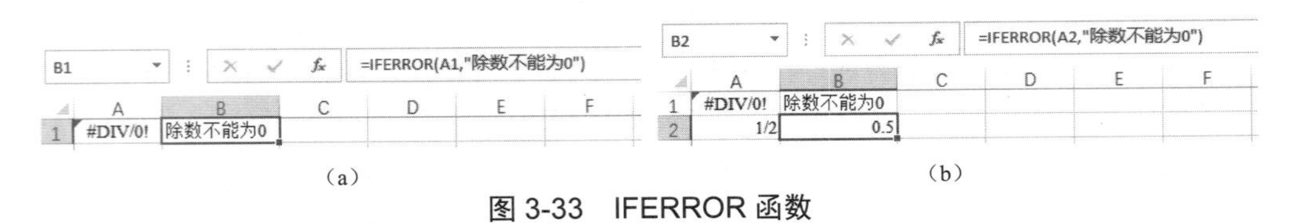

（a）　　（b）

图 3-33　IFERROR 函数

3.2.3　IS 类函数

信息函数类别中有一些以 IS 开头的函数，这些函数的名称和功能见表 3-4。这些函数都只包含一个参数，表示要检测的值或单元格。

表 3-4　IS 类函数

函数名称	功　能
ISBLANK	判断单元格是否为空，如果是则返回 TRUE
ISLOGICAL	判断值是否为逻辑值，如果是则返回 TRUE
ISNUMBER	判断值是否为数字，如果是则返回 TRUE
ISTEXT	判断值是否为文本，如果是则返回 TRUE
ISNONTEXT	判断值是否为非文本，如果不是文本则返回 TRUE
ISFORMULA	判断单元格是否包含公式，如果是则返回 TRUE
ISEVEN	判断数字是否为偶数，如果是则返回 TRUE
ISODD	判断数字是否为奇数，如果是则返回 TRUE
ISNA	判断值是否为 #N/A 错误值，如果是则返回 TRUE
ISREF	判断值是否为单元格引用，如果是一个单元格引用则返回 TRUE
ISERR	判断值是否为除 #N/A 以外的其他错误值，如果是则返回 TRUE
ISERROR	判断值是否为错误值，如果是则返回 TRUE

在 Excel 早期版本中没有 IFERROR 函数，因此可以使用 IF 函数和 ISERROR 函数来实现 IFERROR 函数的功能。使用 IF 和 ISERROR 函数对 3.2.2 节中的示例进行修改后的公式如下：

```
=IF(ISERROR(A1),"除数不能为0",A1)
```

3.3　文本函数

Excel 中的文本函数主要用于对文本进行查找、提取、转换格式等方面的处理，这些功能对数值也有同样效果。文本函数返回的结果是文本类型的数据。本节主要介绍以下几个文本函数：LEFT、RIGHT、MID、LEN、LENB、LOWER、UPPER、PROPER、FIND、SEARCH、SUBSTITUTE、REPLACE 和 TEXT。

3.3.1　LEFT、RIGHT 和 MID 函数

LEFT 函数用于从文本左侧的起始位置开始，提取指定数量的字符，语法如下：

```
LEFT(text,[num_chars])
```

RIGHT 函数用于从文本右侧的结尾位置开始，提取指定数量的字符，语法如下：

```
RIGHT(text,[num_chars])
```

LEFT 和 RIGHT 函数都包含以下两个参数：

- text（必选）：要从中提取字符的内容。
- num_chars（可选）：提取的字符数量，如果省略该参数，其值默认为 1。

MID 函数用于从文本中的指定位置开始，提取指定数量的字符，语法如下：

```
MID(text,start_num,num_chars)
```

MID 函数包含 3 个参数，第一个参数和第三个参数与 LEFT 和 RIGHT 函数的两个参数的含义相同，MID 函数的第二个参数表示提取字符的起始位置。

下面的公式提取“Excel”中的前 2 个字符，返回“Ex”。

```
=LEFT("Excel",2)
```

下面的公式提取“Excel”中的后 3 个字符，返回“cel”。

```
=RIGHT("Excel",3)
```

下面的公式提取“Excel”中第 2 ～ 4 个字符，返回“xce”。

```
=MID("Excel",2,3)
```

上面 3 个公式在 Excel 中的效果如图 3-34 所示。

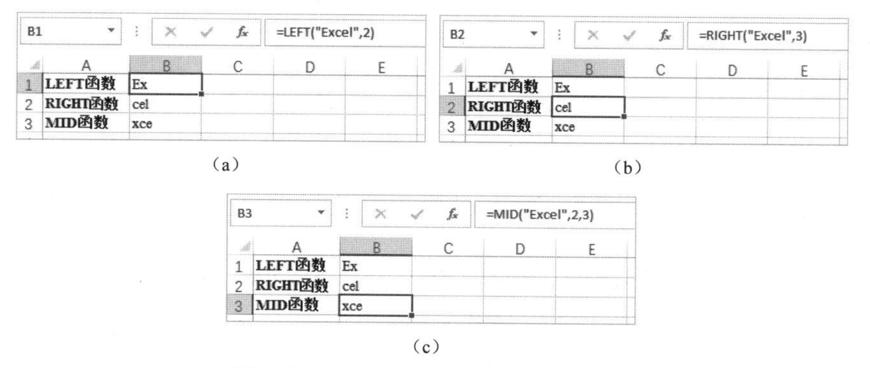

图 3-34　LEFT、RIGHT 和 MID 函数

3.3.2　LEN 和 LENB 函数

LEN 函数用于计算文本的字符数，语法如下：

```
LEN(text)
```

LEN 函数只有一个必选参数 text，表示要计算其字符数的内容。下面的公式返回 5，因为“Excel”包含 5 个字符。

```
=LEN("Excel")
```

LENB 函数的功能与 LEN 函数相同，但是以“字节”为单位来计算字符长度，对于双字节字符（汉字和全角字符），LENB 函数计数为 2，LEN 函数计数为 1。对于单字节字符（英文字母、数字和半角字符），LENB 和 LEN 函数都计数为 1。

下面的公式返回 8，因为“非常美好”中每个汉字的长度都是 2。

```
=LENB("幸福美好")
```

下面的公式返回 4，因为 LEN 函数对每个汉字的长度按 1 个字符计算。

```
=LEN("幸福美好")
```

上面 3 个公式在 Excel 中的效果如图 3-35 所示。

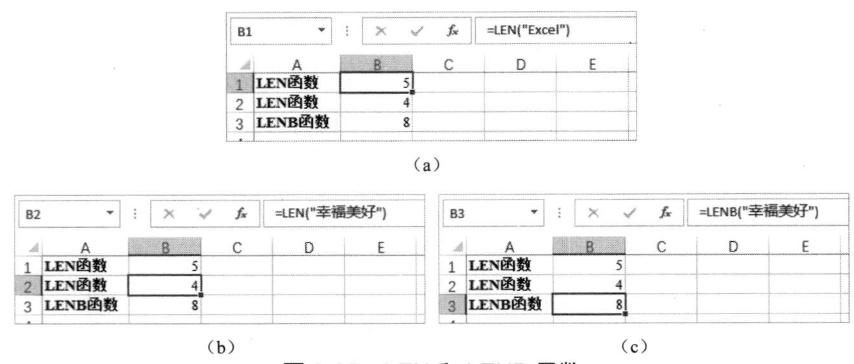

图 3-35　LEN 和 LENB 函数

3.3.3　LOWER、UPPER 和 PROPER 函数

LOWER 函数用于将文本中的大写字母转换为小写字母，语法如下：

```
LOWER(text)
```

UPPER 函数用于将文本中的小写字母转换为大写字母，语法如下：

```
UPPER(text)
```

PROPER 函数用于将文本中的每个单词的首字母转换为大写，其他字母转换为小写，语法如下：

```
PROPER(text)
```

LOWER、UPPER 和 PROPER 函数都只包含一个必选参数 text，表示要转换字母大小写的内容。

下面的公式将“EXCEL”转换为全部小写形式：

```
=LOWER("EXCEL")
```

下面的公式将“excel”转换为全部大写形式：

```
=UPPER("excel")
```

下面的公式将“i love excel”转换为每个单词首字母大写、其他字母小写的形式：

```
=PROPER("i love excel")
```

上面 3 个公式在 Excel 中的效果如图 3-36 所示。

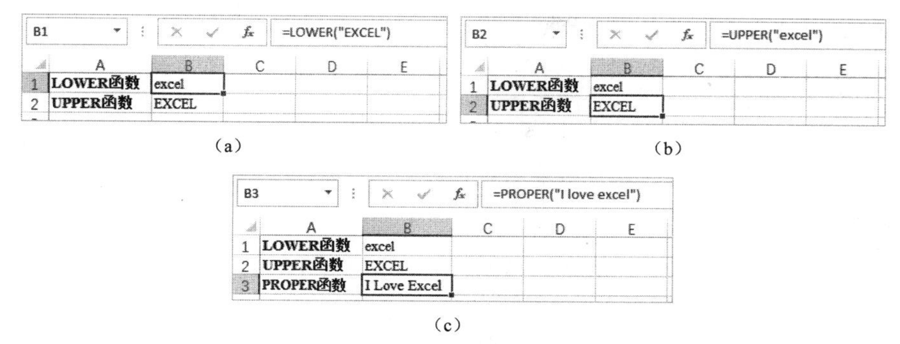

图 3-36　LOWER、UPPER 和 PROPER 函数

3.3.4　FIND 和 SEARCH 函数

FIND 函数用于查找指定字符在文本中第一次出现的位置，语法如下：

```
FIND(find_text,within_text,[start_num])
```

SEARCH 函数的功能与 FIND 函数类似，但是在查找时不区分英文大小写，而 FIND 函数在查找时区分英文大小写，语法如下：

```
SEARCH(find_text,within_text,[start_num])
```

FIND 和 SEARCH 函数都包含以下 3 个参数：

- find_text（必选）：要查找的内容。
- within_text（必选）：在其中进行查找的内容。
- start_num（可选）：开始查找的起始位置。如果省略该参数，其值默认为 1。

如果找不到特定的字符，FIND 和 SEARCH 函数都会返回 #VALUE! 错误值。

下面的公式返回 4，由于 FIND 函数区分英文大小写，因此查找的小写字母“e”在“Excel”中第一次出现的位置位于第 4 个字符。

```
=FIND("e","Excel")
```

如果将公式中的 FIND 改为 SEARCH，则公式返回 1，由于 SEARCH 函数不区分英文大小写，因此“Excel”中的第一个大写字母“E”与查找的小写字母“e”匹配。

```
=SEARCH("e","Excel")
```

上面两个公式在 Excel 中的效果如图 3-37 所示。

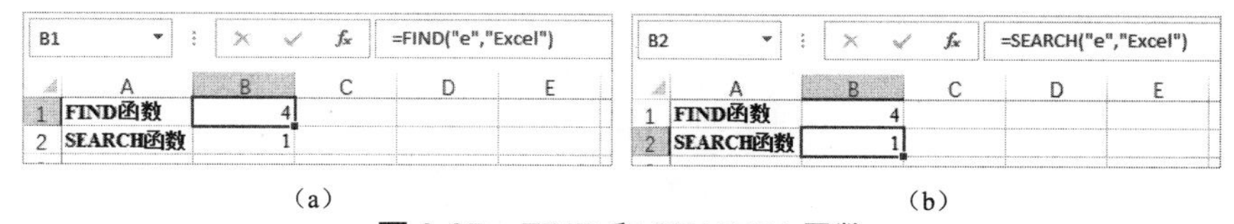

图 3-37　FIND 和 SEARCH 函数

3.3.5　SUBSTITUTE 和 REPLACE 函数

SUBSTITUTE 函数使用指定的文本替换原有文本，适用于知道替换前、替换后的内容，但不知道替换的具体位置的情况，语法如下：

```
SUBSTITUTE(text,old_text,new_text,[instance_num])
```

- text（必选）：要在其中替换字符的内容。
- old_text（必选）：要替换掉的内容。
- new_text（必选）：用于替换的内容。如果省略该参数的值，则将删除由 old_text 参数指定的内容。
- instance_num（可选）：要替换掉第几次出现的 old_text。如果省略该参数，则替换所有符合条件的内容。

下面的公式将“Word 2019 和 Word 2019”中的第二个“Word”替换为“Excel”，返回“Word 2019 和 Excel 2019”。如果省略最后一个参数，则会替换文本中所有的“Word”，如图 3-38 所示。

```
=SUBSTITUTE("Word 2019和Word 2019","Word","Excel",2)
```

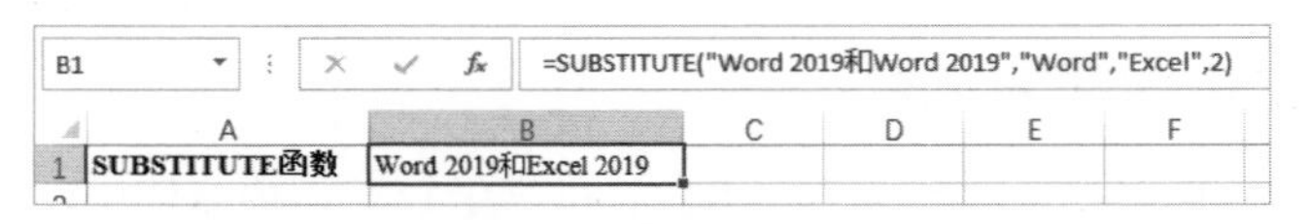

图 3-38　SUBSTITUTE 函数

REPLACE 函数使用指定字符替换指定位置上的内容，适用于知道要替换文本的位置和字符数，但不知道要替换哪些内容的情况，语法如下：

```
REPLACE(old_text,start_num,num_chars,new_text)
```

- old_text（必选）：要在其中替换字符的内容。
- start_num（必选）：替换的起始位置。
- num_chars（必选）：替换的字符数。如果省略该参数的值，则在由 start_num 参数表示的位置上插入指定的内容，该位置上的原有内容向右移动。
- new_text（必选）：替换的内容。

下面的公式将“Excel”中的第 2 ～ 4 个字符替换为“***”，返回“E***l”。

```
=REPLACE("Excel",2,3," ***")
```

下面的公式在 2 的左侧插入一个空格，返回“Excel 2019”。

```
=REPLACE("Excel2019",6,," ")
```

上面两个公式在 Excel 中的效果如图 3-39 所示。

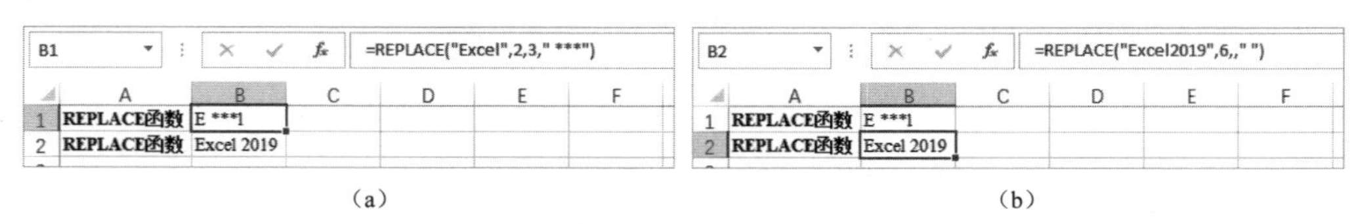

（a）　　（b）

图 3-39　REPLACE 函数

也可以使用 FIND 函数自动查找 2 的位置：

```
=REPLACE("Excel2019",FIND(2,"Excel2019"),," ")
```

3.3.6　TEXT 函数

TEXT 函数用于设置文本的数字格式，与在“设置单元格格式”对话框中自定义数字格式的功能类似，语法如下：

```
TEXT(value,format_text)
```

- value（必选）：要设置格式的内容。
- format_text（必选）：自定义数字格式代码，需要将格式代码放到一对双引号中。

在“设置单元格格式”对话框中设置的大多数格式代码都适用于 TEXT 函数，但是需要注意以下两点：

- TEXT 函数不支持改变文本颜色的格式代码。
- TEXT 函数不支持使用星号重复某个字符来填满单元格。要想使用特定字符填充单元格，可以使用 REPT 函数。

下面的公式将数字 6666 设置为中文货币格式“¥6,666.00”，自动添加千位分隔符并保留两位小数，如图 3-40 所示。

```
=TEXT(6666,"¥#,##0.00;¥-#,##0.00")
```

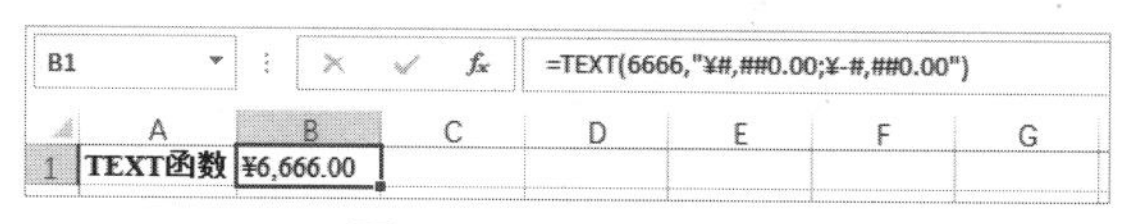

图 3-40　TEXT 函数

提示： 与自定义数字格式代码类似，使用 TEXT 函数设置格式代码时也可以包含完整的 4 个部分，各部分之间以半角分号“;”分隔，各部分的含义与自定义数字格式代码相同。

3.4　日期和时间函数

Excel 中的日期和时间函数主要用于对日期和时间进行计算，包括获取当前系统日期和时间，从日期中提取年、月、日，从时间中提取时、分、秒，创建特定的日期和时间，计算日期对应的星期几，计算两个日期之间的时间间隔，计算基于特定日期的过去或未来的日期等。日期和时间函数只能处理被 Excel 正确识别为日期和时间的数据。本节主要介绍以下几个日期和时间函数：TODAY、NOW、DATE、TIME、YEAR、MONTH、DAY、HOUR、MINUTE、SECOND、DATEDIF、EDATE、EOMONTH、WORKDAY、NETWORKDAYS、WEEKDAY 和 WEEKNUM。

3.4.1　TODAY 和 NOW 函数

TODAY 函数返回当前系统日期，NOW 函数返回当前系统日期和时间。这两个函数不包含任何参数，输入它们时，需要在函数名的右侧保留一对小括号，公式如下：

```
=TODAY()
=NOW()
```

TODAY 和 NOW 函数返回的日期和时间会随着操作系统中的日期和时间而变化。每次打开包含这两个函数的工作簿或在工作表中按 F9 键时，会自动将这两个函数返回的日期和时间同步更新到当前系统的日期和时间。

3.4.2　DATE 和 TIME 函数

DATE 函数用于创建由用户指定年、月、日的日期，语法如下：

```
DATE(year,month,day)
```

- year（必选）：指定日期中的年。
- month（必选）：指定日期中的月。
- day（必选）：指定日期中的日。

下面的公式返回“2019/5/1”，表示 2019 年 5 月 1 日。

```
=DATE(2019,5,1)
```

如果将 day 参数设置为 0，则返回由 month 参数指定的月份的上一个月最后一天的日期。下面的公式返回“2019/5/31”。

```
=DATE(2019,6,0)
```

如果将 month 参数设置为 0，则返回由 year 参数指定的年份的上一年最后一个月的日期。下面的公式返回“2018/12/15”。

```
=DATE(2019,0,15)
```

可以将 month 参数和 day 参数设置为负数，表示往回倒退特定的月数和天数。下面的公式返回“2019/5/28”。

```
=DATE(2019,6,-3)
```

上面 4 个公式在 Excel 中的效果如图 3-41 所示。

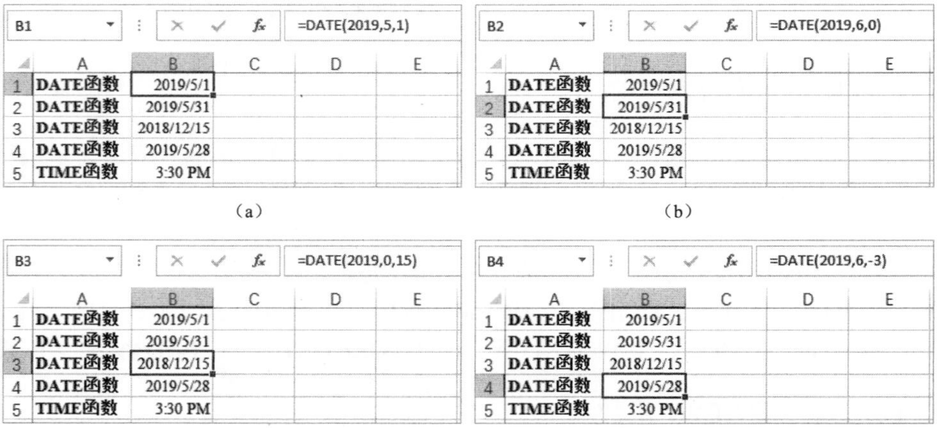

B1 =DATE(2019,5,1)

	A	B	C	D	E
1	DATE函数	2019/5/1			
2	DATE函数	2019/5/31			
3	DATE函数	2018/12/15			
4	DATE函数	2019/5/28			
5	TIME函数	3:30 PM			

（a）

B2 =DATE(2019,6,0)

	A	B	C	D	E
1	DATE函数	2019/5/1			
2	DATE函数	2019/5/31			
3	DATE函数	2018/12/15			
4	DATE函数	2019/5/28			
5	TIME函数	3:30 PM			

（b）

B3 =DATE(2019,0,15)

	A	B	C	D	E
1	DATE函数	2019/5/1			
2	DATE函数	2019/5/31			
3	DATE函数	2018/12/15			
4	DATE函数	2019/5/28			
5	TIME函数	3:30 PM			

（c）

B4 =DATE(2019,6,-3)

	A	B	C	D	E
1	DATE函数	2019/5/1			
2	DATE函数	2019/5/31			
3	DATE函数	2018/12/15			
4	DATE函数	2019/5/28			
5	TIME函数	3:30 PM			

（d）

图 3-41　DATE 函数

TIME 函数返回指定的时间，语法如下：

```
TIME(hour,minute,second)
```

- hour（必选）：指定时间中的时。
- minute（必选）：指定时间中的分。
- second（必选）：指定时间中的秒。

下面的公式返回“3:30 PM”，表示下午 3 点 30 分 30 秒，如图 3-42 所示。默认情况下不显示秒数，可以通过设置单元格的数字格式将其显示出来。

```
=TIME(15,30,30)
```

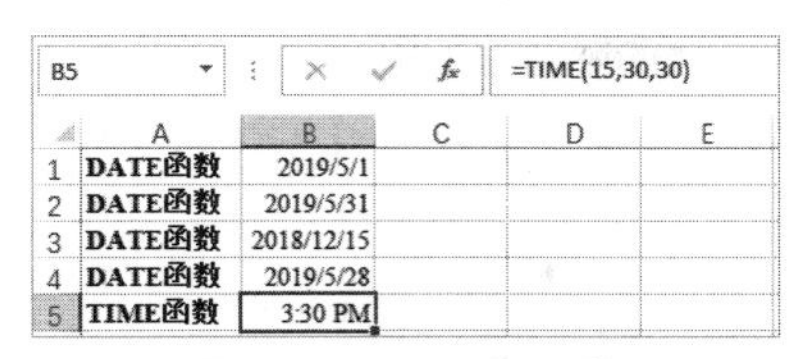

图 3-42　TIIME 函数

3.4.3　YEAR、MONTH 和 DAY 函数

YEAR 函数返回日期中的年份，返回值为 1900 ～ 9999，语法如下：

```
YEAR(serial_number)
```

MONTH 函数返回日期中的月份，返回值为 1 ～ 12，语法如下：

```
MONTH(serial_number)
```

DAY 函数返回日期中的天数，返回值为 1 ～ 31，语法如下：

```
DAY(serial_number)
```

3 个函数都只包含一个必选参数 serial_number，表示要从中提取年、月、日的日期。

如果 A2 单元格包含日期“2019/5/1”，那么下面 3 个公式分别返回 2019、5、1，如图 3-43 所示。

```
=YEAR(A2)
=MONTH(A2)
=DAY(A2)
```

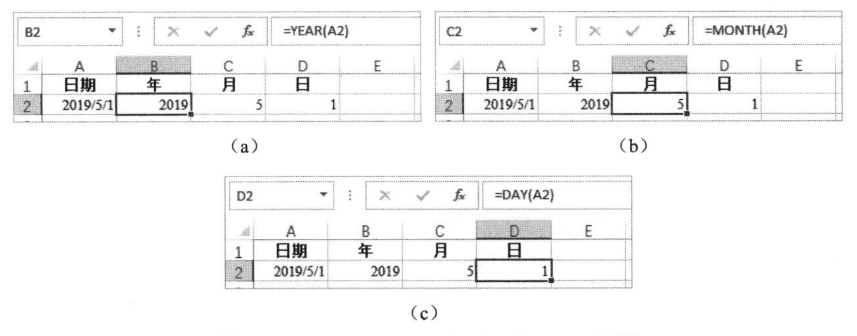

图 3-43　YEAR、MONTH 和 DAY 函数

下面 3 个公式同样返回 2019、5、1，这里将日期常量作为 YEAR、MONTH 和 DAY 函数的参数。

```
=YEAR("2019/5/1")
=MONTH("2019/5/1")
=DAY("2019/5/1")
```

3.4.4　HOUR、MINUTE 和 SECOND 函数

HOUR 函数返回时间中的小时数，返回值为 0 ～ 23，语法如下：

```
HOUR(serial_number)
```

MINUTE 函数返回时间中的分钟数，返回值为 0 ～ 59，语法如下：

```
MINUTE(serial_number)
```

SECOND 函数返回时间中的秒数，返回值为 0 ～ 59，语法如下：

```
SECOND(serial_number)
```

3 个函数只包含一个必选参数 serial_number，表示要从中提取时、分、秒的时间。如果 A2 单元格包含时间“15:30:30”，那么下面 3 个公式分别返回 15、30、30，如图 3-44 所示。

```
=HOUR(A2)
=MINUTE(A2)
=SECOND(A2)
```

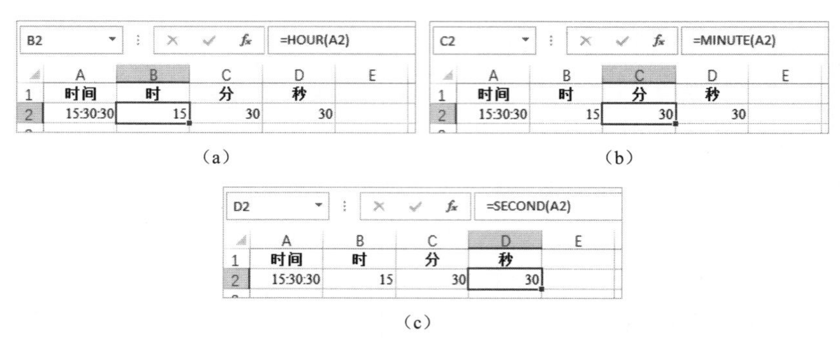

图 3-44　HOUR、MINUTE 和 SECOND 函数

3.4.5　DATEDIF 函数

DATEDIF 函数用于计算两个日期之间相差的年、月、天数，语法如下：

```
DATEDIF(start_date,end_date,unit)
```

- start_date（必选）：指定开始日期。
- end_date（必选）：指定结束日期。
- unit（必选）：指定计算时的时间单位，该参数的取值范围见表 3-5。

表 3-5　unit 参数的取值范围

unit 参数值	说　明
y	开始日期和结束日期之间的整年数
m	开始日期和结束日期之间的整月数
d	开始日期和结束日期之间的天数
ym	开始日期和结束日期之间的月数（日期中的年和日都被忽略）
yd	开始日期和结束日期之间的天数（日期中的年被忽略）
md	开始日期和结束日期之间的天数（日期中的年和月被忽略）

注意：DATEDIF 函数是一个隐藏的工作表函数，在“插入函数”对话框中不会显示该函数，用户只能在公式中手动输入该函数。

下面的公式计算日期“2019/3/25”和“2019/5/1”之间相差的月数，返回 1。

```
=DATEDIF("2019/3/25","2019/5/1","m")
```

下面的公式返回 0，因为两个日期之间相差不足一个月。

```
=DATEDIF("2019/4/25","2019/5/1","m")
```

下面的公式计算两个日期之间相差的天数，返回 75。

```
=DATEDIF("2019/2/15","2019/5/1","d")
```

上面 3 个公式在 Excel 中的效果如图 3-45 所示。

（a）

（b）

（c）

图 3-45　DATEDIF 函数

3.4.6　EDATE 和 EOMONTH 函数

EDATE 函数用于计算与指定日期相隔几个月之前或之后的月份中位于同一天的日期，语法如下：

```
EDATE(start_date,months)
```

EOMONTH 函数用于计算与指定日期相隔几个月之前或之后的月份中最后一天的日期，语法如下：

```
EOMONTH(start_date,months)
```

EDATE 和 EOMONTH 函数都包含以下两个参数：

- start_date（必选）：指定开始日期。
- months（必选）：指定开始日期之前或之后的月数，正数表示未来几个月，负数表示过去几个月，0 表示与开始日期位于同一个月。

如果 A1 单元格包含日期“2019/5/1”，由于将 months 参数设置为 5，因此下面的公式返回的是 5 个月以后同一天的日期“2019/10/1”。

```
=EDATE(A1,5)
```

如果 A1 单元格包含日期“2018/11/1”，那么下面的公式返回“2019/5/1”，从 2018 年 11 月 1 日开始，6 个月以后的日期，日期中的年份会自动调整，并返回第二年指定的月份。

```
=EDATE(A1,6)
```

如果 A1 单元格包含日期“2019/5/31”，下面的公式返回“2019/6/30”，因为 6 月没有 31 天，因此返回第 30 天的日期。

```
=EDATE(A1,1)
```

如果将 months 参数设置为负数，则表示过去的几个月。如果 A1 单元格包含日期“2019/6/30”，那么下面的公式返回“2019/1/30”，因为将 months 参数设置为 -5，表示距离指定日期的 5 个月前。

```
=EDATE(A1,-5)
```

上面 4 个公式在 Excel 中的效果如图 3-46 所示。

如果 A1 单元格包含日期“2019/3/1”，下面的公式返回“2019/6/30”，即 3 个月后的那个月份最后一天的日期。

```
=EOMONTH(A1,3)
```

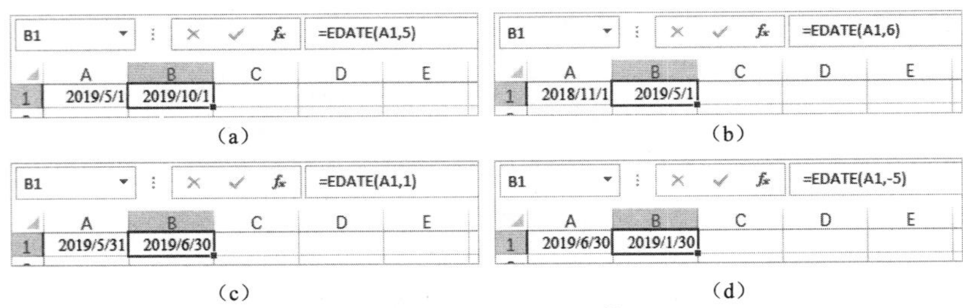

图 3-46　EDATE 函数

3.4.7　WORKDAY.INTL 和 NETWORKDAYS.INTL 函数

WORKDAY.INTL 函数用于计算与指定日期相隔数个工作日之前或之后的日期，语法如下：

```
WORKDAY.INTL(start_date,days,[weekend],[holidays])
```

- start_date（必选）：指定开始日期。
- days（必选）：指定工作日的天数，不包括每周的周末日以及其他指定的节假日，正数表示未来数个工作日，负数表示过去数个工作日。
- weekend（可选）：指定一周中的哪几天是周末日，以数值或字符串表示。数值型的 weekend 参数的取值范围见表 3-6。weekend 参数也可以使用长度为 7 个字符的字符串，每个字符从左到右依次表示星期一、星期二、星期三、星期四、星期五、星期六、星期日。使用数字 0 和 1 表示是否将一周中的每一天指定为工作日，0 表示指定为工作日，1 表示不指定为工作日。例如，“0000111”表示将星期一到星期四指定为工作日。
- holidays（可选）：指定不作为工作日计算在内的节假日。

表 3-6　weekend 参数的取值范围

weekend 参数值	周　末　日
1 或省略	星期六、星期日
2	星期日、星期一
3	星期一、星期二
4	星期二、星期三
5	星期三、星期四
6	星期四、星期五
7	星期五、星期六
11	仅星期日
12	仅星期一
13	仅星期二
14	仅星期三
15	仅星期四
16	仅星期五
17	仅星期六

如果 A2 单元格包含日期“2018/10/1”，下面的公式返回从该日期算起，30 个工作日之后

的日期，并将国庆 7 天假期以及每周末的双休日（周六和周日）排除在外，国庆 7 天假期输入到 D2:D8 单元格区域中，如图 3-47 所示。

```
=WORKDAY.INTL(A2,30,1,D2:D8)
```

图 3-47　WORKDAY.INTL 函数

使用字符串形式的 weekend 参数也可以返回相同的结果：

```
=WORKDAY.INTL(A2,30,"0000011",D2:D8)
```

NETWORKDAYS.INTL 函数用于计算两个日期之间包含的工作日数，语法如下：

```
NETWORKDAYS.INTL(start_date,end_date,[weekend],[holidays])
```

该函数的第二个参数 end_date 是必选参数，用于指定结束日期，除了该参数外，其他 3 个参数与 WORKDAY.INTL 函数完全相同。

如果 A2 和 B2 单元格分别包含日期“2018/10/1”和“2018/11/16”，下面的公式返回这两个日期之间包含的工作日数，并将每周末的双休日（周六和周日）以及国庆 7 天假期排除在外，如图 3-48 所示。

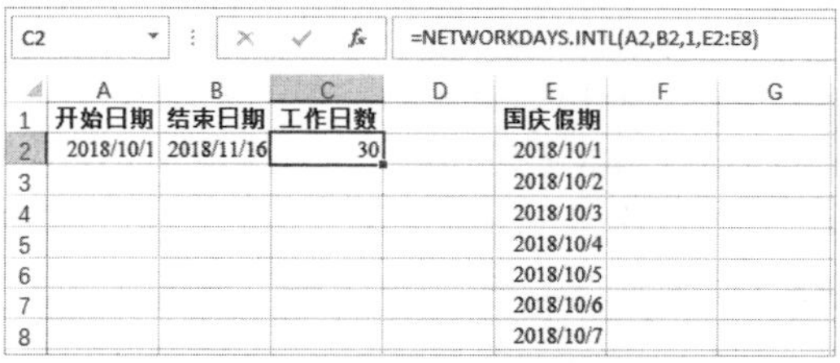

图 3-48　NETWORKDAYS.INTL 函数

3.4.8 WEEKDAY 函数

WEEKDAY 函数用于计算指定日期是星期几，语法如下：

```
WEEKDAY(serial_number,[return_type])
```

- serial_number（必选）：要返回星期几的日期。
- return_type（可选）：该参数的取值范围为 1 ～ 3 和 11 ～ 17，设置为不同值时，WEEKDAY 函数的返回值与星期的对应关系见表 3-7。如果省略该参数，则其值默认为 1。

表 3-7　return_type 参数的取值范围

return_type 参数值	WEEKDAY 函数的返回值
1 或省略	数字 1（星期日）到数字 7（星期六），同 Excel 早期版本
2	数字 1（星期一）到数字 7（星期日）

续表

return_type 参数值	WEEKDAY 函数的返回值
3	数字 0（星期一）到数字 6（星期日）
11	数字 1（星期一）到数字 7（星期日）
12	数字 1（星期二）到数字 7（星期一）
13	数字 1（星期三）到数字 7（星期二）
14	数字 1（星期四）到数字 7（星期三）
15	数字 1（星期五）到数字 7（星期四）
16	数字 1（星期六）到数字 7（星期五）
17	数字 1（星期日）到数字 7（星期六）

如果 A1 单元格包含日期“2018/10/1”，下面的公式返回 1，如图 3-49 所示。由于将 return_type 参数设置为 2，因此数字 1 对应于星期一，即 2018 年 10 月 1 日是星期一。

```
=WEEKDAY(A1,2)
```

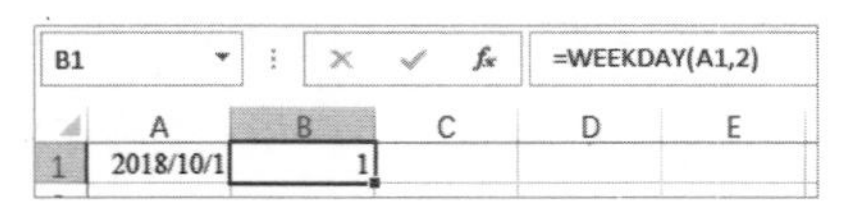

图 3-49　WEEKDAY 函数

3.4.9　WEEKNUM 函数

WEEKNUM 函数用于计算指定日期位于当年的第几周，语法如下：

```
WEEKNUM(serial_num,[return_type])
```

- serial_num（必选）：要计算周数的日期。
- return_type（可选）：指定一周的第一天是星期几，该参数的取值范围见表 3-8。如果省略该参数，则其值默认为 1。

表 3-8　return_type 参数的取值范围

return_type 参数值	一周的第一天为	机　制
1 或省略	星期日	1
2	星期一	1
11	星期一	1
12	星期二	1
13	星期三	1
14	星期四	1
15	星期五	1
16	星期六	1
17	星期日	1
21	星期一	2

提示： 机制 1 是指包含 1 月 1 日的周为该年的第 1 周，机制 2 是指包含该年的第一个星期四的周为该年的第 1 周。

A1 单元格包含日期“2018/10/1”，下面的公式返回 40，表示 2018 年 10 月 1 日位于 2018 年的第 40 周，如图 3-50 所示。由于将 return_type 参数设置为 2，因此将一周的第一天指定为星期一。

```
=WEEKNUM(A1,2)
```

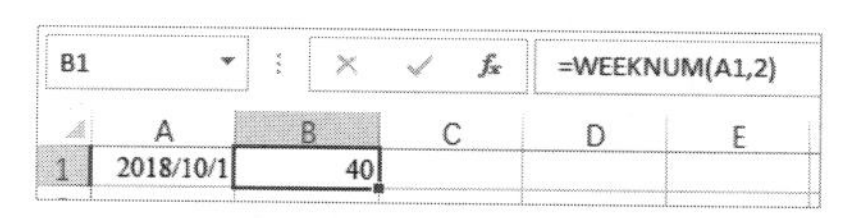

图 3-50　WEEKNUM 函数

3.5　数学函数

Excel 中的数学函数主要用于进行数学方面的计算，如四则运算、舍入计算、指数与对数计算、阶乘和矩阵计算等。本节主要介绍以下几个数学函数：SUM、SUMIF、SUMIFS、SUMPRODUCT、SUBTOTAL、MOD 和 ROUND。

3.5.1　SUM 函数

SUM 函数用于计算数字的总和，语法如下：

```
SUM(number1,[number2],…)
```

- number1（必选）：要进行求和的第 1 项，可以是直接输入的数字、单元格引用或数组。
- number2,…（可选）：要进行求和的第 2 ～ 255 项，可以是直接输入的数字、单元格引用或数组。

注意： 如果 SUM 函数的参数是单元格引用或数组，则只计算其中的数值，而忽略文本、逻辑值、空单元格等内容，但是不会忽略错误值。如果 SUM 函数的参数是常量，则参数必须为数值类型或可转换为数值的数据（如文本型数字和逻辑值），否则 SUM 函数将返回 #VALUE! 错误值。

下面的公式计算 A1:A6 单元格区域中的数字之和，如图 3-51 所示。由于使用单元格引用作为 SUM 函数的参数，因此会忽略 A1 单元格中的文本型数字，只计算 A2:A6 单元格区域中的数值。

```
=SUM(A1:A6)
```

D1　=SUM(A1:A6)

	A	B	C	D	E
1	38		数字总和	117	
2	26				
3	20				
4	21				
5	33				
6	17				

图 3-51　使用单元格引用作为 SUM 函数的参数

下面的公式使用 SUM 函数对用户输入的几个数据求和，如图 3-52 所示。由于使用输入的数据作为 SUM 函数的参数，因此，带有双引号的文本型数字会自动转换为数值并参与计算。

```
=SUM("38",26,20,21,33,17)
```

D2 =SUM("38",26,20,21,33,17)

	A	B	C	D	E	F
1	38		数字总和	117		
2	26		数字总和	155		
3	20					
4	21					
5	33					
6	17					

图 3-52　使用输入的数据作为 SUM 函数的参数值

3.5.2 SUMIF 和 SUMIFS 函数

SUMIF 和 SUMIFS 函数都用于对区域中满足条件的单元格求和，它们之间的主要区别在于可设置的条件数量不同，SUMIF 函数只支持单个条件，而 SUMIFS 函数支持 1 ～ 127 个条件。

SUMIF 函数的语法如下：

```
SUMIF(range,criteria,[sum_range])
```

- range（必选）：要进行条件判断的区域，判断该区域中的数据是否满足 criteria 参数指定的条件。
- criteria（必选）：要进行判断的条件，可以是数字、文本、单元格引用或表达式，例如 16、"16"、">16"、" 技术部 " 或 ">"&A1。在该参数中可以使用通配符，问号（?）匹配任意单个字符，星号（*）匹配任意零个或多个字符。如果要查找问号或星号本身，需要在这两个字符前添加～符号。
- sum_range（可选）：根据条件判断的结果进行求和的区域。如果省略该参数，则对 range 参数中符合条件的单元格求和。如果 sum_range 参数与 range 参数的大小和形状不同，则将在 sum_range 参数中指定的区域左上角的单元格作为起始单元格，然后从该单元格扩展到与 range 参数中的区域具有相同大小和形状的区域。

下面的公式计算 A1:A6 单元格区域中字母 A 对应的 B 列数字之和，如图 3-53 所示。

```
=SUMIF(A1:A6,"A",B1:B6)
```

D1 =SUMIF(A1:A6,"A",B1:B6)

	A	B	C	D
1	A	10	字母A对应的数字之和	20
2	A	10		
3	B	20		
4	B	20		
5	C	30		
6	C	30		

图 3-53　使用文本作为 SUMIF 函数的条件

根据前面 sum_range 参数的说明，只要该公式中的 sum_range 参数所指定的区域以 B1 单元格为起点，都可以得到正确的结果，如下面的公式：

```
=SUMIF(A1:A6,"A",B1:F1)
```

还可以将上面的公式简化为下面的形式：

```
=SUMIF(A1:A6,"A",B1)
```

可以在条件中使用单元格引用。下面的公式返回相同的结果，但使用单元格引用作为 SUMIF 函数的第二个参数，如图 3-54 所示。由于 A1 单元格包含字母 A，因此在公式中可以使用 A1 代替“A”。

```
=SUMIF(A1:A6,A1,B1:B6)
```

也可以将使用比较运算符构建的表达式作为 SUMIF 函数的条件。下面的公式计算 A1:A6 单元格区域中不为 A 的其他字母所对应的 B 列中的所有数字之和，如图 3-55 所示。

```
=SUMIF(A1:A6,"<>A",B1:B6)
```

D2　=SUMIF(A1:A6,A1,B1:B6)

	A	B	C	D
1	A	10	字母A对应的数字之和	20
2	A	10	字母A对应的数字之和	20
3	B	20		
4	B	20		
5	C	30		
6	C	30		

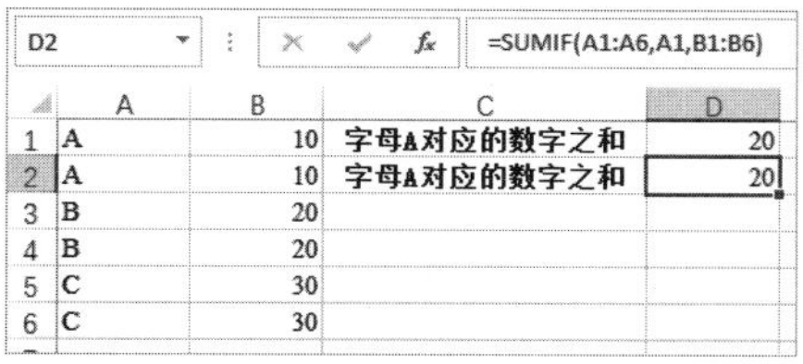

图 3-54　使用单元格引用作为 SUMIF 函数的条件

D3　=SUMIF(A1:A6,"<>A",B1:B6)

	A	B	C	D
1	A	10	字母A对应的数字之和	20
2	A	10	字母A对应的数字之和	20
3	B	20	字母B和C对应的数字之和	100
4	B	20		
5	C	30		
6	C	30		

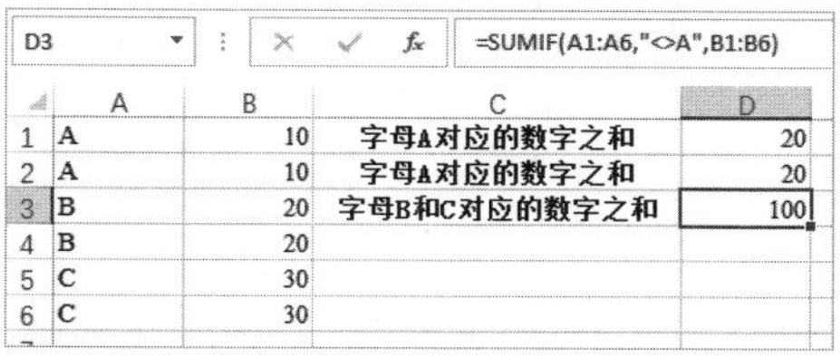

图 3-55　使用表达式作为 SUMIF 函数的条件

如果在条件中使用单元格引用，则需要使用 & 符号连接比较运算符和单元格引用，公式如下：

```
=SUMIF(A1:A6,"<>"&A1,B1:B6)
```

SUMIFS 函数的语法格式与 SUMIF 函数类似，语法如下：

```
SUMIFS(sum_range,criteria_range1,criteria1,[criteria_range2],[criteria2],…)
```

- sum_range（必选）：根据条件判断的结果进行求和的区域。
- criteria_range1（必选）：要进行条件判断的第 1 个区域，判断该区域中的数据是否满足 criteria1 参数指定的条件。
- criteria1（必选）：要进行判断的第 1 个条件，可以是数字、文本、单元格引用或表达式，在该参数中可以使用通配符。
- criteria_range2,…（可选）：要进行条件判断的第 2 个区域，最多可以有 127 个区域。
- criteria2,…（可选）：要进行判断的第 2 个条件，最多可以有 127 个条件。条件和条件区域的顺序和数量必须一一对应。

注意： SUMIFS 函数中的每个条件区域（criteria_range）的大小和形状必须与求和区域（sum_range）相同。

下面的公式计算 A1:A6 单元格区域中字母 B 所对应的 B 列中大于 40 的数字之和，如图 3-56 所示。

```
=SUMIFS(B1:B6,A1:A6,"B",B1:B6,">40")
```

D1　=SUMIFS(B1:B6,A1:A6,"B",B1:B6,">40")

	A	B	C	D
1	A	10	字母B对应的大于40的数字之和	110
2	A	20		
3	A	30		
4	B	40		
5	B	50		
6	B	60		

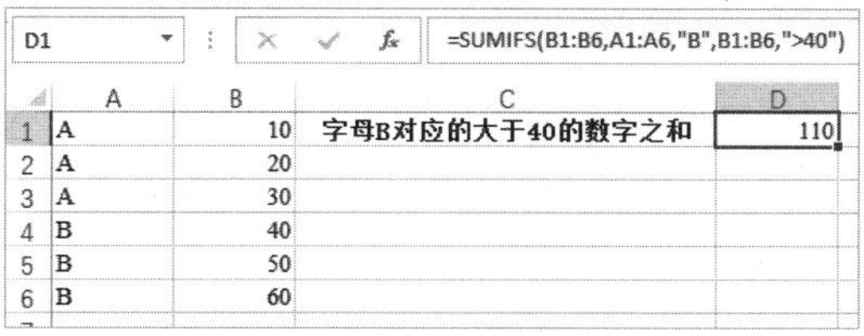

图 3-56　使用 SUMIFS 函数进行多条件求和

公式说明： SUMIFS 函数的第一个条件判断 A 列中包含字母 B 的单元格为 A4、A5 和 A6，B 列中与这 3 个单元格对应的数字为 40、50、60，第二个条件判断这 3 个数字中大于 40 的数字为 50 和 60，最后计算 50 与 60 之和为 110。

3.5.3 SUMPRODUCT 函数

SUMPRODUCT 函数用于计算给定的几组数组中对应元素的乘积之和，即先将数组间对应的元素相乘，然后计算所有乘积之和，语法如下：

```
SUMPRODUCT(array1,[array2],[array3],…)
```

- array1（必选）：要参与计算的第 1 个数组。如果只为 SUMPRODUCT 函数提供一个参数，则该函数将返回参数中各元素之和。
- array2,array3,…（可选）：要参与计算的第 2 ～ 255 个数组。

注意：参数中非数值型的数组元素会被 SUMPRODUCT 函数当作 0 处理，各数组的维数必须相同，否则 SUMPRODUCT 函数将返回 #VALUE! 错误值。

下面的公式计算 A1:A6 和 B1:B6 两个区域的乘积之和，如图 3-57 所示。

```
=SUMPRODUCT(A1:A6,B1:B6)
```

D1 =SUMPRODUCT(A1:A6,B1:B6)

	A	B	C	D	E
1	1	10	两列相应数字乘积之和	910	
2	2	20			
3	3	30			
4	4	40			
5	5	50			
6	6	60			

图 3-57　计算各组数据对应元素的乘积之和

公式说明：先计算 A1:A6 和 B1:B6 两个区域中对应位置上的单元格乘积，然后将得到的所有乘积相加以计算总和，该公式的计算过程如下：

```
=A1*B1+A2*B2+A3*B3+A4*B4+A5*B5+A6*B6
```

即

```
=1*10+2*20+3*30+4*40+5*50+6*60
```

使用 SUM 函数的数组公式也可以返回相同的结果，输入公式时需要按 Ctrl+Shift+Enter 组合键结束。

```
{=SUM(A1:A6*B1:B6)}
```

3.5.4 SUBTOTAL 函数

SUBTOTAL 函数用于以指定的方式对列表或数据库中的数据进行汇总，包括求和、计数、平均值、最大值、最小值、标准差等，语法如下：

```
SUBTOTAL(function_num,ref1,[ref2],…)
```

- function_num（必选）：要对数据进行汇总的方式，表 3-9 列出了该参数的取值范围为 1 ～ 11（包含隐藏值）和 101 ～ 111（忽略隐藏值）。当 function_num 参数的值为 1 ～ 11 时，SUBTOTAL 函数在计算时将包括通过“隐藏行”命令所隐藏的行中的值；当 function_num 参数的值为 101 ～ 111 时，SUBTOTAL 函数在计算时将忽略通过“隐藏行”命令所隐藏的行中的值。无论将 function_num 参数设置为哪个值，SUBTOTAL 函数都会忽略通过筛选操作所隐藏的行。

- ref1（必选）：要进行汇总的第 1 个区域。
- ref2,⋯（可选）：要进行汇总的第 2 ～ 254 个区域。

表 3-9　function_num 参数的取值范围

function_num 包含隐藏值	function_num 忽略隐藏值	对 应 函 数	功　　能
1	101	AVERAGE	计算平均值
2	102	COUNT	计算数值单元格的数量
3	103	COUNTA	计算非空单元格的数量
4	104	MAX	计算最大值
5	105	MIN	计算最小值
6	106	PRODUCT	计算乘积
7	107	STDEV	计算标准偏差
8	108	STDEVP	计算总体标准偏差
9	109	SUM	计算总和
10	110	VAR	计算方差
11	111	VARP	计算总体方差

注意：SUBTOTAL 函数只适用于垂直区域中的数据，无法用于水平区域中的数据。

下面两个公式返回相同的结果，将 SUBTOTAL 函数的第一个参数设置为 9 或 109，都能计算 A1:A10 单元格区域的总和，如图 3-58 所示。

```
=SUBTOTAL(9,A1:A10)
```

```
=SUBTOTAL(109,A1:A10)
```

（a）

C2　=SUBTOTAL(109,A1:A10)

（b）

图 3-58　使用 SUBTOTAL 函数实现 SUM 函数的求和功能

如果要计算的区域包含手动隐藏的行，则 SUBTOTAL 函数第一个参数的设置值将会影响最后的计算结果。如图 3-59 所示，通过功能区中的“开始”|“单元格”|“格式”|“隐藏和取消隐藏”|“隐藏行”命令，将 A1:A10 单元格区域中的第 3 ～ 6 行隐藏起来，然后使用上面两个公式对该区域进行求和计算，将返回不同的结果。

- 将第二个参数设置为 9 时不会忽略隐藏行，计算 A1:A10 区域中的所有数据，无论是否处于隐藏状态。

- 将第二个参数设置为 109 时会忽略隐藏行，只计算 A1:A10 区域中当前显示的数据。

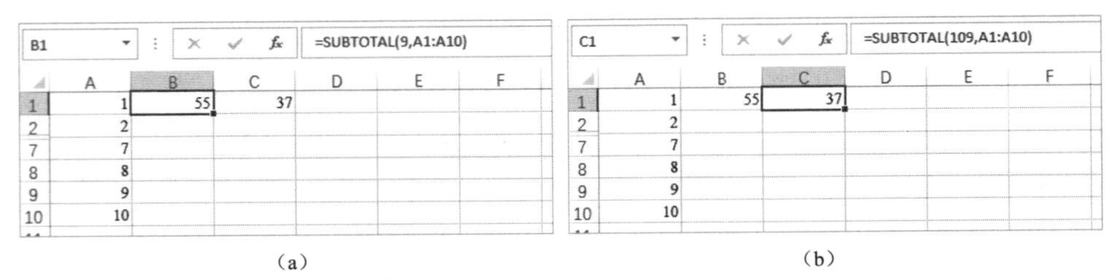

（a）　　　　　　　　　　（b）

图 3-59　SUBTOTAL 函数第二个参数的值会影响计算结果

3.5.5　MOD 函数

MOD 函数用于计算两数相除的余数，语法如下：

```
MOD(number,divisor)
```

- number（必选）：表示被除数。
- divisor（必选）：表示除数。如果该参数为 0，MOD 函数将返回 #DIV/0! 错误值。

注意： MOD 函数的两个参数都必须为数值类型或可转换为数值的数据，否则 MOD 函数将返回 #VALUE! 错误值，MOD 函数的计算结果的正负号与除数相同。

下面的公式判断 A2 单元格中的年份是否是闰年，如图 3-60 所示。闰年的判定条件：年份能被 4 整除而不能被 100 整除，或者能被 400 整除。

```
=IF(OR(AND(MOD(A2,4)=0,MOD(A2,100)<>0),MOD(A2,400)=0),"是闰年","不是闰年")
```

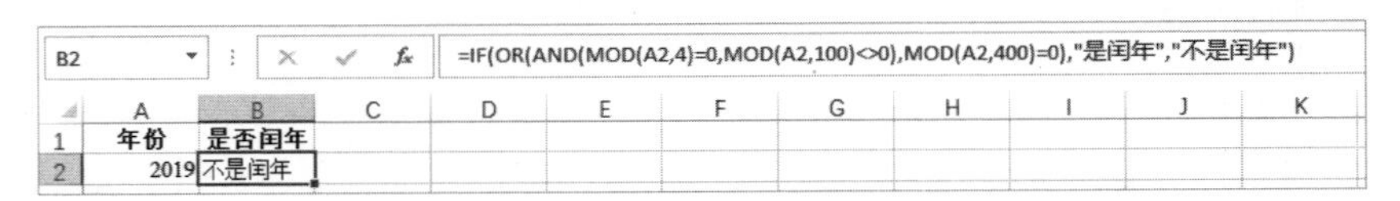

图 3-60　用 MOD 函数判断闰年

公式说明： 公式 OR(AND(MOD(A2,4)=0,MOD(A2,100)<>0),MOD(A2,400)=0) 包括两部分：一部分使用 AND 函数判断"年份能被 4 整除而不能被 100 整除"条件是否同时成立；另一部分使用 OR 函数判断"年份能被 4 整除而不能被 100 整除"或"能被 400 整除"条件是否有一个成立。然后使用 IF 函数根据判断结果返回"是闰年"或"不是闰年"。

3.5.6　ROUND 函数

ROUND 函数用于按指定的位数对数字进行四舍五入，语法如下：

```
ROUND(number,num_digits)
```

- number（必选）：要四舍五入的数字，可以是直接输入的数值或单元格引用。
- num_digits（必选）：要进行四舍五入的位数。分为三种情况：如果 num_digits 大于 0，则四舍五入到指定的小数位；如果 num_digits 等于 0，则四舍五入到最接近的整数；如果 num_digits 小于 0，则在小数点左侧进行四舍五入。表 3-10 列出了 ROUND 函数在 num_digits 参数取不同值时的返回值。

表 3-10　num_digits 参数与 ROUND 函数的返回值

要舍入的数字	num_digits 参数值	ROUND 函数返回值
152.456	2	152.46
152.456	1	152.5
152.456	0	152
152.456	-1	150
152.456	-2	200

下面的数组公式对 B2:B11 单元格区域中的数据进行求和，并将求和结果取整舍入到百位，如图 3-61 所示。

```
{=SUM(ROUND(B2:B11,-2))}
```

	A	B	C	D	E
1	日期	营业额		5月上旬营业额	6200
2	5月1日	774.59			
3	5月2日	26.63			
4	5月3日	614.84			
5	5月4日	412.33			
6	5月5日	1012.93			
7	5月6日	335.92			
8	5月7日	231.96			
9	5月8日	1627.87			
10	5月9日	920.42			
11	5月10日	388.31			

图 3-61　ROUND 函数

3.6　统计函数

Excel 中的统计函数主要用于对数据进行统计和分析，其中一小部分是平时经常用到的统计工具，如统计数量、平均值、极值、排位和频率，其他大部分统计函数则用于专业领域中的统计分析。本节主要介绍以下几个统计函数：COUNT、COUNTA、COUNTIF、COUNTIFS、AVERAGE、AVERAGEIF、AVERAGEIFS、MAX、MIN、LARGE、SMALL、RANK.EQ 和 FREQUENCY。

3.6.1　COUNT 和 COUNTA 函数

COUNT 函数用于计算区域中包含数字的单元格的数量，语法如下：

```
COUNT(value1,[value2],…)
```

- value1（必选）：要计算数字个数的第 1 项，可以是直接输入的数字、单元格引用或数组。
- value2,…（可选）：要计算数字个数的第 2 ～ 255 项，可以是直接输入的数字、单元格引用或数组。

注意： 如果 COUNT 函数的参数是单元格引用或数组，则只计算其中的数值，而忽略文本、逻辑值、空单元格等内容，还可以忽略错误值，而 SUM 函数在遇到错误值时会返回该错误值。如果 COUNT 函数的参数是常量，则计算其中的数值或可转换为数值的数据（如文本型数字和逻辑值），其他内容将被忽略。

下面的公式计算 A1:A6 单元格区域中包含数值的单元格的数量，如图 3-62 所示。

```
=COUNT(A1:A6)
```

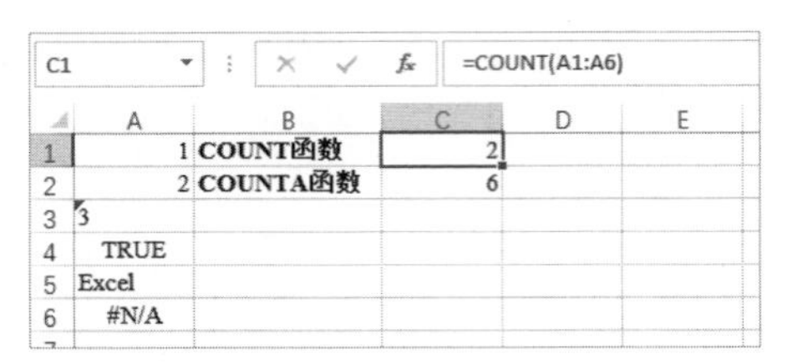

图 3-62　计算包含数值的单元格的数量

公式说明：虽然要计算的区域中包含 6 个单元格，但是只有 A1 和 A2 单元格被计算在内，这是因为 A3 单元格是文本型数字，A4 单元格是逻辑值，A5 单元格是文本，A6 单元格是错误值，由于公式中 COUNT 函数的参数是单元格引用的形式，因此 A3:A6 中的非数值数据不会被计算在内。

如果将公式改为下面的形式，则只有“Excel”和 #N/A 错误值不会被计算在内，因为这两项不能被转换为数值，而文本型数字“3”可以转换为数值类型的 3，逻辑值 TRUE 可以转换为 1。

```
=COUNT(1,2,"3",TRUE,"Excel",#N/A)
```

COUNTA 函数用于计算区域中不为空的单元格的数量，其语法格式与 COUNT 函数相同。下面的公式计算 A1:A6 单元格区域中不为空的单元格的数量，如图 3-63 所示。

```
=COUNTA(A1:A6)
```

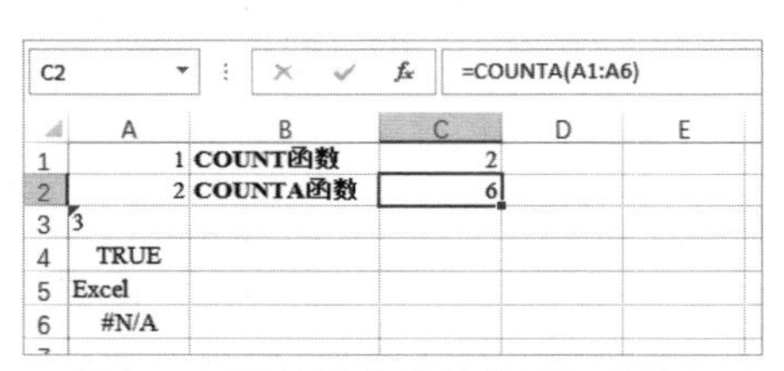

图 3-63　计算不为空的单元格的数量

提示：在使用函数处理数据时，经常会遇到“空单元格”“空文本”与“空格”，这 3 个概念并不相同。“空单元格”是指未输入任何内容的单元格，使用 ISBLANK 函数检查空单元格会返回逻辑值 TRUE。“空文本”由不包含任何内容的一对双引号（“”）组成，其字符长度为 0，使用 ISBLANK 函数检测包含空文本的单元格时会返回逻辑值 FALSE。“空格”可以使用空格键或 CHAR(32) 产生，空格的长度由空格数量决定，使用 ISBLANK 函数检查包含空格的单元格时也返回逻辑值 FALSE。

3.6.2　COUNTIF 和 COUNTIFS 函数

COUNTIF 和 COUNTIFS 函数都用于计算区域中满足条件的单元格的数量，它们之间的主要区别在于可设置的条件数量不同，COUNTIF 函数只支持单个条件，而 COUNTIFS 函数支持 1 ～ 127 个条件。

COUNTIF 函数的语法如下：

```
COUNTIF(range,criteria)
```

- range（必选）：根据条件判断的结果进行计数的区域。
- criteria（必选）：要进行判断的条件，可以是数字、文本、单元格引用或表达式，例如

16、"16"、">16"、" 技术部 " 或 ">"&A1，英文不区分大小写。在该参数中可以使用通配符，问号（?）匹配任意单个字符，星号（*）匹配任意零个或多个字符。如果要查找问号或星号本身，需要在这两个字符前添加“～”符号。

下面的公式统计 A1:A6 单元格区域中包含字母 A 的单元格的数量，如图 3-64 所示。

```
=COUNTIF(A1:A6,"A")
```

C1　=COUNTIF(A1:A6,"A")

	A	B	C	D	E	F
1	A	10	2			
2	A	10				
3	B	20				
4	B	20				
5	C	30				
6	C	30				

图 3-64　计算符合条件的单元格的数量

下面的公式计算 A1:A6 单元格区域中包含 3 个字母的单元格的数量，如图 3-65 所示。公式中使用通配符作为条件，每个问号表示一个字符，3 个问号就表示 3 个字符。

```
=COUNTIF(A1:A6,"???")
```

C1　=COUNTIF(A1:A6,"???")

	A	B	C	D	E	F
1	A	1	2			
2	AB	2				
3	ABC	3				
4	B	4				
5	BC	5				
6	ABC	6				

图 3-65　在条件中使用通配符

COUNTIFS 函数的语法格式与 COUNTIF 函数类似，语法如下：

```
COUNTIFS(criteria_range1,criteria1,[criteria_range2,criteria2],…)
```

- criteria_range1（必选）：要进行条件判断的第 1 个区域，判断该区域中的数据是否满足 criteria1 参数指定的条件。
- criteria1（必选）：要进行判断的第 1 个条件，可以是数字、文本、单元格引用或表达式，在该参数中可以使用通配符。
- criteria_range2,…（可选）：要进行条件判断的第 2 个区域，最多可以有 127 个区域。
- criteria2,…（可选）：要进行判断的第 2 个条件，最多可以有 127 个条件。条件和条件区域的顺序和数量必须一一对应。

下面的公式计算 A1:A6 单元格区域中包含字母 B，且对应的 B 列中大于 40 的数字个数，如图 3-66 所示。

```
=COUNTIFS(A1:A6,"B",B1:B6,">40")
```

C1　=COUNTIFS(A1:A6,"B",B1:B6,">40")

	A	B	C	D	E	F	G
1	A	10	2				
2	A	20					
3	A	30					
4	B	40					
5	B	50					
6	B	60					

图 3-66　使用 COUNTIFS 函数进行多条件计数

3.6.3 AVERAGE、AVERAGEIF 和 AVERAGEIFS 函数

AVERAGE 函数用于计算平均值，AVERAGEIF 和 AVERAGEIFS 函数用于对区域中满足条件的单元格计算平均值。这 3 个函数的语法如下：

```
AVERAGE(number1,[number2],…)
AVERAGEIF(range,criteria,[average_range])
AVERAGEIFS(average_range,criteria_range1,criteria1,[criteria_range2,criteria2],…)
```

这 3 个函数的语法类似于 SUM、SUMIF 和 SUMIFS 函数，AVERAGE 函数最多可以包含 255 个参数，AVERAGEIFS 函数最多可以包含 127 组条件和条件区域，每个条件及其关联的条件区域为一组，一共可以有 127 组。

下面的公式计算 A1:A6 单元格区域中数字的平均值。

```
=AVERAGE(A1:A6)
```

下面的公式计算 A1:A6 单元格区域中字母为 C 所对应的 B 列中的所有数字的平均值，如图 3-67 所示。

```
=AVERAGEIF(A1:A6,"C",B1:B6)
```

C1 =AVERAGEIF(A1:A6,"C",B1:B6)

	A	B	C	D	E	F
1	A	1	4.5			
2	B	2				
3	C	3				
4	A	4				
5	B	5				
6	C	6				
7						

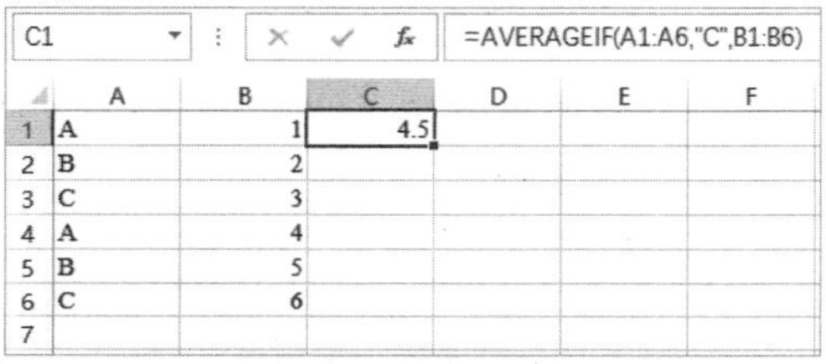

图 3-67 对符合条件的单元格计算平均值

AVERAGEIFS 函数的用法可参考 SUMIFS 函数，此处不再赘述。

3.6.4 MAX 和 MIN 函数

MAX 函数返回一组数字中的最大值，语法如下：

```
MAX(number1,[number2],…)
```

MIN 函数返回一组数字中的最小值，语法如下：

```
MIN(number1,[number2],…)
```

MAX 和 MIN 函数都包含以下两个参数。

- number1（必选）：要返回最大值或最小值的第 1 项，可以是直接输入的数字、单元格引用或数组。
- number2,…（可选）：要返回最大值或最小值的第 2 ～ 255 项，可以是直接输入的数字、单元格引用或数组。

注意： *如果参数是单元格引用或数组，则只计算其中的数值，而忽略文本、逻辑值、空单元格等内容，但不会忽略错误值。如果参数是常量（即直接输入的实际值），则参数必须为数值类型或可转换为数值的数据（如文本型数字和逻辑值），否则 MAX 和 MIN 函数将返回 #VALUE! 错误值。*

下面两个公式分别返回 A1:A6 单元格区域中的最大值和最小值，如图 3-68 所示。

```
=MAX(A1:A6)
```

```
=MIN(A1:A6)
```

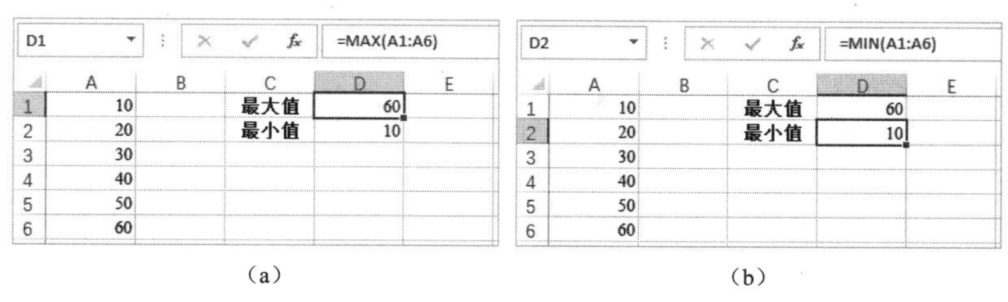

（a）　　　　（b）

图 3-68　返回区域中的最大值和最小值

3.6.5 LARGE 和 SMALL 函数

LARGE 函数返回数据集中的第 k 个最大值，语法如下：

```
LARGE(array,k)
```

SMALL 函数返回数据集中的第 k 个最小值，语法如下：

```
SMALL(array,k)
```

LARGE 和 SMALL 函数都包含以下两个参数：

- array（必选）：要返回第 k 个最大值或最小值的单元格区域或数组。
- k（必选）：要返回的数据在单元格区域或数组中的位置。如果数据区域包含 *n* 个数据，则 k 为 1 时返回最大值，k 为 2 时返回第 2 大的值，k 为 *n* 时返回最小值，k 为 *n*-1 时返回第 2 小的值，以此类推。当使用 LARGE 和 SMALL 函数返回最大值和最小值时，效果等同于 MAX 和 MIN 函数。

下面两个公式分别返回 A1:A6 单元格区域中的第 3 大的值和第 3 小的值，如图 3-69 所示。

```
=LARGE(A1:A6,3)
=SMALL(A1:A6,3)
```

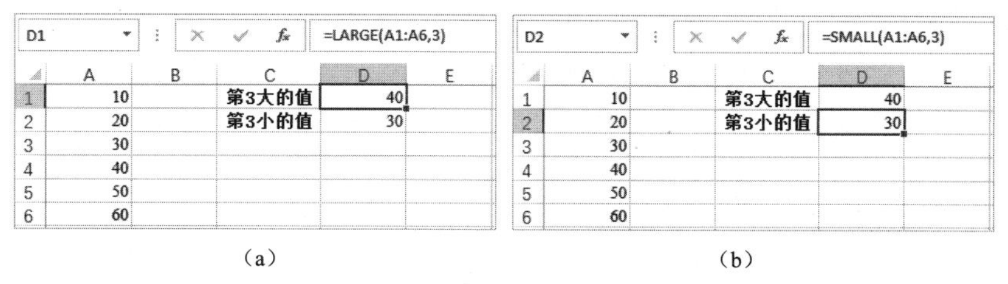

（a）　　　　（b）

图 3-69　返回区域中第 3 大的值和第 3 小的值

3.6.6 RANK.EQ 函数

RANK.EQ 函数用于返回某个数字在其所在的数字列表中大小的排位，以数字表示。如果多个值具有相同的排位，则返回该组数值的最高排位，语法如下：

```
RANK.EQ(number,ref,[order])
```

- number（必选）：要进行排位的数字。
- ref（必选）：要在其中进行排位的数字列表，可以是单元格区域或数组。
- order（可选）：排位方式。如果为 0 或省略该参数，则按降序计算排位，数字越大，排位越高，表示排位的数字越小；如果不为 0，则按升序计算排位，数字越大，排位越低，表示排位的数字越大。

注意：RANK.EQ 函数对重复值的排位结果相同，但会影响后续数值的排位。例如，在一列按升序排列的数字列表中，如果数字“6”出现 3 次，其排位为 2，则数字“7”的排位为 5，因为出现 3 次的数字“6”分别占用了第 2、第 3、第 4 这 3 个位置。

下面的公式返回 A1:A6 单元格区域中的 6 个单元格在该区域中的排位，如图 3-70 所示。由于省略了第三个参数，因此按降序进行排位。例如，A1 单元格中的数字“100”是 6 个数字中最小的一个，因此其排位为 6，而 A6 单元格中的数字“105”是 6 个数字中最大的一个，因此其排位为 1。

```
=RANK.EQ(A1,$A$1:$A$6)
```

如果将第三个参数设置为一个非 0 值，则按升序排位，如图 3-71 所示。在这种情况下通常将第三个参数设置为 1，公式如下：

```
=RANK.EQ(A1,$A$1:$A$6,1)
```

B1 =RANK.EQ(A1,$A$1:$A$6)

	A	B	C	D	E	F
1	100	6				
2	101	5				
3	102	4				
4	103	3				
5	104	2				
6	105	1				

图 3-70　按降序进行排位

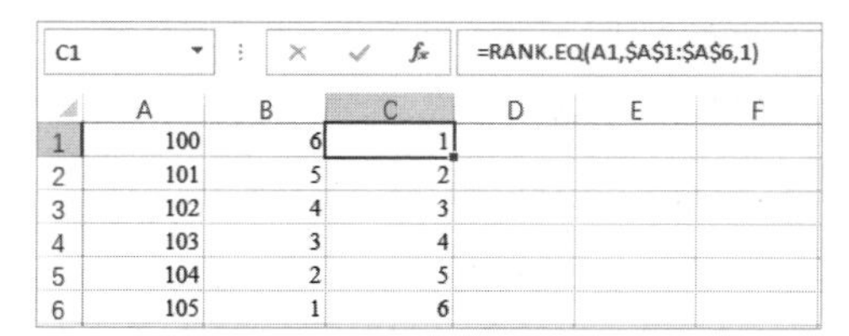

图 3-71　按升序进行排位

3.6.7 FREQUENCY 函数

FREQUENCY 函数用于计算数值在区域中出现的频率并返回一个垂直数组，语法如下：

```
FREQUENCY(data_array,bins_array)
```

- data_array（必选）：要计算出现频率的一组数值，可以是单元格区域或数组。如果该参数不包含任何数值，FREQUENCY 函数将返回一个零数组。
- bins_array（必选）：用于对 data_array 参数中的数值进行分组的单元格区域或数组，该参数用于设置多个区间的上、下限。如果该参数不包含任何数值，FREQUENCY 函数返回的值与 data_array 参数中的元素个数相等，否则 FREQUENCY 函数返回的元素个数比 bins_array 参数中的元素多一个。

下面的公式计算 A2:A11 单元格区域中的数字在由 B2:B4 单元格区域指定的多个区间中包含的数字个数，如图 3-72 所示。由于 FREQUENCY 函数的第二个参数包含 3 个值，因此共分为 4 个区间，需要将公式输入到一个包含 4 个单元格的区域中，最后按 Ctrl+Shift+Enter 组合键结束。

```
=FREQUENCY(A2:A11,B2:B4)
```

C2 {=FREQUENCY(A2:A11,B2:B4)}

	A	B	C	D	E	F
1	数字	区间	数字个数			
2	1	2	2			
3	2	5	3			
4	3	8	3			
5	4		2			
6	5					
7	6					
8	7					
9	8					
10	9					
11	10					

图 3-72　计算区域中的数值在各个区间的出现频率

公式说明： FREQUENCY 函数的第二个参数 bins_array 指定的区间全部为“左开右闭”区间。对于本例来说，在 B2:B4 单元格区域中输入的 2、5、8 三个数字指定了以下 4 个区间：

- 数字 2：表示小于或等于 2 的区间，本例有 2 个数字位于该区间，即 1 和 2。
- 数字 5：在上一个区间的基础上，表示大于 2 且小于或等于 5 的区间，本例有 3 个数字位于该区间，即 3、4 和 5。
- 数字 8：在上一个区间的基础上，表示大于 5 且小于或等于 8 的区间，本例有 3 个数字位于该区间，即 6、7 和 8。
- 最后一个区间：在上一个区间的基础上，表示大于 8 的区间，本例有两个数字位于该区间，即 9 和 10。

3.7　查找和引用函数

Excel 中的查找和引用函数主要用于在工作表中查找特定的单元格或区域，以获取其中的数据或进行再处理。本节主要介绍以下几个查找和引用函数：ROW、COLUMN、MATCH、INDEX、LOOKUP、VLOOKUP、INDIRECT 和 OFFSET。

3.7.1　ROW 和 COLUMN 函数

ROW 函数返回单元格的行号，或单元格区域首行的行号，语法如下：

```
ROW([reference])
```

COLUMN 函数返回单元格的列号，或单元格区域首列的列号，语法如下：

```
COLUMN([reference])
```

这两个函数都只包含一个可选参数 reference，表示要返回行号或列号的单元格或区域。省略该参数时，将返回当前单元格所在的行号或列号。reference 参数不能同时引用多个区域。

在任意一个单元格中输入下面的公式，将返回该单元格所在的行号。如图 3-73 所示为在 C2 单元格中输入该公式，返回 C2 单元格的行号 2。

```
=ROW()
```

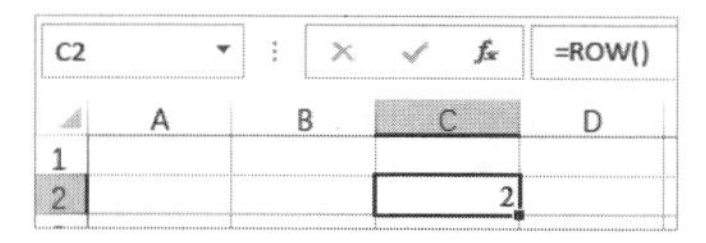

图 3-73　使用 ROW 函数返回当前行号

如果想要在任意单元格中输入的 ROW 函数都返回 2，则需要使用行号为 3 的单元格引用作为 ROW 函数的参数，单元格引用中的列标是什么无关紧要，如下面的公式所示：

```
=ROW(A2)
```

COLUMN 函数的用法类似于 ROW 函数，只不过 COLUMN 函数返回的是列的序号而不是列标。下面的公式返回 C2 单元格的列标 C 对应序号为 3。

```
=COLUMN(C2)
```

使用 ROW 和 COLUMN 函数还可以数组的形式返回一组自然数序列，此时需要使用单元格区域作为 ROW 和 COLUMN 函数的参数，ROW 函数返回一个垂直数组，COLUMN 函数返回一个水平数组，数组的元素就是作为参数的单元格区域的行号序列或列号序列。

下面的公式返回一个包含自然数 1、2、3 的垂直数组 {1;2;3}。输入这个公式前需要选择一列中连续的 3 个单元格，然后输入公式，最后按 Ctrl+Shift+Enter 组合键结束，如图 3-74 所示。

```
=ROW(A1:A3)
```

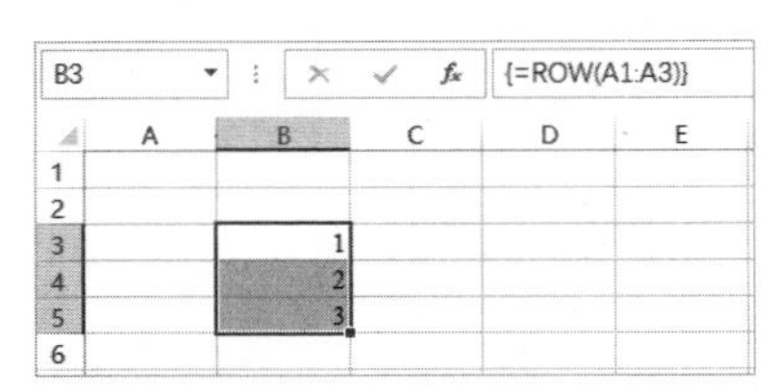

图 3-74　使用 ROW 函数返回一个垂直数组

下面的公式返回一个包含 6 个元素的水平数组 {1,2,3,4,5,6}，如图 3-75 所示。需要将该公式输入到一行连续的 6 个单元格中，然后按 Ctrl+Shift+Enter 组合键结束。

```
=COLUMN(A2:F5)
```

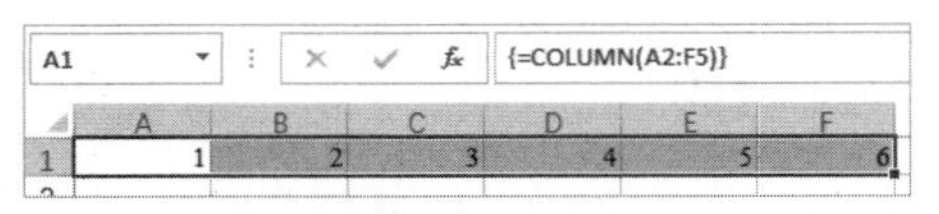

图 3-75　使用 COLUMN 函数返回一个水平数组

3.7.2　MATCH 函数

MATCH 函数返回在精确或模糊的查找方式下，在区域或数组中查找特定值的位置，这个位置是查找的区域或数组中的相对位置，而不是工作表中的绝对位置，语法如下：

```
MATCH(lookup_value,lookup_array,[match_type])
```

- lookup_value（必选）：要在区域或数组中查找的值。
- lookup_array（必选）：包含要查找的值所在的区域或数组。
- match_type（可选）：指定精确查找或模糊查找，该参数的取值为 -1、0 或 1。表 3-11 列出了在 match_type 参数取不同值时，MATCH 函数如何进行查找。

表 3-11　match_type 参数与 MATCH 函数的返回值

match_type 参数值	MATCH 函数的返回值
1 或省略	模糊查找，返回小于或等于 lookup_value 参数的最大值的位置，由 lookup_array 参数指定的查找区域必须按升序排列
0	精确查找，返回等于查找区域中第一个与 lookup_value 参数匹配的值的位置，由 lookup_array 参数指定的查找区域无须排序
-1	模糊查找，返回大于或等于 lookup_value 参数的最小值的位置，由 lookup_array 参数指定的查找区域必须按降序排列

注意：当使用模糊查找方式时，如果查找区域或数组未按顺序排序，MATCH 函数可能会返回错误结果。如果在查找文本时将 MATCH 函数的第三个参数设置为 0，则可以在第一个参数中使用通配符。查找文本时不区分文本的大小写，如果在区域或数组中没有符合条件的值，MATCH 函数将返回 #N/A 错误值。

下面的公式返回 5，表示数字 5 在 A2:A7 单元格区域中的位置，即位于该区域中的第 5 行，在工作表中是第 6 行，如图 3-76 所示。

```
=MATCH(5,A2:A7,0)
```

下面的公式返回 3，如图 3-77 所示。由于将第三个参数设置为 1 进行模糊查找，由于区域中没有 3.5，因此查找区域中小于或等于 3.5 的最大值的位置，即 3 的位置，该数字位于 A2:A7 单元格区域中的第 3 行，因此公式返回 3。

```
=MATCH(3.5,A2:A7,1)
```

D1　=MATCH(5,A2:A7,0)

	A	B	C	D	E
1	数字		5的位置	5	
2	1				
3	2				
4	3				
5	4				
6	5				
7	6				

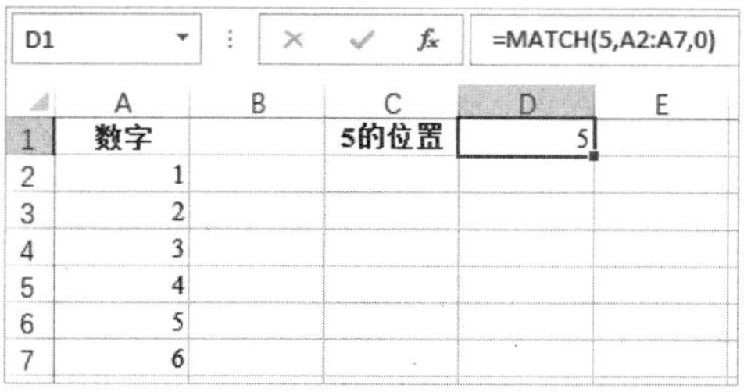

图 3-76　MATCH 函数精确查找

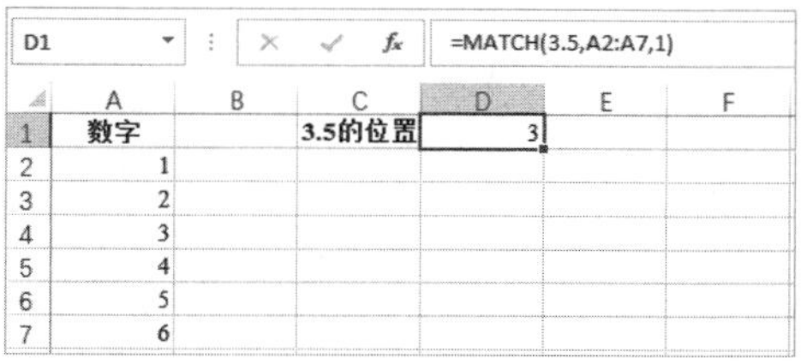

D1　=MATCH(3.5,A2:A7,1)

	A	B	C	D	E	F
1	数字		3.5的位置	3		
2	1					
3	2					
4	3					
5	4					
6	5					
7	6					

图 3-77　MATCH 函数模糊查找

3.7.3　INDEX 函数

INDEX 函数具有数组形式和引用形式两种语法格式，其中数组形式的 INDEX 函数比较常用，用于返回区域或数组中位于特定行、列位置上的值，语法如下：

```
INDEX(array,row_num,[column_num])
```

- array（必选）：要从中返回值的区域或数组。
- row_num（必选）：要返回的值所在区域或数组中的行号。如果将该参数设置为 0，INDEX 函数将返回区域或数组中指定列的所有值。
- column_num（可选）：要返回的值所在区域或数组中的列号。如果将该参数设置为 0，INDEX 函数将返回区域或数组中指定行的所有值。

注意：如果 array 参数只有一行或一列，则可以省略 column_num 参数，此时 row_num 参数表示一行中的特定列，或一列中的特定行。如果 row_num 或 column_num 参数超出 array 参数中的区域或数组的范围，则 INDEX 函数将返回 #REF! 错误值。

下面的公式返回 A1:A6 单元格区域中第 3 行上的内容，如图 3-78 所示。

```
=INDEX(A1:A6,3)
```

C1　=INDEX(A1:A6,3)

	A	B	C	D	E
1	A		C		
2	B				
3	C				
4	D				
5	E				
6	F				

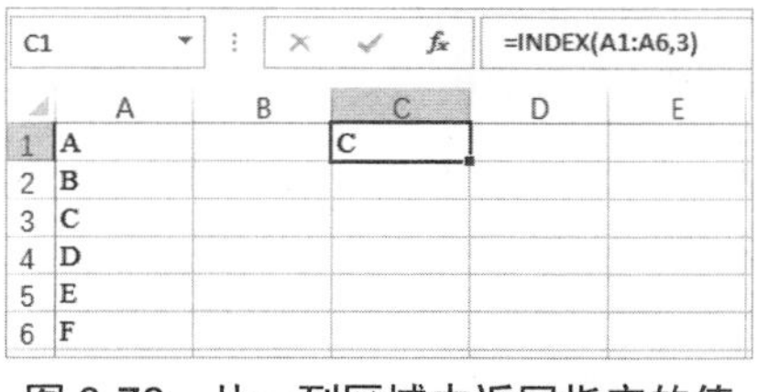

图 3-78　从一列区域中返回指定的值

下面的公式返回 A1:F1 单元格区域中第 3 列上的内容，如图 3-79 所示。

```
=INDEX(A1:F1,3)
```

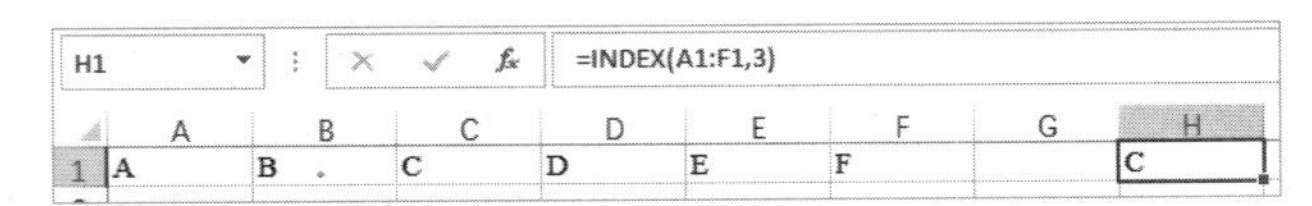

H1 =INDEX(A1:F1,3)

	A	B	C	D	E	F	G	H
1	A	B	C	D	E	F		C

图 3-79　从一行区域中返回指定的值

下面的公式返回 A1:C6 单元格区域中位于第 2 行第 3 列上的内容，如图 3-80 所示。

```
=INDEX(A1:C6,2,3)
```

下面的公式计算 A1:C6 单元格区域中第 1 列的总和，如图 3-81 所示。此处将第二个参数设置为 0，将第三个参数设置为 1，表示引用区域第 1 列中的所有内容。

```
=SUM(INDEX(A1:C6,0,1))
```

E1 =INDEX(A1:C6,2,3)

	A	B	C	D	E
1	1	11	101		102
2	2	12	102		
3	3	13	103		
4	4	14	104		
5	5	15	105		
6	6	16	106		

图 3-80　从多行多列区域中返回指定的值

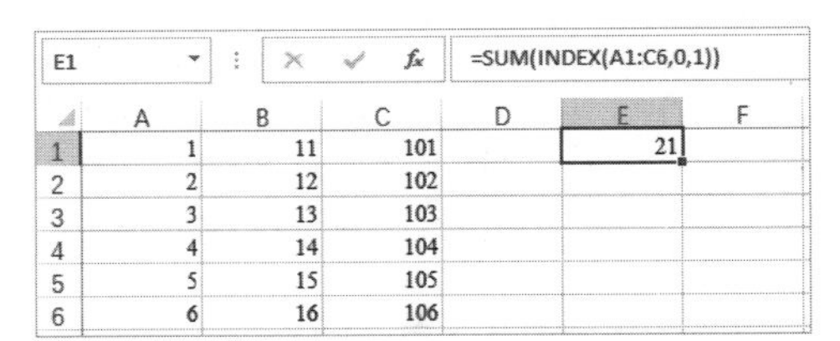

E1 =SUM(INDEX(A1:C6,0,1))

	A	B	C	D	E	F
1	1	11	101		21	
2	2	12	102			
3	3	13	103			
4	4	14	104			
5	5	15	105			
6	6	16	106			

图 3-81　引用区域中指定的整列

3.7.4 LOOKUP 函数

LOOKUP 函数具有向量形式和数组形式两种语法格式。向量形式的 LOOKUP 函数用于在单行或单列中查找指定的值，并返回另一行或另一列中对应位置上的值，语法如下：

```
LOOKUP(lookup_value,lookup_vector,[result_vector])
```

- lookup_value（必选）：要查找的值。如果在查找区域中找不到该值，则返回区域中所有小于查找值中的最大值。如果要查找的值小于区域中的最小值，LOOKUP 函数将返回 #N/A 错误值。
- lookup_vector（必选）：要在其中进行查找的单行或单列，可以是只有一行或一列的单元格区域，也可以是一维数组。
- result_vector（可选）：要返回结果的单行或单列，可以是只有一行或一列的单元格区域，也可以是一维数组，其大小必须与查找区域相同。当查找区域和返回数据的结果区域是同一个区域时，可以省略该参数。

注意：如果要查找精确的值，那么查找区域必须按升序排列，否则可能会返回错误的结果。即使未对查找区域进行升序排列，Excel 仍然会认为查找区域已经处于升序排列状态。如果查找区域中包含多个符合条件的值，则 LOOKUP 函数只返回最后一个匹配值。

下面的公式在 A1:A6 单元格区域中查找数字 3，并返回 B1:B6 单元格区域中对应位置上的值。由于 A1:A6 中的数字按升序排列且 A3 单元格包含 3，因此返回 B3 单元格中的值 300，如图 3-82 所示。

```
=LOOKUP(3,A1:A6,B1:B6)
```

下面的公式仍然在 A1:A6 单元格区域中查找数字 3，由于该区域中有多个单元格都包含 3，因此返回最后一个包含 3 的单元格所对应的 B 列中的值，即 B5 单元格中的 500，如图 3-83 所示。

```
=LOOKUP(3,A1:A6,B1:B6)
```

C1　=LOOKUP(3,A1:A6,B1:B6)

	A	B	C	D	E	F
1	1	100	300			
2	2	200				
3	3	300				
4	4	400				
5	5	500				
6	6	600				

图 3-82　查找精确的值

C1　=LOOKUP(3,A1:A6,B1:B6)

	A	B	C	D	E	F
1	1	100	500			
2	2	200				
3	3	300				
4	3	400				
5	3	500				
6	6	600				

图 3-83　查找有多个符合条件的值的情况

下面的公式查找 5.5，由于 A 列中没有该数字，而小于该数字的有 5 个：1、2、3、4、5，LOOKUP 函数将使用所有小于该数字中的最大值进行匹配，即 A5 单元格中的数字 5 与查找值 5.5 匹配，因此返回 B5 单元格中的 500，如图 3-84 所示。

```
=LOOKUP(5.5,A1:A6,B1:B6)
```

下面的公式返回 A 列中的最后一个数字 200，无论这个数字是否是 A 列中的最大值，都返回位于最后位置上的数字，如图 3-85 所示。公式中的 9E+307 是接近 Excel 允许输入的最大值，由于找不到该值，因此返回区域中小于该值的最大值，由于 Excel 始终按区域处于升序排列状态进行处理，因此认为最大值位于区域的最后，最终返回区域中的最后一个数字。

```
=LOOKUP(9E+307,A1:A6)
```

C1　=LOOKUP(5.5,A1:A6,B1:B6)

	A	B	C	D	E	F
1	1	100	500			
2	2	200				
3	3	300				
4	4	400				
5	5	500				
6	6	600				

图 3-84　返回小于查找值的最大值

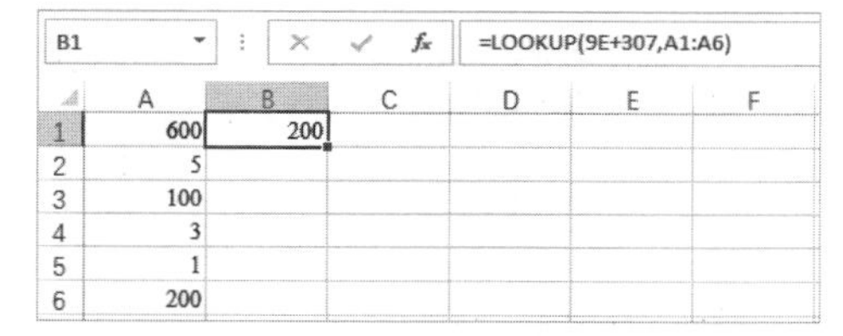

B1　=LOOKUP(9E+307,A1:A6)

	A	B	C	D	E	F
1	600	200				
2	5					
3	100					
4	3					
5	1					
6	200					

图 3-85　返回区域中的最后一个数字

数组形式的 LOOKUP 函数用于在区域或数组的第一行或第一列中查找指定的值，并返回该区域或数组最后一行或最后一列中对应位置上的值，语法如下：

```
LOOKUP(lookup_value,array)
```

- lookup_value（必选）：要查找的值。如果在查找区域中找不到该值，则返回区域中所有小于查找值中的最大值。如果要查找的值小于区域中的最小值，LOOKUP 函数将返回 #N/A 错误值。
- array（必选）：要在其中进行查找的区域或数组。

注意：如果要查找精确的值，查找区域必须按升序排列，否则可能会返回错误的结果。如果查找区域中包含多个符合条件的值，则 LOOKUP 函数只返回最后一个匹配值。

下面的公式使用数组形式的 LOOKUP 函数，在 A1:A6 单元格区域的第一列中查找数字 3，并返回该区域最后一列（即 B 列）对应位置上的值（即 300），如图 3-86 所示。

```
=LOOKUP(3,A1:B6)
```

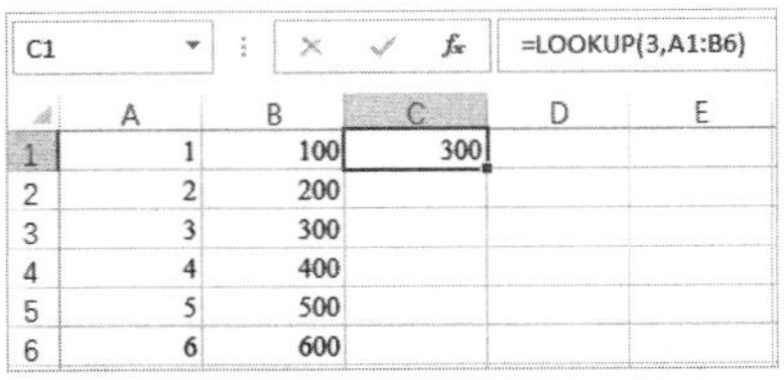

C1　=LOOKUP(3,A1:B6)

	A	B	C	D	E
1	1	100	300		
2	2	200			
3	3	300			
4	4	400			
5	5	500			
6	6	600			

图 3-86　使用数组形式的 LOOKUP 函数查找数据

3.7.5　VLOOKUP 函数

VLOOKUP 函数用于在区域或数组的第一列查找指定的值，并返回该区域或数组特定列中与查找值位于同一行的数据，语法如下：

```
VLOOKUP(lookup_value,table_array,col_index_num,[range_lookup])
```

- lookup_value（必选）：要在区域或数组的第一列中查找的值。
- table_array（必选）：要在其中进行查找的区域或数组。
- col_index_num（必选）：要返回区域或数组中第几列的值。该参数不是工作表的实际列号，而 table_array 参数所表示的区域或数组中的相对列号。例如，如果将该参数设置为 3，那么对于 B1:D6 单元格区域而言，将返回 D 列中的数据（B1:D6 的第 3 列），而不是 C 列（工作表的第 3 列）。
- range_lookup（可选）：指定精确查找或模糊查找，该参数的取值范围见表 3-12。

表 3-12　range_lookup 参数的取值范围

range_lookup 参数值	说　明
TRUE 或省略	模糊查找，返回查找区域第一列中小于或等于查找值的最大值，查找区域必须按升序排列，否则可能会返回错误结果
FALSE 或 0	精确查找，返回查找区域第一列中与查找值匹配的第一个值，查找区域无须排序。在该方式下查找文本时，可以使用通配符？和 *

注意：精确查找时，如果区域或数组中包含多个符合条件的值，VLOOKUP 函数只返回第一个匹配的值。如果找不到匹配值，VLOOKUP 函数将返回 #N/A 错误值。

下面的公式在 A1:C6 的第一列（即 A 列）查找数字 3，然后返回第三列（即 C 列）同行上的值，如图 3-87 所示。将 VLOOKUP 函数的第四个参数设置为 0，表示精确查找。

```
=VLOOKUP(3,A1:C6,3,0)
```

D1　=VLOOKUP(3,A1:C6,3,0)

	A	B	C	D	E	F
1	1	11	100	300		
2	2	12	200			
3	3	13	300			
4	4	14	400			
5	5	15	500			
6	6	16	600			

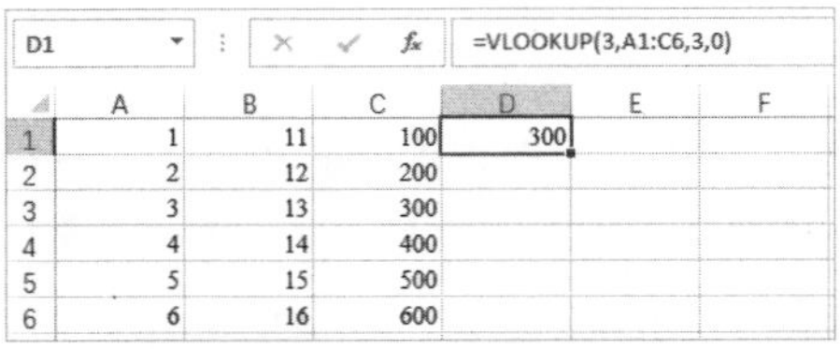

图 3-87　VLOOKUP 函数

如果找不到匹配的值，VLOOKUP 函数会返回 #N/A 错误值。如果想要返回特定的内容，则可以使用 IFERROR 函数屏蔽错误值。下面的公式在找不到数字 3 时，返回文字“未找到”。

```
=IFERROR(VLOOKUP(3,A1:C6,3,0),"未找到")
```

3.7.6 INDIRECT 函数

INDIRECT 函数用于生成由文本字符串指定的单元格或区域的引用，语法如下：

```
INDIRECT(ref_text,[a1])
```

- ref_text（必选）：表示单元格地址的文本，可以是 A1 或 R1C1 引用样式的字符串。
- A1（可选）：一个逻辑值，表示 ref_text 参数中的单元格的引用样式。如果该参数为 TRUE 或省略，则 ref_text 参数中的文本被解释为 A1 样式的引用；如果该参数为 FALSE，则 ref_text 参数中的文本被解释为 R1C1 样式的引用。

注意：如果 ref_text 参数不能被正确转换为有效的单元格地址，或单元格地址超出 Excel 支持的最大范围，或引用一个未打开的工作簿中的单元格或区域，INDIRECT 函数都将返回 #REF! 错误值。

如图 3-88 所示，C1:H1 单元格区域中的每个公式分别引用 A1:A6 单元格区域中的内容。在 C1 单元格中输入下面的公式，然后将公式向右复制到 H1 单元格，将得到 A1:A6 单元格区域中的内容。在将公式向右复制的过程中，COLUMN(A1) 中的 A1 会自动变为 B1、C1、D1、E1 和 F1，因此会返回从 A 列开始的列号 1、2、3、4、5、6。最后将返回的数字与字母 A 组成单元格地址的文本，并使用 INDIRECT 函数将其转换为实际的单元格引用，从而返回单元格中的内容。

```
=INDIRECT("A"&COLUMN(A1))
```

C1　=INDIRECT("A"&COLUMN(A1))

	A	B	C	D	E	F	G	H
1	A		A	B	C	D	E	F
2	B							
3	C							
4	D							
5	E							
6	F							

图 3-88　引用单元格中的内容

3.7.7 OFFSET 函数

OFFSET 函数用于以指定的单元格或区域为参照系，通过给定的偏移量返回对单元格或区域的引用，并可指定返回区域包含的行数和列数，语法如下：

```
OFFSET(reference,rows,cols,[height],[width])
```

- reference（必选）：作为偏移量参照系的起始引用区域，该参数必须是对单元格或连续单元格区域的引用，否则 OFFSET 函数将返回 #VALUE! 错误值。
- rows（必选）：相对于偏移量参照系的左上角单元格，向上或向下偏移的行数。行数为正数时，表示向下偏移；行数为负数时，表示向上偏移。
- cols（必选）：相对于偏移量参照系的左上角单元格，向左或向右偏移的列数。列数为正数时，表示向右偏移；列数为负数时，表示向左偏移。
- height（可选）：要返回的引用区域包含的行数，行数为正数时，表示向下扩展的行数；行数为负数时，表示向上扩展的行数。
- width（可选）：要返回的引用区域包含的列数，列数为正数时，表示向右扩展的列数；列数为负数时，表示向左扩展的列数。

注意： 如果行数和列数的偏移量超出了工作表的范围，OFFSET 函数将返回 #REF! 错误值。如果省略 row 和 cols 两个参数的值，则默认按 0 处理，此时偏移后新区域的左上角单元格与原区域的左上角单元格相同，即 OFFSET 函数不执行任何偏移操作。如果省略 height 或 width 参数，则偏移后新区域包含的行数或列数与原区域相同。

下面的公式计算 B2:C6 单元格区域中所有数字之和，如图 3-89 所示。以 A1 单元格为起点，向下偏移 1 行，向右偏移 1 列，从 A1 单元格转为引用 B1 单元格。然后以 B1 单元格为区域左上角，向下扩展 5 行，向右扩展 2 列，得到 B2:D6 单元格区域，最后使用 SUM 函数计算该区域中的所有数字之和。

```
=SUM(OFFSET(A1,1,1,5,2))
```

A1 =SUM(OFFSET(A1,1,1,5,2))

	A	B	C	D	E	F
1	15					
2		1	2	3		
3		1	2	3		
4		1	2	3		
5		1	2	3		
6		1	2	3		

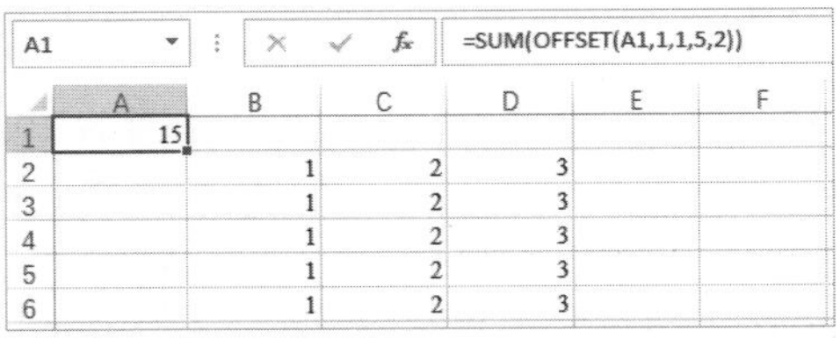

图 3-89　OFFSET 函数

第4章 排序、筛选和分类汇总

在 Excel 中，排序、筛选和分类汇总是几个简单而又常用的数据分析工具，使用它们可以快速地完成数据的排序、筛选和分类统计，本章将介绍使用这几种功能对数据进行基本分析的方法。

4.1 排序数据

数值有大小之分，文本也有拼音首字母不同的区别，使用 Excel 中的排序功能，可以快速地对数值和文本进行升序或降序排列。升序或降序是指数据排序时的分布规律。例如，数值的升序排列是指将数值从小到大依次排列，数值的降序排列是指将数值从大到小依次排列。逻辑顺序是指除了数值大小顺序和文本首字母顺序之外的另一种顺序，这种顺序由逻辑概念或用户主观决定，在 Excel 中也可以按照逻辑顺序来排列数据。

4.1.1 单条件排序

最简单的排序方式是单条件排序，即只使用一个条件排序。执行排序操作的方法有以下几种：

- 在功能区“数据”|“排序和筛选”组中单击“升序”或“降序”按钮，如图 4-1 所示。

图 4-1 “数据”选项卡中的排序命令

- 在功能区“开始”|“编辑”组中单击“排序和筛选”按钮，然后在下拉菜单中单击“升序”或“降序”命令。
- 右击作为排序条件的列中的任意一个包含数据的单元格，在弹出的快捷菜单中单击“排序”命令，然后在子菜单中单击“升序”或“降序”命令，如图 4-2 所示。

如图 4-3 所示为员工的工资情况，如果要按工资从高到低的顺序对员工排序，则需要先选择 C 列中任意一个包含数据的单元格，例如 C3，然后使用上面任意一种方法执行“降序”命令，排序结果如图 4-4 所示。

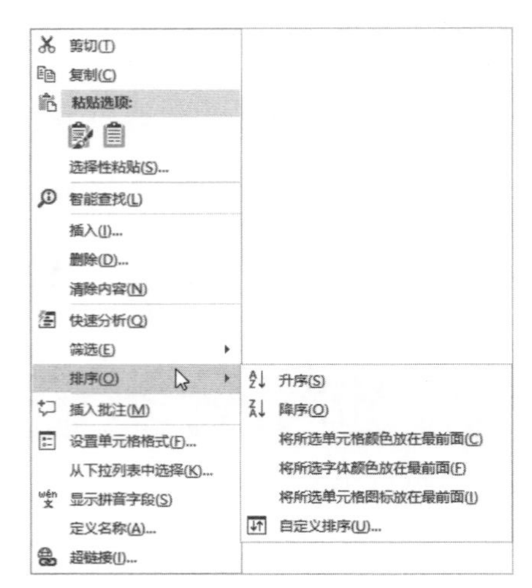

图 4-2　鼠标右键快捷菜单中的排序命令

	A	B	C
1	姓名	部门	工资
2	关凡	销售部	5300
3	晁凯希	工程部	3900
4	陆夏烟	财务部	3800
5	傅半蕾	财务部	3200
6	阎盼兰	人力部	3300
7	施亚妃	客服部	5500

图 4-3　未排序的员工工资

	A	B	C
1	姓名	部门	工资
2	施亚妃	客服部	5500
3	关凡	销售部	5300
4	晁凯希	工程部	3900
5	陆夏烟	财务部	3800
6	阎盼兰	人力部	3300
7	傅半蕾	财务部	3200

图 4-4　按工资从高到低的顺序对员工排序

4.1.2　多条件排序

复杂数据的排序可能需要使用多个条件，Excel 支持最多 64 个排序条件，可以使用“排序”对话框设置多个排序条件来完成多条件排序。

如图 4-5 所示为按日期记录的商品销量情况，如果要同时按日期和销量对商品进行排序，即先按日期的先后排序，在日期相同的情况下，再按销量高低排序，则可以使用日期和销量作为排序的两个条件，操作步骤如下：

（1）选择数据区域中的任意一个单元格，然后在功能区“数据”|“排序和筛选”组中单击“排序”按钮。

（2）打开“排序”对话框，在“主要关键字”下拉列表中选择“日期”，将“排序依据”设置为“数值”，将“次序”设置为“升序”，如图 4-6 所示。

	A	B	C
1	日期	名称	销量
2	2019年2月3日	啤酒	42
3	2019年2月3日	啤酒	38
4	2019年2月2日	饼干	34
5	2019年2月2日	牛奶	13
6	2019年2月1日	果汁	31
7	2019年2月1日	牛奶	17
8	2019年2月3日	啤酒	41
9	2019年2月3日	牛奶	23

图 4-5　未排序的商品销量

图 4-6　设置按日期升序排列

提示： 如果在“排序”对话框中添加了错误的条件，则可以选择该条件，然后单击“删除条件”按钮将其删除。如果要调整条件的优先级顺序，则可以在选择条件后单击“上移”按钮▲或“下移”按钮▼。

（3）单击“添加条件”按钮，添加第 2 个条件，在“次要关键字”下拉列表中选择“销量”，然后将“排序依据”设置为“数值”，将“次序”设置为“降序”，如图 4-7 所示。

（4）单击“确定”按钮，关闭“排序”对话框，A 列数据将按日期从早到晚的顺序排列，在日期相同的情况下，C 列的销量按从高到低的顺序排列，如图 4-8 所示。

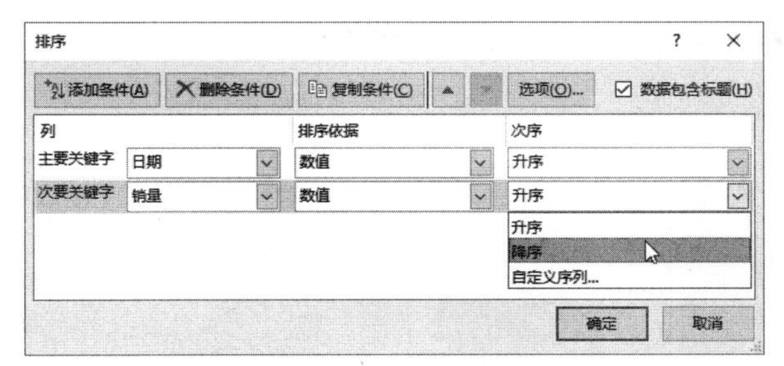

图 4-7 设置按销量降序排列

	A	B	C
1	日期	名称	销量
2	2019年2月1日	果汁	31
3	2019年2月1日	牛奶	17
4	2019年2月2日	饼干	34
5	2019年2月2日	牛奶	13
6	2019年2月3日	啤酒	42
7	2019年2月3日	啤酒	41
8	2019年2月3日	啤酒	38
9	2019年2月3日	牛奶	23

图 4-8 按日期和销量排序数据

提示：无论是单条件排序还是多条件排序，排序结果默认自动作用于整个数据区域。如果只想让排序结果作用于特定的列，则需要在排序前先选中要排序的列，然后再对其执行排序命令，此时会打开如图 4-9 所示的对话框，选择“以当前选定区域排序”选项，最后单击“排序”按钮。

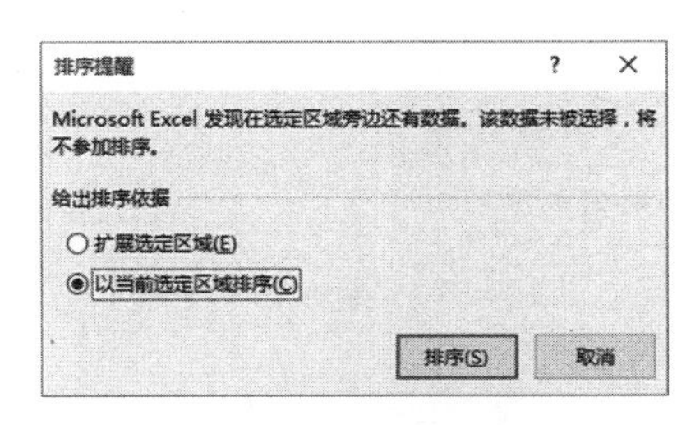

图 4-9 只对选中的列排序

4.1.3 自定义排序

如果想要按特定的逻辑顺序对数据排序，则需要先创建包含这些数据的自定义序列，然后在设置排序选项时，将这个序列指定为次序。

如图 4-10 所示的工作表中包含员工的姓名、部门、学历和工资，如果想要按学历从高到低对员工进行排列，即按“硕士 > 大本 > 大专 > 高中”的顺序排序，操作步骤如下：

（1）选择数据区域中的任意一个单元格，然后在功能区“数据”|“排序和筛选”组中单击“排序”按钮。

（2）打开“排序”对话框，将“主要关键字”设置为“学历”，将“排序依据”设置为“数值”，在“次序”下拉列表中选择“自定义序列”，如图 4-11 所示。

	A	B	C	D
1	姓名	部门	学历	工资
2	关凡	销售部	大专	5300
3	晁凯希	工程部	大本	3900
4	陆夏烟	财务部	高中	3800
5	傅半蕾	财务部	大本	3200
6	阎盼兰	人力部	硕士	3300
7	施亚妃	客服部	高中	5500

图 4-10 希望按学历高低排序的员工信息

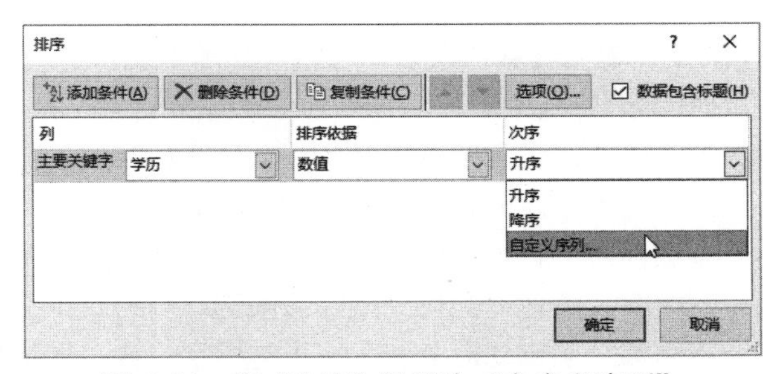

图 4-11 将“次序”设置为“自定义序列”

（3）打开“自定义序列”对话框，在“输入序列”文本框中按学历从高到低的顺序，依次输入本例数据中的学历，每输入一个学历需要按一次 Enter 键，让所有学历排列在一列中，如图 4-12 所示。

（4）单击“添加”按钮，将输入好的文本序列添加到左侧的列表框中，并自动选中该序列，如图 4-13 所示。

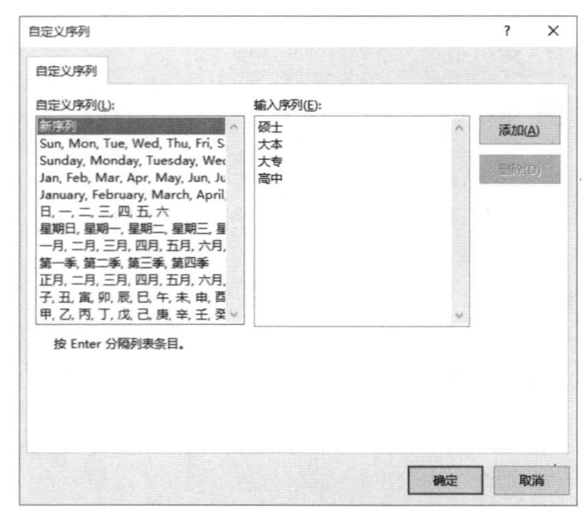

图 4-12　输入自定义序列中的每一项

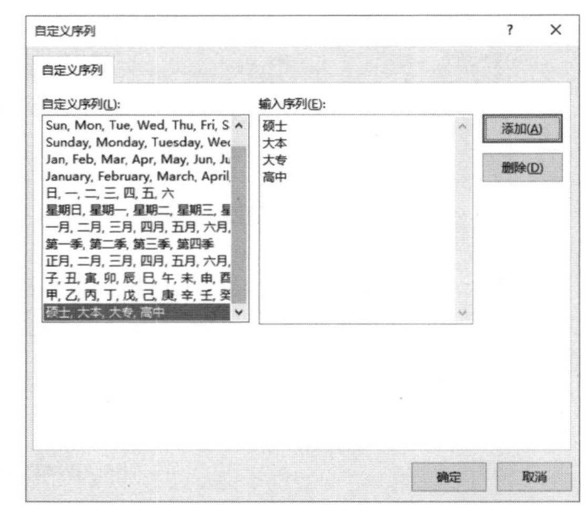

图 4-13　创建自定义序列

（5）单击“确定”按钮，返回“排序”对话框，“次序”被设置为上一步创建的文本序列，如图 4-14 所示。

（6）单击“确定”按钮，将使用用户创建的文本序列对员工信息进行排序，如图 4-15 所示。

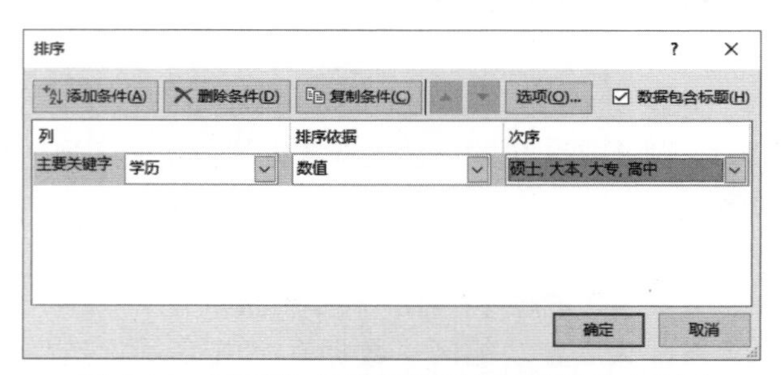

图 4-14　“次序”被设置为用户创建的文本序列

	A	B	C	D
1	姓名	部门	学历	工资
2	阎盼兰	人力部	硕士	3300
3	晁凯希	工程部	大本	3900
4	傅半蕾	财务部	大本	3200
5	关凡	销售部	大专	5300
6	陆夏烟	财务部	高中	3800
7	施亚妃	客服部	高中	5500

图 4-15　按学历从高到低对员工排序

4.2　筛选数据

如果要在数据区域中只显示符合条件的数据，则可以使用 Excel 中的筛选功能。Excel 提供了以下两种筛选方式：

- 自动筛选：进入筛选模式，然后从字段标题的下拉列表中选择特定项，或者根据数据类型，选择特定的筛选命令，即可完成筛选。
- 高级筛选：在数据区域之外的一个特定区域中输入筛选条件，然后在筛选时将该区域指定为筛选条件，即可完成高级筛选。与自动筛选相比，高级筛选还有很多优点，如可以将筛选结果自动提取到工作表的指定位置，删除重复记录等。

4.2.1　进入和退出筛选模式

在使用自动筛选的方式筛选数据时，需要先进入筛选模式，然后才能对各列数据执行筛选操作，而高级筛选则不需要进入筛选模式。要进入筛选模式，首先选择数据区域中的任意一个

单元格，然后在功能区“数据”|“排序和筛选”组中单击“筛选”按钮。

进入筛选模式后，在数据区域顶部的每个标题右侧会显示一个下拉按钮，如图 4-16 所示，单击该按钮所打开的下拉列表中包含筛选相关的命令和选项。

注意：一个工作表中只能有一个数据区域进入筛选模式，如果一个数据区域已经进入筛选模式，那么同一工作表中的另一个数据区域将不能进入筛选模式。

提示：右击数据区域中的某个单元格，在弹出的快捷菜单中单击“筛选”命令，在显示的子菜单中包含几个基于当前活动单元格中的值或格式进行筛选的命令，如图 4-17 所示，使用这些命令可以直接筛选当前数据区域，而不需要进入筛选模式。

	A	B	C
1	日期	名称	销量
2	2019年2月3日	啤酒	42
3	2019年2月3日	啤酒	38
4	2019年2月2日	饼干	34
5	2019年2月2日	牛奶	13
6	2019年2月1日	果汁	31
7	2019年2月1日	牛奶	17
8	2019年2月3日	啤酒	41
9	2019年2月3日	牛奶	23

图 4-16　进入筛选模式的数据区域

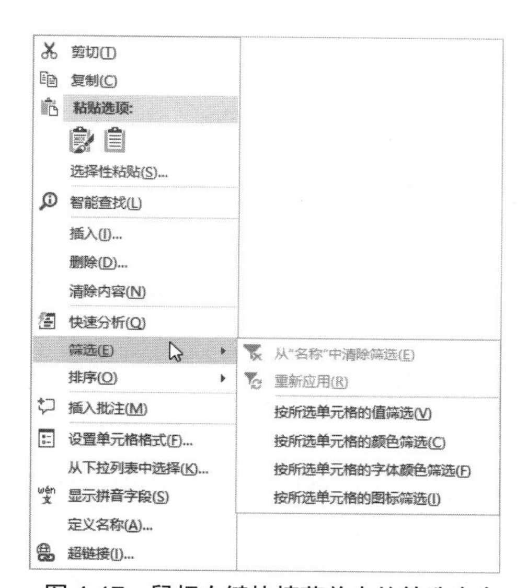

图 4-17　鼠标右键快捷菜单中的筛选命令

如果不再进行筛选并希望恢复数据的原始状态，则可以使用以下几种方法：

- 使某列数据全部显示：打开正处于筛选状态的列的下拉列表，然后选中“全选”复选框，或者选择“从……中清除筛选”命令（省略号表示列标题的名称）。
- 使所有列数据全部显示：在功能区“数据”|“排序和筛选”组中单击“清除”按钮。
- 退出筛选模式：在功能区“数据”|“排序和筛选”组中单击“筛选”按钮。

4.2.2　文本筛选

筛选数据的一个通用方法是在进入筛选模式后，单击要筛选的列标题右侧的下拉按钮，在打开的列表中选中所需的项目。如图 4-18 所示为筛选出“啤酒”的销量情况，因此，在下拉列表中只选中“啤酒”复选框。单击“确定”按钮后，将只显示有关“啤酒”的销售数据，如图 4-19 所示。筛选数值和日期的方法与此类似。

技巧：当列表中包含多项时，如果只想选择其中的一项或几项，则可以先取消选中“全选”复选框，然后再选中想要选择的一项或几项。

提示：复制筛选后的数据时，只会复制当前显示的内容，不会复制由于不符合筛选条件而隐藏起来的内容。

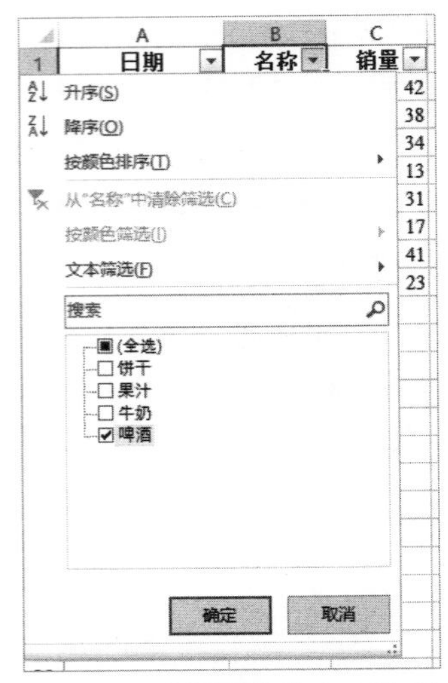

图 4-18　选择要筛选出来的项

	A	B	C
1	日期	名称	销量
2	2019年2月3日	啤酒	42
3	2019年2月3日	啤酒	38
8	2019年2月3日	啤酒	41

图 4-19　筛选后的数据

Excel 为不同类型的数据提供了特定的筛选选项。对文本类型的数据来说，单击列标题右侧的下拉按钮，在打开的列表中选择“文本筛选”命令，在下拉菜单中包含与文本筛选相关的选项。

如图 4-20 所示，筛选出除饼干和牛奶之外的其他商品的销售数据的操作步骤如下：

（1）选择数据区域中的任意一个单元格，然后在功能区“数据”|“排序和筛选”组中单击“筛选”按钮。

（2）进入筛选模式，单击“名称”列标题右侧的下拉按钮，在打开的列表中选择“文本筛选”|“不等于”命令，如图 4-21 所示。

	A	B	C
1	日期	名称	销量
2	2019年2月3日	啤酒	42
3	2019年2月3日	啤酒	38
4	2019年2月2日	饼干	34
5	2019年2月2日	牛奶	13
6	2019年2月1日	果汁	31
7	2019年2月1日	牛奶	17
8	2019年2月3日	啤酒	41
9	2019年2月3日	牛奶	23

图 4-20　筛选前的数据

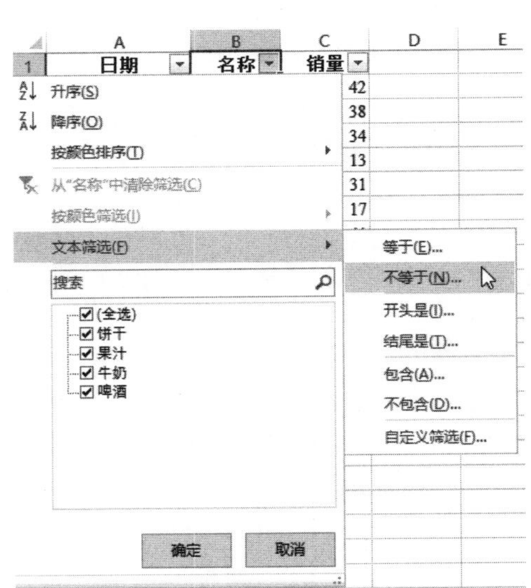

图 4-21　选择“不等于”命令

（3）打开“自定义自动筛选方式”对话框，在第一行左侧的下拉列表中自动选中“不等于”，保持该设置不变，然后在其右侧的下拉列表中选择“饼干”，如图 4-22 所示。

（4）选择“与”选项，然后在第二行左侧的下拉列表中选择“不等于”，在其右侧的下拉列表中选择“牛奶”，如图 4-23 所示。

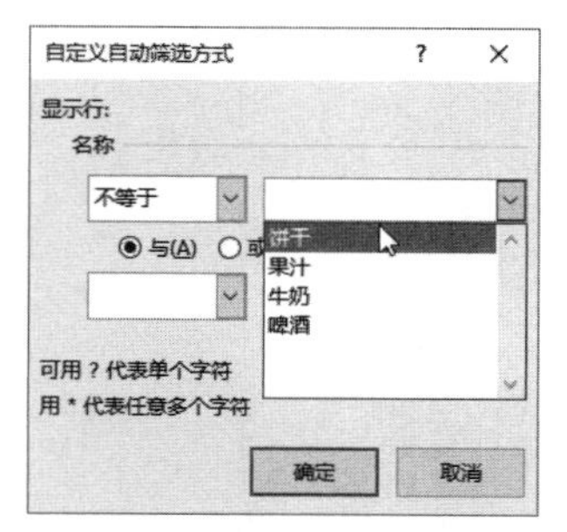

图 4-22　设置第一个筛选条件

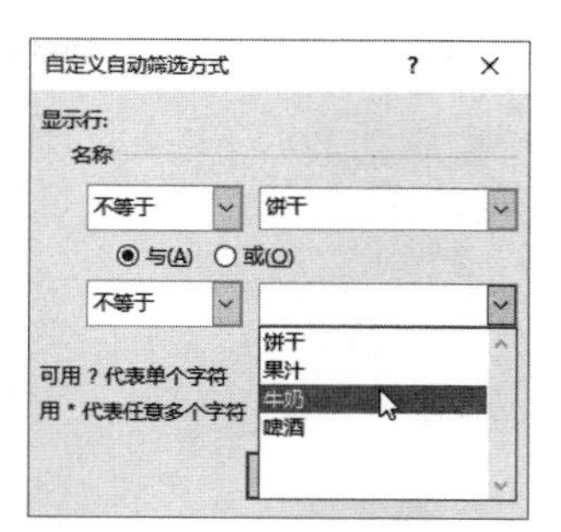

图 4-23　设置第二个筛选条件

（5）单击“确定”按钮，将隐藏饼干和牛奶的相关数据，而仅显示其他商品的销售数据，如图 4-24 所示。

	A	B	C
1	日期	名称	销量
2	2019年2月3日	啤酒	42
3	2019年2月3日	啤酒	38
6	2019年2月1日	果汁	31
8	2019年2月3日	啤酒	41

图 4-24　文本筛选结果

4.2.3　数值筛选

进入筛选模式后，如果单击包含数值的列标题右侧的下拉按钮，则在打开的列表中会包含“数字筛选”命令，选择该命令所弹出的菜单中包含与数值筛选相关的选项。

如图 4-25 所示，筛选出商品销量大于 30 的销售记录的操作步骤如下：

（1）选择数据区域中的任意一个单元格，然后在功能区“数据”|“排序和筛选”组中单击“筛选”按钮。

（2）进入筛选模式，单击“销量”列标题右侧的下拉按钮，在打开的列表中选择“数字筛选”|“大于”命令，如图 4-26 所示。

	A	B	C
1	日期	名称	销量
2	2019年2月3日	啤酒	42
3	2019年2月3日	啤酒	38
4	2019年2月2日	饼干	34
5	2019年2月2日	牛奶	13
6	2019年2月1日	果汁	31
7	2019年2月1日	牛奶	17
8	2019年2月3日	啤酒	41
9	2019年2月3日	牛奶	23

图 4-25　筛选前的数据

图 4-26　选择“大于”命令

（3）打开“自定义自动筛选方式”对话框，在第一行左侧的下拉列表中自动选中“大于”，保持该设置不变，然后在其右侧输入“30”，如图 4-27 所示。

（4）单击“确定”按钮，工作表将只显示销量大于 30 的数据，如图 4-28 所示。

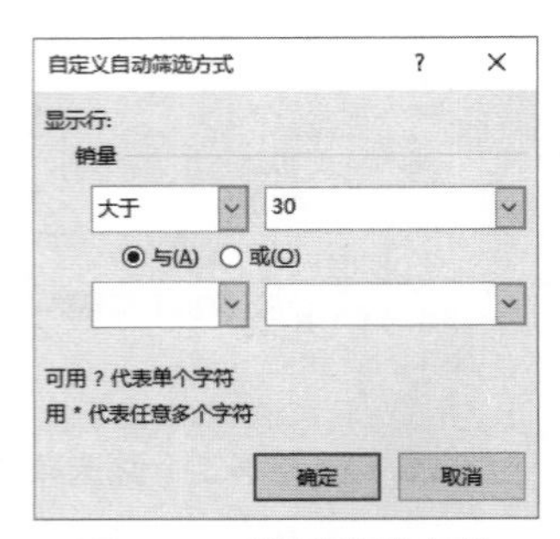

图 4-27　设置筛选条件

	A	B	C
1	日期	名称	销量
2	2019年2月3日	啤酒	42
3	2019年2月3日	啤酒	38
4	2019年2月2日	饼干	34
6	2019年2月1日	果汁	31
8	2019年2月3日	啤酒	41

图 4-28　数值筛选结果

4.2.4　日期筛选

进入筛选模式后，如果单击包含日期的列标题右侧的下拉按钮，则在打开的列表中会包含“日期筛选”命令，选择该命令所弹出的菜单中包含与日期筛选相关的选项。

如图 4-29 所示，筛选出 2 月 1 日和 2 月 3 日的销售记录的操作步骤如下：

（1）选择数据区域中的任意一个单元格，然后在功能区“数据”|“排序和筛选”组中单击“筛选”按钮。

（2）进入筛选模式，单击“日期”列标题右侧的下拉按钮，在打开的列表中单击“日期筛选”|“等于”命令，如图 4-30 所示。

	A	B	C
1	日期	名称	销量
2	2019年2月3日	啤酒	42
3	2019年2月3日	啤酒	38
4	2019年2月2日	饼干	34
5	2019年2月2日	牛奶	13
6	2019年2月1日	果汁	31
7	2019年2月1日	牛奶	17
8	2019年2月3日	啤酒	41
9	2019年2月3日	牛奶	23

图 4-29　筛选前的数据

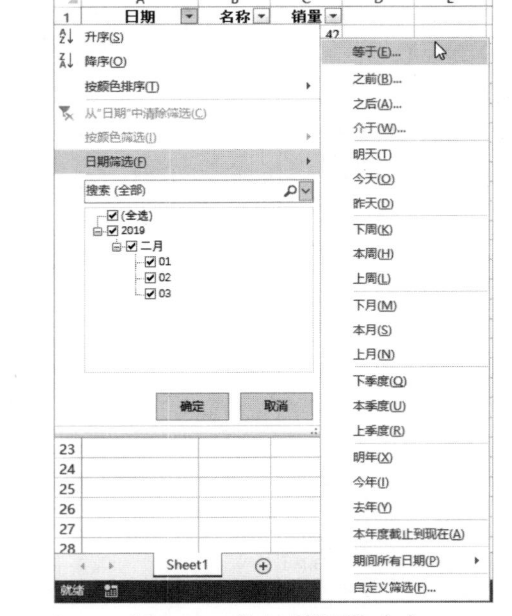

图 4-30　单击“等于”命令

（3）打开“自定义自动筛选方式”对话框，在第一行左侧的下拉列表中选中“等于”，保持该设置不变，然后在其右侧的下拉列表中选择“2019 年 2 月 1 日”，如图 4-31 所示。

（4）继续在“自定义自动筛选方式”对话框中的左列选择“或”选项，然后在第二行左侧的下拉列表中选择“等于”，在其右侧的下拉列表中选择“2019 年 2 月 3 日”，如图 4-32 所示。

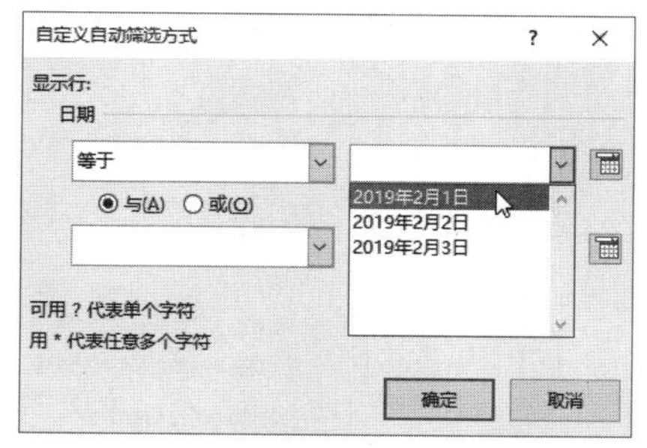

图 4-31　设置第一个筛选条件

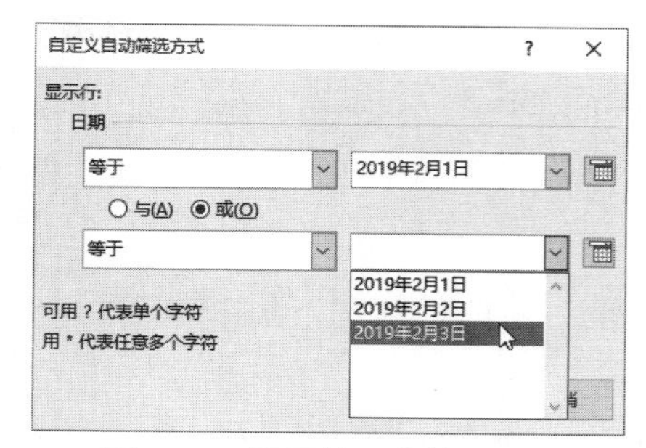

图 4-32　设置第二个筛选条件

（5）单击“确定”按钮，将只显示 2 月 1 日和 2 月 3 日的销售数据，如图 4-33 所示。

提示：进入筛选模式后，如果打开包含日期数据的筛选列表，其中的日期会自动按年、月、日的形式分组显示。如果希望在筛选列表中显示具体的日期，则可以单击“文件”|“选项”命令，打开“Excel 选项”对话框，选择“高级”选项卡，然后在“此工作簿的显示选项”区域中取消选中“使用‘自动筛选’菜单分组日期”复选框，如图 4-34 所示。

	A	B	C
1	日期	名称	销量
2	2019年2月3日	啤酒	42
3	2019年2月3日	啤酒	38
6	2019年2月1日	果汁	31
7	2019年2月1日	牛奶	17
8	2019年2月3日	啤酒	41
9	2019年2月3日	牛奶	23

图 4-33　日期筛选结果

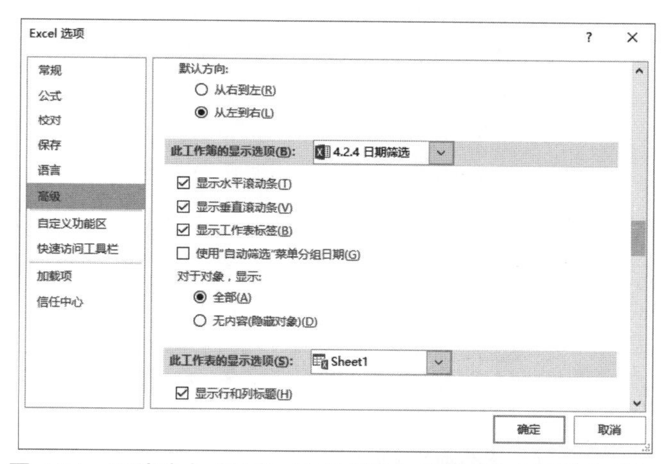

图 4-34　取消选中“使用‘自动筛选’菜单分组日期”复选框

4.2.5　使用高级筛选

如果在筛选时想要以更灵活的方式设置条件，则可以使用高级筛选。作为高级筛选的条件必须位于工作表的一个特定区域中，并且要与数据区域分开。条件区域至少包含两行，第一行是标题，第二行是条件值。标题必须与数据区域中的相应标题完全一致，但是不需要提供数据区域中的全部标题，只提供条件所需的标题即可。

将条件值输入标题下方的单元格中，位于同一行的各个条件之间表示“与”关系，位于不同行的各个条件之间表示“或”关系，可以同时使用“与”和“或”关系来设置复杂的条件。

如图 4-35 所示，使用高级筛选功能筛选出硕士学历或工资大于 4 000 元的员工信息的操作步骤如下：

（1）在数据区域的下方，与数据区域间隔两行的位置设置筛选条件。

（2）选择数据区域中的任意一个单元格，然后在功能区“数据”|“排序和筛选”组中单击“高级”按钮。

（3）打开“高级筛选”对话框，“列表区域”文本框中会自动填入数据区域的单元格地址，如图 4-36 所示。

	A	B	C	D
1	姓名	部门	学历	工资
2	关凡	销售部	大专	5300
3	晁凯希	工程部	大本	3900
4	陆夏烟	财务部	高中	3800
5	傅半蕾	财务部	大本	3200
6	阎盼兰	人力部	硕士	3300
7	施亚妃	客服部	高中	5500
8				
9				
10	学历	工资		
11	硕士			
12		>4000		

图 4-35　设置筛选条件

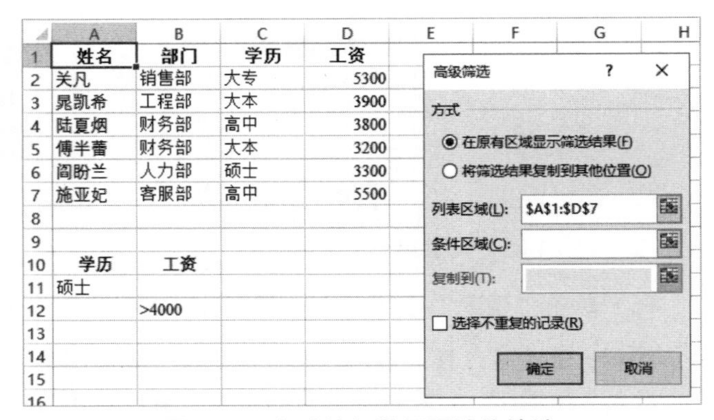

	A	B	C	D
1	姓名	部门	学历	工资
2	关凡	销售部	大专	5300
3	晁凯希	工程部	大本	3900
4	陆夏烟	财务部	高中	3800
5	傅半蕾	财务部	大本	3200
6	阎盼兰	人力部	硕士	3300
7	施亚妃	客服部	高中	5500
8				
9				
10	学历	工资		
11	硕士			
12		>4000		

图 4-36　自动填入数据区域的地址

（4）在“条件区域”文本框中输入条件区域的地址，或者单击右侧的折叠按钮，在工作表中选择条件区域，本例为 A10:B12，如图 4-37 所示。

（5）单击“确定”按钮，将只显示硕士学历或工资大于 4 000 元的员工信息，如图 4-38 所示。

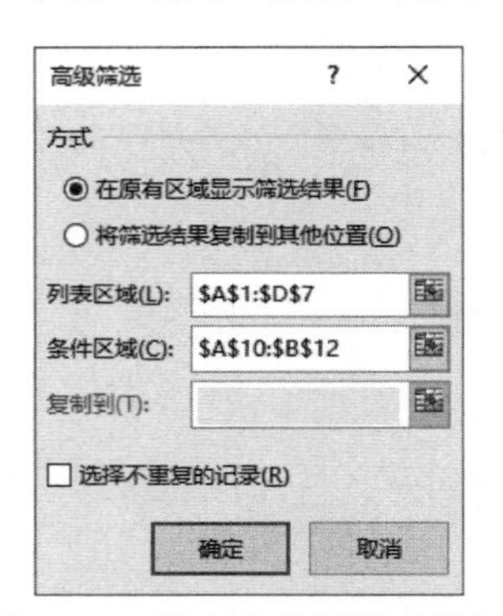

图 4-37　输入条件区域的地址

	A	B	C	D
1	姓名	部门	学历	工资
2	关凡	销售部	大专	5300
6	阎盼兰	人力部	硕士	3300
7	施亚妃	客服部	高中	5500
8				
9				
10	学历	工资		
11	硕士			
12		>4000		

图 4-38　高级筛选结果

提示： 无论使用自动筛选还是高级筛选，都可以在筛选条件中使用 ? 和 * 两种通配符。? 代表任意一个字符，* 代表零个或任意多个字符。如果要筛选通配符本身，则需要在每个通配符左侧添加波形符号～，如～? 和～*。只能在筛选文本型数据时使用通配符。

4.2.6　利用筛选删除重复数据

用户可以利用高级筛选功能删除重复数据，而且可以将去重后的数据放置到指定的位置。打开“高级筛选”对话框，选中“选择不重复的记录”复选框可以在筛选结果中删除重复数据。选择“将筛选结果复制到其他位置”选项后，在“复制到”文本框中指定要将筛选结果复制到的位置，如图 4-39 所示。

Excel 本身提供了专门删除重复数据的功能，因此，如果只想单纯删除重复数据，而不需要对数据进行筛选，则无须使用高级筛选。

用户要使用 Excel 提供的删除重复数据功能，首先选择数据区域中的任意一个单元格，然后在功能区“数据”|“数据工具”组中单击“删除重复项”按钮，打开“删除重复值”对话框，

如图 4-40 所示，其中列出了数据区域包含的列标题，选择要作为重复数据判断依据的列标题。单击“确定”按钮，将删除所选标题中包含重复值的所有数据行。

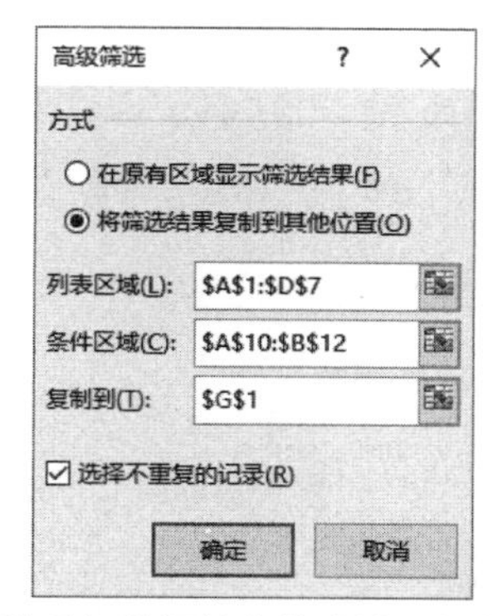

图 4-39　删除重复数据并将筛选结果复制到其他位置

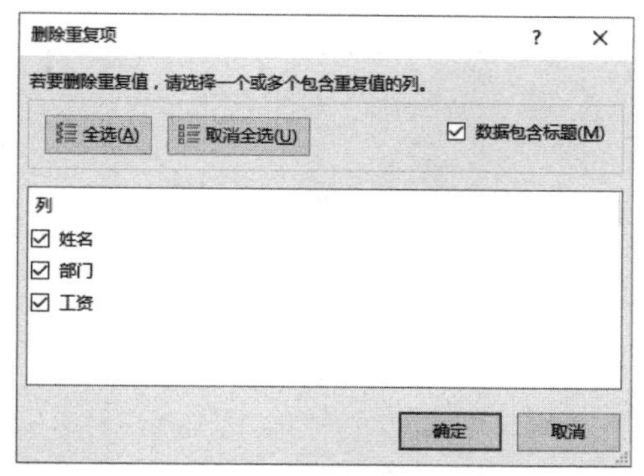

图 4-40　选择重复数据的判断依据

4.3　分类汇总数据

分类汇总是按数据的类别进行划分，然后对同类数据进行求和或其他计算，如计数、平均值、最大值、最小值等。Excel 中的分类汇总功能可以汇总一类或多类数据。

4.3.1　汇总一类数据

最简单的分类汇总只针对一类数据进行分类统计。在分类汇总数据前，需要先对要作为分类依据的数据排序。如图 4-41 所示，如果要统计每天所有商品的总销量，则需要按日期进行分类，分类汇总前需要对日期排序，操作步骤如下：

（1）选择 A 列中任意一个包含数据的单元格，然后在功能区“数据”|“排序和筛选”组中单击“升序”按钮，对日期进行升序排列，如图 4-42 所示。

	A	B	C
1	日期	名称	销量
2	2019年2月3日	啤酒	42
3	2019年2月3日	啤酒	38
4	2019年2月2日	饼干	34
5	2019年2月2日	牛奶	13
6	2019年2月1日	果汁	31
7	2019年2月1日	牛奶	17
8	2019年2月3日	啤酒	41
9	2019年2月3日	牛奶	23

图 4-41　分类汇总前的数据

	A	B	C
1	日期	名称	销量
2	2019年2月1日	果汁	31
3	2019年2月1日	牛奶	17
4	2019年2月2日	饼干	34
5	2019年2月2日	牛奶	13
6	2019年2月3日	啤酒	42
7	2019年2月3日	啤酒	38
8	2019年2月3日	啤酒	41
9	2019年2月3日	牛奶	23

图 4-42　对日期进行升序排列

（2）在功能区“数据”|“分级显示”组中单击“分类汇总”按钮，打开“分类汇总”对话框，进行以下设置，如图 4-43 所示。

- 将“分类字段”设置为“日期”。
- 将“汇总方式”设置为“求和”。
- 在“选定汇总项”列表框中选中“销量”复选框。
- 选中“替换当前分类汇总”复选框和“汇总结果显示在数据下方”复选框。

（3）单击“确定”按钮，将按日期分类，并对相同日期下的所有商品销量进行求和，如图 4-44 所示。

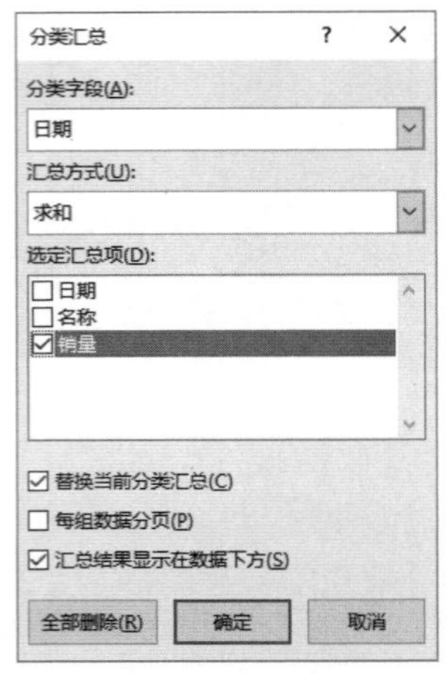

图 4-43　设置分类汇总选项

	A	B	C
1	日期	名称	销量
2	2019年2月1日	果汁	31
3	2019年2月1日	牛奶	17
4	2019年2月1日 汇总		48
5	2019年2月2日	饼干	34
6	2019年2月2日	牛奶	13
7	2019年2月2日 汇总		47
8	2019年2月3日	啤酒	42
9	2019年2月3日	啤酒	38
10	2019年2月3日	啤酒	41
11	2019年2月3日	牛奶	23
12	2019年2月3日 汇总		144
13	总计		239

图 4-44　分类汇总结果

4.3.2　汇总多类数据

如果需要统计的数据类别较多，则可以创建多级分类汇总。汇总多类数据之前，需要对作为汇总类别的数据进行多条件排序。如图 4-45 所示，如果要统计每天所有商品的总销量，还要统计每一天当中每类商品的总销量，则需要按日期和商品进行分类，分类汇总前需要对日期和商品进行多条件排序，操作步骤如下：

（1）选择数据区域中的任意一个单元格，然后在功能区“数据”|“排序和筛选”组中单击“排序”按钮，打开“排序”对话框，进行以下设置，如图 4-46 所示。

- 将“主要关键字”设置为“日期”，将“排序依据”设置为“数值”，将“次序”设置为“升序”。
- 单击“添加条件”按钮添加一个条件，将“次要关键字”设置为“名称”，将“排序依据”设置为“数值”，将“次序”设置为“升序”。

	A	B	C
1	日期	名称	销量
2	2019年2月3日	啤酒	42
3	2019年2月3日	啤酒	38
4	2019年2月2日	饼干	34
5	2019年2月2日	牛奶	13
6	2019年2月1日	果汁	31
7	2019年2月1日	牛奶	17
8	2019年2月3日	啤酒	41
9	2019年2月3日	牛奶	23

图 4-45　分类汇总前的数据

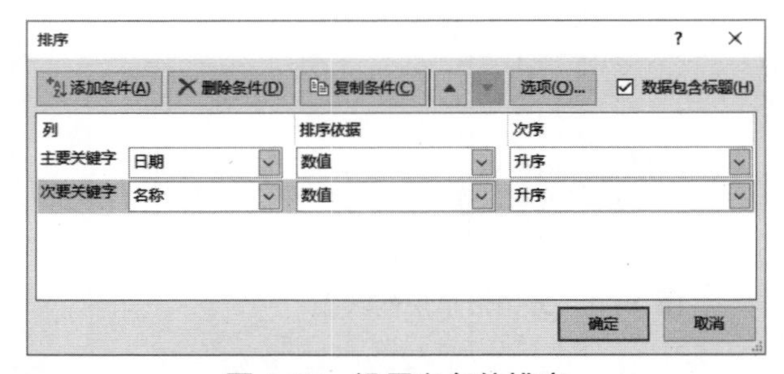

图 4-46　设置多条件排序

（2）单击“确定”按钮，将同时按“日期”和“名称”两个条件进行排序，如图 4-47 所示。

（3）在功能区“数据”|“分级显示”组中单击“分类汇总”按钮，打开“分类汇总”对话框，进行以下设置，如图 4-48 所示。

- 将“分类字段”设置为“日期”。
- 将“汇总方式”设置为“求和”。
- 在“选定汇总项”列表框中选中“销量”复选框。
- 选中“替换当前分类汇总”复选框和“汇总结果显示在数据下方”复选框。

	A	B	C
1	日期	名称	销量
2	2019年2月1日	果汁	31
3	2019年2月1日	牛奶	17
4	2019年2月2日	饼干	34
5	2019年2月2日	牛奶	13
6	2019年2月3日	牛奶	23
7	2019年2月3日	啤酒	42
8	2019年2月3日	啤酒	38
9	2019年2月3日	啤酒	41

图 4-47　按“日期”和“名称”两个条件排序

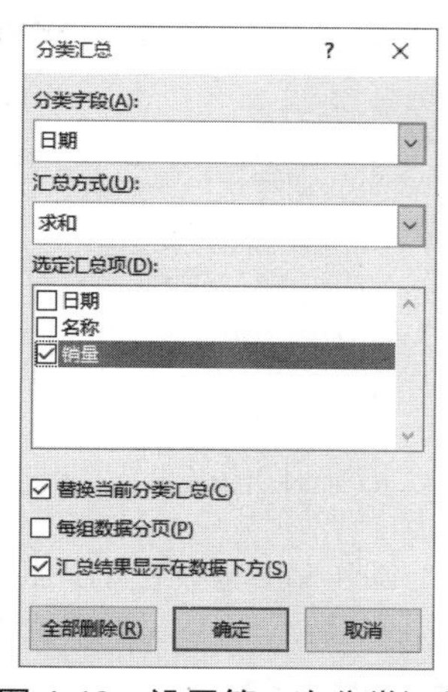

图 4-48　设置第一次分类汇总

（4）单击“确定”按钮，对数据区域执行第一次分类汇总。再次打开“分类汇总”对话框，进行以下设置，如图 4-49 所示。

- 将“分类字段”设置为“名称”。
- 将“汇总方式”设置为“求和”。
- 在“选定汇总项”列表框中选中“销量”复选框。
- 取消选中“替换当前分类汇总”复选框。

（5）单击“确定”按钮，将按日期和商品分类，不但统计每一天所有商品的总销量，还统计同一天内各个商品的销量，如图 4-50 所示。

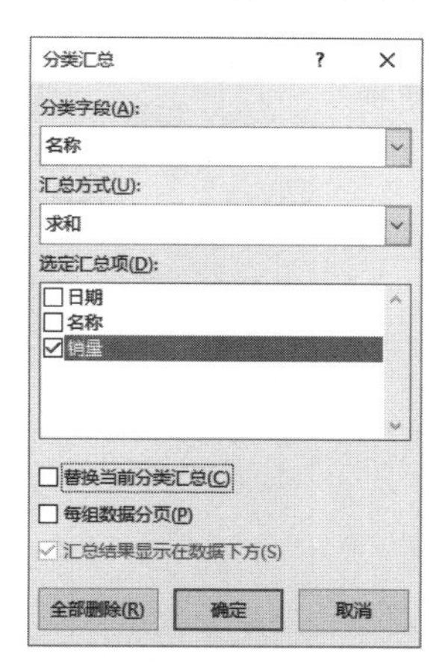

图 4-49　设置第二次分类汇总

	A	B	C
1	日期	名称	销量
2	2019年2月1日	果汁	31
3		果汁 汇总	31
4	2019年2月1日	牛奶	17
5		牛奶 汇总	17
6	2019年2月1日 汇总		48
7	2019年2月2日	饼干	34
8		饼干 汇总	34
9	2019年2月2日	牛奶	13
10		牛奶 汇总	13
11	2019年2月2日 汇总		47
12	2019年2月3日	牛奶	23
13		牛奶 汇总	23
14	2019年2月3日	啤酒	42
15	2019年2月3日	啤酒	38
16	2019年2月3日	啤酒	41
17		啤酒 汇总	121
18	2019年2月3日 汇总		144
19	总计		239

图 4-50　分类汇总结果

4.3.3　分级查看数据

为数据创建分类汇总后，将在工作表的左侧显示由数字、加号、减号组成的分级显示符号，如图 4-51 所示。单击数字可以查看特定级别的数据。数字越大，数据的级别越小，级别较小的数据是其上一级数据的明细数据，单击加号或减号可以显示或隐藏明细数据。

用户可以为数据自动创建分级显示，自动创建分级显示要求数据区域中必须包含汇总值，如使用 SUM 或 AVERAGE 函数计算数据的总和或平均值。然后选择数据区域中的任意一个单元格，在功能区“数据”|“分级显示”组中单击“创建组”按钮上的下拉按钮，在下拉菜单中

单击“自动建立分级显示”命令，即可自动为数据区域创建分级显示，如图 4-52 所示。

	A	B	C
1	日期	名称	销量
2	2019年2月1日	果汁	31
3	2019年2月1日	牛奶	17
4	2019年2月1日 汇总		48
5	2019年2月2日	饼干	34
6	2019年2月2日	牛奶	13
7	2019年2月2日 汇总		47
8	2019年2月3日	啤酒	42
9	2019年2月3日	啤酒	38
10	2019年2月3日	啤酒	41
11	2019年2月3日	牛奶	23
12	2019年2月3日 汇总		144
13	总计		239

图 4-51　分级查看数据

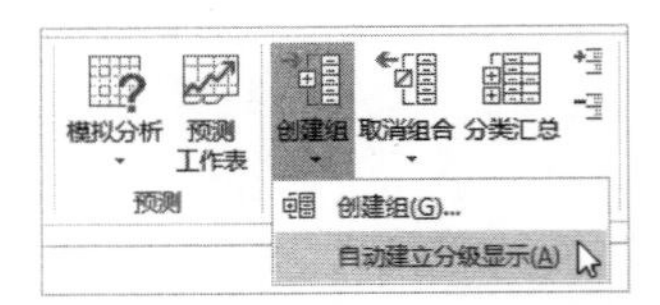

图 4-52　单击“自动建立分级显示”命令

4.3.4　删除分类汇总

如果要删除分类汇总数据和分级显示符号，则需要选择包含分类汇总的数据区域中的任意一个单元格，然后在功能区“数据”|“分级显示”组中单击“分类汇总”按钮，打开“分类汇总”对话框，单击“全部删除”按钮。

如果只想删除分级显示符号，则可以在功能区“数据”|“分级显示”组中单击“取消组合”按钮上的下拉按钮，然后在下拉菜单中单击“清除分级显示”命令，如图 4-53 所示。

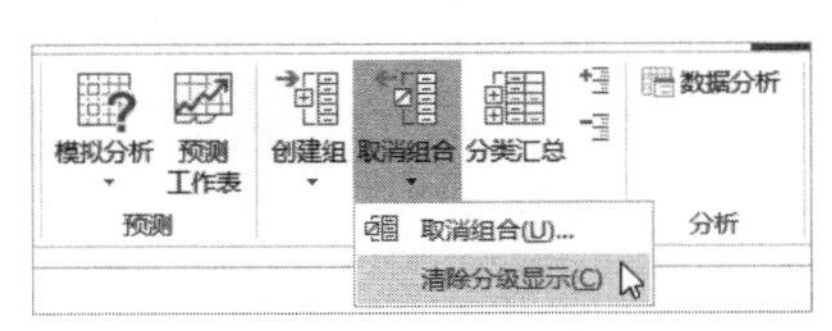

图 4-53　单击“清除分级显示”命令

第 5 章
使用高级分析工具

除了第 4 章介绍的排序、筛选和分类汇总等基本的数据分析工具之外，用户还可以使用一些高级工具对数据进行更专业的分析，包括模拟运算表、方案、单变量求解、规划求解和分析工具库，本章将介绍使用这些工具分析数据的方法。

5.1 创建模拟运算表

模拟分析又称为假设分析，是管理经济学中一种重要的分析方式，它基于现有的计算模型，对影响最终结果的多种因素进行预测和分析，以便得到最接近目标的方案。本节将介绍使用单变量模拟运算表和双变量模拟运算表进行模拟分析的方法。

5.1.1 创建单变量模拟运算表

如图 5-1 所示为 5% 年利率的 30 万元贷款分 10 年还清时的每月还款额。B4 单元格包含用于计算每月还款额的公式。由于贷款属于现金流入，因此 B3 单元格中的值为正数。

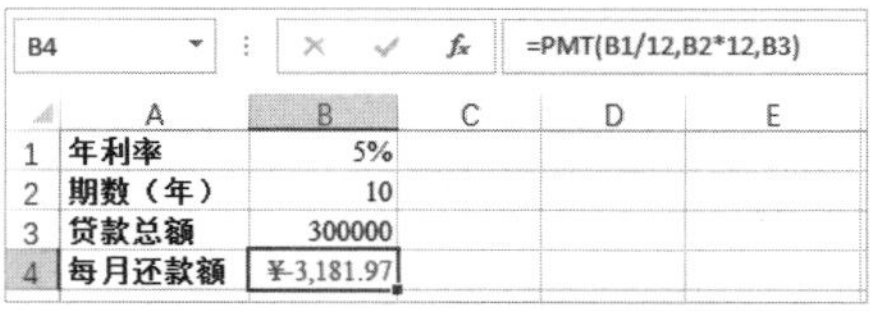

B4 | =PMT(B1/12,B2*12,B3)

	A	B	C	D	E
1	年利率	5%			
2	期数（年）	10			
3	贷款总额	300000			
4	每月还款额	¥-3,181.97			

图 5-1　输入基础数据计算每月还款额

如果要计算贷款期限在 10 ～ 15 年之间的每月还款额各是多少，那么可以使用模拟运算表功能进行自动计算，操作步骤如下：

（1）在 D1:E8 单元格区域中输入如图 5-2 所示的基础数据，E2 单元格中包含下面的公式，D1 单元格为空。

```
=B4
```

（2）选择 D2:E8 单元格区域，然后在功能区“数据”|“预测”组中单击“模拟分析”按钮，在下拉菜单中单击“模拟运算表”命令，如图 5-3 所示。

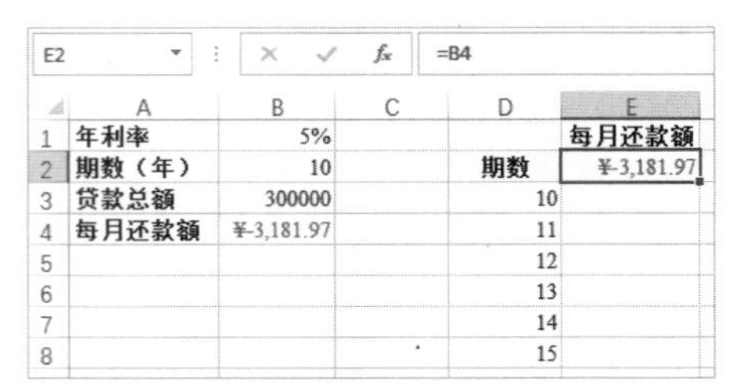

	A	B	C	D	E
1	年利率	5%			每月还款额
2	期数（年）	10		期数	¥-3,181.97
3	贷款总额	300000		10	
4	每月还款额	¥-3,181.97		11	
5				12	
6				13	
7				14	
8				15	

图 5-2　输入基础数据

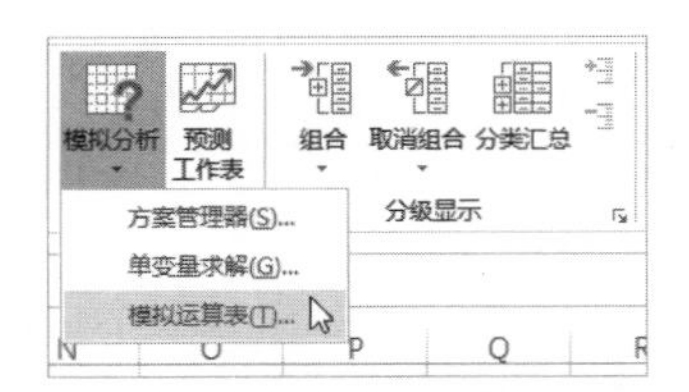

图 5-3　单击“模拟运算表”命令

（3）打开“模拟运算表”对话框，由于可变的值（期数）位于 D 列，因此单击“输入引用列的单元格”文本框内部，然后在工作表中单击期数所在的单元格，本例为 B2，如图 5-4 所示。

（4）单击“确定”按钮，Excel 将自动创建用于计算不同还款期限下的每月还款额的公式，如图 5-5 所示。

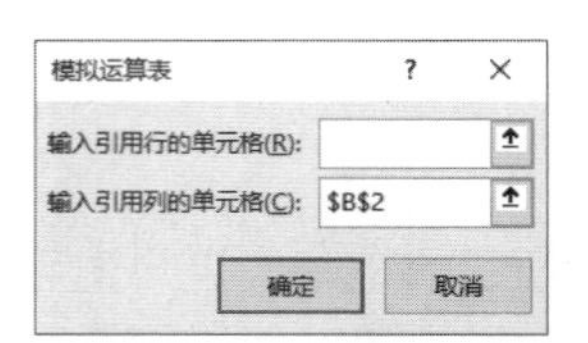

图 5-4　选择引用的单元格

	A	B	C	D	E
1	年利率	5%			每月还款额
2	期数（年）	10		期数	¥-3,181.97
3	贷款总额	300000		10	¥-3,181.97
4	每月还款额	¥-3,181.97		11	¥-2,959.35
5				12	¥-2,774.67
6				13	¥-2,619.18
7				14	¥-2,486.61
8				15	¥-2,372.38

图 5-5　使用单变量模拟运算表计算每月还款额

5.1.2　创建双变量模拟运算表

在实际应用中，可变因素通常不止一个。例如，如果想要计算不同利率（3% ～ 7%）和贷款期限（10 ～ 15 年）下的每月还款额，此时就需要使用双变量模拟运算表，即在模拟运算表中指定两个变量。

仍以 5.1.1 节中的示例进行说明，首先在一个单元格区域中输入基础数据，如图 5-6 所示，E1:I1 单元格区域中包含不同的利率，D2:D7 单元格区域中包含不同的贷款期限（即期数），D1 单元格中包含下面的公式：

```
=B4
```

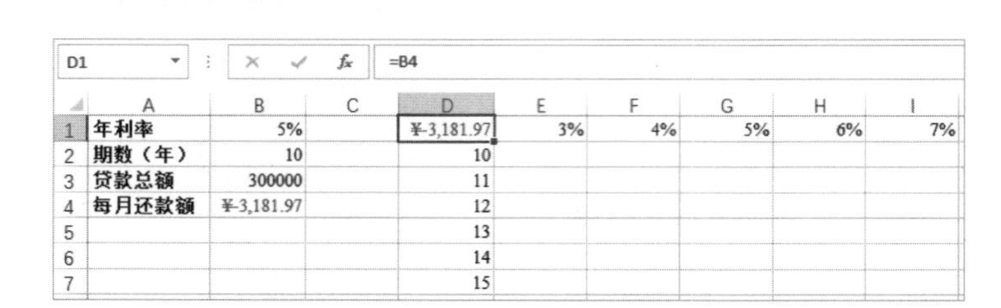

	A	B	C	D	E	F	G	H	I
1	年利率	5%		¥-3,181.97	3%	4%	5%	6%	7%
2	期数（年）	10		10					
3	贷款总额	300000		11					
4	每月还款额	¥-3,181.97		12					
5				13					
6				14					
7				15					

图 5-6　在一个单元格区域中输入基础数据

接下来在模拟运算表中指定两个变量，从而计算出不同利率和贷款期限下的每月还款额，操作步骤如下：

（1）选择各利率和贷款期限所在的整个区域，本例为 D1:I7。

（2）在功能区“数据”|“预测”组中单击“模拟分析”按钮，在下拉菜单中选择“模拟运算表”命令。

（3）打开“模拟运算表”对话框，由于要计算的各个利率位于 D1:I7 区域的第一行，因此将“输入引用行的单元格”设置为 B1。由于要计算的各个贷款期限位于 D1:I7 区域的第一列，因此将“输入引用列的单元格”设置为 B2，如图 5-7 所示。

（4）单击“确定”按钮，Excel 将自动计算出不同利率和贷款期限下的每月还款额，如图 5-8 所示。

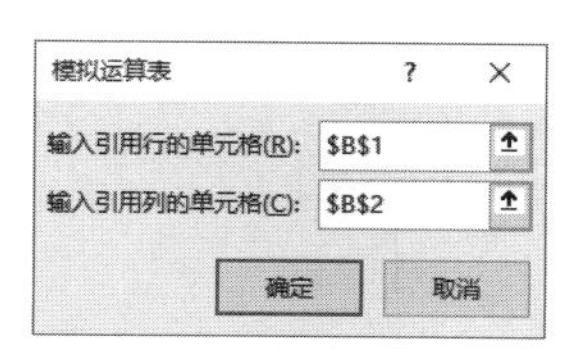

图 5-7　选择引用的单元格

D	E	F	G	H	I
¥-3,181.97	3%	4%	5%	6%	7%
10	¥-2,896.82	¥-3,037.35	¥-3,181.97	¥-3,330.62	¥-3,483.25
11	¥-2,671.13	¥-2,813.00	¥-2,959.35	¥-3,110.11	¥-3,265.23
12	¥-2,483.36	¥-2,626.59	¥-2,774.67	¥-2,927.55	¥-3,085.14
13	¥-2,324.76	¥-2,469.35	¥-2,619.18	¥-2,774.17	¥-2,934.22
14	¥-2,189.09	¥-2,335.04	¥-2,486.61	¥-2,643.71	¥-2,806.20
15	¥-2,071.74	¥-2,219.06	¥-2,372.38	¥-2,531.57	¥-2,696.48

图 5-8　使用两个变量的模拟运算表

5.2　创建和使用方案

使用模拟运算表对数据进行模拟分析虽然简单方便，但是也存在以下一些不足之处：

- 最多只能控制两个变量。
- 如果要在多组变量返回的不同结果之间进行对比分析，那么使用模拟运算表不太方便。

使用方案功能可以为要分析的数据创建多组条件，在每一组条件中可以包含多个变量。为方案命名后，可以通过方案的名称在不同的变量值之间切换，从而快速得到不同条件下的计算结果。本节将介绍在模拟分析中创建和使用方案的方法。

5.2.1　创建方案

以前面介绍的每月还款额的案例为基础，假设有以下 3 种贷款方案：

- 最佳方案：贷款总额 400 000 元，贷款期限 30 年，年利率 7%。
- 折中方案：贷款总额 300 000 元，贷款期限 20 年，年利率 6%。
- 最差方案：贷款总额 200 000 元，贷款期限 10 年，年利率 5%。

在 Excel 中为以上 3 种贷款方案创建方案来计算各自的每月还款额的操作步骤如下：

（1）选择原始数据所在的单元格区域，本例为 A1:B4，如图 5-9 所示。

（2）在功能区“数据”|“预测”组中单击“模拟分析”按钮，然后在下拉菜单中单击“方案管理器”命令，如图 5-10 所示。

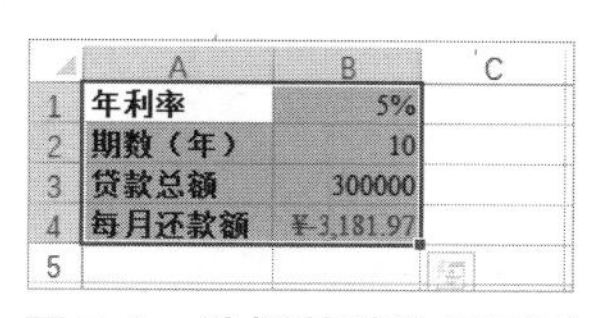

图 5-9　选择基础数据区域

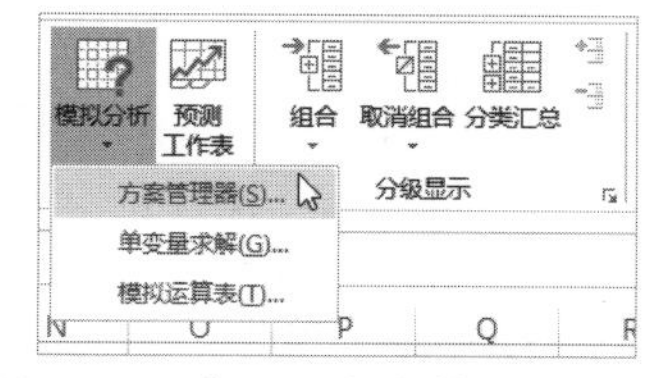

图 5-10　单击“方案管理器”命令

（3）打开“方案管理器”对话框，单击“添加”按钮，打开“添加方案”对话框，在“方案名”文本框中输入方案的名称，如“最佳方案”，将“可变单元格”指定为 B1:B3，这 3 个单元格对应于年利率、期数和贷款总额，如图 5-11 所示。

（4）单击“确定”按钮，打开“方案变量值”对话框，输入方案中各个变量的值，如图 5-12 所示。

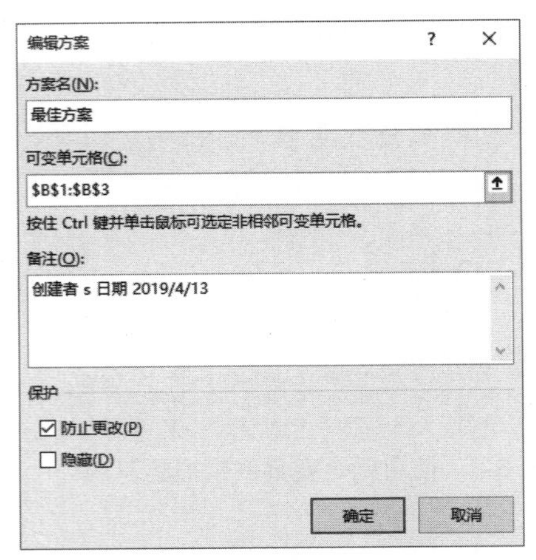

图 5-11　设置第一个方案

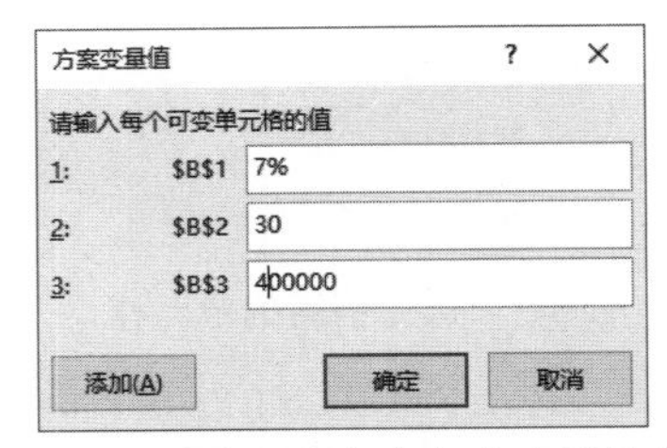

图 5-12　输入方案中各个变量的值

提示：*如果使用“可变单元格”右侧的按钮在工作表中选择单元格，则对话框的名称会变为“编辑方案”。*

（5）单击“添加”按钮，创建第一个方案，并自动打开“添加方案”对话框，重复步骤 4 和步骤 5，继续创建其他方案。如图 5-13 所示为其他两个方案在“方案变量值”对话框中设置的值。

（6）在“方案变量值”对话框中设置好最后一个方案之后，在“方案变量值”对话框中单击“确定”按钮，返回“方案管理器”对话框，此时会显示创建的所有方案，如图 5-14 所示。

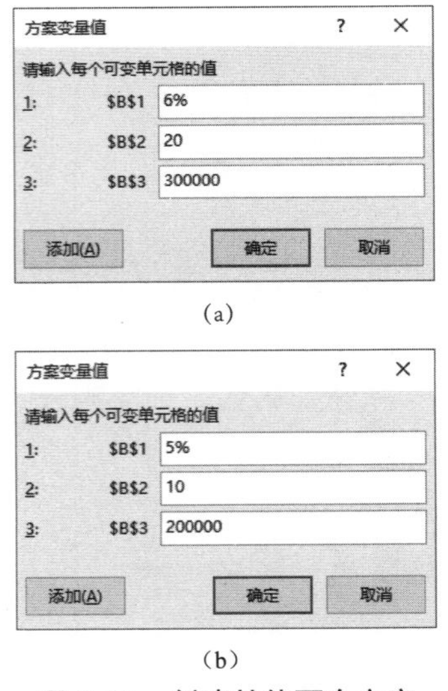

图 5-13　创建其他两个方案

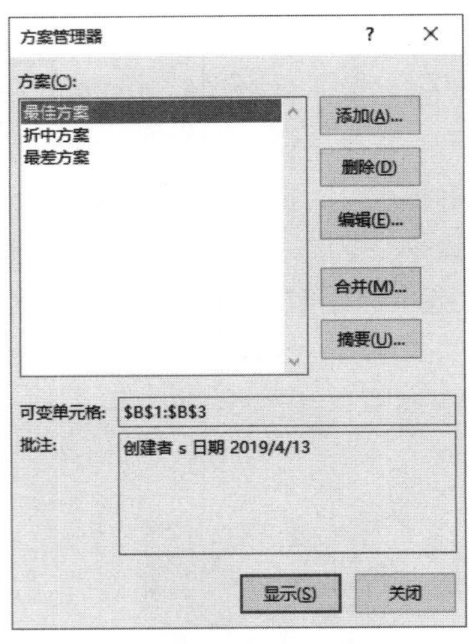

图 5-14　创建多个方案

5.2.2　显示、修改和删除方案

创建方案后，可以随时使用不同方案中的值对计算模型进行计算，从而查看不同方案下的计算结果。也可以随时对现有方案的名称、可变单元格的位置及其值进行修改，还可以将不再需要的方案删除。无论进行哪种操作，都需要先打开“方案管理器”对话框，然后选择一个方案并执行以下操作：

- 显示方案的计算结果：单击“显示”按钮，将所选方案中各个变量的值代入公式中进行计算，并在数据区域中使用新结果替换原来的结果。如图 5-15 所示为使用 3 种方案计算出的每月还款额。

（a）

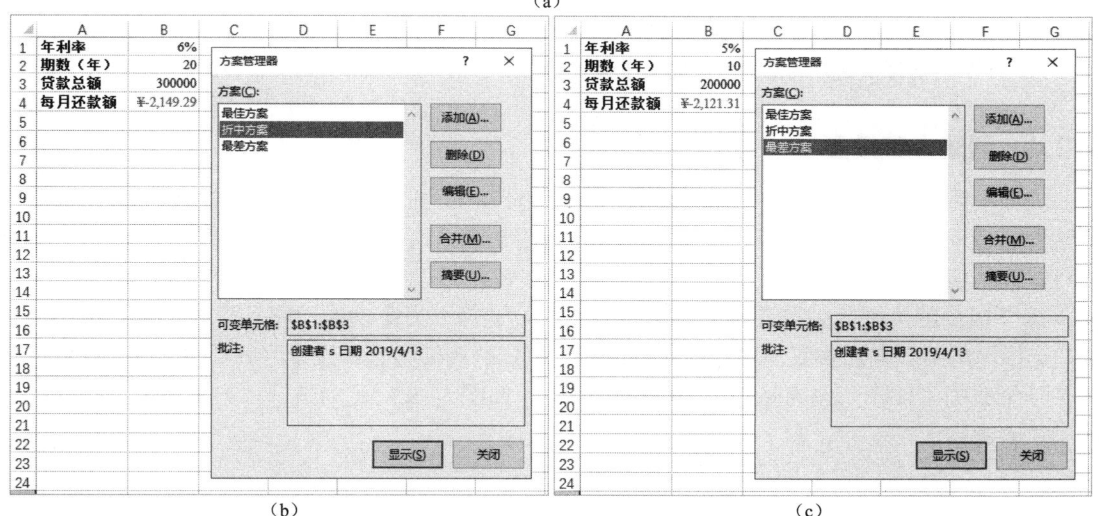

（b）　（c）

图 5-15　显示 3 种方案的计算结果

- 修改方案：单击“编辑”按钮，打开“编辑方案”对话框，对选中的方案进行修改。
- 删除方案：单击“删除”按钮，删除选中的方案。

5.2.3　合并方案

方案是针对工作表的，如果在一个工作表中创建了方案，当激活另一个表时，“方案管理器”对话框中不会显示这些方案。使用合并方案功能，可以将位于不同位置上的方案合并到一起。合并方案的操作步骤如下：

（1）打开要合并的方案所在的所有工作簿，然后激活最终要包含合并方案的工作表。

（2）在功能区“数据”|“预测”组中单击“模拟分析”按钮，然后在下拉菜单中单击“方案管理器”命令。

（3）打开“方案管理器”对话框，单击“合并”按钮，打开“合并方案”对话框，如图 5-16

所示，如果要合并的方案位于不同的工作簿，则需要在“工作簿”下拉列表中选择要合并的工作簿。本例要合并的方案位于同一个工作簿，因此无须进行此项设置，在“工作表”列表框中选择要合并的方案所在的工作表。

（4）单击“确定”按钮，返回“方案管理器”对话框，此时显示了合并后的所有方案，如图 5-17 所示。

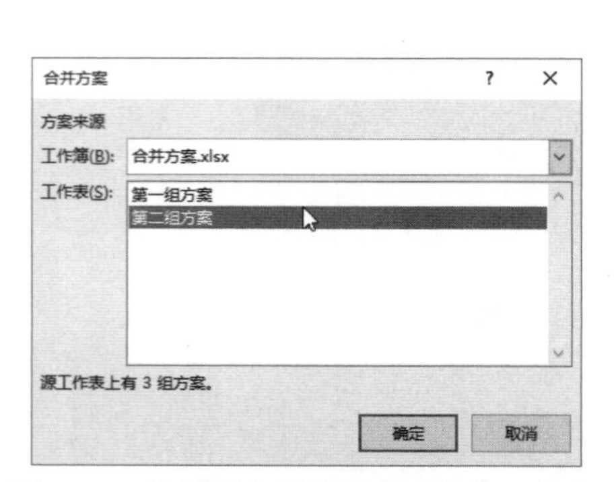

图 5-16　选择要合并的方案所在的工作表

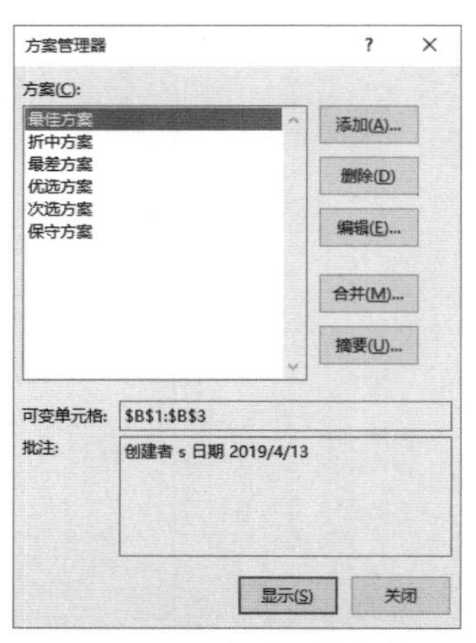

图 5-17　合并后的方案

5.2.4　创建方案摘要

方案摘要是将多个方案以报表的形式呈现给用户，便于在各个方案之间进行对比分析。在“方案管理器”对话框中单击“摘要”按钮，打开如图 5-18 所示的对话框，选择摘要的类型和分析的目标数据所在的单元格。

摘要报告的类型分为摘要和数据透视表两种，选择“方案摘要”将创建大纲形式的摘要报告，选择“方案数据透视表”将创建数据透视表形式的摘要报告。设置好后单击“确定”按钮，将在一个新的工作表中创建相应类型的摘要报告。如图 5-19 所示为选择“方案摘要”创建的大纲形式的摘要报告。

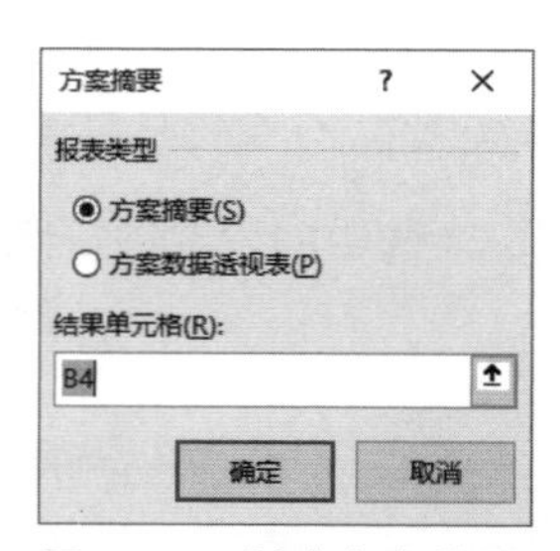

图 5-18　创建方案摘要

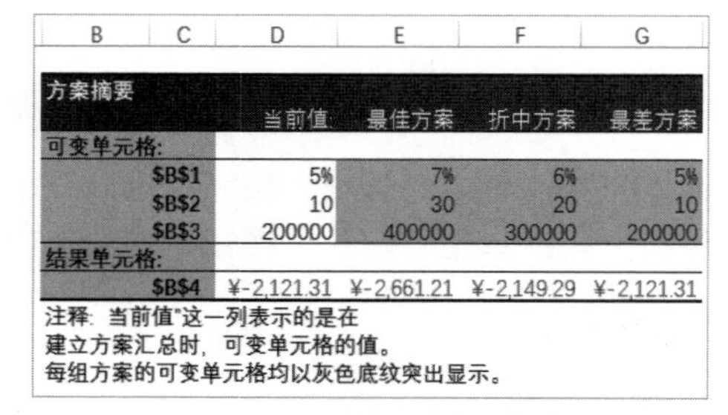

方案摘要	当前值	最佳方案	折中方案	最差方案
可变单元格:				
$B$1	5%	7%	6%	5%
$B$2	10	30	20	10
$B$3	200000	400000	300000	200000
结果单元格:				
$B$4	¥-2,121.31	¥-2,661.21	¥-2,149.29	¥-2,121.31

注释：当前值"这一列表示的是在
建立方案汇总时，可变单元格的值。
每组方案的可变单元格均以灰色底纹突出显示。

图 5-19　大纲形式的摘要报告

5.3　单变量求解

如果想要对数据进行与模拟分析相反方向的分析，则可以使用 Excel 中的单变量求解功能。例如，要对以下非线性方程的根进行求解：

```
5x^3-3x^2+6x=68
```

使用单变量求解功能进行求解的操作步骤如下：

（1）假设在 B1 单元格中存储方程的解，则将上面的公式以 Excel 可识别的形式输入到另一个单元格中，如 A1。由于当前 B1 单元格中没有内容，因此以 0 进行计算，公式的计算结果为 0，如图 5-20 所示。

```
=5*B1^3-3*B1^2+6*B1
```

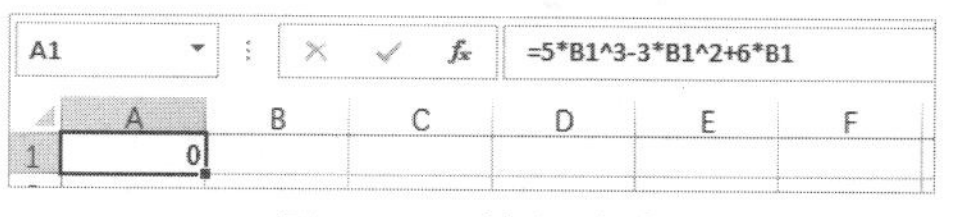

图 5-20　输入公式

（2）在功能区“数据”|“预测”组中单击“模拟分析”按钮，在下拉菜单中单击“单变量求解”命令，打开“单变量求解”对话框，进行以下设置，如图 5-21 所示。

- 将“目标单元格”设置为公式所在的单元格，本例为 A1。
- 将“目标值”设置为希望的计算结果，本例为 68。
- 将“可变单元格”设置为存储方程的根的单元格，本例为 B1。

（3）单击“确定”按钮，将在“单变量求解状态”对话框中显示方程的解，并在 B1 单元格中显示求得的方程的根，如图 5-22 所示。单击“确定”按钮，保存计算结果。

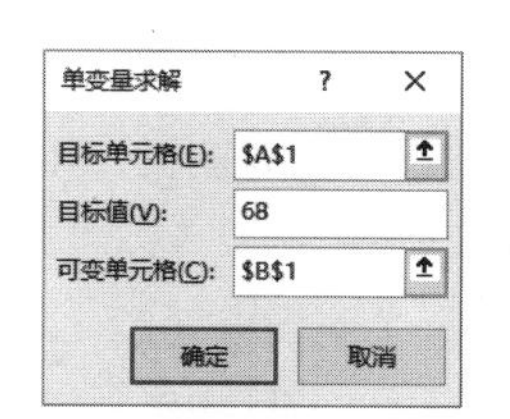

图 5-21　设置单变量求解

图 5-22　计算出方程的根

5.4　规划求解

单变量求解只能针对一个可变单元格进行求解，且只返回一个解，而实际应用中的数据分析情况要复杂得多，此时可以使用规划求解。规划求解是一个可以为可变单元格设置约束条件，通过不断调整可变单元格的值，最终在目标单元格中找到想要的结果。规划求解具有以下几个特点：

- 可以指定多个可变单元格。
- 可以对可变单元格的值设置约束条件。
- 可以求得解的最大值或最小值。
- 可以针对一个问题求出多个解。

5.4.1　加载规划求解

在使用规划求解之前，需要先在 Excel 中加载该功能，操作步骤如下：

（1）将“开发工具”选项卡添加到功能区中，然后在“开发工具”|“加载项”组中单击“Excel 加载项”按钮，如图 5-23 所示。

（2）打开“加载项”对话框，选中“规划求解加载项”复选框，然后单击“确定”按钮，如图 5-24 所示。

Excel 将在功能区“数据”选项卡中添加“规划求解”按钮，如图 5-25 所示。

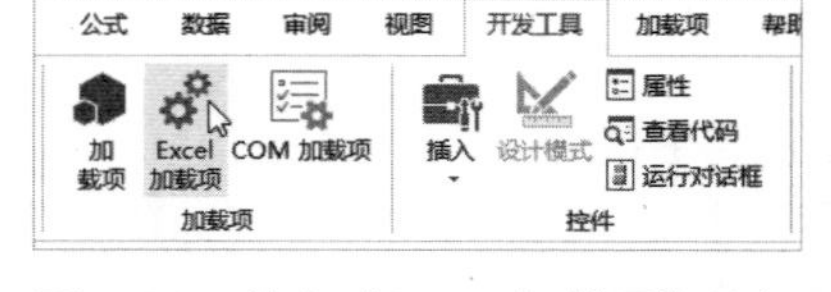

图 5-23 单击“Excel 加载项”按钮

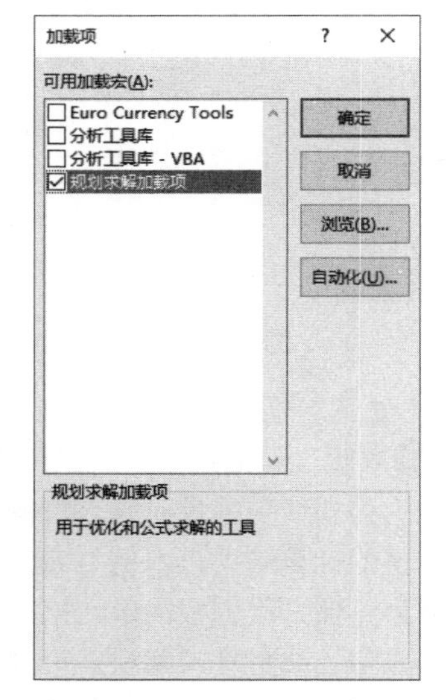

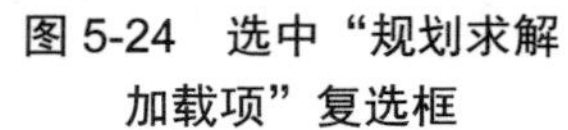

图 5-24 选中“规划求解加载项”复选框

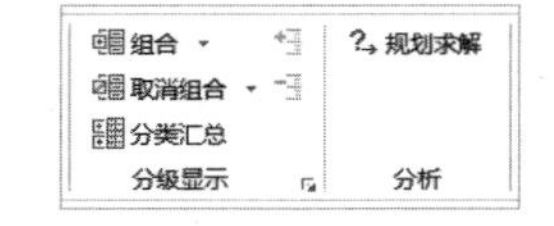

图 5-25 在功能区中显示“规划求解”按钮

5.4.2 使用规划求解分析数据

规划求解主要用于经营决策和生产管理中，目的是实现资源的合理安排，并使利益最大化。本节以生产收益最大化问题为例，来介绍规划求解的使用方法。

如图 5-26 所示，A 列为每种产品的名称，B 列为每种产品的产量，C 列为每种产品的单价，D 列为每种产品的收益，计算公式为：产量 × 单价。最下方的“总计”用于统计 3 种产品的总产量和总收益。

	A	B	C	D
1	名称	产量	单价	收益
2	A	100	30	3000
3	B	100	35	3500
4	C	100	39	3900
5	总计	300		10400

图 5-26 分析产品的产量与收益

很明显，C 产品的收益是最多的。如果希望收益最大化，那么应该只生产 C 产品。但是在现实情况下，通常会对不同产品制定一些限制和规定，因此很难实现完全理想化的状态。例如，公司对产品的生产有以下几个约束条件：

- 3 种产品每天的总产量是 300 单位。
- 为了满足每天的订单需求量，A 产品每天的产量至少要达到 50 单位。
- 为了满足预计的订单需求量，B 产品每天的产量至少要达到 40 单位。
- 由于市场对 C 产品的需求量有限，因此 C 产品每天的产量不能超过 40 单位。

使用规划求解功能可以解决上述问题，操作步骤如下：

（1）在功能区“数据”|“分析”组中单击“规划求解”按钮，打开“规划求解参数”对话框，进行以下设置，如图 5-27 所示。

- 将“设置目标”设置为 D5，并选择“最大值”选项，这是因为本例的目的是让收益最大化，而 3 种产品的总收益位于 D5 单元格。

- 将“通过更改可变单元格”设置为 B2:B4 单元格区域，这 3 个单元格包含 3 种产品的产量。

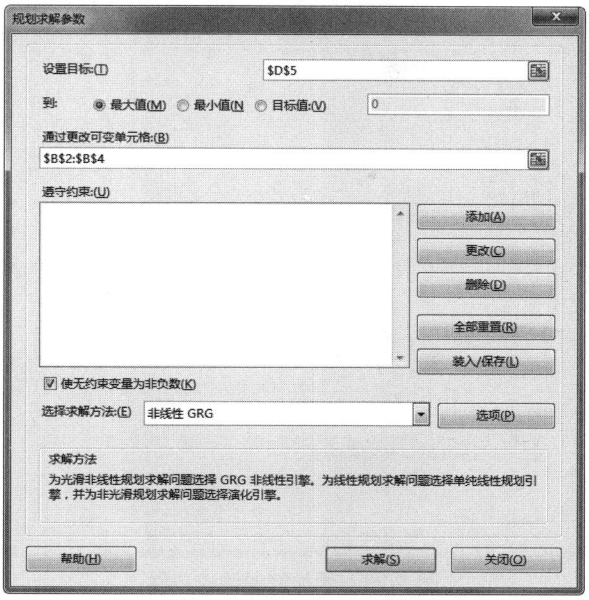

图 5-27　设置目标单元格和可变单元格

（2）添加约束条件。在“规划求解参数”对话框中单击“添加”按钮，打开“添加约束”对话框。第一个条件是 3 种产品的总产量为 300 单位，因此将“单元格引用”设置为包含总产量的单元格 B5，从中间列表中选择等号“=”)，将“约束”设置为“300”，如图 5-28 所示。

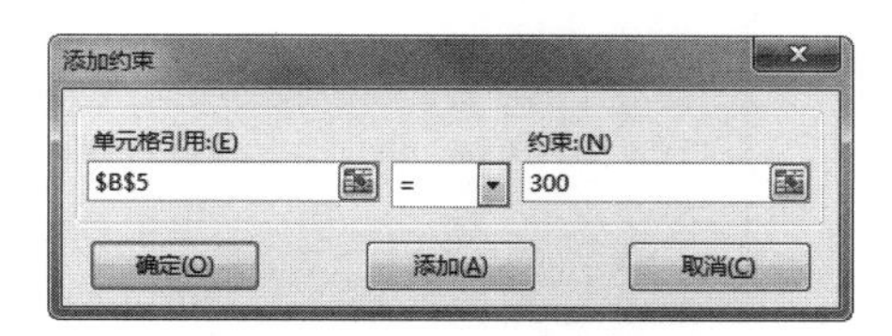

图 5-28　添加第一个约束条件

（3）单击“添加”按钮，使用类似的方法添加其他 3 个约束条件，表 5-1 列出了这些约束条件的设置参数，表中的各列依次对应于“添加约束”对话框中的各下拉列表。

表 5-1　约束条件的设置参数

单元格引用	运　算　符	约　　束
B2	>=	50
B3	>=	40
B4	<=	40

（4）设置好最后一个约束条件后，单击“确定”按钮，返回“规划求解参数”对话框，添加的所有条件显示在“遵守约束”列表框中，如图 5-29 所示。

（5）单击“求解”按钮，Excel 将根据目标和约束条件对数据进行求解。找到一个解时会显示如图 5-30 所示的对话框，选择“保留规划求解的解”选项，然后单击“确定”按钮，将使用找到的解替换数据区域中的相关数据。

图 5-29　添加好的约束条件

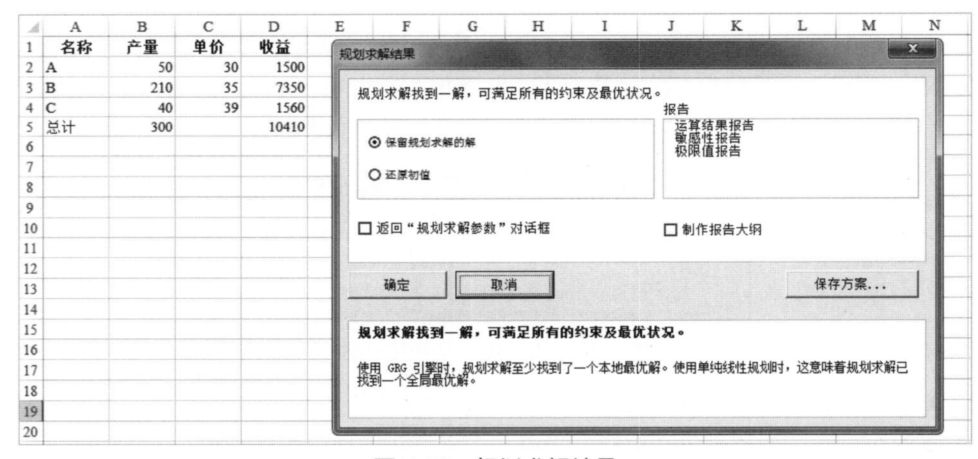

图 5-30　规划求解结果

5.5　分析工具库

分析工具库为用户提供了用于统计分析、工程计算等方面的工具，这些工具本质上使用的是 Excel 内置的统计和工程函数，但是为用户提供了图形化的参数设置界面，从而大大简化了这些函数的使用难度。分析工具库中的工具会将最终分析结果显示在输出表中，一些工具还会创建图表。

5.5.1　加载分析工具库

与规划求解类似，在使用分析工具库中的工具之前，也需要先将其加载到 Excel 中，加载方法基本相同。打开“加载项”对话框，选中“分析工具库”复选框，如图 5-31 所示。单击“确定”按钮，即可将分析工具库添加到 Excel 中，并在“数据”选项卡中显示“数据分析”按钮，如图 5-32 所示。

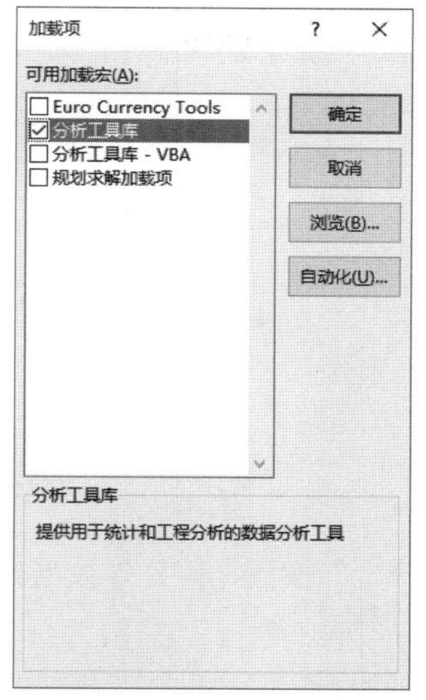

图 5-31　选中“分析工具库”复选框

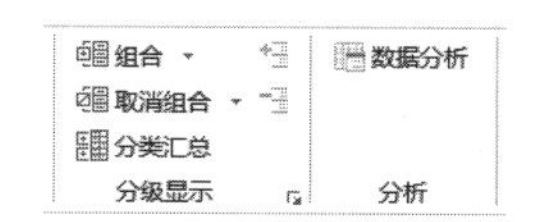

图 5-32　在功能区中显示“数据分析”按钮

5.5.2　分析工具库中包含的工具

分析工具库中包含大量的分析工具，使用这些工具需要用户具备相应的统计学知识。表 5-2 列出了分析工具库中包含的工具及其说明。

表 5-2　分析工具库中包含的工具及其说明

工 具 名 称	说　　明
方差分析	分析两组或两组以上的样本均值是否有显著性差异，包括 3 个工具：单因素方差分析、无重复双因素方差分析和可重复双因素方差分析
相关系数	分析两组数据之间的相关性，以确定两个测量值变量是否趋向于同时变动
协方差	与相关系数类似，也用于分析两个变量之间的关联变化程度
描述统计	分析数据的趋中性和易变性
指数平滑	根据前期预测值导出新的预测值，并修正前期预测值的误差。以平滑常数 a 的大小决定本次预测对前期预测误差的修正程度
F- 检验 双样本方差	比较两个样本总体的方差
傅里叶分析	解决线性系统问题，并可以通过快速傅立叶变换分析周期性数据
直方图	计算数据的单个和累积频率，用于统计某个数值在数据集中出现的次数
移动平均	基于特定的过去某段时期中变量的平均值来预测未来值
随机数发生器	以指定的分布类型生成一系列独立随机数字，通过概率分布来表示样本总体中的主体特征
排位与百分比排位	排位与百分比排位分析工具可以产生一个数据表，在其中包含数据集中各个数值的顺序排位和百分比排位。该工具用来分析数据集中各数值间的相对位置关系
回归	通过对一组观察值使用“最小二乘法”直线拟合来进行线性回归分析，用于分析单个因变量是如何受一个或多个自变量影响的

续表

工具名称	说　明
抽样	以数据源区域为样本总体来创建一个样本，当总体太大以致于不能进行处理或绘制时，可以选用具有代表性的样本。如果确定数据源区域中的数据是周期性的，则可以仅对一个周期中特定时间段的数值进行采样
t- 检验	基于每个样本检验样本总体平均值的等同性，包括 3 个工具：双样本等方差假设 t- 检验、双样本异方差假设 t- 检验、平均值的成对二样本分析 t- 检验
z- 检验	以指定的显著水平检验两个样本均值是否相等

5.5.3 使用分析工具库中的工具分析数据

本小节以分析工具库中的“相关系数”工具为例，介绍分析工具库的一般使用方法。如图 5-33 所示为某个微信公众号的阅读量及相应的广告收入，使用“相关系数”工具分析阅读量和广告收入相关性的操作步骤如下：

（1）在功能区“数据”|“分析”组中单击“数据分析”按钮，打开“数据分析”对话框，在“分析工具”列表框中选择“相关系数”，如图 5-34 所示。

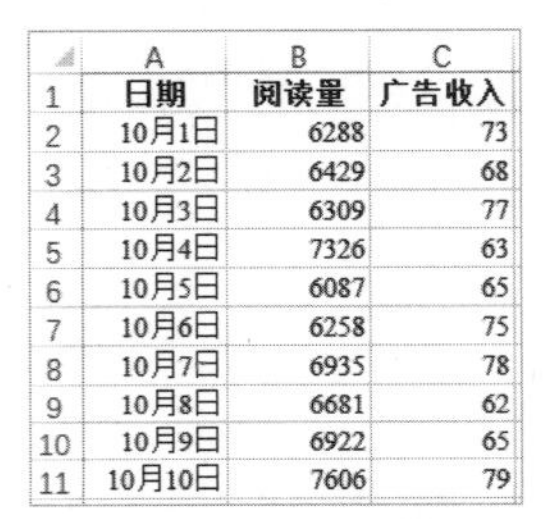

	A	B	C
1	日期	阅读量	广告收入
2	10月1日	6288	73
3	10月2日	6429	68
4	10月3日	6309	77
5	10月4日	7326	63
6	10月5日	6087	65
7	10月6日	6258	75
8	10月7日	6935	78
9	10月8日	6681	62
10	10月9日	6922	65
11	10月10日	7606	79

图 5-33　微信公众号的阅读量及相应的广告收入

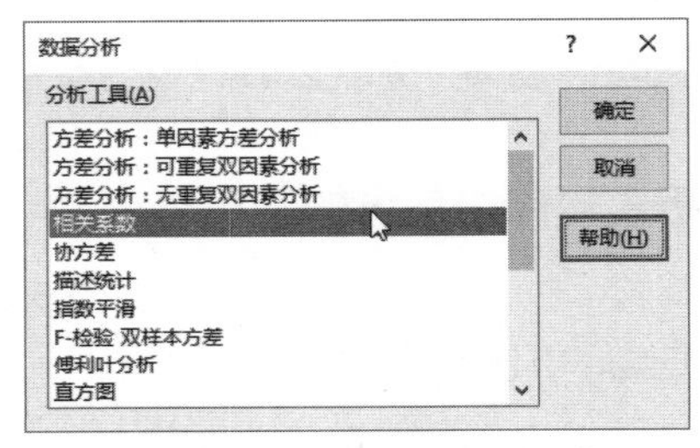

图 5-34　选择“相关系数”

（2）单击“确定”按钮，打开“相关系数”对话框，进行以下设置，如图 5-35 所示。

- 将“输入区域”设置为阅读量和广告收入所在的单元格区域，本例为 B1:C11。
- 将“分组方式”设置为“逐列”。
- 选中“标志位于第一行”复选框。
- 在“输出选项”中选择“输出区域”选项，然后在其右侧的文本框中输入 F1，以指定放置分析结果的起始位置。

（3）单击“确定”按钮，将在工作表中的指定位置显示分析结果，如图 5-36 所示。从结果可以看出，由于阅读量和广告收入的相关系数约为 0.073，趋向于 0，因此阅读量和广告收入的相关性较低，说明广告收入受阅读量的影响较小。

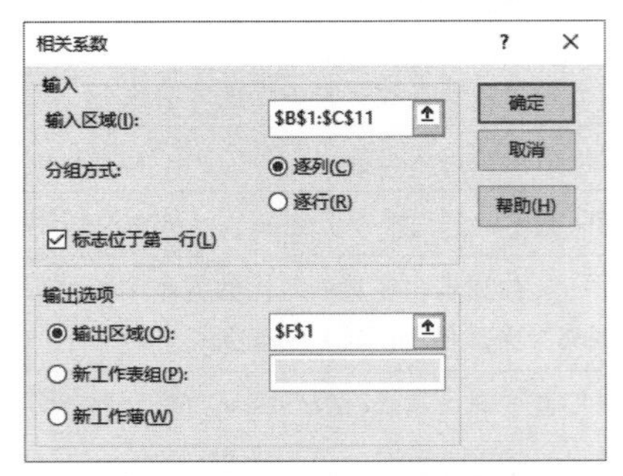

图 5-35　设置相关系数的选项

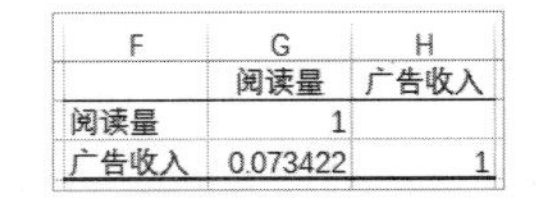

F	G	H
	阅读量	广告收入
阅读量	1	
广告收入	0.073422	1

图 5-36　相关系数的分析结果

提示：相关系数是比例值，因此，它的值与用来表示两个测量变量的单位无关。

5.6　预测工作表

在 Excel 2016 中新增了一个名为“预测工作表”的功能，使用该功能可以通过历史数据，以图表的形式呈现出事物发展的未来趋势。在使用预测工作表功能时，需要在两列中输入相应的数据，一列数据表示日期或时间，各个时间点之间的间隔应该保持相对恒定，另一列数据是与时间线对应的历史数据。

如图 5-37 所示为某商品在 2019 年上半年的销售情况，根据这些数据预测 2019 年下半年的销售情况的操作步骤如下：

（1）单击数据区域中的任意一个单元格，本例的数据区域是 A1:B7。然后在功能区“数据”|“预测”组中单击“预测工作表”按钮，如图 5-38 所示。

	A	B
1	日期	销量
2	2019年1月	918
3	2019年2月	897
4	2019年3月	987
5	2019年4月	555
6	2019年5月	529
7	2019年6月	835

图 5-37　历史数据

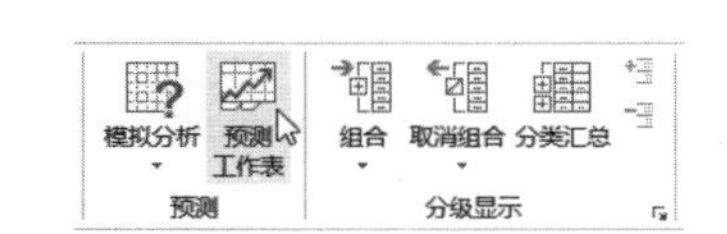

图 5-38　单击“预测工作表”按钮

（2）打开“创建预测工作表”对话框，在右上角选择一种用于展示预测分析的图表类型，分为“折线图”和“柱形图”两种，如图 5-39 所示为折线图。在左下角的“预测结束”文本框中输入预测的结束日期，或者单击右侧的按钮选择一个结束日期，这里将日期指定为 2019 年 12 月 1 日。

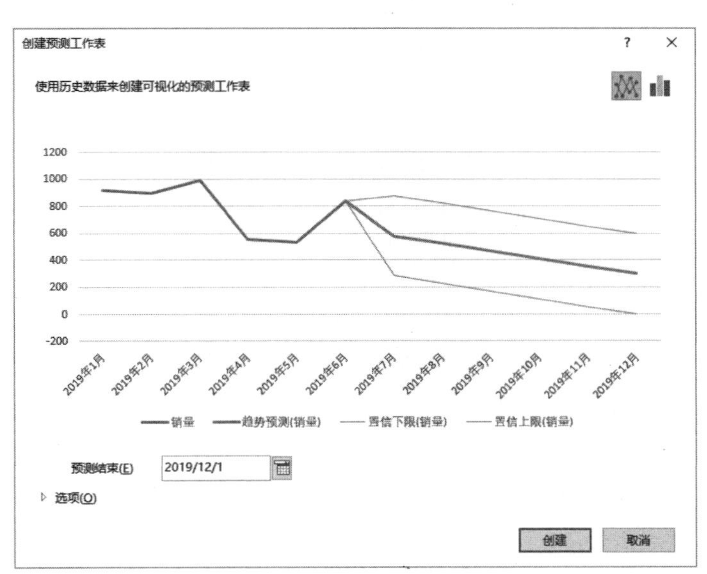

图 5-39　设置预测的相关选项

（3）如果要对预测选项进行更多设置，则可以单击“选项”按钮，展开“创建预测工作表”对话框并显示更多选项，如图 5-40 所示。表 5-3 说明了这些选项的作用。

（4）单击“创建”按钮，Excel 将创建一个新工作表，其中包含历史数据和预测值，以及展现预测结果的图表，如图 5-41 所示。

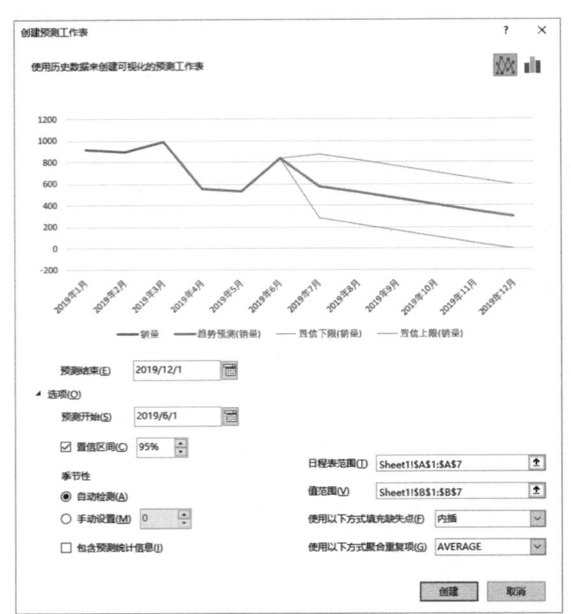

图 5-40　设置预测的更多选项

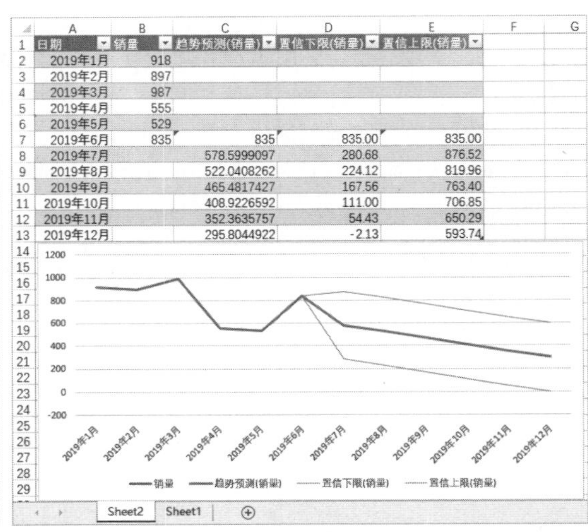

日期	销量	趋势预测(销量)	置信下限(销量)	置信上限(销量)
2019年1月	918			
2019年2月	897			
2019年3月	987			
2019年4月	555			
2019年5月	529			
2019年6月	835	835	835.00	835.00
2019年7月		578.5999097	280.68	876.52
2019年8月		522.0408262	224.12	819.96
2019年9月		465.4817427	167.56	763.40
2019年10月		408.9226592	111.00	706.85
2019年11月		352.3635757	54.43	650.29
2019年12月		295.8044922	-2.13	593.74

图 5-41　预测结果

表 5-3　预测选项的作用

预 测 选 项	说　明
预测开始	设置包含预测值的开始日期
置信区间	置信区间越大，置信水平越高
季节性	表示季节模式的长度（点数）的数字，默认由 Excel 自动检测
日程表范围	日期或时间所在的单元格区域
值范围	与日期或时间对应的历史数据所在的单元格区域
使用以下方式填充缺失点	只要缺点的点不到 30%，Excel 就会使用相邻点的权重平均值来补足。如果将该项设置为 0，则可将缺少的点视为 0
使用以下方式聚合重复项	如果数据中包含日期或时间相同的多个值，则 Excel 默认计算这些重复值的平均值。用户可以根据需要，使用其他方式进行计算，如求和、最大值等
包含预测统计信息	选中该复选框，将在输出表中包含有关预测的其他统计信息，如平滑系数、错误度量值等

第 6 章
使用数据透视表汇总和分析数据

在处理包含大量数据的表格时，使用公式对数据进行汇总统计会使工作变得更加复杂，尤其对于很多不熟悉公式和函数的用户来说更是如此。使用 Excel 中的数据透视表功能，可以在不使用任何公式和函数的情况下，快速完成大量数据的分类汇总统计。用户通过鼠标的单击和拖曳，即可使用不同角度查看汇总数据。本章主要介绍使用数据透视表处理和分析数据的方法，包括数据透视表的结构和术语、创建数据透视表、布局和重命名字段、刷新数据透视表、查看明细数据、设置总计和分类汇总的显示方式、设置数据的计算方式、为数据分组、排序和筛选数据、创建计算字段和计算项等内容。

6.1 数据透视表的结构和术语

在开始学习数据透视表的相关内容之前，首先了解一下数据透视表的结构和术语，将为本章内容的学习提供帮助，而且也可以更好地与其他数据透视表用户进行交流。

6.1.1 数据透视表的结构

数据透视表包括 4 个部分：行区域、列区域、值区域、报表筛选区域，下面分别对这 4 个部分进行简要介绍。

1．行区域

如图 6-1 所示的深灰色部分是数据透视表的行区域，它位于数据透视表的左侧。在行区域中通常放置一些可用于进行分类或分组的内容，例如部门、地区、日期等。

2．列区域

如图 6-2 所示的深灰色部分是数据透视表的列区域，它位于数据透视表各列的顶部。

3．值区域

如图 6-3 所示的深灰色部分是数据透视表的值区域，它是由行区域和列区域包围起来的面积最大的区域。值区域中的数据是对行区域和列区域中的字段所包含的数据进行数值运算后的计算结果。默认情况下，Excel 对值区域中的数值型数据进行求和，对文本型数据进行计数。

	A	B	C	D	E	F
1	负责人	(全部)				
2						
3	求和项:销量	商品				
4	地区	冰箱	电视	空调	洗衣机	总计
5	北京	40	100	89	93	322
6	河北	16	91	64	101	272
7	河南	54	102	31	72	259
8	湖北	66	31	52	38	187
9	湖南	39	68	51	40	198
10	江苏	27	66	27		120
11	山西	52	40	121	26	239
12	上海	40	39	72	26	177
13	天津	48	73	42	26	189
14	浙江		61	16	33	110
15	总计	382	671	565	455	2073

图 6-1　行区域

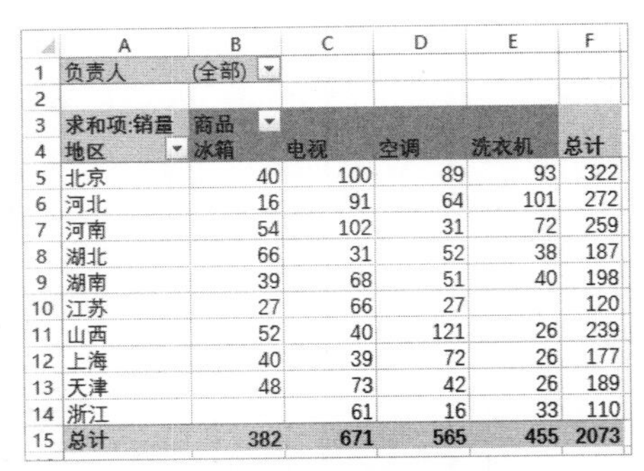

	A	B	C	D	E	F
1	负责人	(全部)				
2						
3	求和项:销量	商品				
4	地区	冰箱	电视	空调	洗衣机	总计
5	北京	40	100	89	93	322
6	河北	16	91	64	101	272
7	河南	54	102	31	72	259
8	湖北	66	31	52	38	187
9	湖南	39	68	51	40	198
10	江苏	27	66	27		120
11	山西	52	40	121	26	239
12	上海	40	39	72	26	177
13	天津	48	73	42	26	189
14	浙江		61	16	33	110
15	总计	382	671	565	455	2073

图 6-2　列区域

4．报表筛选区域

如图 6-4 所示的深灰色部分是数据透视表的报表筛选区域，它位于数据透视表的最上方。报表筛选区域由一个或多个下拉列表组成，在下拉列表中选择特定选项后，将会对整个数据透视表中的数据进行筛选。

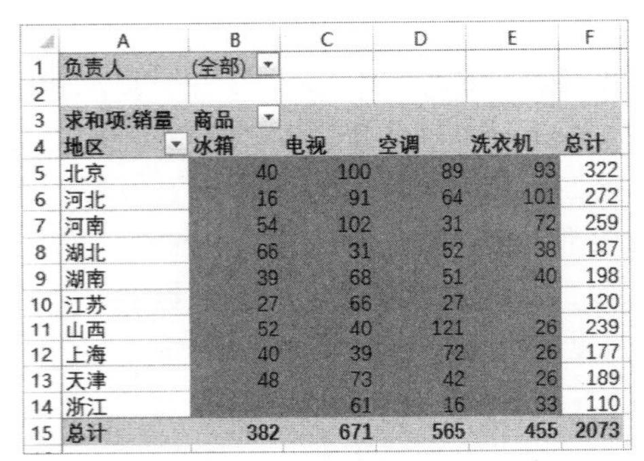

	A	B	C	D	E	F
1	负责人	(全部)				
2						
3	求和项:销量	商品				
4	地区	冰箱	电视	空调	洗衣机	总计
5	北京	40	100	89	93	322
6	河北	16	91	64	101	272
7	河南	54	102	31	72	259
8	湖北	66	31	52	38	187
9	湖南	39	68	51	40	198
10	江苏	27	66	27		120
11	山西	52	40	121	26	239
12	上海	40	39	72	26	177
13	天津	48	73	42	26	189
14	浙江		61	16	33	110
15	总计	382	671	565	455	2073

图 6-3　值区域

	A	B	C	D	E	F
1	负责人	(全部)				
2						
3	求和项:销量	商品				
4	地区	冰箱	电视	空调	洗衣机	总计
5	北京	40	100	89	93	322
6	河北	16	91	64	101	272
7	河南	54	102	31	72	259
8	湖北	66	31	52	38	187
9	湖南	39	68	51	40	198
10	江苏	27	66	27		120
11	山西	52	40	121	26	239
12	上海	40	39	72	26	177
13	天津	48	73	42	26	189
14	浙江		61	16	33	110
15	总计	382	671	565	455	2073

图 6-4　报表筛选区域

6.1.2　数据透视表常用术语

数据源、字段、项是数据透视表经常使用的 3 个术语，下面对它们进行简要说明。

1．数据源

数据源是创建数据透视表的数据来源，数据源可以是 Excel 中的单元格区域、定义的名称、另一个数据透视表，还可以是 Excel 之外的其他来源的数据，例如文本文件、Access 数据库或 SQL Server 数据库。

2．字段

数据透视表中的字段对应于数据源中的每一列，每个字段代表一类数据。字段标题是字段的名称，对应于数据源中每列数据顶部的标题，如“负责人”“销量（求和项 : 销量）”“商品”和“地区”。如图 6-5 所示的深灰色部分就是数据透视表中的字段。

可以将字段按其所在的不同区域分为报表筛选字段、行字段、列字段、值字段，各字段的说明如下：

- 报表筛选字段：位于报表筛选区域中的字段，可以对整个数据透视表中的数据进行筛选。
- 行字段：位于行区域中的字段。如果数据透视表包含多个行字段，这些行子段将以树状结构的形式进行排列，类似文件夹和子文件夹。通过改变各个行子段在行区域中的排列顺序，可以获得表达不同含义的数据透视表。

- 列字段：位于列区域中的字段。
- 值字段：位于最外层行字段上方的字段。值字段中的数据主要用于执行各种运算，Excel 对数值型数据默认执行求和，对文本型数据默认执行计数。

3．项

项是字段中包含的数据。如图 6-6 所示的深灰部分就是数据透视表中的项，其中的“北京”“河北”“江苏”等是“地区”字段中的项，“冰箱”“空调”等是“商品”字段中的项。

	A	B	C	D	E	F
1	负责人	(全部)				
2						
3	求和项:销量	商品				
4	地区	冰箱	电视	空调	洗衣机	总计
5	北京	40	100	89	93	322
6	河北	16	91	64	101	272
7	河南	54	102	31	72	259
8	湖北	66	31	52	38	187
9	湖南	39	68	51	40	198
10	江苏	27	66	27		120
11	山西	52	40	121	26	239
12	上海	40	39	72	26	177
13	天津	48	73	42	26	189
14	浙江		61	16	33	110
15	总计	382	671	565	455	2073

图 6-5　数据透视表中的字段

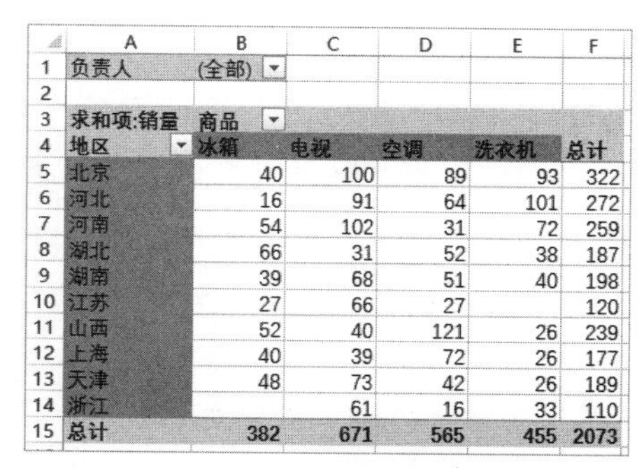

	A	B	C	D	E	F
1	负责人	(全部)				
2						
3	求和项:销量	商品				
4	地区	冰箱	电视	空调	洗衣机	总计
5	北京	40	100	89	93	322
6	河北	16	91	64	101	272
7	河南	54	102	31	72	259
8	湖北	66	31	52	38	187
9	湖南	39	68	51	40	198
10	江苏	27	66	27		120
11	山西	52	40	121	26	239
12	上海	40	39	72	26	177
13	天津	48	73	42	26	189
14	浙江		61	16	33	110
15	总计	382	671	565	455	2073

图 6-6　数据透视表中的项

6.2　创建和编辑数据透视表

在使用数据透视表汇总和分析数据之前，首先需要创建数据透视表，并完成对字段的布局。本节除了介绍创建数据透视表和布局字段之外，还将介绍数据透视表的一些基本操作，包括重命名字段、改变数据透视表布局、刷新数据透视表、重新指定数据源，以及移动、复制和删除数据透视表。

6.2.1　创建数据透视表

用于创建数据透视表的数据源有以下几种类型：

- 一个或多个工作表中的数据：最常见的数据源就是位于一个工作表中的数据，Excel 也可以使用位于多个工作表中的数据创建数据透视表。
- 现有的数据透视表：可以基于现有的数据透视表创建另一个数据透视表。
- 其他程序中的数据：Excel 支持使用其他程序中的数据来创建数据透视表，如文本文件、Access、SQL Server 等。

本小节主要介绍使用 Excel 工作表中的数据创建数据透视表的方法。在创建数据透视表之前，首先应该检查数据源是否符合要求，包括以下几点：

- 数据源的第一行包含标题，且标题不能重复。
- 每列数据表达同一类信息，且具有相同的数据类型。
- 数据源的标题行中不能包含合并单元格或空单元格，否则在创建数据透视表时会出现错误提示。
- 数据源中不包含空行和空列，数据最好是连续的。

如图 6-7 所示是 2019 年 1 ～ 3 月份的销售数据，这些数据位于 A1:F101 单元格区域中，使用该数据作为数据源创建数据透视表的操作步骤如下：

（1）单击数据源中的任意一个单元格，然后在功能区“插入”|“表格”组中单击“数据透视表”按钮，如图 6-8 所示。

	A	B	C	D	E	F
1	日期	商品	地区	销量	销售额	负责人
2	2019/1/2	电视	湖北	19	41800	龚健
3	2019/1/3	空调	北京	20	138000	杜晶
4	2019/1/4	空调	北京	27	59400	雷盛
5	2019/1/5	空调	河北	12	27600	卢婷
6	2019/1/7	冰箱	江苏	27	48600	侯迪
7	2019/1/9	冰箱	河南	28	61600	雷盛
8	2019/1/10	电视	河北	24	60000	胡晶
9	2019/1/13	电视	天津	16	110400	卢婷
10	2019/1/13	洗衣机	河北	17	42500	卢婷
11	2019/1/15	空调	天津	16	40000	龚惠
12	2019/1/16	洗衣机	浙江	11	75900	曾莎
13	2019/1/19	冰箱	湖南	23	158700	范妮
14	2019/1/19	空调	湖北	28	193200	曹琼
15	2019/1/20	洗衣机	北京	26	65000	胡晶

图 6-7　用于创建数据透视表的数据源

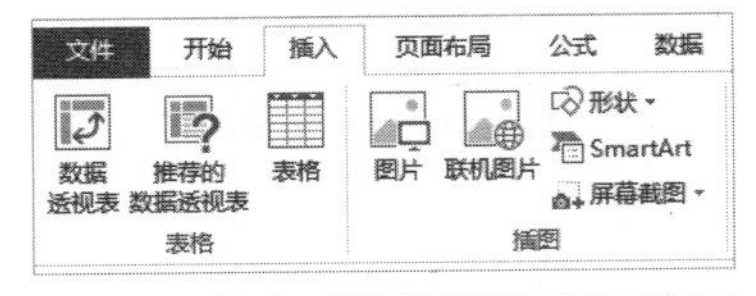

图 6-8　单击“数据透视表”按钮

（2）打开“创建数据透视表”对话框，在“表 / 区域”文本框中自动填入光标所在的连续数据区域，本例为 A1:F101 单元格区域。下方自动选中了“新工作表”选项，表示将数据透视表创建到一个新建的工作表中，如图 6-9 所示。确认无误后单击“确定”按钮。

（3）Excel 自动创建一个新工作表，并在其中创建一个空白的数据透视表，如图 6-10 所示。左侧是数据透视表区域，右侧自动打开“数据透视表字段”窗格，其中包含数据源中的所有列标题，每一个标题代表一列数据。

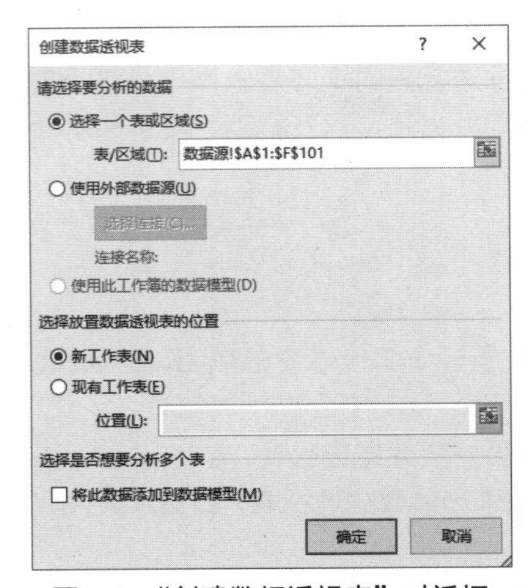

图 6-9　“创建数据透视表”对话框

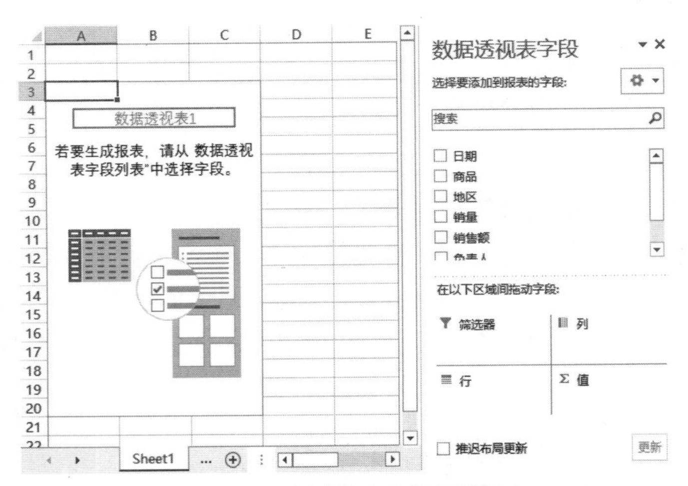

图 6-10　创建的空白数据透视表

6.2.2　使用“数据透视表字段”窗格布局字段

6.2.1 节创建的只是一个空白的数据透视表，为了让数据透视表反映数据的汇总情况，并从不同角度分析数据，需要将字段添加到数据透视表的特定区域中。“数据透视表字段”窗格是布局字段的主要工具，创建数据透视表时默认自动打开该窗格。如果没有打开该窗格，则可以在功能区“数据透视表工具”|“分析”选项卡的“显示”组中单击“字段列表”按钮。

窗格分为上、下两个部分，上半部分是“字段节”，下半部分是“区域节”，如图 6-11 所示。数据透视表的所有字段位于字段节中，这些字段的名称与数据源中各列的标题一一对应。区域节包括 4 个列表框，它们与数据透视表的 4 个区域一一对应。

提示： 用户可以设置“数据透视表字段”窗格的显示方式，单击“数据透视表字段”窗格右上角的“工具”按钮，在下拉菜单中选择一种显示方式即可。

布局字段就是将字段节中的字段添加到区域节的任意一个列表框中，添加后的字段在字段节中会处于选中状态。可以使用以下两种方法布局字段：

- 鼠标拖动法：在字段节中选择一个字段并按住鼠标左键，将其拖动到区域节中所需的列表框。
- 菜单命令法：在字段节中右击一个字段，然后在弹出的快捷菜单中选择要将该字段添加到哪个区域中，如图 6-12 所示。

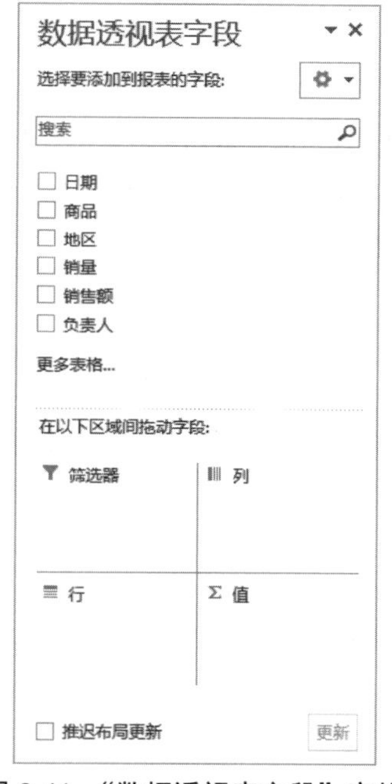

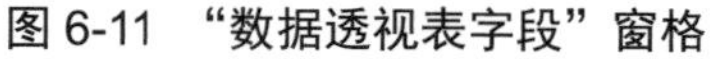
图 6-11 “数据透视表字段”窗格

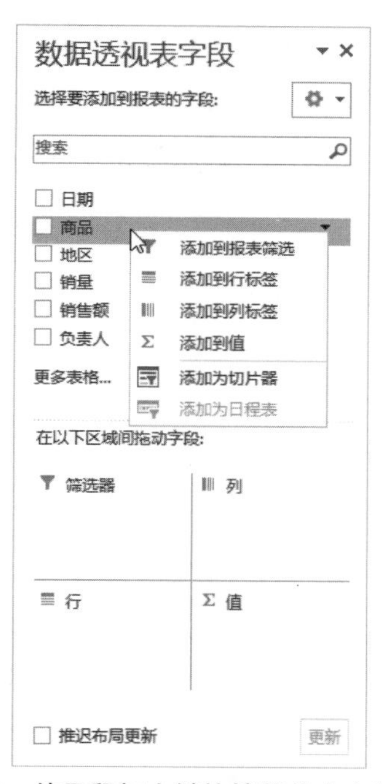

图 6-12 使用鼠标右键快捷菜单命令布局字段

如果一个区域包含多个字段，则需要注意这些字段的排列顺序，不同的排列顺序会影响数据透视表的数据含义。可以使用以下两种方法调整同一个区域中各个字段之间的顺序：

- 使用鼠标将字段拖动到目标位置，拖动过程中会显示一条粗线，它表示字段的当前位置，如图 6-13 所示。
- 单击要移动的字段，在下拉菜单中单击“上移”或“下移”命令，如图 6-14 所示。

如图 6-15 所示的数据透视表显示了商品在各个地区的销量，其中将“地区”字段拖动到行区域，将“商品”字段拖动到列区域，将“销量”字段拖动到值区域。

如果要删除数据透视表中的字段，可以使用鼠标将字段拖出其所在的区域，或者在区域节中单击要删除的字段，然后在下拉菜单中单击“删除字段”命令。

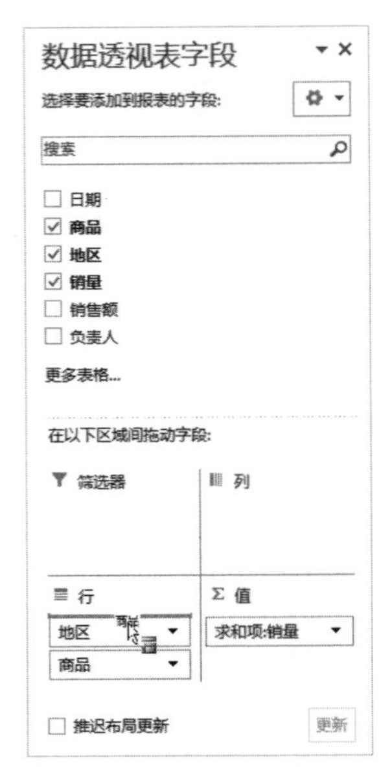

图 6-13　拖动法调整字段的顺序

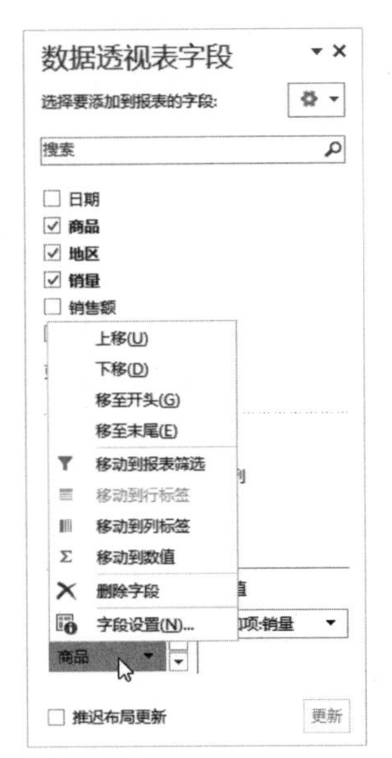

图 6-14　使用“上移”或“下移”命令调整字段的顺序

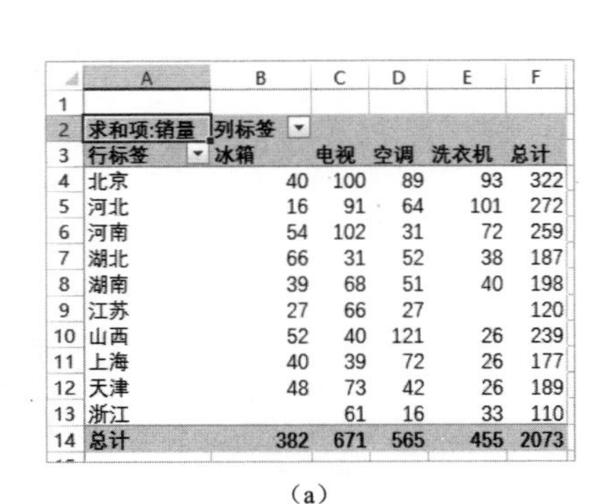

求和项:销量	列标签				
行标签	冰箱	电视	空调	洗衣机	总计
北京	40	100	89	93	322
河北	16	91	64	101	272
河南	54	102	31	72	259
湖北	66	31	52	38	187
湖南	39	68	51	40	198
江苏	27	66	27		120
山西	52	40	121	26	239
上海	40	39	72	26	177
天津	48	73	42	26	189
浙江		61	16	33	110
总计	382	671	565	455	2073

（a）

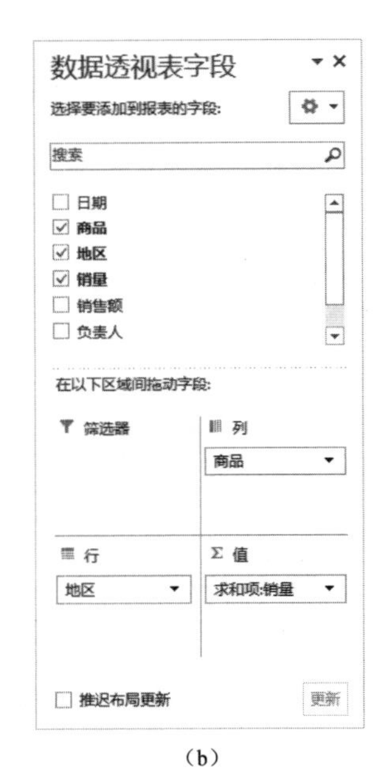

（b）

图 6-15　数据透视表及其字段布局

6.2.3　改变数据透视表的整体布局

除了字段的布局外，数据透视表也有自己的布局方式，它决定在数据透视表中字段位置和字段标题的显示方式。数据透视表有压缩、大纲和表格 3 种布局，创建的数据透视表默认使用压缩布局。在功能区“数据透视表工具”|“设计”选项卡的“布局”组中单击“报表布局”按钮，然后在下拉菜单中选择要使用的布局，如图 6-16 所示。

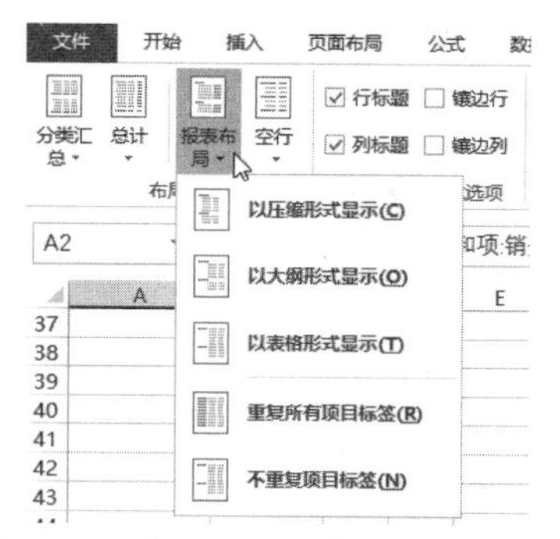

图 6-16　为数据透视表选择一种布局

3 种布局的说明如下：

- 压缩布局：将所有行字段堆积在一列中，外观类似于 Windows 系统中的文件资源管理器的树状结构，如图 6-17 所示。
- 大纲布局：与压缩布局类似，但是大纲布局是将所有行字段展开，并依次排列在多列中，每个父字段项下属的第一个子字段项不会与父字段项排列在同一行上，从而形成缩进格式，如图 6-18 所示。
- 表格布局：将所有行字段展开并依次排列在多列中，每个父字段项下属的第一个子字段项与父字段项排列在同一行上，如图 6-19 所示。

	A	B	C
1			
2	行标签	求和项:销量	
3	⊟北京	322	
4	冰箱	40	
5	电视	100	
6	空调	89	
7	洗衣机	93	
8	⊟河北	272	
9	冰箱	16	
10	电视	91	
11	空调	64	
12	洗衣机	101	
13	⊟河南	259	
14	冰箱	54	
15	电视	102	
16	空调	31	
17	洗衣机	72	

图 6-17　压缩布局

	A	B	C
1			
2	地区	商品	求和项:销量
3	⊟北京		322
4		冰箱	40
5		电视	100
6		空调	89
7		洗衣机	93
8	⊟河北		272
9		冰箱	16
10		电视	91
11		空调	64
12		洗衣机	101
13	⊟河南		259
14		冰箱	54
15		电视	102
16		空调	31
17		洗衣机	72

图 6-18　大纲布局

	A	B	C
1			
2	地区	商品	求和项:销量
3	⊟北京	冰箱	40
4		电视	100
5		空调	89
6		洗衣机	93
7	北京 汇总		322
8	⊟河北	冰箱	16
9		电视	91
10		空调	64
11		洗衣机	101
12	河北 汇总		272
13	⊟河南	冰箱	54
14		电视	102
15		空调	31
16		洗衣机	72
17	河南 汇总		259

图 6-19　表格布局

提示：为了便于描述，将处于较高级别的字段称为父字段，其中的项称为父字段项。将处于较低级别的字段称为子字段，其中的项称为子字段项。

6.2.4　重命名字段

当数据透视表使用表格布局时，数据透视表中的行字段、列字段和报表筛选字段的名称会显示为字段的标题，但是值字段的名称会以“求和项：”或“计数项：”开头。如图 6-20 所示的 A2 单元格是一个值字段，它在数据透视表中的名称是“求和项：销量”。

为了让值字段的名称与其本身的字段标题一致，可以修改值字段的名称，有以下两种方法：

- 单击值字段所在的单元格，输入新名称后按 Enter 键。
- 右击值字段所在的单元格，或右击值区域中的任意一个单元格，在弹出的快捷菜单中单击“值字段设置”命令，打开“值字段设置”对话框，如图 6-21 所示，在“自定义名称”文本框中输入值字段的新名称，然后单击“确定”按钮。

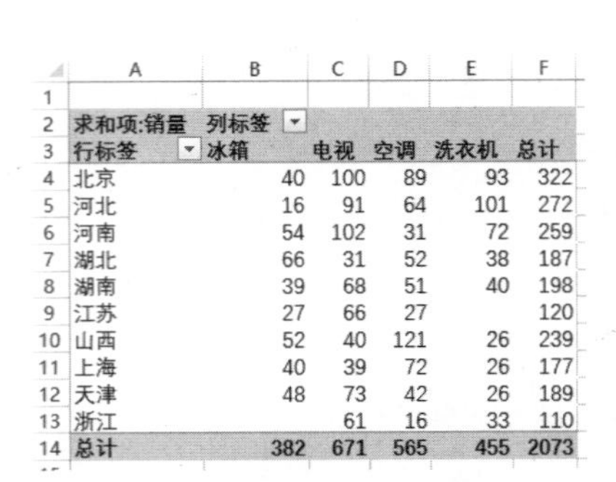

	A	B	C	D	E	F
1						
2	求和项:销量	列标签				
3	行标签	冰箱	电视	空调	洗衣机	总计
4	北京	40	100	89	93	322
5	河北	16	91	64	101	272
6	河南	54	102	31	72	259
7	湖北	66	31	52	38	187
8	湖南	39	68	51	40	198
9	江苏	27	66	27		120
10	山西	52	40	121	26	239
11	上海	40	39	72	26	177
12	天津	48	73	42	26	189
13	浙江		61	16	33	110
14	总计	382	671	565	455	2073

图 6-20　值字段的名称与其字段标题不一致

图 6-21　修改值字段的名称

如果想要让修改后的字段名称与其标题一致，则需要在输入新名称时，在名称结尾输入一个空格。如果不输入空格，在按 Enter 键确认修改时，会显示如图 6-22 所示的提示信息。

图 6-22　出现同名字段时的提示信息

修改报表筛选字段、行字段、列字段名称的方法与此类似，只不过在修改这些字段之前的右击菜单中，需要单击“字段设置”命令而不是“值字段设置”命令。

注意：修改字段名称后，如果将其从数据透视表中删除，以后将该字段添加到数据透视表中时，名称会恢复为修改前的状态。

6.2.5　刷新数据透视表

如果修改了数据源中的某个单元格中的内容，为了在数据透视表中反映最新的修改结果，需要对数据透视表执行刷新操作，有以下几种方法：

- 右击数据透视表中的任意一个单元格，在弹出的快捷菜单中单击“刷新”命令，如图 6-23 所示。
- 单击数据透视表中的任意一个单元格，然后在功能区“数据透视表工具”|“分析”选项卡的“数据”组中单击“刷新”按钮，如图 6-24 所示。
- 单击数据透视表中的任意一个单元格，然后按 Alt+F5 组合键。

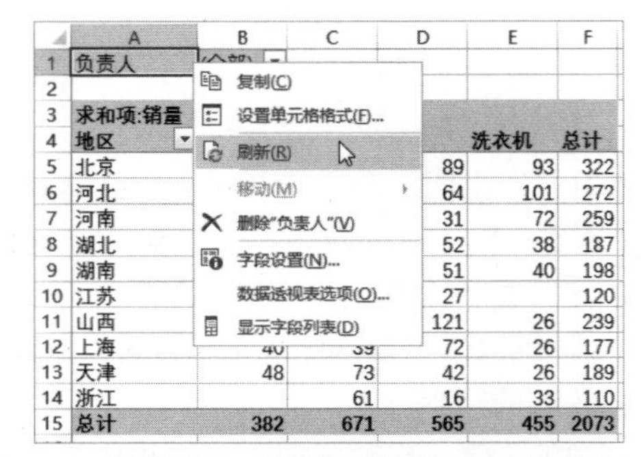

图 6-23　使用鼠标右键快捷菜单中的“刷新”命令

图 6-24　使用功能区中的“刷新”命令

技巧：可以在每次打开工作簿时，自动刷新其中的数据透视表。右击数据透视表中的任意一个单元格，在弹出的快捷菜单中单击“数据透视表选项”命令，打开“数据透视表选项”对话框，在“数据”选项卡中选中“打开文件时刷新数据”复选框，如图 6-25 所示。如果使用同一个数据源创建了多个数据透视表，则该功能会同时刷新所有这些数据透视表。

图 6-25　选中“打开文件时刷新数据”复选框

6.2.6　重新指定数据源

如果在数据源中添加或删除了行或列，为了让数据透视表使用数据源的最新范围，则需要重新指定数据源的范围，操作步骤如下：

（1）单击数据透视表中的任意一个单元格，然后在功能区“数据透视表工具”|“分析”选项卡的“数据”组中单击“更改数据源”按钮。

（2）打开“更改数据透视表数据源”对话框，单击“表 / 区域”文本框右侧的按钮，重新选择数据源的范围，然后单击“确定”按钮，如图 6-26 所示。

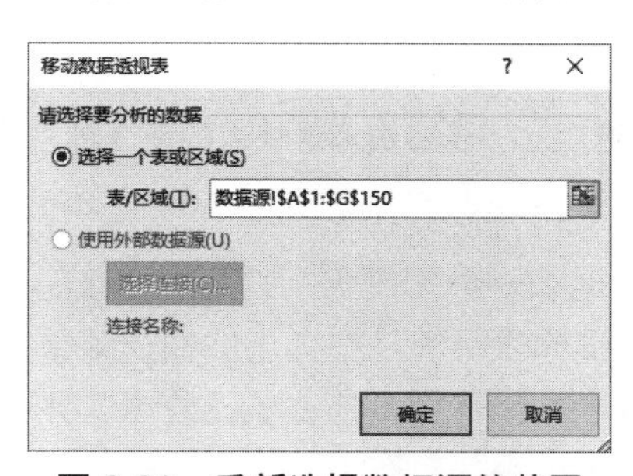

图 6-26　重新选择数据源的范围

6.2.7　移动、复制和删除数据透视表

可以将数据透视表移动到其所在的工作表的另一个位置，也可以将其移动到现有的另一个工作表或新建的工作表中。单击数据透视表中的任意一个单元格，然后在功能区“数据透视

表”|“分析”选项卡的“操作”组中单击“移动数据透视表”按钮，打开“移动数据透视表”对话框，如图 6-27 所示，进行以下两种选择之一，最后单击“确定”按钮完成移动。

- 新工作表：选择该项，将数据透视表移动到一个新建的工作表中。
- 现有工作表：选择该项，然后单击右侧的按钮，选择当前工作簿或其他已打开的任一工作簿的单元格，从而确定将数据透视表移动到左上角位置。

如果要复制数据透视表，需要先选择整个数据透视表，然后按 Ctrl+C 组合键进行复制，再单击要放置数据透视表的左上角单元格，最后按 Ctrl+V 组合键进行粘贴。选择数据透视表的方法有以下几种：

- 将光标移动到数据透视表区域左上角单元格的左侧，当光标变为右箭头时单击，如图 6-28 所示。
- 将光标移动到数据透视表区域左上角单元格的上方，当光标变为下箭头时单击，如图 6-29 所示。

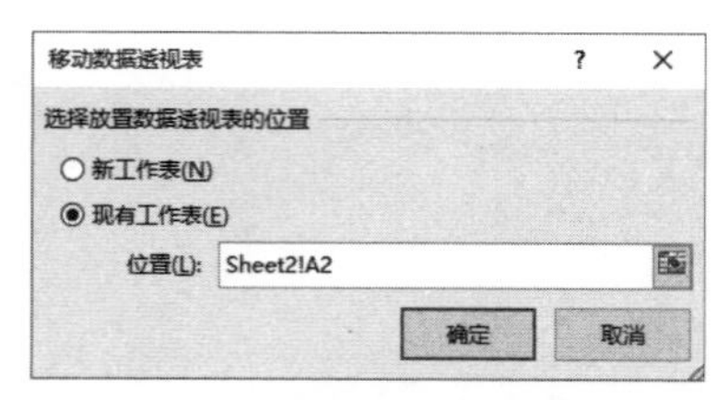

图 6-27　设置移动到的目标位置

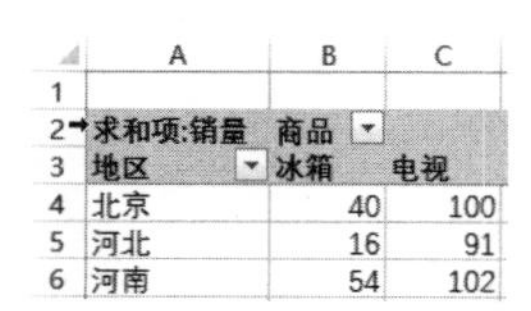

图 6-28　选择数据透视表的第 1 种方法

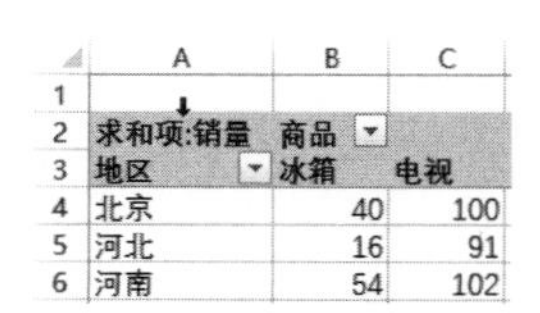

图 6-29　选择数据透视表的第 2 种方法

- 单击数据透视表中的任意一个单元格，然后在功能区“数据透视表工具”|“分析”选项卡的“操作”组中单击“选择”按钮，在下拉菜单中选择“整个数据透视表”命令，如图 6-30 所示。

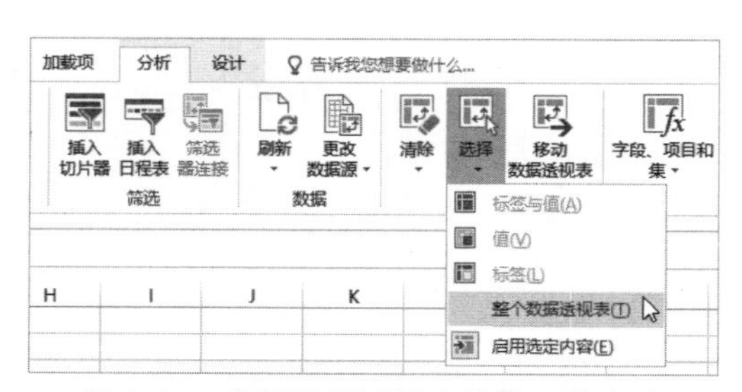

图 6-30　选择数据透视表的第 3 种方法

删除数据透视表的方法有以下两种：

- 如果数据透视表单独占据了一个工作表，则可以直接将该工作表删除，即可同时删除其中的数据透视表。右击工作表标签，在弹出的快捷菜单中单击“删除”命令。
- 如果只想删除数据透视表，而保留其所在的工作表，则可以选择数据透视表所在的多个行或多个列，然后按 Delete 键。或者右击选区，在弹出的快捷菜单中单击“删除”命令。

6.3　设置数据透视表数据的显示方式

数据透视表中数据的显示方式对数据透视表的易读性，以及传达出的含义起到至关重要的作用。用户可以通过设置，决定数据透视表中数据以何种方式显示。本节将介绍数据透视表数据显示方式的一些常用设置，包括显示或隐藏明细数据、显示或隐藏总计和分类汇总、设置数据的汇总方式、设置数据的计算方式、为数据分组、设置空单元格和错误值的显示方式。

6.3.1　显示或隐藏明细数据

如果数据透视表中的某个区域中包含多个字段，那么这些字段会按照它们在“数据透视表字段”窗格中区域节中的添加顺序，依次排列在数据透视表中。

例如，对于行字段来说，先添加的行字段位于行区域较左的位置，将其称为外部行字段，后添加的行字段位于行区域较右的位置，将其称为内部行字段。外部行字段中的各项左侧会显示 + 或 - 符号，单击 + 符号将显示项中包含的子项及其值，单击 - 符号将隐藏项中包含的子项及其值。多个列字段的情况与此类似。

在如图 6-31 所示的数据透视表中，有两个行字段“地区”和“商品”，“地区”为外部行字段，“商品”为内部行字段。“北京”“河北”和“河南”是行字段“地区”中的项，当前显示了这 3 项中包含的商品的销量。如果单击任意一项左侧的 - 符号，将隐藏相应项中的明细数据。如图 6-32 所示隐藏了“河北”地区的商品销量，此时“河北”左侧的 - 符号变为 + 符号。

除了通过单击 + 或 - 符号显示或隐藏明细数据之外，还可以使用以下几种方法显示或隐藏明细数据：

- 双击包含明细数据的项。
- 右击要显示或隐藏明细数据的项，在弹出的快捷菜单中单击“展开 / 折叠”命令，然后在弹出的子菜单中选择相应的命令。
- 双击要查看的明细数据中的某个值，将自动在一个新建的工作表中显示与该值相关的明细数据。
- 双击项中包含的某一项明细数据，打开如图 6-33 所示的“显示明细数据”对话框，选择要基于哪个类别进行查看，单击“确定”按钮后，将显示基于所选类别的明细数据。这种方式实际上是在行区域中添加了与所选类别对应的行字段，以形成具有嵌套关系的字段。

	A	B	C
1			
2	地区	商品	求和项:销量
3	⊟北京	冰箱	40
4		电视	100
5		空调	89
6		洗衣机	93
7	⊟河北	冰箱	16
8		电视	91
9		空调	64
10		洗衣机	101
11	⊟河南	冰箱	54
12		电视	102
13		空调	31
14		洗衣机	72

图 6-31　显示明细数据

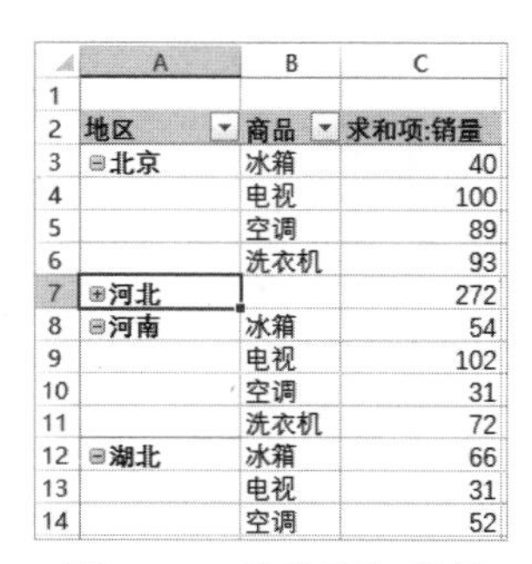

	A	B	C
1			
2	地区	商品	求和项:销量
3	⊟北京	冰箱	40
4		电视	100
5		空调	89
6		洗衣机	93
7	⊞河北		272
8	⊟河南	冰箱	54
9		电视	102
10		空调	31
11		洗衣机	72
12	⊟湖北	冰箱	66
13		电视	31
14		空调	52

图 6-32　隐藏明细数据

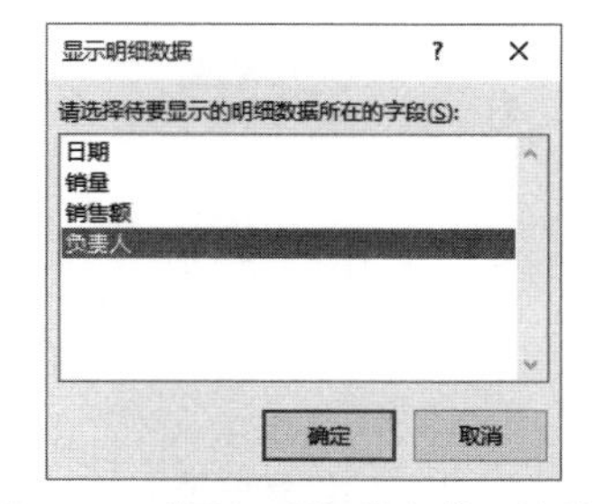

图 6-33　“显示明细数据”对话框

6.3.2　显示或隐藏总计和分类汇总

在创建的数据透视表中，根据行字段和列字段的数量，Excel 会同时显示行和列的总计值，或只显示其中之一。如图 6-34 所示的数据透视表中同时显示了行总计和列总计，行总计是对每一行数据进行求和，列总计是对每一列数据进行求和，行总计和列总计的交叉位置显示了所有数据的总和。

用户可以显示或隐藏行总计和列总计。单击数据透视表中的任意一个单元格，然后在功能区“数据透视表工具”|“设计”选项卡的“布局”组中单击“总计”按钮，弹出如图 6-35 所示的菜单，选择以下一种显示方式：

- 对行和列禁用：不显示行总计和列总计。
- 对行和列启用：同时显示行总计和列总计。
- 仅对行启用：只显示行总计，不显示列总计。
- 仅对列启用：只显示列总计，不显示行总计。

求和项:销量	商品				
地区	冰箱	电视	空调	洗衣机	总计
北京	40	100	89	93	322
河北	16	91	64	101	272
河南	54	102	31	72	259
湖北	66	31	52	38	187
湖南	39	68	51	40	198
江苏	27	66	27		120
山西	52	40	121	26	239
上海	40	39	72	26	177
天津	48	73	42	26	189
浙江		61	16	33	110
总计	382	671	565	455	2073

图 6-34　同时显示行总计和列总计的数据透视表

图 6-35　选择总计的显示方式

如果数据透视表的某个区域包含两个或多个字段，那么 Excel 会自动对子字段项进行汇总求和，并将汇总值显示在其所属的父字段项的顶部或底部，如图 6-36 所示为按地区对商品的销量进行汇总。

用户可以控制在数据透视表中是否显示汇总以及汇总的位置。单击数据透视表中的任意一个单元格，然后在功能区“数据透视表工具”|“设计”选项卡的“布局”组中单击“分类汇总”按钮，在下拉菜单中选择汇总的显示方式和位置，如图 6-37 所示。

地区	商品	求和项:销量
⊟北京		
	冰箱	40
	电视	100
	空调	89
	洗衣机	93
北京 汇总		322
⊟河北		
	冰箱	16
	电视	91
	空调	64
	洗衣机	101
河北 汇总		272
⊟河南		
	冰箱	54
	电视	102
	空调	31
	洗衣机	72
河南 汇总		259

图 6-36　显示汇总的数据透视表

图 6-37　单击“不显示分类汇总”命令

6.3.3　设置数据的汇总方式

数据透视表中的汇总方式默认为求和，用户可以根据实际需要，将求和改为其他汇总方式，如计数、平均值、最大值、最小值等，也可以同时显示多种汇总方式。

要改变数据的汇总方式，可以在数据透视表的值区域中右击任意一项，在弹出的快捷菜单中单击“值汇总依据”命令，然后在子菜单中选择一种汇总方式，如图 6-38 所示。

如果想要选择更多的汇总方式，则可以在子菜单中单击“其他选项”命令，打开“值字段设置”

对话框，然后在“值汇总方式”选项卡的“选择用于汇总所选字段数据的计算类型”列表框中选择所需的汇总方式，如图 6-39 所示。

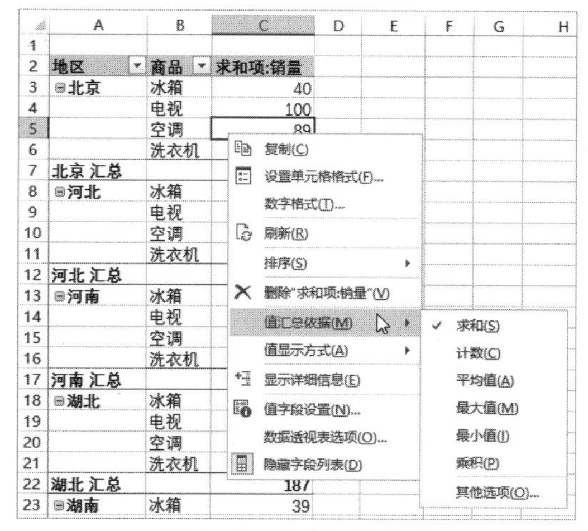

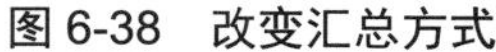
图 6-38　改变汇总方式

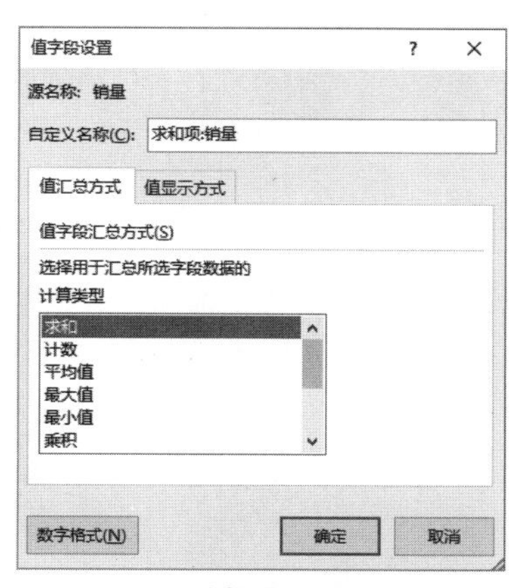

图 6-39　选择更多的汇总方式

提示：右击值区域中的任意一项，然后在弹出的快捷菜单中单击“值字段设置”命令，也可以打开“值字段设置”对话框。

如果想要同时显示数据的多种汇总方式，则可以右击要汇总的类别所在的字段中的任意一项，如“地区”中的任意一项，然后在弹出的快捷菜单中单击“字段设置”命令，如图 6-40 所示。

打开“字段设置”对话框，在“分类汇总和筛选”选项卡选择“自定义”选项，然后在“选择一个或多个函数”列表框中按住 Ctrl 键，选择多个汇总函数，如图 6-41 所示。单击“确定”按钮，将在数据透视表中显示所选择的多种汇总方式，如图 6-42 所示。

图 6-40　单击“字段设置”命令

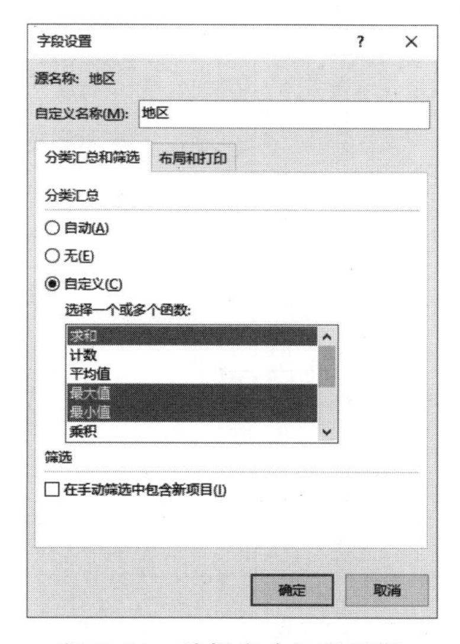

图 6-41　选择多个汇总函数

	A	B	C
1			
2	地区	商品	求和项:销量
3	⊟北京	冰箱	40
4		电视	100
5		空调	89
6		洗衣机	93
7	北京 求和		322
8	北京 最大值		28
9	北京 最小值		10
10	⊟河北	冰箱	16
11		电视	91
12		空调	64
13		洗衣机	101
14	河北 求和		272
15	河北 最大值		27
16	河北 最小值		12

图 6-42　同时显示多种汇总方式

6.3.4　设置数据的计算方式

数据透视表值区域中的数据的计算方式默认为“无计算”，此时 Excel 会根据数据的类型，自动对数据进行求和或计数。如果用户想要以百分比或差异之类的形式显示值区域中各个数据之间的关系，则可以设置“值显示方式”。在数据透视表中右击值区域中的任意一项，然后在弹出的快捷菜单中单击“值显示方式”命令，在子菜单中选择一种计算方式，如图 6-43 所示。表 6-1 列出了值显示方式包含的选项及其说明。

图 6-43　选择一种数据的计算方式

表 6-1　值显示方式包含的选项及其说明

值显示方式	说　明
无计算	值字段中的数据按原始状态显示，不进行任何特殊计算
总计的百分比	值字段中的数据显示为每个数值占其所在行和所在列的总和的百分比
列汇总的百分比	值字段中的数据显示为每个数值占其所在列的总和的百分比
行汇总的百分比	值字段中的数据显示为每个数值占其所在行的总和的百分比
百分比	以选择的参照项作为 100%，其他项基于该项的百分比
父行汇总的百分比	数据透视表包含多个行字段时，以父行汇总为 100%，计算每个值的百分比
父列汇总的百分比	数据透视表包含多个列字段时，以父列汇总为 100%，计算每个值的百分比
父级汇总的百分比	某项数据占父级总和的百分比
差异	值字段与指定的基本字段和基本项之间的差值
差异百分比	值字段显示为与指定的基本字段之间的差值百分比
按某一字段汇总	基于选择的某个字段进行汇总
按某一字段汇总的百分比	值字段显示为指定的基本字段的汇总百分比
升序排列	值字段显示为按升序排列的序号
降序排列	值字段显示为按降序排列的序号
指数	使用以下公式进行计算：[(单元格的值)×(总体汇总之和)]/[(行汇总)×(列汇总)]

如图 6-44 所示是将“值显示方式”设置为“父行汇总的百分比”后的效果，数据透视表中显示了每项数据占同组数据总和的百分比。例如，将北京地区的所有商品销量看做 100%，其中冰箱的销量占 12.42%，电视的销量占 31.06%，空调的销量占 27.64%，洗衣机的销量占 28.88%。

	A	B	C
1			
2	地区	商品	求和项:销量
3	⊟北京	冰箱	12.42%
4		电视	31.06%
5		空调	27.64%
6		洗衣机	28.88%
7	北京 汇总		15.53%
8	⊟河北	冰箱	5.88%
9		电视	33.46%
10		空调	23.53%
11		洗衣机	37.13%
12	河北 汇总		13.12%
13	⊟河南	冰箱	20.85%
14		电视	39.38%
15		空调	11.97%
16		洗衣机	27.80%
17	河南 汇总		12.49%

图 6-44　将“值显示方式”设置为“父行汇总的百分比”后的效果

6.3.5　设置空单元格和错误值的显示方式

数据透视表中可能会存在一些空单元格或包含错误值的单元格，用户可以指定在这些单元格中显示的内容。设置空单元格和错误值的显示方式的操作步骤如下：

（1）右击数据透视表中的任意一个单元格，在弹出的快捷菜单中单击“数据透视表选项”命令。

（2）打开“数据透视表选项”对话框，切换到“布局和格式”选项卡，如图 6-45 所示，进行以下设置：

- 设置空单元格：选中“对于空单元格，显示”复选框，然后在右侧的文本框中输入要在空单元格中显示的内容。
- 设置错误值：选中“对于错误值，显示”复选框，然后在右侧的文本框中输入要在包含错误值的单元格中显示的内容。

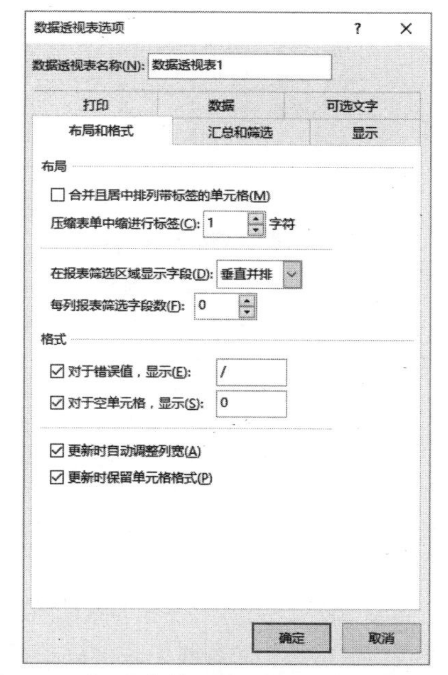

图 6-45　设置空单元格和错误值的显示方式

6.3.6　为数据分组

在实际应用中，可能希望将特定的项划分为一组，然后以组为单位查看和分析数据。例如，对于销售数据来说，可能想要按年或月来查看销售情况。使用数据透视表的分组功能，用户可以对日期、数值和文本等不同类型的数据进行分组。

用户可以将数据透视表中的日期按年、季度、月等方式进行分组。如图 6-46 所示为商品的每日销量统计，如果想要查看每月的销量，则可以按“月”对日期分组，操作步骤如下：

（1）右击“日期”字段中的任意一项，在弹出的快捷菜单中单击“创建组”命令，如图 6-47 所示。

（2）打开“组合”对话框，“起始于”和“终止于”中自动填入了数据源中的最早日期和最晚日期，用户可以根据需要修改这两个日期。在“步长”列表框中选择“月”，如图 6-48 所示。如果日期跨越多个年份，则需要同时选择“月”和“年”，否则分组后的每月汇总结果会包含多个年份该月的数据。

（3）单击“确定”按钮，将日期按“月”分组，如图 6-49 所示。

求和项:销量	商品				
日期	冰箱	电视	空调	洗衣机	总计
1月2日		19			19
1月3日			20		20
1月4日			27		27
1月5日			12		12
1月7日	27				27
1月9日	28				28
1月10日		24			24
1月13日		16		17	33
1月15日			16		16
1月16日				11	11
1月19日	23		28		51
1月20日				26	26
1月21日			22		22
1月22日		16			16
1月23日		30	27	37	94
1月25日		29			29
1月26日			16	49	65
1月27日		51		44	95
1月29日	16				16
1月30日			26		26
1月31日		14			14
2月1日	16				16
2月3日		22		26	48
2月5日		11			11

图 6-46 每日销量统计

图 6-47 单击“创建组”命令

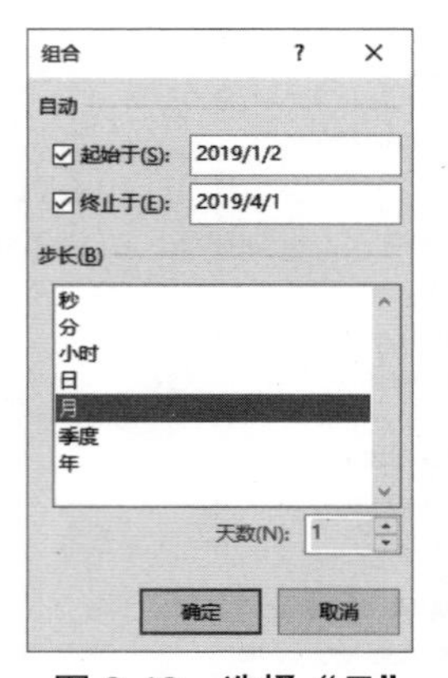

图 6-48 选择“月”

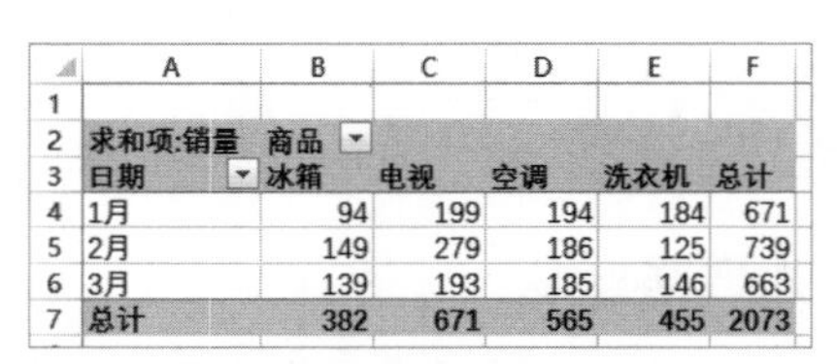

求和项:销量	商品				
日期	冰箱	电视	空调	洗衣机	总计
1月	94	199	194	184	671
2月	149	279	186	125	739
3月	139	193	185	146	663
总计	382	671	565	455	2073

图 6-49 将日期按“月”分组

为数值分组的方法与日期类似，也需要指定起始值、终止值和步长值。如图 6-50 所示是为数值分组时打开的“组合”对话框。

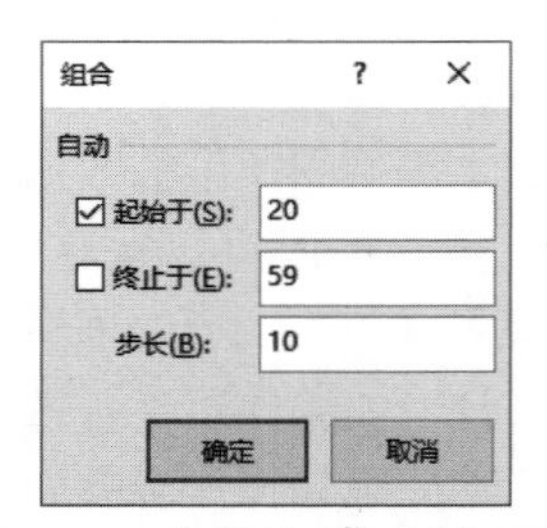

图 6-50 为数值分组时打开的“组合”对话框

为文本分组的方法与日期和数值不同，需要用户手动为文本分组，这是因为 Excel 无法准确理解用户对文本的分组依据。

如图 6-51 所示为各个地区的商品销量情况，如果要将所有地区划分为不同的区域，则需要手动创建分组，然后设置组的名称。对于本例来说，需要将“北京”“天津”“河北”和“山西”划分为华北区域，将“上海”“江苏”和“浙江”划分为华东区域，将“河南”“湖北”和“湖南”划分为华中区域。操作步骤如下：

（1）首先创建华北区域，在数据透视表中同时选择“北京”“河北”“天津”和“山西”所在的 4 个单元格。选择其中任意一个后，需要按住 Ctrl 键再选择其他几个。

（2）右击选中的任意一个单元格，在弹出的快捷菜单中单击“创建组”命令，如图 6-52 所示。

求和项:销量	商品				
地区	冰箱	电视	空调	洗衣机	总计
北京	40	100	89	93	322
河北	16	91	64	101	272
河南	54	102	31	72	259
湖北	66	31	52	38	187
湖南	39	68	51	40	198
江苏	27	66	27	0	120
山西	52	40	121	26	239
上海	40	39	72	26	177
天津	48	73	42	26	189
浙江	0	61	16	33	110
总计	382	671	565	455	2073

图 6-51　各个地区的商品销量

求和项:销量	商品				
地区	冰箱	电视	空调	洗衣机	总计
北京	40	100	89	93	322
河北			64	101	272
河南			31	72	259
湖北			52	38	187
湖南			51	40	198
江苏			27	0	120
山西			121	26	239
上海			72	26	177
天津			42	26	189
浙江			16	33	110
总计			565	455	2073

图 6-52　在弹出的快捷菜单中单击“创建组”命令

（3）创建一个名为“数据组 1”的组，选择该组所在的单元格，将其名称改为“华北区域”，然后按 Enter 键，如图 6-53 所示。

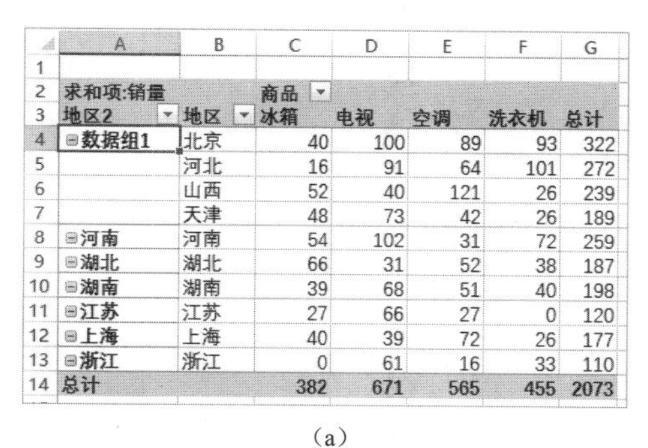

求和项:销量		商品				
地区2	地区	冰箱	电视	空调	洗衣机	总计
⊟数据组1	北京	40	100	89	93	322
	河北	16	91	64	101	272
	山西	52	40	121	26	239
	天津	48	73	42	26	189
⊟河南	河南	54	102	31	72	259
⊟湖北	湖北	66	31	52	38	187
⊟湖南	湖南	39	68	51	40	198
⊟江苏	江苏	27	66	27	0	120
⊟上海	上海	40	39	72	26	177
⊟浙江	浙江	0	61	16	33	110
总计		382	671	565	455	2073

（a）

求和项:销量		商品				
地区2	地区	冰箱	电视	空调	洗衣机	总计
⊟华北区域	北京	40	100	89	93	322
	河北	16	91	64	101	272
	山西	52	40	121	26	239
	天津	48	73	42	26	189
⊟河南	河南	54	102	31	72	259
⊟湖北	湖北	66	31	52	38	187
⊟湖南	湖南	39	68	51	40	198
⊟江苏	江苏	27	66	27	0	120
⊟上海	上海	40	39	72	26	177
⊟浙江	浙江	0	61	16	33	110
总计		382	671	565	455	2073

（b）

图 6-53　修改组的名称

（4）使用类似的方法创建“华东区域”和“华中区域”两个组，完成后的效果如图 6-54 所示。

如果要将数据恢复到分组前的状态，则可以使用以下两种方法：

- 右击已分组的字段中的任意一项，在弹出的快捷菜单中单击“取消组合”命令。
- 单击已分组的字段中的任意一项，然后在功能区“数据透视表工具”|“分析”选项卡的“分组”组中单击“取消组合”按钮。

求和项:销量		商品				
地区2	地区	冰箱	电视	空调	洗衣机	总计
⊟华北区域	北京	40	100	89	93	322
	河北	16	91	64	101	272
	山西	52	40	121	26	239
	天津	48	73	42	26	189
⊟华东区域	江苏	27	66	27	0	120
	上海	40	39	72	26	177
	浙江	0	61	16	33	110
⊟华中区域	河南	54	102	31	72	259
	湖北	66	31	52	38	187
	湖南	39	68	51	40	198
总计		382	671	565	455	2073

图 6-54　按区域统计商品销量

6.4　分析和计算数据透视表中的数据

除了通过调整字段布局来以不同角度查看数据之外，还可以对数据透视表中的数据进行分析和计算，包括排序和筛选数据、创建计算字段和计算项等。由于 Excel 不允许用户在数据透视表中插入行、列和单元格，因此，使用计算字段和计算项可能是在数据透视表中添加包含公式的行或列的唯一方法。

6.4.1 排序和筛选数据

在数据透视表中排序和筛选数据的方法，与本书第4章介绍的排序和筛选数据的方法类似，在数据透视表中筛选数据时不需要进入筛选模式，因为添加到数据透视表中的字段默认显示了下拉按钮。用户可以直接单击下拉按钮，然后在打开的下拉列表中对数据进行筛选。

筛选列表中的“标签筛选”和“值筛选”两个命令用于对字段项和值进行筛选，如图6-55所示，“标签筛选”用于对当前字段中的项进行筛选，“值筛选”用于对值区域中的项进行筛选。

如果数据透视表使用压缩布局，并且行区域或列区域中的字段不止一个，则在单击行字段或列字段的下拉按钮所打开的筛选列表的顶部会显示“选择字段”下拉列表，从中选择要排序或筛选的父字段或子字段，如图6-56所示。

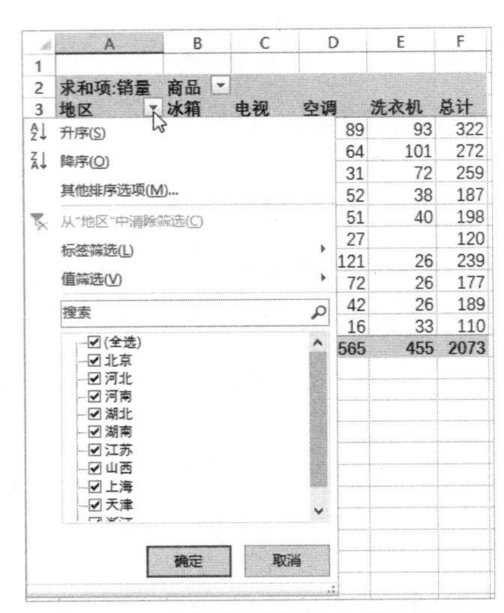

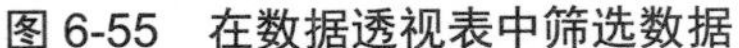

图6-55 在数据透视表中筛选数据

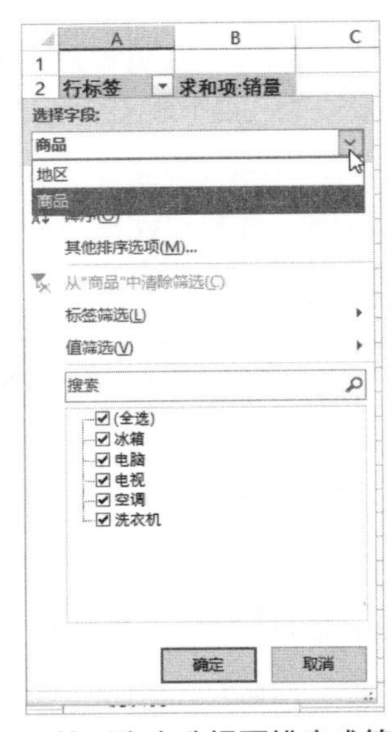

图6-56 从下拉列表中选择要排序或筛选的字段

除了常规的筛选方法之外，在数据透视表中还可以使用切片器来筛选数据。创建的每一个切片器对应于数据透视表中的一个特定字段，切片器中包含特定字段的所有字段项，切片器的本质实际上是在操作字段中的项。

要使用切片器筛选数据，需要先单击数据透视表中的任意一个单元格，然后在功能区“数据透视表工具”|“分析”选项卡的“筛选”组中单击“插入切片器”按钮，打开“插入切换器”对话框，选中“地区”和“商品”两个复选框，如图6-57所示。

单击“确定”按钮，为选中的字段创建切片器，每个字段对应一个切片器，字段名称显示在切片器的顶部，如图6-58所示。

切片器中的所有项目默认处于选中状态，单击其中任意一项，即可取消其他项的选中状态，当前在切片器中选中的项会自动对数据透视表进行筛选。如图6-59所示，在“商品”切片器中选择“冰箱”项，在“地区”切片器中选择“北京”“河北”“江苏”和“上海”4项，此时在数据透视表中将显示冰箱在北京、河北、江苏和上海4个地区的销量。如果要在切片器中选择多项，则需要单击切片器顶部的“多选”按钮。

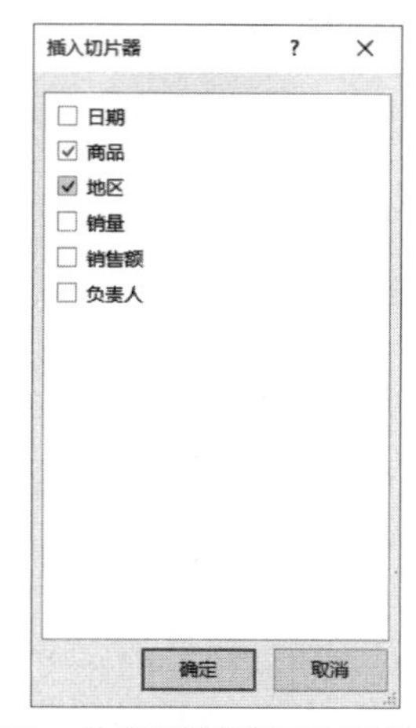

图 6-57　选择要创建切片器的字段

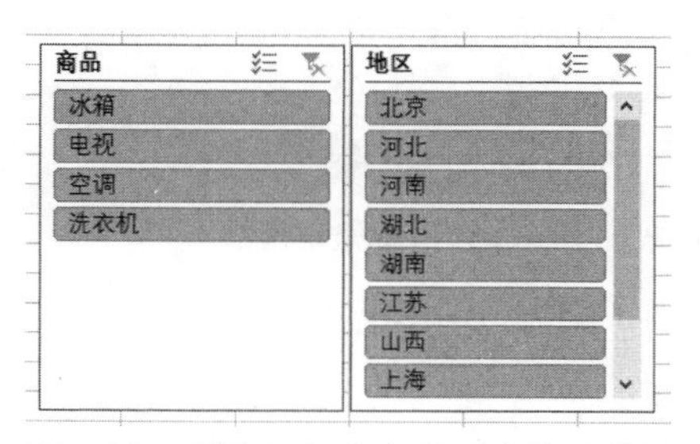

图 6-58　创建与所选字段对应的切片器

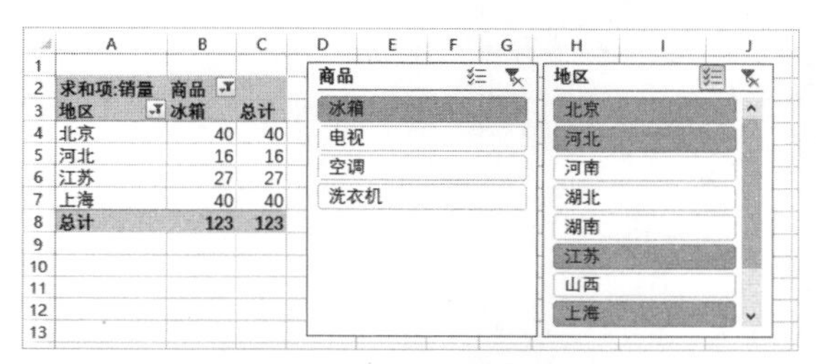

图 6-59　使用切片器筛选数据

如果要清除切片器中的筛选状态，则可以单击切片器右上角的“清除筛选器”按钮，或者右击切片器并在弹出的快捷菜单中单击“从……中清除筛选器”命令，省略号表示字段名称。

如果不再需要切片器，则可以使用以下两种方法将其删除：

- 选择要删除的切片器，然后按 Delete 键。
- 右击要删除的切片器，然后在弹出的快捷菜单中单击“删除……”命令，省略号表示字段名称。

6.4.2　创建计算字段

计算字段是对数据透视表中现有字段进行自定义计算后产生的新字段。计算字段显示在“数据透视表字段”窗格中，但是不会出现在数据源中。普通字段的大多数操作也都适用于计算字段，但是不能将计算字段移动到报表筛选区域、行区域或列区域中。

如图 6-60 所示，数据透视表中汇总了每个商品的销量和销售额，如果要在数据透视表中显示商品的单价，则可以创建一个用于计算单价的计算字段，操作步骤如下：

（1）单击数据透视表中的任意一个单元格，然后在功能区“数据透视表工具”|“分析”选项卡的“计算”组中单击“字段、项目和集”按钮，在下拉菜单中选择“计算字段”命令，如图 6-61 所示。

（2）打开“插入计算字段”对话框，进行以下设置，如图 6-62 所示。

- 在“名称”文本框中输入计算字段的名称，如“单价”。
- 将“公式”文本框中默认的 0 删除。
- 单击“公式”文本框内部，然后双击“字段”列表框中的“销售额”，将其添加到“公式”文本框中等号的右侧。然后输入“/”，再双击“字段”列表框中的“销量”，将其添加到“公式”文本框 / 符号的右侧。

	A	B	C
1			
2	商品	求和项:销量	求和项:销售额
3	冰箱	382	955000
4	电视	671	1476200
5	空调	565	1017000
6	洗衣机	455	1046500
7	总计	2073	4494700

图 6-60　汇总每个商品的销量和销售额

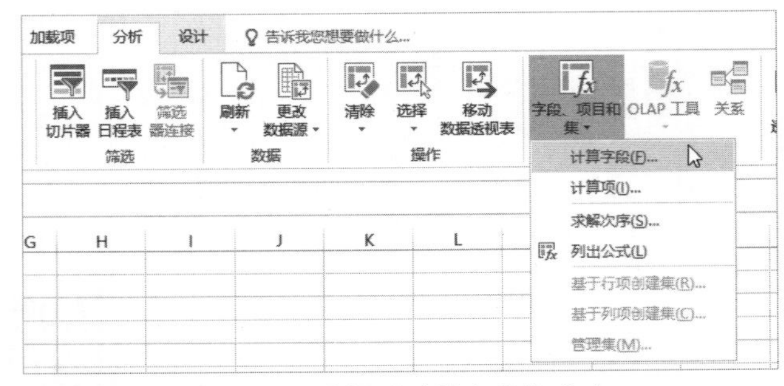

图 6-61　选择“计算字段”命令

（3）单击“添加”按钮，创建的“单价”计算字段被添加到“字段”列表框中，如图 6-63 所示。

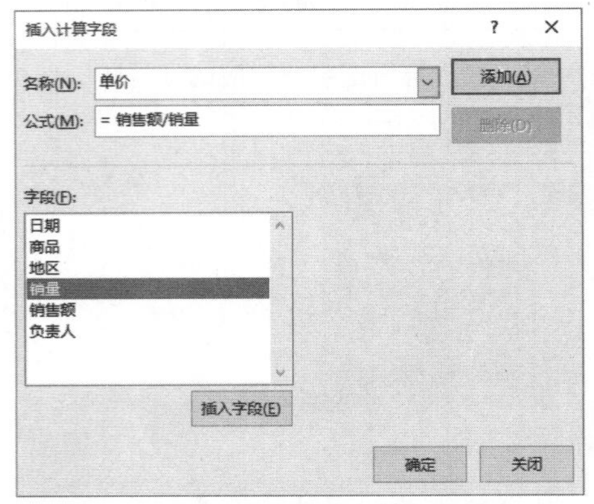

图 6-62　设置计算字段

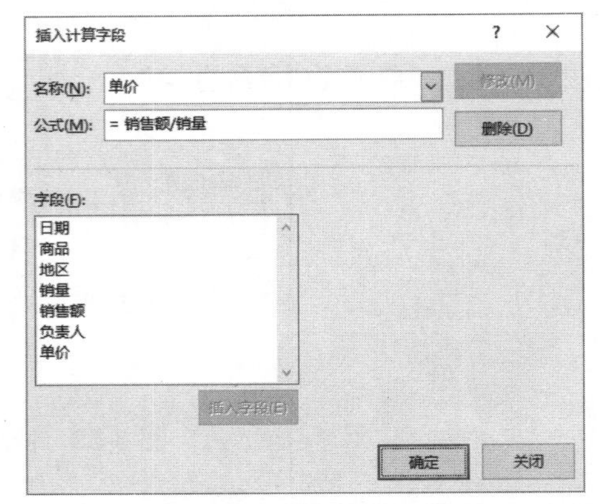

图 6-63　创建计算字段

注意：不能在计算字段的公式中使用单元格引用和定义的名称。

（4）单击“确定”按钮，在数据透视表中添加一个名为“单价”的字段，并会显示在“数据透视表字段”窗格中，该字段用于计算每个商品的单价，如图 6-64 所示。

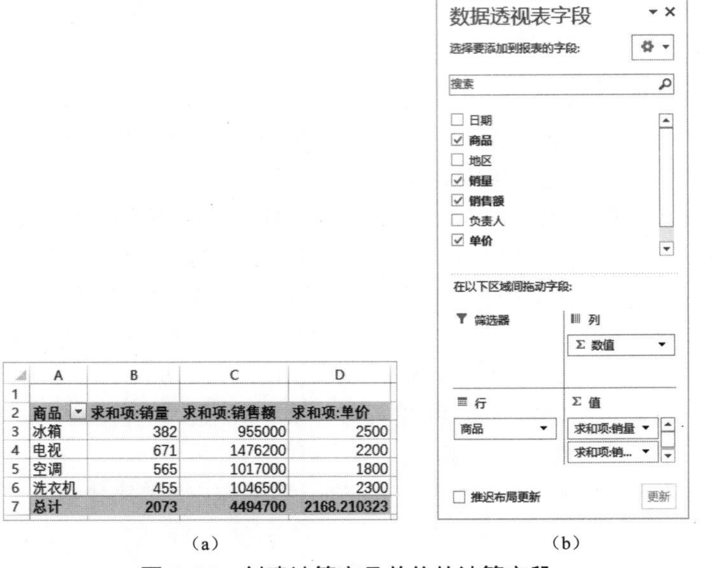

	A	B	C	D
1				
2	商品	求和项:销量	求和项:销售额	求和项:单价
3	冰箱	382	955000	2500
4	电视	671	1476200	2200
5	空调	565	1017000	1800
6	洗衣机	455	1046500	2300
7	总计	2073	4494700	2168.210323

（a）　　（b）

图 6-64　创建计算商品单价的计算字段

如果要修改字段的名称或公式，则可以打开“插入计算字段”对话框，在“名称”下拉列表中选择要编辑的计算字段，如图 6-65 所示，然后就可以对计算字段进行所需的修改，修改完成后需要单击“修改”按钮保存修改结果。单击“删除”按钮将删除所选择的计算字段。

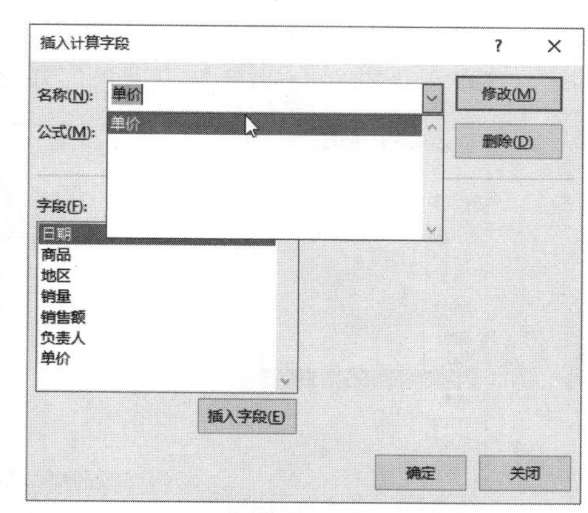

图 6-65　选择要编辑的计算字段

6.4.3　创建计算项

计算项是对数据透视表中的现有字段项进行自定义计算后产生的新字段项。计算项不会出现在“数据透视表字段”窗格和数据源中。普通字段项的大多数操作也都适用于计算项。

如图 6-66 所示，数据透视表中汇总了各个商品在北京和上海两个地区的销量情况，如果要计算各个商品在两个地区的销量差异，则可以创建一个计算项，操作步骤如下：

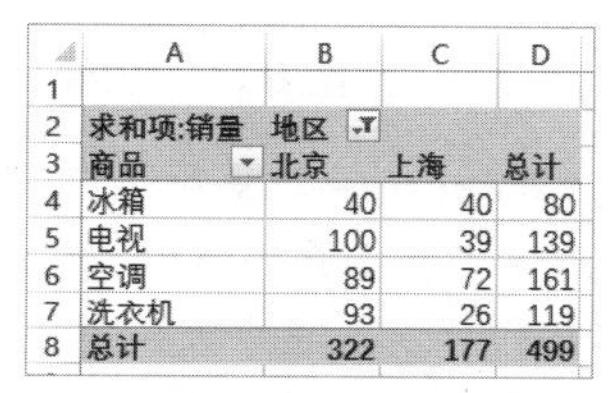

	A	B	C	D
1				
2	求和项:销量	地区		
3	商品	北京	上海	总计
4	冰箱	40	40	80
5	电视	100	39	139
6	空调	89	72	161
7	洗衣机	93	26	119
8	总计	322	177	499

图 6-66　所有商品在两个地区的销售额

（1）在数据透视表中，单击“地区”字段中的任意一项，然后在功能区“数据透视表工具”|“分析”选项卡的“计算”组中单击“字段、项目和集”按钮，在下拉菜单中单击“计算项”命令。

（2）打开“在‘地区’中插入计算字段”对话框，进行以下设置，如图 6-67 所示。

- 在“名称”文本框中输入计算项的名称，如“销量差异”。
- 将“公式”文本框中默认的 0 删除。
- 单击“公式”文本框内部，在“字段”列表框中选择“地区”，然后在右侧的“项”列表框中双击“北京”，将其添加到“公式”文本框中等号的右侧。使用相同的方法，将“地区”中的“上海”添加到“公式”文本框中。然后在“北京”和“上海”之间输入一个减号。

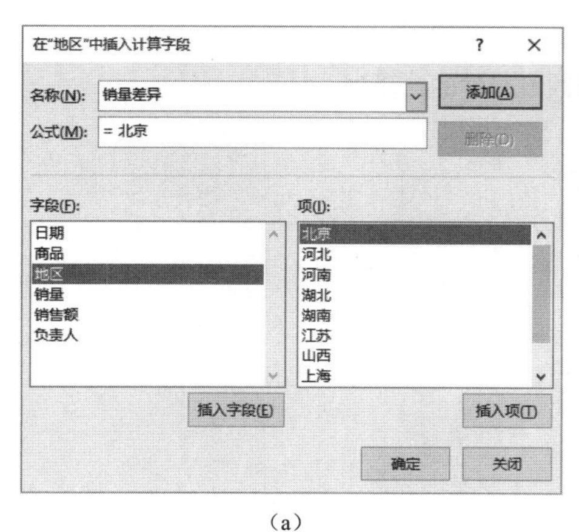

（a）

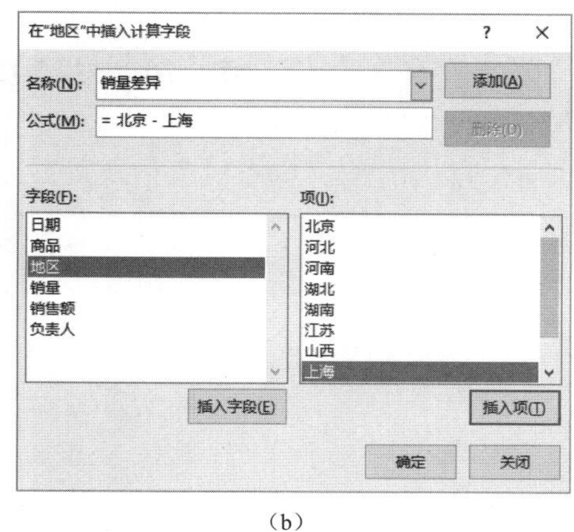

（b）

图 6-67　设置计算项

（3）单击“添加”按钮，创建的计算项被添加到“地区”字段的“项”列表框中，如图 6-68

所示。

（4）单击“确定”按钮，将在数据透视表中添加一个名为“销量差异”的新字段项，该项用于计算每种商品在北京和上海两个地区的销量差异，如图 6-69 所示。

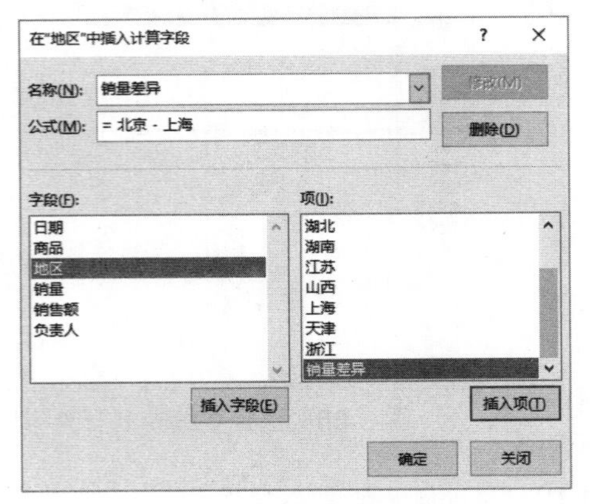

图 6-68　创建计算项

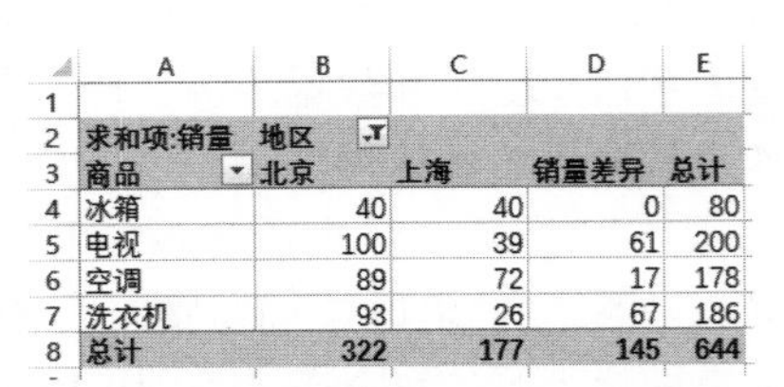

	A	B	C	D	E
1					
2	求和项:销量	地区			
3	商品	北京	上海	销量差异	总计
4	冰箱	40	40	0	80
5	电视	100	39	61	200
6	空调	89	72	17	178
7	洗衣机	93	26	67	186
8	总计	322	177	145	644

图 6-69　创建计算两个地区销量差异的计算项

与修改和删除计算字段的方法类似，也可以修改和删除计算项。打开“在……中插入计算字段”对话框，省略号表示具体的字段名称。在“名称”下拉列表中选择要修改或删除的计算项，如图 6-70 所示，完成修改后单击“修改”按钮，或者直接单击“删除”按钮便可将所选计算项删除。

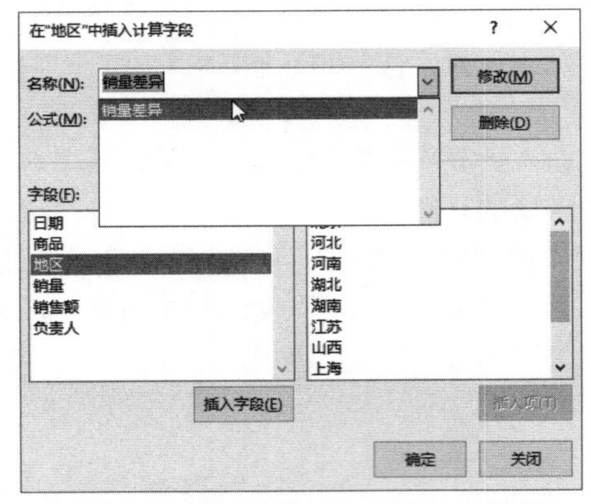

图 6-70　选择要修改或删除的计算项

第 7 章 使用图表直观呈现数据

图表是 Excel 中让数据可视化的一种有效工具。将复杂的数据绘制到图表上，可以让人更容易发现和理解数据背后的含义和规律。本章主要介绍图表的一些基本概念，以及创建和编辑图表的方法，包括创建图表、移动和复制图表、更改图表类型、设置图表布局和配色、设置图表元素的格式、编辑数据系列、创建图表模板和删除图表等内容。

7.1 图表简介

图表是将数据以特定尺寸的图形元素绘制出来的一种数据呈现方式，从而可以直观反映出数据自身的含义。例如，通过将两种商品的销量数据绘制到图表上，通过对比形状的高矮，就可以很容易看出商品销量的差异和变化趋势，但是面对单元格区域中的数字，则很难快速了解这些信息。本节将介绍 Excel 图表的一些基础知识，包括图表类型、图表结构、图表的存放位置等内容。

7.1.1 Excel 图表类型

Excel 提供了不到 20 种图表类型，每种图表类型还包含一个或多个子类型，不同类型的图表适用于不同结构的数据，并为数据提供了不同的展现方式。例如，柱形图包括 7 种子类型：簇状柱形图、堆积柱形图、百分比堆积柱形图、三维簇状柱形图、三维堆积柱形图、三维百分比堆积柱形图、三维柱形图，其中的百分比堆积柱形图适用于需要分析个体值占总和百分比的情况。Excel 中包含的图表类型及其说明见表 7-1。

表 7-1 Excel 图表类型及其说明

图表名称	特点和用途	图示
柱形图	显示数据之间的差异或一段时间内的数据变化情况	
条形图	显示数据之间的对比，适用于连续时间的数据或横轴文本过长的情况	
折线图	显示随时间变化的连续数据	

续表

图 表 名 称	特点和用途	图 示
XY 散点图	显示若干数据系列中各数值之间的关系，或将两组数绘制为 xy 坐标的一个系列	
气泡图	显示 3 类数据之间的关系，使用 X 轴和 Y 轴的数据绘制气泡的位置，然后使用第 3 列数据表示气泡的大小	
饼图	显示一个数据系列中各个项的大小与各项占总和的百分比	
圆环图	与饼图类似，但是可以包含多个数据系列	
面积图	显示部分与整体之间的关系或值的总和，主要用于强调数量随时间变化的程度	
曲面图	找到两组数据之间的最佳组合，颜色和图案表示同数值范围区域	
股价图	显示股价的波动，数据区域的选择要与所选择的股价图的子类型匹配	
雷达图	显示数据系列相对于中心点以及各数据分类间的变化，每个分类有自己的坐标轴	
树状图	比较层级结构不同级别的值，以矩形显示层次结构级别中的比例	
旭日图	比较层级结构不同级别的值，以环形显示层次结构级别中的比例	
直方图	由一系列高度不同的纵向条纹或线段表示数据分布的情况	
箱形图	显示一组数据的分散情况资料，适用于以某种方式关联在一起的数据	
瀑布图	显示数据的多少以及数据之间的差异，适用于包含正、负值的数据	

7.1.2 图表结构

一个图表由多个部分组成，将这些部分称为图表元素，不同的图表可以具有不同的图表元素。如图 7-1 所示的图表包括一些主要的图表元素。

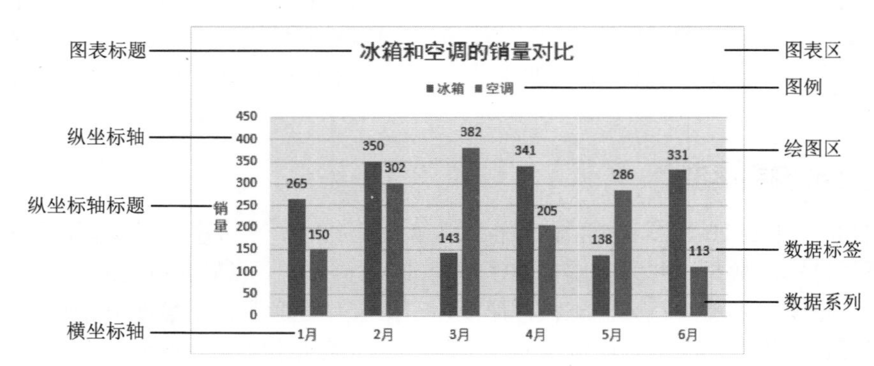

图 7-1 图表结构

- 图表区：图表区与整个图表等大，其他图表元素都位于图表区中。选择图表区就选中了整个图表，选中的图表四周会显示边框和 8 个控制点，使用鼠标拖动控制点可以调整图表大小。
- 图表标题：图表顶部的文字，用于描述图表的含义。
- 图例：图表标题下方带有色块的文字，用于标识不同的数据系列。
- 绘图区：图中的浅灰色部分，作为数据系列的背景，数据系列、数据标签、网格线等图表元素位于绘图区。

- 数据系列：图中位于绘图区的矩形，同一种颜色的所有矩形构成一个数据系列，每个数据系列对应于数据源中的一行或一列数据。数据系列中的每个矩形代表一个数据点。对应于数据源中的某个单元格的值。不同类型的图表具有不同形状的数据系列。
- 数据标签：数据系列顶部的数字，用于标识数据点的值。
- 坐标轴及其标题：坐标轴包括主要横坐标轴、主要纵坐标轴、次要横坐标轴、次要纵坐标轴 4 种。图 7-1 只显示了主要横坐标轴和主要纵坐标轴。横坐标轴位于绘图区的下方，图中的横坐标轴表示月份。主要纵坐标轴位于绘图区的左侧，图中的纵坐标轴表示销量。坐标轴标题用于描述坐标轴的含义。图 7-1 中的“销量”就是纵坐标轴的标题。

7.1.3　图表的存放位置

工作簿中的图表按存放位置分为两种。一种是位于工作表中的图表，这种图表是嵌入式图表，可以在工作表中随意移动、改变大小，多个嵌入式图表还可以进行排列和对齐。另一种是图表工作表，其图表本身就是一个独立的工作表，拥有自己的工作表标签，在图表工作表中只包含图表，没有单元格区域，调整 Excel 窗口大小时，图表大小会自动一起调整。图 7-2 所示为嵌入式图表和图表工作表。

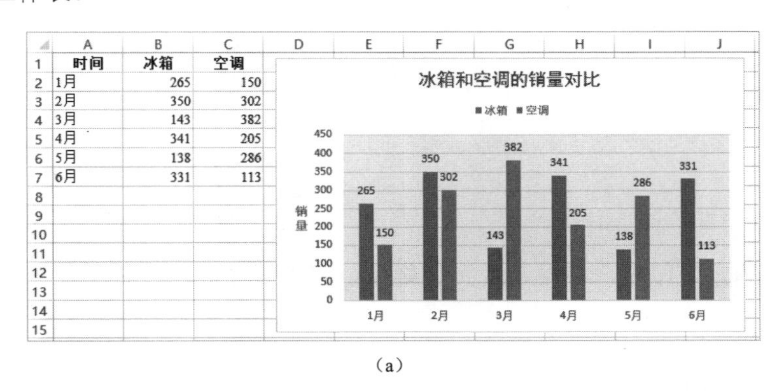

（a）

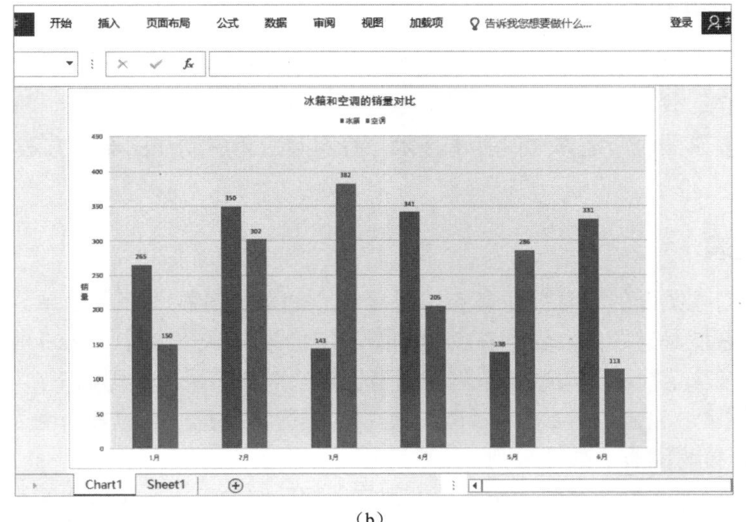

（b）

图 7-2　嵌入式图表（a）和图表工作表（b）

可以在嵌入式图表与图表工作表之间转换，操作步骤如下：

（1）右击嵌入式图表或图表工作表的图表区，在弹出的快捷菜单中单击“移动图表”命令，如图 7-3 所示。

（2）打开“移动图表”对话框，如图 7-4 所示，进行以下设置：

- 如果要将嵌入式图表转换为图表工作表，则选择“新工作表”选项，然后在右侧的文本框中输入图表工作表的标签名称。
- 如果要将图表工作表转换为嵌入式图表，则选择“对象位于”选项，然后在右侧的下拉列表中选择目标工作表。

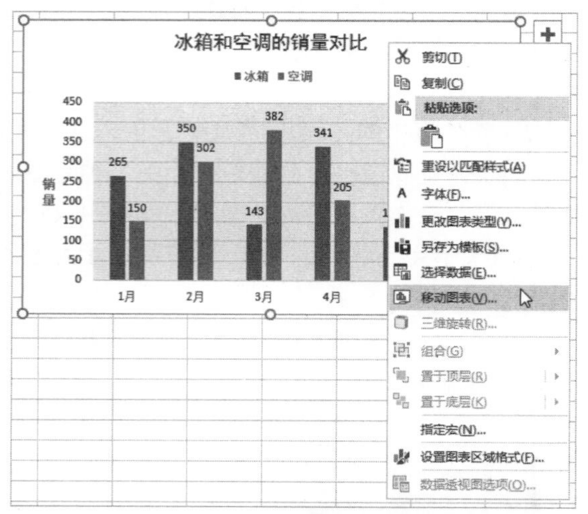

图 7-3　单击“移动图表”命令

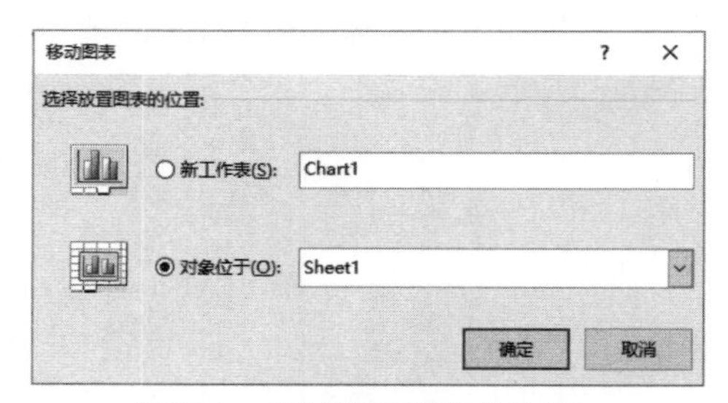

图 7-4　选择移动图表的位置

（3）单击“确定”按钮，将嵌入式图表转换为图表工作表，或将图表工作表转换为嵌入式图表。

7.2　创建和编辑图表

本节将介绍图表的基本操作，包括创建图表、移动和复制图表、更改图表类型、设置图表的整体布局和配色、设置图表元素的格式、编辑数据系列、创建图表模板、删除图表等内容。这些内容是制作复杂图表所需掌握的基本技术。在实际应用中制作图表的方法将在第 8 ～ 15 章中进行介绍。

7.2.1　创建图表

在 Excel 中创建图表的过程并不复杂，甚至比创建数据透视表还要简单，但是必须确保所创建图表的数据区域是连续的，否则在创建的图表中会丢失部分数据。Excel 根据数据区域中包含的行、列数，来决定行、列与数据系列和横坐标轴的对应关系，规则如下：

- 如果数据区域包含的行数大于列数，则将数据区域的第一列设置为图表的横坐标轴，将其他列设置为图表的数据系列。
- 如果数据区域包含的列数大于行数，则将数据区域的第一行设置为图表的横坐标轴，将其他行设置为图表的数据系列。

换句话说，在行数和列数中，数量多的那个作为横坐标轴，数量少的那个作为数据系列。根据上面的规则，用户可以在创建图表前，安排好数据在行、列方向上的排列方式。

图 7-5 所示是本章前面的内容中演示的图表所使用的数据，使用该数据创建簇状柱形图的操作步骤如下：

（1）单击数据区域中的任意一个单元格，本例的数据区域是 A1:C7，然后在功能区“插入”|“图表”组中单击“插入柱形图或条形图”按钮，在打开的列表中选择“簇状柱形图”，如图 7-6 所示。

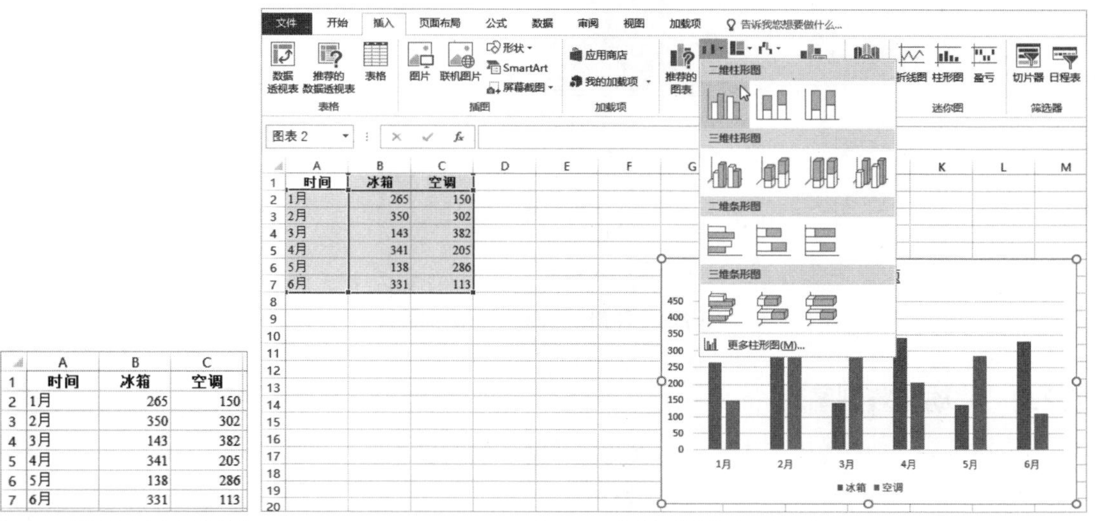

	A	B	C
1	时间	冰箱	空调
2	1月	265	150
3	2月	350	302
4	3月	143	382
5	4月	341	205
6	5月	138	286
7	6月	331	113

图 7-5　要创建图表的数据　　**图 7-6　选择“簇状柱形图”**

提示：将光标指向某个图表类型时，会在工作表中显示创建该图表的预览效果，以便在用户实际做出选择前，预先了解图表是否符合要求。

（2）在当前工作表中插入一个簇状柱形图，右击图表标题，在弹出的快捷菜单中单击“编辑文字”命令，如图 7-7 所示。

（3）进入文本编辑状态，删除默认的标题，然后输入新的标题，如“冰箱和空调的销量对比”，如图 7-8 所示。

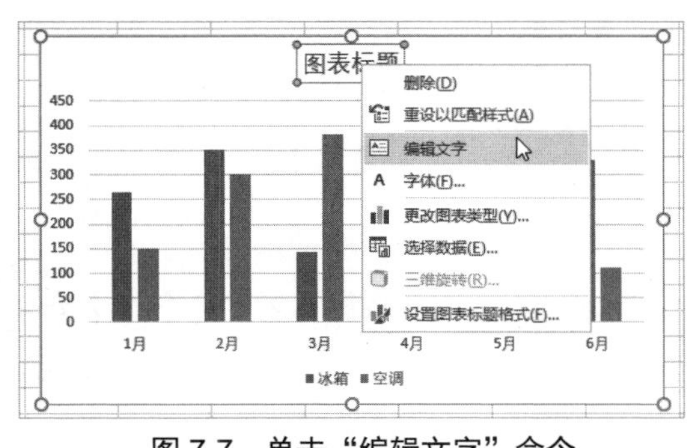

图 7-7　单击“编辑文字”命令

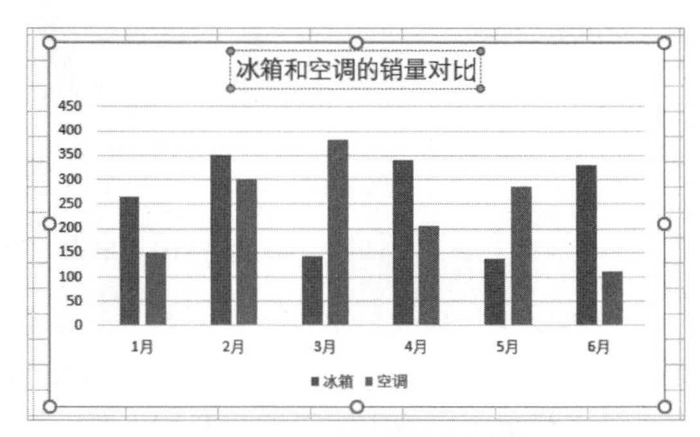

图 7-8　修改图表标题

（4）单击图表标题以外的区域，确认对标题的修改。

上面介绍的是创建嵌入式图表的方法。如果要创建图表工作表，则可以单击数据区域中的任意一个单元格，然后按 F11 键。

提示：如果不熟悉图表类型的特点，无法确定为当前数据选择哪种图表，那么可以使用 Excel 中的“推荐”功能。选择要创建图表的完整数据区域，选区的右下角会显示“快速分析”

按钮▣。单击该按钮，在打开的面板中选择“图表”选项卡，然后选择一种推荐的图表类型，如图 7-9 所示。

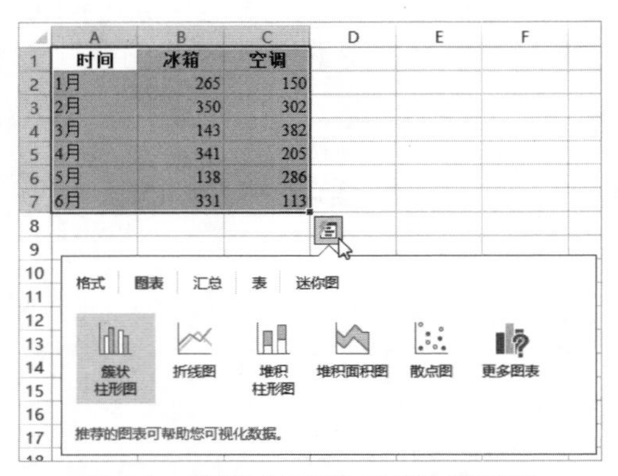

图 7-9　使用“推荐”功能创建图表

7.2.2　移动和复制图表

由于嵌入式图表位于工作表中，因此，移动和复制嵌入式图表的方法，与在工作表中移动和复制图片、图形等图形对象的方法类似。

右击要移动或复制的嵌入式图表的图表区，在弹出的快捷菜单中单击“剪切”或“复制”命令，如图 7-10 所示。然后在当前工作表或其他工作表中右击某个单元格，在弹出的快捷菜单中的“粘贴选项”中选择一种粘贴方式，将工作表粘贴到以该单元格为左上角位置的区域中，即可完成工作表的移动或复制。

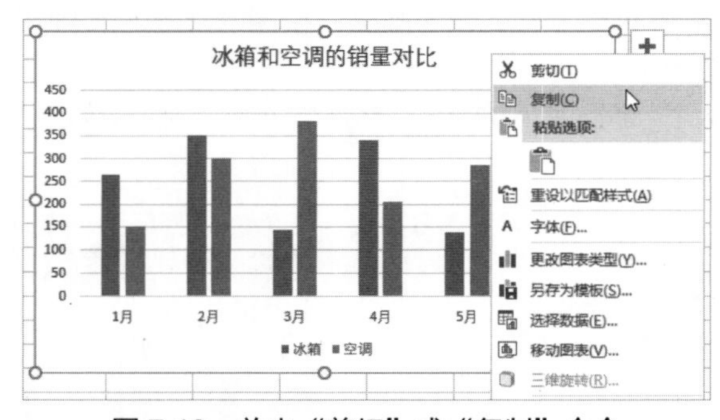

图 7-10　单击“剪切”或“复制”命令

也可以使用键盘快捷键代替鼠标右键快捷菜单中的剪切、复制和粘贴命令，按 Ctrl+C 组合键相当于执行“复制”命令，按 Ctrl+X 组合键相当于执行“剪切”命令，按 Ctrl+V 组合键相当于执行“粘贴”选项中的“使用目标主题”粘贴方式。

还可以直接使用鼠标拖动图表区来移动图表，移动过程中如果按住 Ctrl 键，则将执行复制操作。复制图表时，在到达目标位置后，先松开鼠标左键，再松开 Ctrl 键。

对于图表工作表来说，由于它拥有独立的工作表标签，因此，移动和复制图表工作表的方法与移动和复制工作表的方法相同，移动和复制普通工作表的方法请参考第 1 章。

7.2.3　更改图表类型

可以随时更改现有图表的图表类型。右击图表的图表区，在弹出的快捷菜单中单击“更改图表类型”命令，打开“更改图表类型”对话框，如图 7-11 所示。在“所有图表”选项卡的左侧列表中选择一种图表类型，然后在右侧选择一种图表子类型，最后单击“确定”按钮。

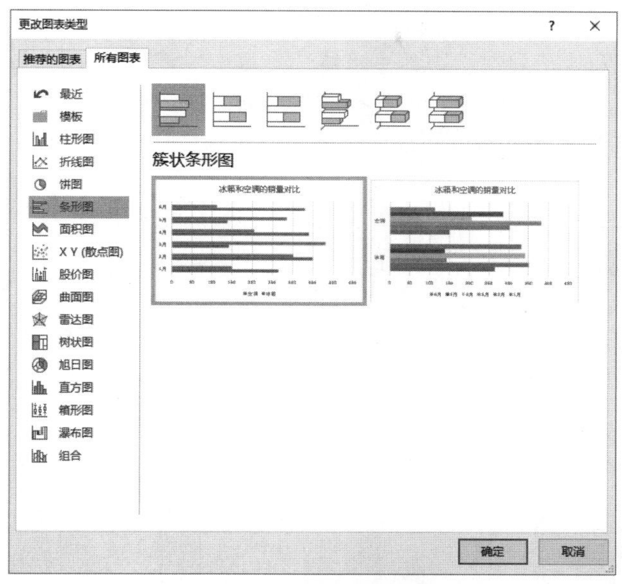

图 7-11　更改图表类型

如果想要在一个图表中使用不同的图表类型来绘制各个数据系列，则可以在“更改图表类型”对话框“所有图表”选项卡中选择“组合”，然后在右侧为不同的数据系列设置不同的图表类型。图 7-12 所示为同时包含柱形图和折线图的图表，将“冰箱”数据系列的图表类型设置为“簇状柱形图”，将“空调”数据系列的图表类型设置为“折线图”。

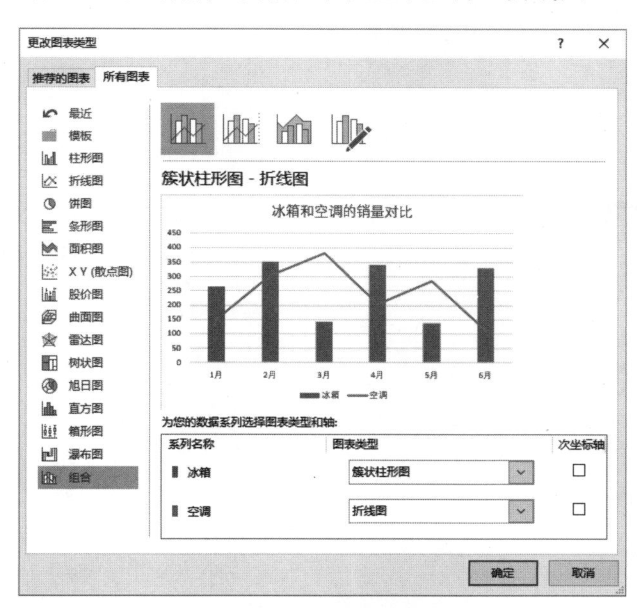

图 7-12　创建组合图表

提示：如果不同数据系列的数值单位不同，则可以选中“次坐标轴”复选框，使用不同的坐标轴标识数据系列的值。

7.2.4 设置图表的整体布局和配色

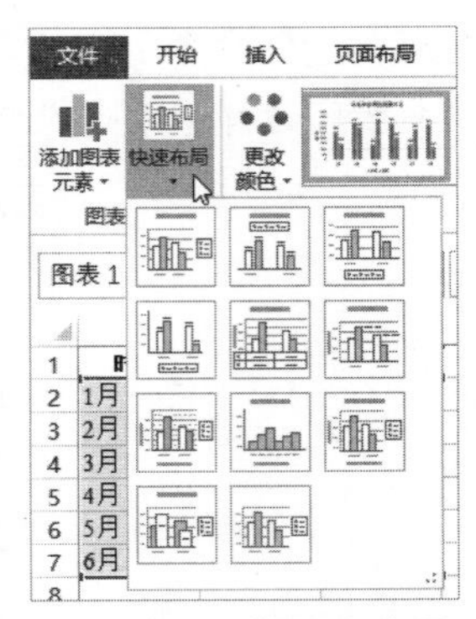

图 7-13　选择图表布局

Excel 提供了一些图表布局方案，使用它们可以快速指定图表中包含哪些图表元素以及它们的显示方式。选择图表后，在功能区“图表工具”|“设计”|“图表布局”组中单击“快速布局”按钮，打开如图 7-13 所示的列表，每个缩略图显示了不同布局方案中的图表元素的显示方式，选择一种图表布局即可改变当前图表中包含的元素及其显示方式。

图 7-14 所示为选择名为“布局 5”的图表布局前、后的图表效果。

如果需要单独设置某个图表元素的显示方式，则可以先选择图表，然后在功能区“图表工具”|“设计”|“图表布局”组中单击“添加图表元素”按钮，在下拉菜单中选择要设置的图表元素，如图 7-15 所示，然后在打开的子菜单中选择图表元素的显示方式。

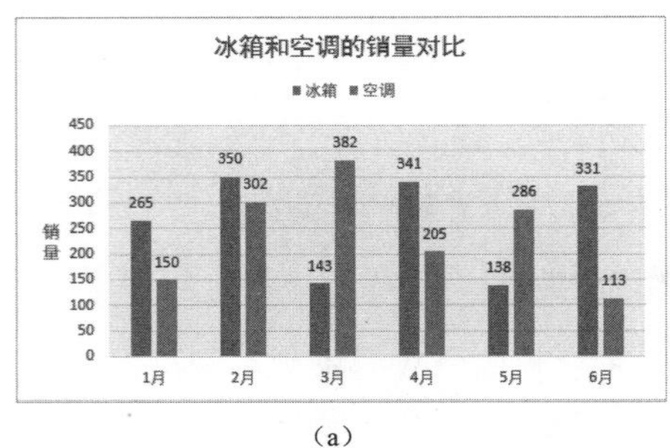

（a）

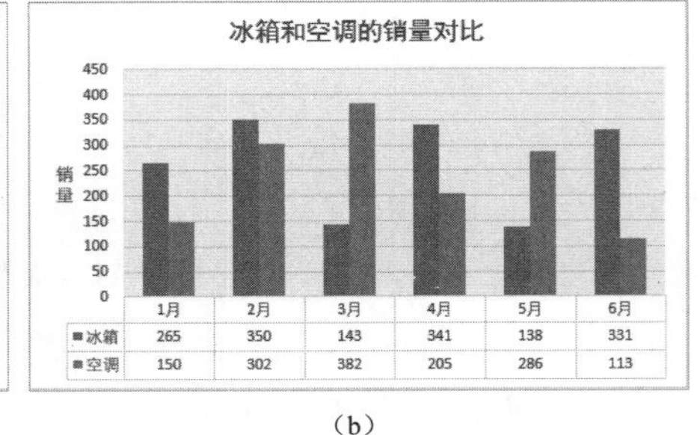

	1月	2月	3月	4月	5月	6月
■冰箱	265	350	143	341	138	331
■空调	150	302	382	205	286	113

（b）

图 7-14　选择图表布局前、后的效果

例如，如果要在图表中设置图例的显示方式，则可以单击“添加图表元素”按钮，在下拉菜单中选择“图例”，然后在子菜单中选择所需的选项，如图 7-16 所示。

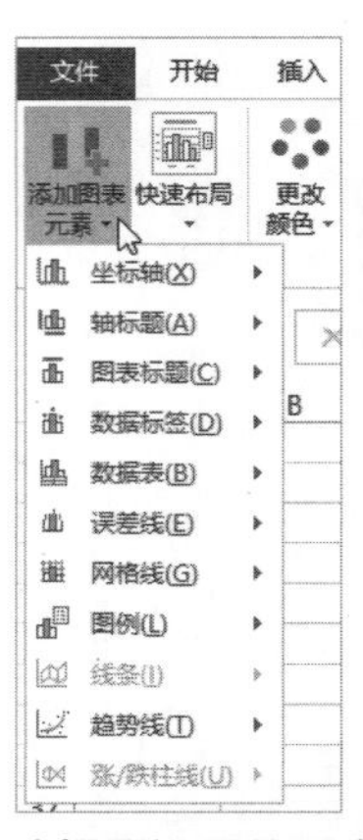

图 7-15　选择要设置的图表元素

图 7-16　设置图例的显示方式

如果想要统一修改图表的颜色，则可以使用 Excel 提供的配色方案。选择要设置颜色的图表，然后在功能区“图表工具”|“设计”|“图表样式”组中单击“更改颜色”按钮，在打开的列表

中选择一种配色方案，“彩色”类别中的第一组颜色是当前工作簿使用的主题颜色，如图 7-17 所示。

提示： 如果要更改主题颜色，则可以在功能区“页面布局”|“主题”组中单击“颜色”按钮，然后在打开的列表中进行选择，如图 7-18 所示。

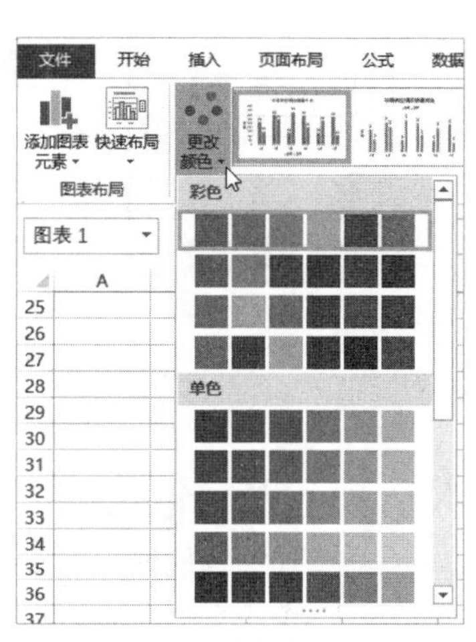

图 7-17　选择配色方案

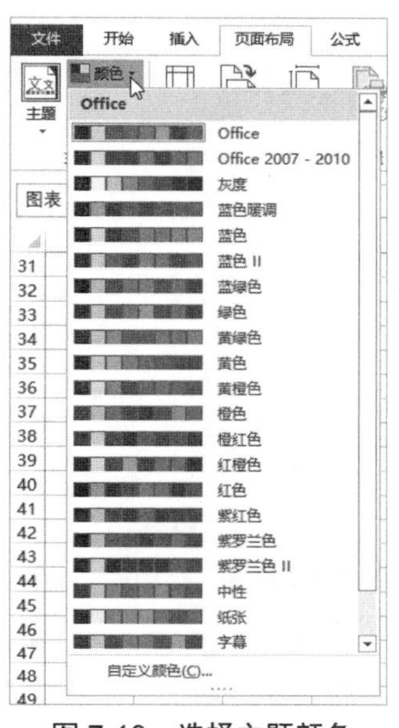

图 7-18　选择主题颜色

使用 Excel 提供的图表样式，可以从整体上对图表中的所有元素的外观进行设置。选择要设置的图表，然后在功能区“图表工具”|“设计”选项卡中打开“图表样式”库，从中选择一种图表样式，如图 7-19 所示。

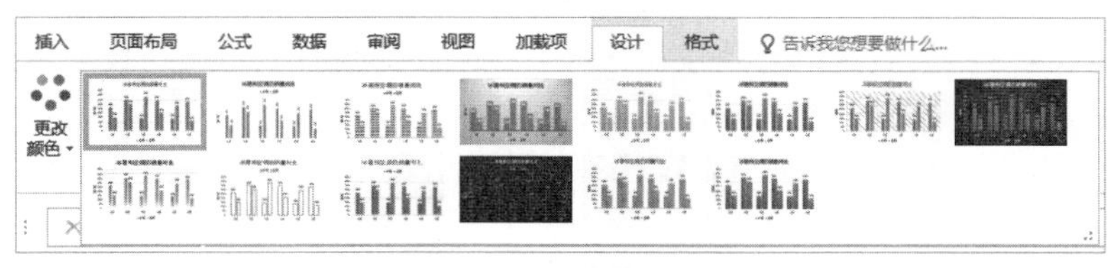

图 7-19　选择图表样式

图 7-20 所示为选择名为“样式 2”的图表样式后的图表效果。

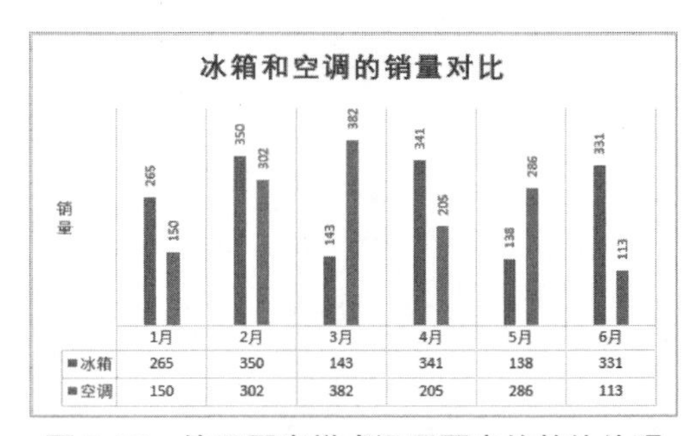

图 7-20　使用图表样式设置图表的整体外观

7.2.5　设置图表元素的格式

除了使用 7.2.4 节介绍的方法设置整个图表的外观格式之外，还可以单独设置特定图表元素的格式。为此需要选择要设置的图表元素，然后在功能区“图表工具”|“格式”|“形状样式”组中可以进行以下设置，如图 7-21 所示。

- 形状样式库：打开形状样式库，其中包含多种样式的形状格式，它们为形状综合设置了填充色、边框和特殊效果，如图 7-22 所示。
- 形状填充：单击“形状填充”按钮，在打开的列表中选择一种填充色或填充效果。

- 形状轮廓：单击“形状轮廓”按钮，在打开的列表中选择形状是否包含边框，如果包含边框，则设置边框的线型、粗细和颜色。
- 形状效果：单击“形状效果”按钮，在打开的列表中选择阴影、发光、棱台等特殊效果。

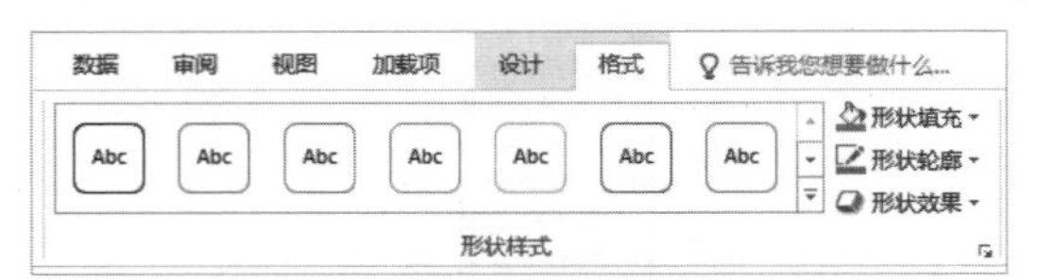

图 7-21　使用“形状样式”组中的工具设置图表元素的格式

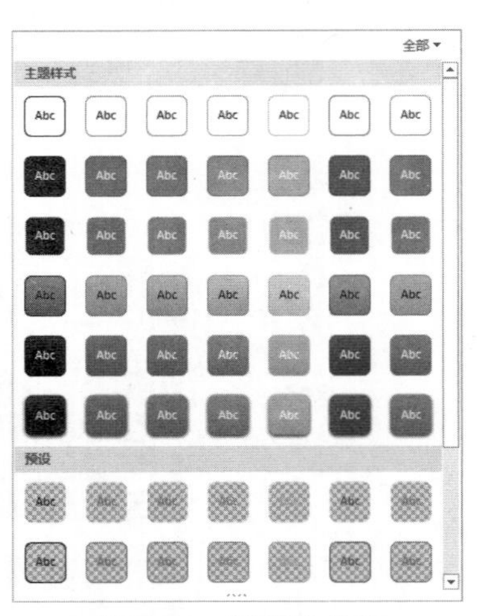

图 7-22　形状样式库

如果要对图表元素的格式进行更详细的设置，则可以使用格式设置窗格。双击要设置的图表元素，即可打开该图表元素的格式设置窗格。图 7-23 所示为双击图例打开的窗格，窗格顶部显示了当前正在设置的图表元素的名称，下方并排显示着“图例选项”和“文本选项”两个选项卡，有的图表元素只有一个选项卡。在格式设置窗格中设置图表元素的格式时，设置结果会立刻在图表上显示出来。

选择任意一个选项卡，将在下方显示几个图标选项卡，单击某个图标，下方会显示该图标选项卡中包含的选项。可以在不关闭窗格的情况下设置不同的图表元素，有以下两种方法：

- 单击“图例选项”右侧的下拉按钮，在下拉菜单中选择要设置的图表元素，如图 7-24 所示。
- 在图表中选择不同的图表元素，窗格中的选项卡及其中包含的选项会自动更新，以匹配当前选中的图表元素。

图 7-23　图表元素的格式设置窗格

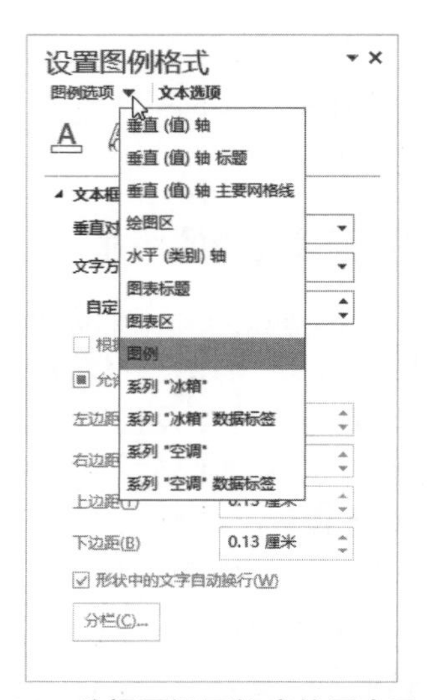

图 7-24　选择要设置格式的图表元素

7.2.6　编辑数据系列

数据系列是单元格中的数字值的图形化表示，是图表中最重要的一个图表元素。图表的很多操作都与数据系列紧密相关，如在图表中添加或删除数据、为数据系列添加数据标签、添加趋势线和误差线等。

在如图 7-25 所示的图表中，绘制到图表中的数据位于 A1:C7 单元格区域，将 D1:E7 单元格区域中的数据添加到图表中的操作步骤如下：

（1）右击任意一个图表元素，在弹出的快捷菜单中单击“选择数据”命令，如图 7-26 所示。

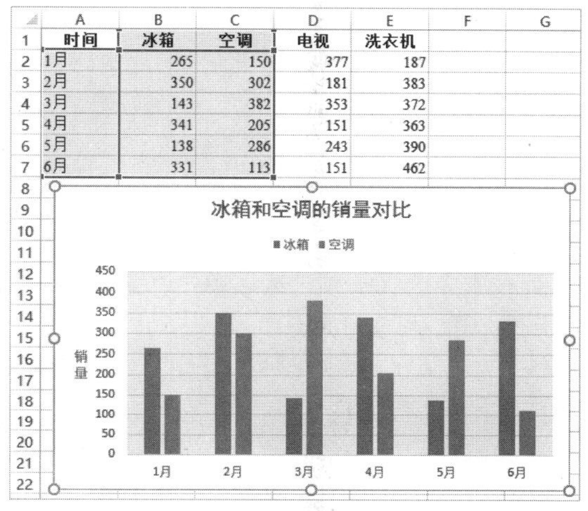

时间	冰箱	空调	电视	洗衣机
1月	265	150	377	187
2月	350	302	181	383
3月	143	382	353	372
4月	341	205	151	363
5月	138	286	243	390
6月	331	113	151	462

图 7-25　包含部分数据的图表

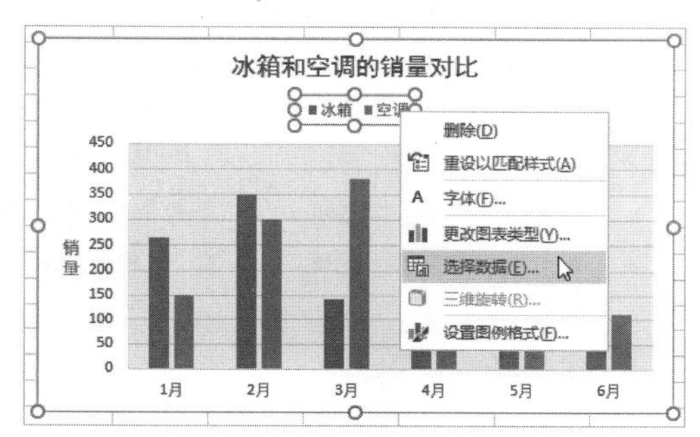

图 7-26　单击“选择数据”命令

（2）打开“选择数据源”对话框，“图表数据区域”文本框中显示的是当前绘制到图表中的数据区域，如图 7-27 所示。

（3）单击“图表数据区域”文本框右侧的按钮，然后在工作表中选择要绘制到图表中的数据区域，本例为 A1:E7，如图 7-28 所示。

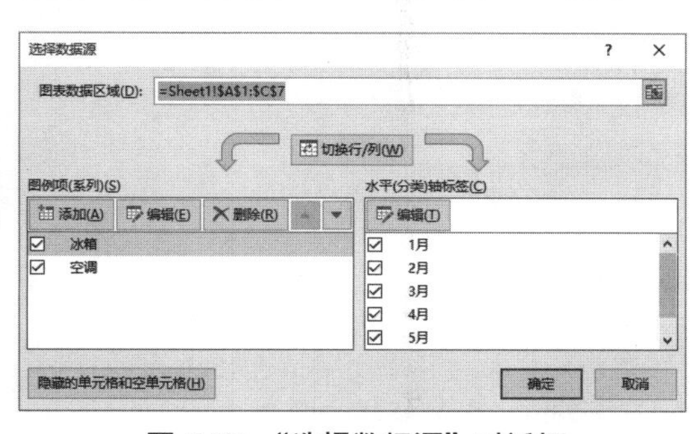

图 7-27　“选择数据源”对话框

时间	冰箱	空调	电视	洗衣机
1月	265	150	377	187
2月	350	302	181	383
3月	143	382	353	372
4月	341	205	151	363
5月	138	286	243	390
6月	331	113	151	462

选择数据源

=Sheet1!$A$1:$E$7+Sheet1!$A$1:$E$7

图 7-28　选择绘制到图表中的数据区域

注意：选择前必须确保文本框中的内容处于选中状态，以便在选择新区域后可以自动替换原有内容。

（4）单击按钮，弹出“选择数据源”对话框，在“图表数据区域”文本框中自动填入了上一步选择的单元格区域的地址，并自动将其绘制到图表中，然后根据当前数据适当修改图表标题，如图 7-29 所示。

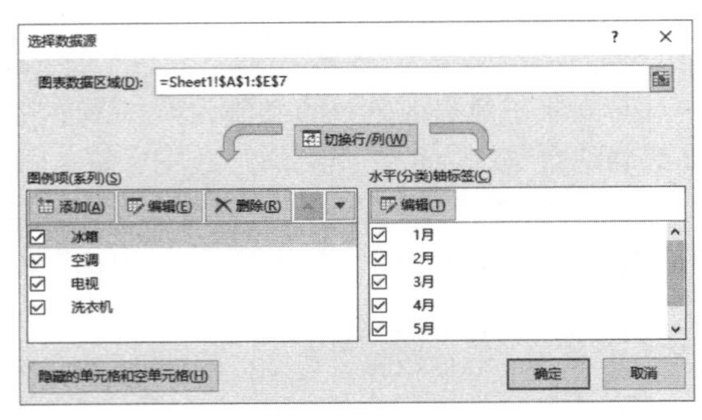

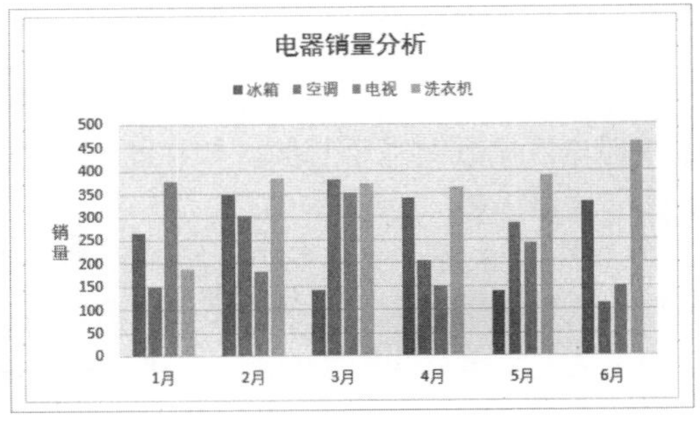

(a)　　　　　　　　　　(b)

图 7-29　将选择的数据（a）绘制到图表（b）中

（5）单击“确定”按钮，关闭“添加数据源”对话框。

在“选择数据源”对话框中还可以对数据系列进行以下几种操作：

- 调整数据系列的位置：在“图例项（系列）”列表框中选择一项，然后单击▲按钮或▼按钮，可以调整该数据系列在所有数据系列中的排列顺序。
- 编辑单独的数据系列：在“图例项（系列）”列表框中选择一项，然后单击“编辑”按钮，在打开的对话框中可以修改数据系列的名称和值，如图 7-30 所示。
- 添加或删除数据系列：在“图例项（系列）”列表框中单击“添加”按钮，可以添加新的数据系列；单击“删除”按钮，删除当前所选的数据系列。
- 编辑横坐标轴：在“水平（分类）轴标签”列表框中单击“编辑”按钮，在打开的对话框中修改横坐标轴所在的区域，如图 7-31 所示。也可以在“水平（分类）轴标签”列表框中取消选中某些复选框来隐藏相应的标签。
- 交换数据系列与横坐标轴的位置：单击“切换行 / 列”按钮，将交换图表中行、列数据的位置。

图 7-30　修改特定的数据系列

图 7-31　修改横坐标轴

7.2.7　创建图表模板

可以将已经设置好布局和格式的图表保存为图表模板，以后可以基于图表模板快速创建类似的图表，以减少重复设置相同格式所花费的时间。创建图表模板的操作步骤如下：

（1）为图表设置好所需的布局和格式，然后右击图表的图表区或绘图区，在弹出的快捷菜单中单击“另存为模板”命令，如图 7-32 所示。

（2）打开“保存图表模板”对话框，保存路径会自动定位到 Excel 图表模板的默认存储位置，在“文件名”文本框中输入图表模板的名称，如图 7-33 所示。单击“保存”按钮，即可将当前图表创建为图表模板。

提示：如果将 Windows 操作系统安装到 C 盘，那么图表模板的默认存储位置是：C:\Users\<用户名>\AppData\Roaming\Microsoft\Templates\Charts。可以将收集到的图表模板直接复制到

Charts 文件夹中，或者删除其中的图表模板。

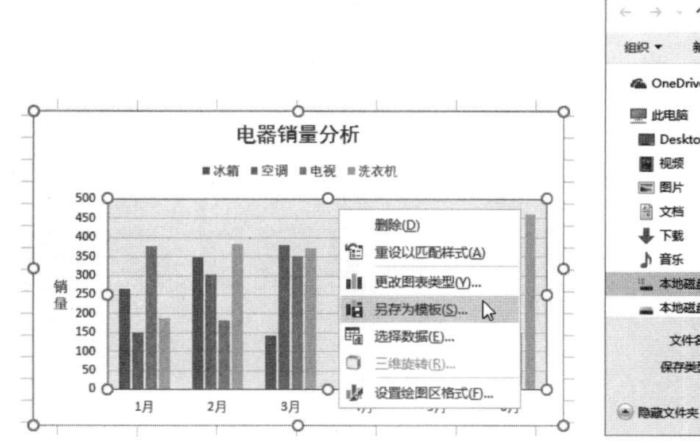

图 7-32　单击“另存为模板”命令

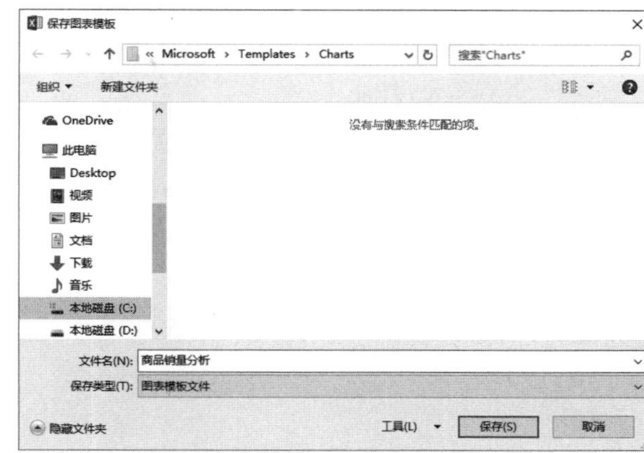

图 7-33　创建图表模板

使用图表模板创建新的图表。选择要创建图表的数据区域，然后单击功能区“插入”|“图表”组右下角的对话框启动器，打开“插入图表”对话框，在“所有图表”选项卡的左侧列表中选择“模板”，右侧会显示所有位于 Charts 文件夹中的图表模板，如图 7-34 所示。选择要使用的图表模板，然后单击“确定”按钮，即可以基于所选模板创建图表。

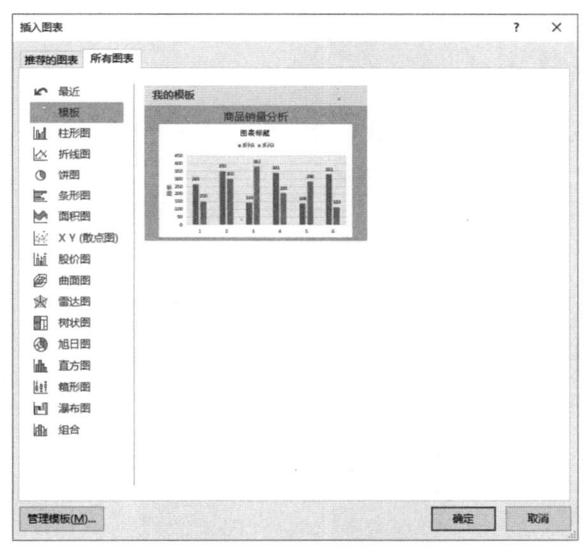

图 7-34　选择用于创建图表的图表模板

7.2.8　删除图表

如果要删除嵌入式图表，可以单击图表的图表区将图表选中，然后按 Delete 键。或者右击图表的图表区，然后在弹出的快捷菜单中单击“剪切”命令，但是不进行粘贴。如果要删除图表工作表，可以右击图表工作表的工作表标签，在弹出的快捷菜单中单击“删除”命令，然后在显示的确认删除对话框中单击“删除”按钮。

第 8 章
处理员工信息

员工信息的处理和分析为企业的各种相关决策提供了重要依据，因此，快速准确地统计分析员工信息变得至关重要。本章将介绍员工信息表的编制，以及基于此表对员工信息进行常用的统计分析等内容。

8.1 创建员工信息表

员工信息的录入虽然简单，但是全盘手动录入不仅效率低，还很容易出错。一方面，利用 Excel 中的公式和函数，可以从基础信息中提取其他相关信息，对于如“年龄”这类随时间而变化的信息，可以通过公式自动计算出来。当基础信息改变时，这些通过公式和函数提取和计算的相关信息会自动更新。另一方面，为了避免输入无效信息，用户可以通过数据验证功能对输入的信息加以验证，并控制信息的输入方式。

8.1.1 输入员工信息表的标题和基础信息

输入员工信息表中各列的标题，以及固定不变的内容，包括序号、姓名、身份证号等，操作步骤如下：

（1）新建一个 Excel 工作簿，双击 Sheet1 工作表标签，输入“员工信息表”，然后按 Enter 键确认。

（2）在 A1:H2 单元格区域中输入员工信息表的标题和各列的标题，如图 8-1 所示。

	A	B	C	D	E	F	G	H	I
1	员工信息表								
2	序号	工号	姓名	部门	学历	性别	年龄	身份证号	
3									
4									
5									

图 8-1 输入员工信息表的标题

（3）在 A3 和 A4 单元格中分别输入 1 和 2，然后选择这两个单元格，向下拖动 A4 单元格右下角的填充柄直到 A22 单元格为止，在 A3:A22 单元格区域中输入 1 ～ 20，如图 8-2 所示。

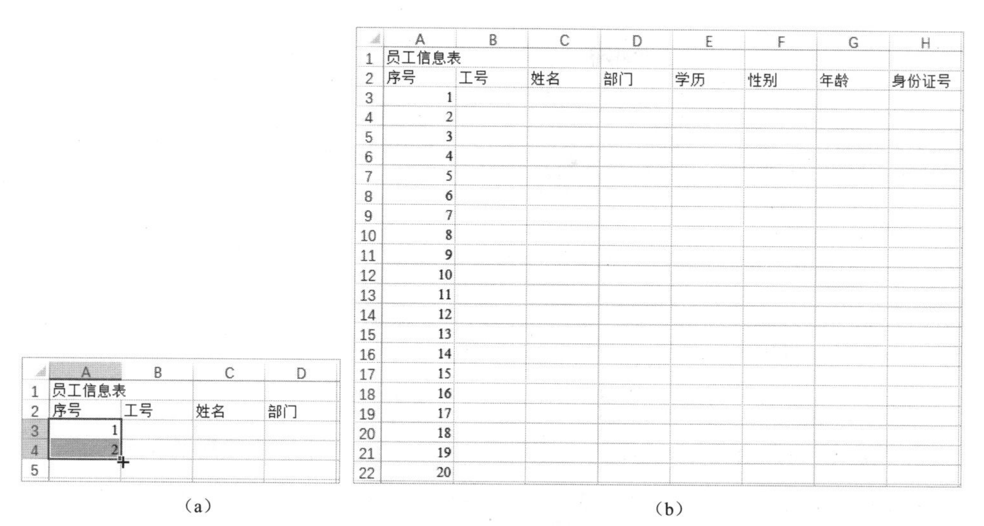

（a）　　　　（b）

图 8-2　拖动填充柄自动填充序号

（4）在 C3:C22 和 H3:H22 单元格区域中分别输入员工的姓名和身份证号，如图 8-3 所示。为了正确显示身份证号，需要在输入身份号之前，将 H3:H22 单元格区域的数字格式设置为“文本”。

	A	B	C	D	E	F	G	H	I
1	员工信息表								
2	序号	工号	姓名	部门	学历	性别	年龄	身份证号	
3	1		凌怜					110102197909168922	
4	2		戚感					110102198703155582	
5	3		彭庠					110102199411223335	
6	4		浦员					110102197103167646	
7	5		霍盈冬					110102198307052975	
8	6		纪战					110102196507086409	
9	7		逄嫣					110102197512248328	
10	8		茅弓					110102197705093543	
11	9		卢册					110102199309127829	
12	10		姜念柳					110102197012139558	
13	11		夏夫生					110102199211042821	
14	12		路葭琪					110102198509053984	
15	13		强以					110102197711057728	
16	14		全睿耘					110102196710202648	
17	15		樊以蕾					110102198010021860	
18	16		姬员					110102198504178054	
19	17		盛荣树					110102197704094616	
20	18		曾侣					110102197811272006	
21	19		秦声					110102197703089839	
22	20		俞宰					110102198007011389	

图 8-3　输入员工的姓名和身份证号

8.1.2　使用数据验证功能防止工号重复输入

工号用于唯一识别公司内部的每一个员工。输入工号时可能会出现重复，使用数据验证功能可以防止输入重复的工号，操作步骤如下：

（1）选择 B3:B22 单元格区域，在功能区“数据”|“数据工具”组中单击“数据验证”按钮，打开“数据验证”对话框，在“设置”选项卡的“允许”下拉列表中选择“自定义”，然后在“公式”文本框中输入下面的公式，如图 8-4 所示。

```
=COUNTIF($B$3:$B$22,B3)=1
```

（2）切换到“输入信息”选项卡，选中“选定单元格时显示输入信息”复选框，在“标题”文本框中输入“输入工号”，在“输入信息”文本框中输入“请为每个员工输入唯一的工号”，如图 8-5 所示。

图 8-4　设置公式数据验证

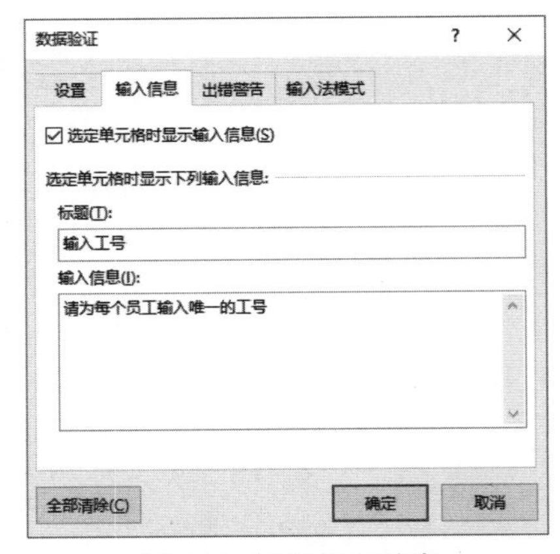

图 8-5　设置提示信息

（3）切换到“出错警告”选项卡，选中“输入无效数据时显示出错警告”复选框，在“标题”文本框中输入“工号重复”，在“错误信息”文本框中输入“不能输入重复的工号”，将“样式”设置为“停止”，如图 8-6 所示。

（4）单击“确定”按钮，单击 B3:B22 中的任意一个单元格，会显示如图 8-7 所示的提示信息，在 B 列中输入员工的工号。

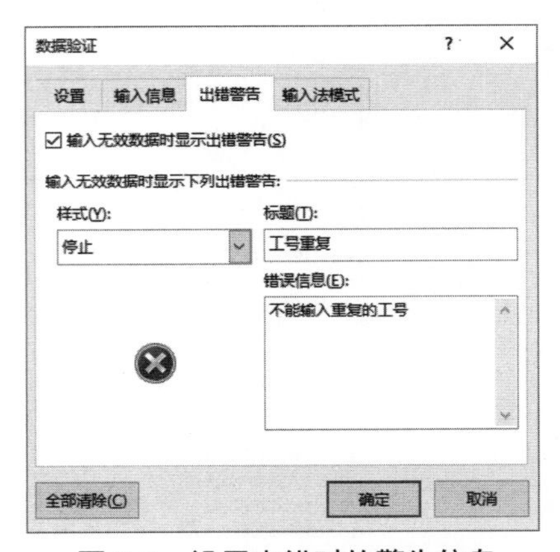

图 8-6　设置出错时的警告信息

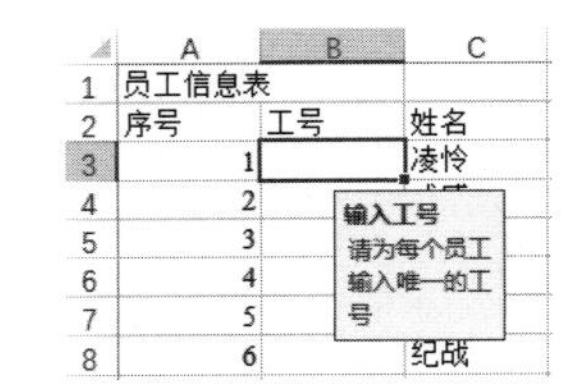

图 8-7　选择单元格时显示提示信息

交叉参考：有关数据验证功能的详细内容，请参考本书第 1 章。

8.1.3　通过选择限定的选项录入部门和学历

假设本例中的部门有 4 个：技术部、销售部、人力部、财务部，学历有 5 个：博士、硕士、本科、专科、高中。为了正确输入以上限定范围内的部门和学历，可以通过数据验证功能进行设置，操作步骤如下：

（1）添加一个新的工作表，将其重命名为“部门和学历”。在 A1:A4 单元格区域中依次输入 4 个部门，在 B1:B5 单元格区域中依次输入 5 个学历，如图 8-8 所示。

（2）激活“员工信息表”工作表，选择部门所在的 D3:D22 单元格区域，打开“数据验证”对话框，在“设置”选项卡的“允许”下拉列表中选择“序列”，然后单击“来源”文本框右侧的按钮，在“部门和学历”工作表中选择 A1:A4 单元格区域，如图 8-9 所示。

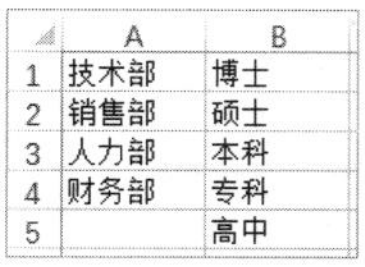

	A	B
1	技术部	博士
2	销售部	硕士
3	人力部	本科
4	财务部	专科
5		高中

图 8-8　输入部门和学历的名称

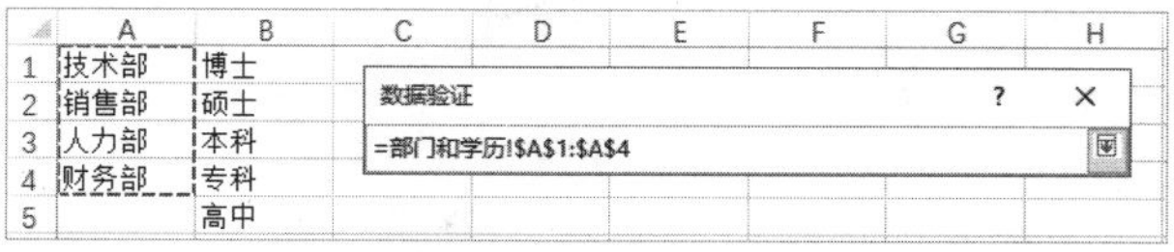

	A	B	C	D	E	F	G	H
1	技术部	博士						
2	销售部	硕士						
3	人力部	本科						
4	财务部	专科						
5		高中						

图 8-9　选择部门名称所在的区域

（3）单击按钮，所选区域自动填入“来源”文本框，如图 8-10 所示。

（4）切换到“输入信息”选项卡，选中“选定单元格时显示输入信息”复选框，在“标题”文本框中输入“选择部门”，在“输入信息”文本框中输入“请从下拉列表中选择一个部门”，如图 8-11 所示。

图 8-10　设置序列来源

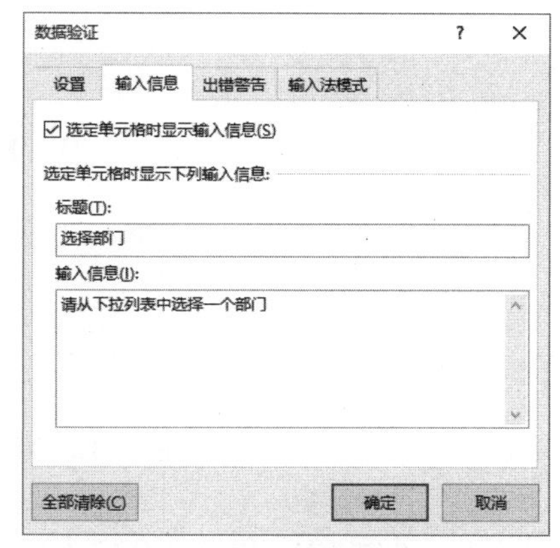

图 8-11　设置提示信息

（5）切换到“出错警告”选项卡，选中“输入无效数据时显示出错警告”复选框，在“标题”文本框中输入“部门错误”，在“错误信息”文本框中输入“不能输入无效的部门名称”，将“样式”设置为“停止”，如图 8-12 所示。

（6）单击“确定”按钮，单击 D3:D22 中的任意一个单元格，然后单击单元格右侧的下拉按钮，在打开的列表中选择一个部门，如图 8-13 所示。

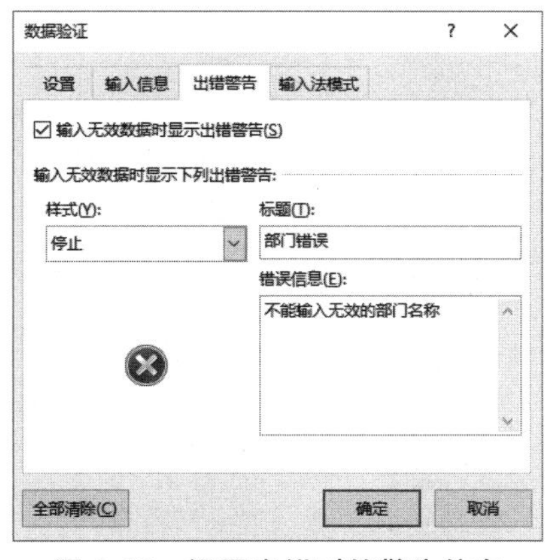

图 8-12　设置出错时的警告信息

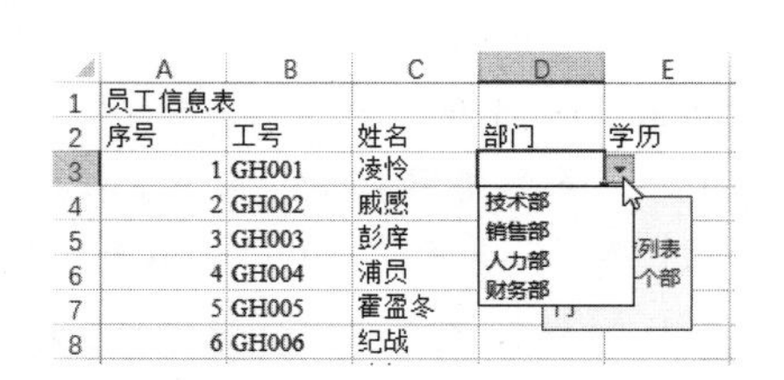

图 8-13　从下拉列表中选择部门

（7）使用与前面相同的方法，为学历所在的 E3:E22 单元格区域设置数据验证，验证规则中的序列来源设置为“部门和学历”工作表中的 B1:B5 单元格区域，其他数据验证选项进行类似设置，如图 8-14 所示。

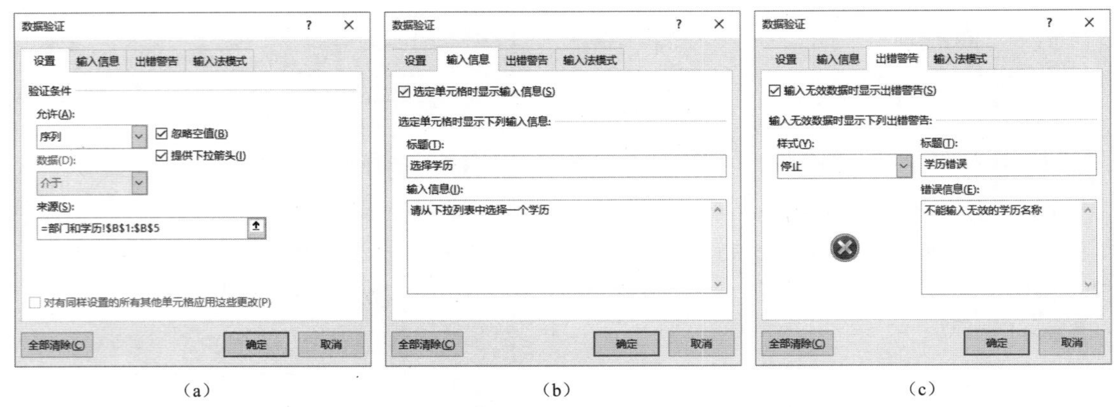

(a)　　　　(b)　　　　(c)

图 8-14　设置学历的数据验证

（8）设置好学历的数据验证后，为 E3:E22 单元格区域选择所需的学历，如图 8-15 所示。

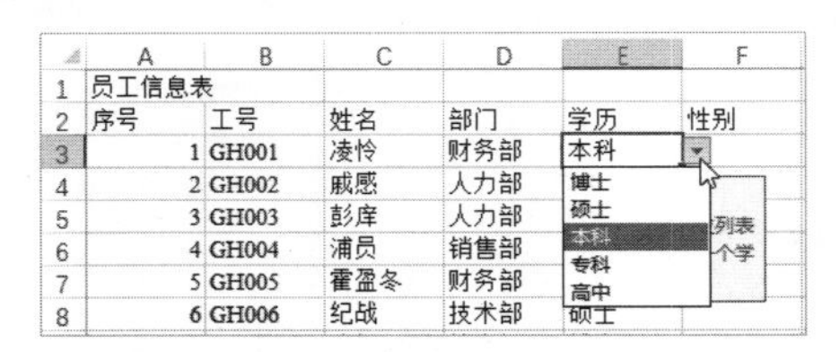

	A	B	C	D	E	F
1	员工信息表					
2	序号	工号	姓名	部门	学历	性别
3	1	GH001	凌怜	财务部	本科	
4	2	GH002	戚感	人力部	博士	
5	3	GH003	彭庠	人力部	硕士	
6	4	GH004	浦员	销售部	本科	
7	5	GH005	霍盈冬	财务部	专科	
8	6	GH006	纪战	技术部	高中	

图 8-15　从下拉列表中选择学历

8.1.4　从身份证号中提取员工的性别

用户可以直接从身份证号中提取员工的性别，既方便快捷，也可以避免出现输入错误。从身份证号中提取员工性别的操作步骤如下：

（1）在“员工信息表”工作表中单击要输入性别的第一个单元格，本例为 F3。

（2）输入下面的公式并按 Enter 键，根据 H3 单元格中的身份证号提取出该员工的性别，如图 8-16 所示。

```
=IF(MOD(RIGHT(LEFT(H3,17)),2),"男","女")
```

F3　=IF(MOD(RIGHT(LEFT(H3,17)),2),"男","女")

	A	B	C	D	E	F	G	H	I
1	员工信息表								
2	序号	工号	姓名	部门	学历	性别	年龄	身份证号	
3	1	GH001	凌怜	财务部	本科	女		110102197909168922	
4	2	GH002	戚感	人力部	硕士			110102198703155582	

图 8-16　从身份证号中提取性别

公式说明：18 位身份证号码的第 15 ～ 17 位是顺序码，如果为奇数则表示男性，如果为偶数则表示女性。首先使用 LEFT 函数提取身份证号的前 17 位，然后使用 RIGHT 函数提取这 17 位的最后一个数字，并使用 MOD 函数判断该数字的奇偶性，奇数为“男”，偶数为“女”。

（3）双击 F3 单元格右下角的填充柄，将公式向下复制到 F22 单元格，得到其他员工的性别。

交叉参考：有关 LEFT、RIGHT 和 MOD 函数的详细内容，请参考本书第 3 章。

8.1.5　计算员工年龄

员工的年龄可以通过公式和函数计算得到，在进入新的一年后，工作表中的员工年龄会按新的一年重新计算，从而确保年龄随年份同步更新。计算员工年龄的操作步骤如下：

（1）在“员工信息表”工作表中单击要输入性别的第一个单元格，本例为 G3。

（2）输入下面的公式并按 Enter 键，根据 H3 单元格中的身份证号计算出该员工的年龄，如图 8-17 所示。

```
=DATEDIF(TEXT(MID(H3,7,8),"#-00-00"),TODAY(),"y")
```

G3 =DATEDIF(TEXT(MID(H3,7,8),"#-00-00"),TODAY(),"y")

	A	B	C	D	E	F	G	H	I
1	员工信息表								
2	序号	工号	姓名	部门	学历	性别	年龄	身份证号	
3	1	GH001	凌怜	财务部	本科	女	39	110102197909168922	
4	2	GH002	戚感	人力部	硕士	女		110102198703155582	

图 8-17　计算员工年龄

（3）双击 G3 单元格右下角的填充柄，将公式向下复制到 G22 单元格，得到其他员工的年龄。至此，已完成员工信息表的数据输入工作，如图 8-18 所示。

	A	B	C	D	E	F	G	H	I
1	员工信息表								
2	序号	工号	姓名	部门	学历	性别	年龄	身份证号	
3	1	GH001	凌怜	财务部	本科	女	39	110102197909168922	
4	2	GH002	戚感	人力部	硕士	女	32	110102198703155582	
5	3	GH003	彭庠	人力部	本科	男	24	110102199411223335	
6	4	GH004	浦员	销售部	专科	女	48	110102197103167646	
7	5	GH005	霍盈冬	财务部	本科	男	35	110102198307052975	
8	6	GH006	纪战	技术部	硕士	女	53	110102196507086409	
9	7	GH007	逄嫣	技术部	博士	女	43	110102197512248328	
10	8	GH008	茅弓	销售部	专科	女	41	110102197705093543	
11	9	GH009	卢册	销售部	专科	女	25	110102199309127829	
12	10	GH010	姜念柳	人力部	本科	男	48	110102197012139558	
13	11	GH011	夏夫生	技术部	硕士	女	26	110102199211042821	
14	12	GH012	路葭琪	销售部	本科	女	33	110102198509053984	
15	13	GH013	强以	技术部	硕士	女	41	110102197711057728	
16	14	GH014	全睿耘	技术部	本科	女	51	110102196710202648	
17	15	GH015	樊以蕾	人力部	本科	女	38	110102198010021860	
18	16	GH016	姬员	财务部	本科	男	33	110102198504178054	
19	17	GH017	盛荣树	销售部	专科	男	42	110102197704094616	
20	18	GH018	曾侣	技术部	博士	女	40	110102197811272006	
21	19	GH019	秦声	技术部	硕士	男	42	110102197703089839	
22	20	GH020	俞宰	销售部	专科	女	38	110102198007011389	

图 8-18　完成数据输入的员工信息表

交叉参考：有关 MID、TEXT、TODAY 和 DATEDIF 函数的详细内容，请参考本书第 3 章。

8.1.6　美化员工信息表

为了美观，可以对员工信息表的格式进行一些设置，操作步骤如下：

（1）选择 A1:H1 单元格区域，然后在功能区“开始”|“对齐方式”组中单击“合并后居中”按钮，将选中的所有单元格合并到一起，并将 A1 单元格中的标题居中对齐，如图 8-19 所示。

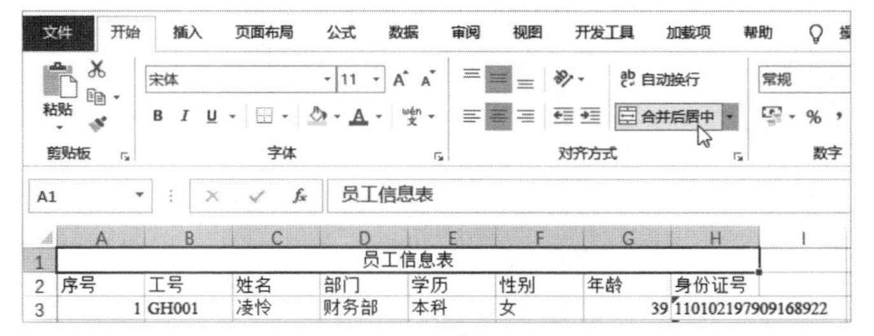

图 8-19　将表格标题合并居中

（2）将 A1 单元格中标题的字体设置为宋体，字号设置为 16，并设置加粗，如图 8-20 所示。

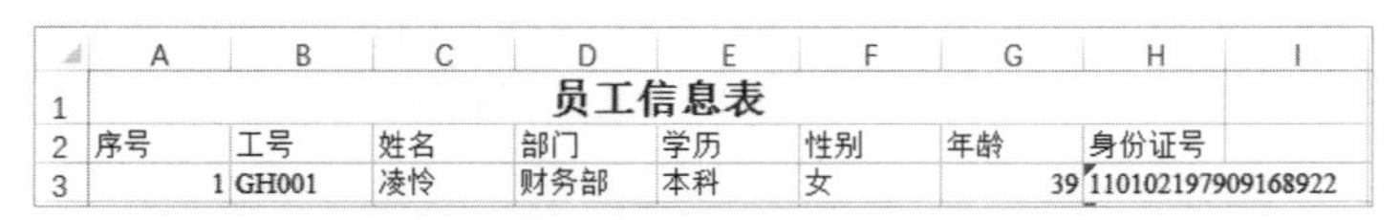

图 8-20　设置表格标题的字体格式

（3）选择 A2:H2 单元格区域，然后在功能区“开始”|“对齐方式”组中单击“居中”按钮，将各列标题在单元格中居中对齐，如图 8-21 所示。

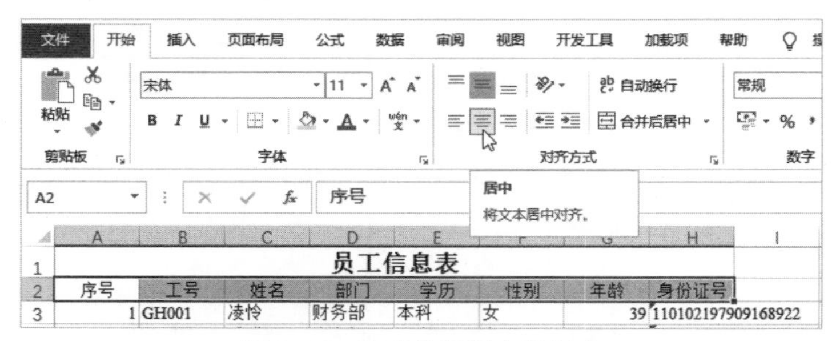

图 8-21　将表格标题合并居中

（4）将各列标题的字体设置为宋体，字号保持默认，并设置加粗。

（5）选择数据区域 A3:H22，然后设置居中对齐，如图 8-22 所示。

	A	B	C	D	E	F	G	H	I
1	员工信息表								
2	序号	工号	姓名	部门	学历	性别	年龄	身份证号	
3	1	GH001	凌怜	财务部	本科	女	39	02197909168922	
4	2	GH002	戚感	人力部	硕士	女	32	02198703155582	
5	3	GH003	彭庠	人力部	本科	男	24	02199411223335	
6	4	GH004	浦员	销售部	专科	女	48	02197103167646	
7	5	GH005	霍盈冬	财务部	本科	男	35	02198307052975	
8	6	GH006	纪战	技术部	硕士	女	53	02196507086409	
9	7	GH007	逄嫣	技术部	博士	女	43	02197512248328	
10	8	GH008	茅弓	销售部	专科	女	41	02197705093543	
11	9	GH009	卢册	销售部	专科	女	25	02199309127829	
12	10	GH010	姜念柳	人力部	本科	男	48	02197012139558	
13	11	GH011	夏夫生	技术部	硕士	女	26	02199211042821	
14	12	GH012	路葭琪	销售部	本科	女	33	02198509053984	
15	13	GH013	强以	技术部	硕士	女	41	02197711057728	
16	14	GH014	全睿耘	技术部	本科	女	51	02196710202648	
17	15	GH015	樊以蕾	人力部	本科	女	38	02198010021860	
18	16	GH016	姬员	财务部	本科	男	33	02198504178054	
19	17	GH017	盛荣树	销售部	专科	男	42	02197704094616	
20	18	GH018	曾侣	技术部	博士	女	40	02197811272006	
21	19	GH019	秦声	技术部	硕士	男	42	02197703089839	
22	20	GH020	俞宰	销售部	专科	女	38	02198007011389	
23									

图 8-22　设置数据区域居中对齐

（6）选择 A ～ H 列，将光标指向选中的任意两列之间的边界线上，当光标变为左右箭头时双击，将每列宽度自动调整为合适的大小，如图 8-23 所示。

（7）为了去掉 H 列中每个单元格左上角的绿色三角，选择 H3:H22 单元格区域，然后单击 H3 单元格左侧显示的按钮，在下拉菜单中单击“忽略错误”命令，如图 8-24 所示。完成后的员工信息表如图 8-25 所示。

交叉参考：有关设置单元格格式的详细内容，请参考本书第 2 章。

	A	B	C	D	E	F	G	H
1	员工信息表							
2	序号	工号	姓名	部门	学历	性别	年龄	身份证号
3	1	GH001	凌怜	财务部	本科	女	39	110102197909168922
4	2	GH002	戚感	人力部	硕士	女	32	110102198703155582
5	3	GH003	彭庠	人力部	本科	男	24	110102199411223335
6	4	GH004	浦员	销售部	专科	女	48	110102197103167646
7	5	GH005	霍盈冬	财务部	本科	男	35	110102198307052975
8	6	GH006	纪战	技术部	硕士	女	53	110102196507086409
9	7	GH007	逢嫣	技术部	博士	女	43	110102197512248328
10	8	GH008	茅弓	销售部	专科	女	41	110102197705093543
11	9	GH009	卢册	销售部	专科	女	25	110102199309127829
12	10	GH010	姜念柳	人力部	本科	男	48	110102197012139558
13	11	GH011	夏夫生	技术部	硕士	女	26	110102199211042821
14	12	GH012	路葭琪	销售部	本科	女	33	110102198509053984
15	13	GH013	强以	技术部	硕士	女	41	110102197711057728
16	14	GH014	全睿耘	技术部	本科	女	51	110102196710202648
17	15	GH015	樊以蕾	人力部	本科	女	38	110102198010021860
18	16	GH016	姬员	财务部	本科	男	33	110102198504178054
19	17	GH017	盛荣树	销售部	专科	男	42	110102197704094616
20	18	GH018	曾侣	技术部	博士	女	40	110102197811272006
21	19	GH019	秦声	技术部	硕士	男	42	110102197703089839
22	20	GH020	俞宰	销售部	专科	女	38	110102198007011389

图 8-23　根据内容自动调整各列宽度

	A	B	C	D	E	F	G	H
1	员工信息表							
2	序号	工号	姓名	部门	学历	性别	年龄	身份证号
3	1	GH001	凌怜	财务部	本科	女	!	110102197909168922
4	2	GH002	戚感	人力部	硕士	女		
5	3	GH003	彭庠	人力部	本科	男		以文本形式存储的数字
6	4	GH004	浦员	销售部	专科	女		转换为数字(C)
7	5	GH005	霍盈冬	财务部	本科	男		关于此错误的帮助(H)
8	6	GH006	纪战	技术部	硕士	女		忽略错误(I)
9	7	GH007	逢嫣	技术部	博士	女		在编辑栏中编辑(F)
10	8	GH008	茅弓	销售部	专科	女		
11	9	GH009	卢册	销售部	专科	女		错误检查选项(O)...
12	10	GH010	姜念柳	人力部	本科	男	48	110102197012139558
13	11	GH011	夏夫生	技术部	硕士	女	26	110102199211042821
14	12	GH012	路葭琪	销售部	本科	女	33	110102198509053984
15	13	GH013	强以	技术部	硕士	女	41	110102197711057728
16	14	GH014	全睿耘	技术部	本科	女	51	110102196710202648
17	15	GH015	樊以蕾	人力部	本科	女	38	110102198010021860
18	16	GH016	姬员	财务部	本科	男	33	110102198504178054
19	17	GH017	盛荣树	销售部	专科	男	42	110102197704094616
20	18	GH018	曾侣	技术部	博士	女	40	110102197811272006
21	19	GH019	秦声	技术部	硕士	男	42	110102197703089839
22	20	GH020	俞宰	销售部	专科	女	38	110102198007011389

图 8-24　单击“忽略错误”命令

	A	B	C	D	E	F	G	H
1	员工信息表							
2	序号	工号	姓名	部门	学历	性别	年龄	身份证号
3	1	GH001	凌怜	财务部	本科	女	39	110102197909168922
4	2	GH002	戚感	人力部	硕士	女	32	110102198703155582
5	3	GH003	彭庠	人力部	本科	男	24	110102199411223335
6	4	GH004	浦员	销售部	专科	女	48	110102197103167646
7	5	GH005	霍盈冬	财务部	本科	男	35	110102198307052975
8	6	GH006	纪战	技术部	硕士	女	53	110102196507086409
9	7	GH007	逢嫣	技术部	博士	女	43	110102197512248328
10	8	GH008	茅弓	销售部	专科	女	41	110102197705093543
11	9	GH009	卢册	销售部	专科	女	25	110102199309127829
12	10	GH010	姜念柳	人力部	本科	男	48	110102197012139558
13	11	GH011	夏夫生	技术部	硕士	女	26	110102199211042821
14	12	GH012	路葭琪	销售部	本科	女	33	110102198509053984
15	13	GH013	强以	技术部	硕士	女	41	110102197711057728
16	14	GH014	全睿耘	技术部	本科	女	51	110102196710202648
17	15	GH015	樊以蕾	人力部	本科	女	38	110102198010021860
18	16	GH016	姬员	财务部	本科	男	33	110102198504178054
19	17	GH017	盛荣树	销售部	专科	男	42	110102197704094616
20	18	GH018	曾侣	技术部	博士	女	40	110102197811272006
21	19	GH019	秦声	技术部	硕士	男	42	110102197703089839
22	20	GH020	俞宰	销售部	专科	女	38	110102198007011389

图 8-25　制作完成的员工信息表

8.2　查询与统计员工信息

本节以员工信息表中的数据为基础，介绍查询与统计员工信息的常用方法。

8.2.1　创建员工信息查询表

可以设计一个员工信息查询表，根据给定的员工工号，快速找到该名员工的相关信息，操作步骤如下：

（1）在 8.1.6 节制作好的员工信息表所在的工作簿中添加一个新的工作表，将该工作表命名为“员工信息查询表”。

（2）在 A1:A6 单元格区域中输入如图 8-26 所示的标题，并将它们设置为加粗字体格式，在单元格中居中对齐。

（3）单击 B1 单元格，打开“数据验证”对话框，在“设置”选项卡的“允许”下拉列表中选择“序列”，然后将“来源”设置为员工信息表中的 B3:B22 单元格区域，如图 8-27 所示。

图 8-26　输入标题　　　　图 8-27　设置序列来源

（4）使用与前面相同的方法，为员工信息查询表中的工号设置数据验证的其他选项，如图 8-28 所示。

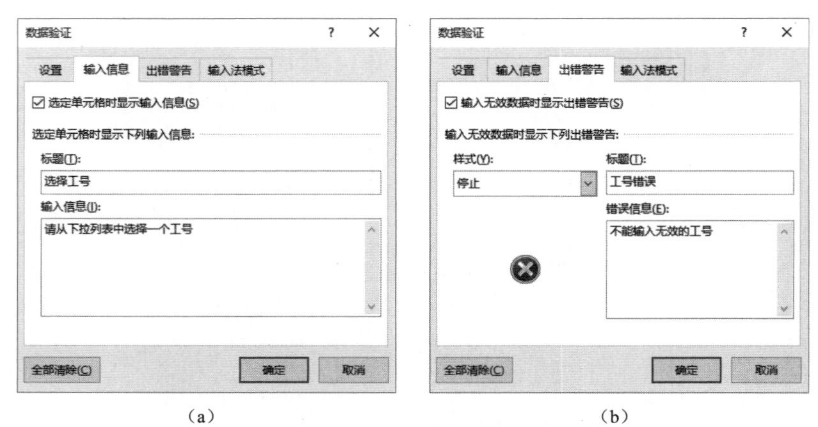

（a）　　　　（b）

图 8-28　设置工号的数据验证

（5）单击“确定”按钮，完成对 B1 单元格数据验证的设置，现在可以从 B1 单元格的下拉列表中选择一个工号，如图 8-29 所示。

（6）单击 B2 单元格，然后输入下面的公式并按 Enter 键，根据在 B1 单元格的工号，自动在员工信息表中查找对应的员工姓名，如图 8-30 所示。

```
=VLOOKUP($B$1,员工信息表!$B$3:$G$22,ROW(),0)
```

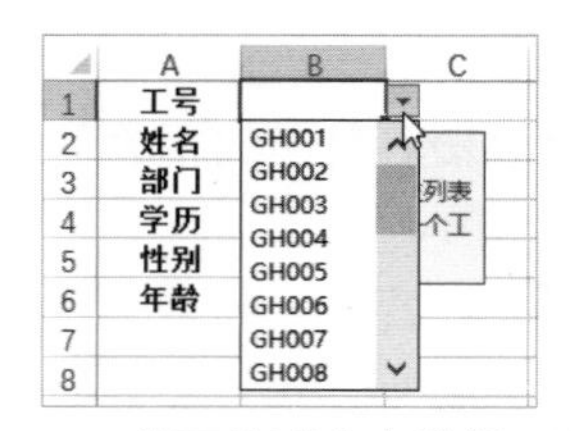

图 8-29　从下拉列表中选择工号

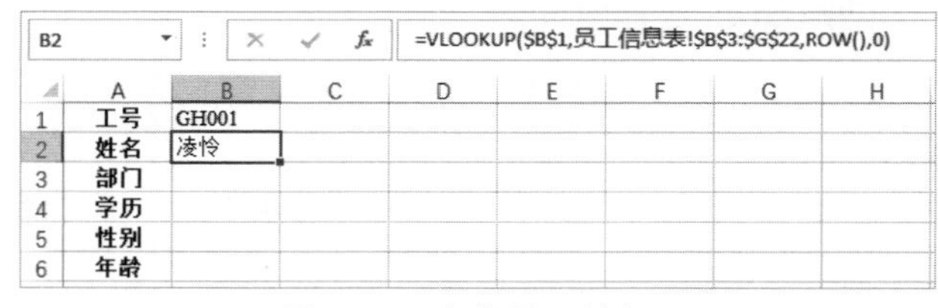

图 8-30　查找员工姓名

交叉参考：有关 VLOOKUP 函数的详细内容，请参考本书第 3 章。

（7）将 B2 单元格中的公式向下复制到 B6 单元格，自动得到员工的其他几项信息，如图 8-31 所示。

B6　=VLOOKUP($B$1,员工信息表!$B$3:$G$22,ROW(),0)

	A	B	C	D	E	F	G	H
1	工号	GH001						
2	姓名	凌怜						
3	部门	财务部						
4	学历	本科						
5	性别	女						
6	年龄	39						

图 8-31　复制公式后自动得到员工的其他信息

（8）从 B1 单元格的下拉列表中选择其他工号后，B2:B6 单元格区域将自动显示相应的员工信息，如图 8-32 所示。

（9）选择员工信息查询表中的 B1:B6 单元格区域，将查询到的员工信息设置为居中对齐，如图 8-33 所示。

	A	B
1	工号	GH006
2	姓名	纪战
3	部门	技术部
4	学历	硕士
5	性别	女
6	年龄	53

图 8-32　自动查询员工信息

	A	B
1	工号	GH006
2	姓名	纪战
3	部门	技术部
4	学历	硕士
5	性别	女
6	年龄	53

图 8-33　设置居中对齐

8.2.2　统计各部门男女员工的人数

统计各部门男女员工人数的操作步骤如下：

（1）在员工信息表的 K2:N2 单元格区域中输入各个部门的名称，然后在该工作表的 J3 和 J4 单元格中输入“男”和“女”，如图 8-34 所示。

技巧： 由于在创建员工信息表时，已将各部门的名称输入到“部门和学历”工作表的 A1:A4 单元格区域中，因此可以直接复制该区域，然后在 K2:N2 单元格区域中使用粘贴选项中的“转置”进行粘贴，即可从垂直方向转换为水平方向。

（2）单击 K3 单元格，输入下面的公式并按 Enter 键，计算出技术部男员工的人数，如图 8-35 所示。

```
=COUNTIFS($D$3:$D$22,K$2,$F$3:$F$22,$J3)
```

J	K	L	M	N
	技术部	销售部	人力部	财务部
男				
女				

图 8-34　输入各部门基础数据

K3　=COUNTIFS($D$3:$D$22,K$2,$F$3:$F$22,$J3)

	A	B	C	D	E	F	G	H	I	J	K	L	M	N
1	员工信息表													
2	序号	工号	姓名	部门	学历	性别	年龄	身份证号			技术部	销售部	人力部	财务部
3	1	GH001	凌怜	财务部	本科	女	39	110102197909168922		男	1			
4	2	GH002	戚慼	人力部	硕士	女	32	110102198703155582		女				
5	3	GH003	彭庠	人力部	本科	男	24	110102199411223335						
6	4	GH004	浦员	销售部	专科	女	48	110102197103167646						
7	5	GH005	霍盈冬	财务部	本科	男	35	110102198307052975						
8	6	GH006	纪战	技术部	硕士	女	53	110102196507086409						
9	7	GH007	逄嫣	技术部	博士	女	43	110102197512248328						
10	8	GH008	茅弓	销售部	专科	女	41	110102197705093543						
11	9	GH009	卢册	销售部	专科	女	25	110102199309127829						
12	10	GH010	姜念柳	人力部	本科	男	48	110102197012139558						
13	11	GH011	夏夫生	技术部	硕士	女	26	110102199211042821						
14	12	GH012	路葭琪	销售部	本科	女	33	110102198509053984						
15	13	GH013	强以	技术部	硕士	女	41	110102197711057728						
16	14	GH014	全睿耘	技术部	本科	女	51	110102196710202648						
17	15	GH015	樊以蕾	人力部	本科	女	38	110102198010021860						
18	16	GH016	姬员	财务部	本科	男	34	110102198504178054						
19	17	GH017	盛荣树	销售部	专科	男	42	110102197704094616						
20	18	GH018	曾侣	技术部	博士	女	40	110102197811272006						
21	19	GH019	秦声	技术部	硕士	男	42	110102197703089839						
22	20	GH020	俞宰	销售部	专科	女	38	110102198007011389						

图 8-35　计算技术部男员工的人数

交叉参考：有关 COUNTIFS 函数的详细内容，请参考本书第 3 章。

（3）将 K3 单元格中的公式向右复制到 N3 单元格，计算出其他几个部门男员工的人数。然后将 K3:N3 单元格区域中的公式同时向下复制到 K4:N4 单元格区域，计算出各个部门男女员工的人数，如图 8-36 所示。

P35

	A	B	C	D	E	F	G	H	I	J	K	L	M	N
1	员工信息表													
2	序号	工号	姓名	部门	学历	性别	年龄	身份证号			技术部	销售部	人力部	财务部
3	1	GH001	凌怜	财务部	本科	女	39	110102197909168922		男	1	1	2	2
4	2	GH002	戚感	人力部	硕士	女	32	110102198703155582		女	6	5	2	1
5	3	GH003	彭庠	人力部	本科	男	24	110102199411223335						
6	4	GH004	浦员	销售部	专科	女	48	110102197103167646						
7	5	GH005	霍盈冬	财务部	本科	男	35	110102198307052975						
8	6	GH006	纪战	技术部	硕士	女	53	110102196507086409						
9	7	GH007	逄嫣	技术部	博士	女	43	110102197512248328						
10	8	GH008	茅弓	销售部	专科	女	41	110102197705093543						
11	9	GH009	卢册	销售部	专科	女	25	110102199309127829						
12	10	GH010	姜念柳	人力部	本科	男	48	110102197012139558						
13	11	GH011	夏夫生	技术部	硕士	女	26	110102199211042821						
14	12	GH012	路葭琪	销售部	本科	女	33	110102198509053984						
15	13	GH013	强以	技术部	硕士	女	41	110102197711057728						
16	14	GH014	全睿耘	技术部	本科	女	51	110102196710202648						
17	15	GH015	樊以蕾	人力部	本科	女	38	110102198010021860						
18	16	GH016	姬员	财务部	本科	男	34	110102198504178054						
19	17	GH017	盛荣树	销售部	专科	男	42	110102197704094616						
20	18	GH018	曾侣	技术部	博士	女	40	110102197811272006						
21	19	GH019	秦声	技术部	硕士	男	42	110102197703089839						
22	20	GH020	俞宰	销售部	专科	女	38	110102198007011389						

图 8-36　计算各个部门男女员工的人数

8.2.3　统计各部门员工的学历情况

统计各部门员工的学历情况的操作步骤如下：

（1）以 8.2.2 节的员工信息表为基础，将 K2:N2 单元格区域中的部门名称复制到 K6:N6。然后在该表的 J7:J11 单元格区域中输入各个学历的名称，如图 8-37 所示。

J	K	L	M	N
	技术部	销售部	人力部	财务部
男	1	1	2	2
女	6	5	2	1
	技术部	销售部	人力部	财务部
博士				
硕士				
本科				
专科				
高中				

图 8-37　输入各学历基础数据

（2）单击 K7 单元格，输入下面的公式并按 Enter 键，计算出技术部博士学历的人数，如图 8-38 所示。

```
=COUNTIFS($D$3:$D$22,K$2,$E$3:$E$22,$J7)
```

（3）将 K7 单元格中的公式向右复制到 N7 单元格，计算出其他几个部门博士学历的人数。然后将 K7:N7 单元格区域中的公式同时向下复制到 K11:N11 单元格区域，计算出各个部门不同学历的人数，如图 8-39 所示。

	A	B	C	D	E	F	G	H	I	J	K	L	M	N
1	员工信息表													
2	序号	工号	姓名	部门	学历	性别	年龄	身份证号			技术部	销售部	人力部	财务部
3	1	GH001	凌怜	财务部	本科	女	39	110102197909168922		男	1	1	2	2
4	2	GH002	戚感	人力部	硕士	女	32	110102198703155582		女	6	5	2	1
5	3	GH003	彭庠	人力部	本科	男	24	110102199411223335						
6	4	GH004	浦员	销售部	专科	女	48	110102197103167646			技术部	销售部	人力部	财务部
7	5	GH005	霍盈冬	财务部	本科	男	35	110102198307052975		博士	2			
8	6	GH006	纪战	技术部	硕士	女	53	110102196507086409		硕士				
9	7	GH007	逄嫣	技术部	博士	女	43	110102197512248328		本科				
10	8	GH008	茅弓	销售部	专科	女	41	110102197705093543		专科				
11	9	GH009	卢册	销售部	专科	女	25	110102199309127829		高中				
12	10	GH010	姜念柳	人力部	本科	男	48	110102197012139558						
13	11	GH011	夏夫生	技术部	硕士	女	26	110102199211042821						
14	12	GH012	路葭琪	销售部	本科	女	33	110102198509053984						
15	13	GH013	强以	技术部	硕士	女	41	110102197711057728						
16	14	GH014	全睿耘	技术部	本科	女	51	110102196710202648						
17	15	GH015	樊以蕾	人力部	本科	女	38	110102198010021860						
18	16	GH016	姬员	财务部	本科	男	34	110102198504178054						
19	17	GH017	盛荣树	销售部	专科	男	42	110102197704094616						
20	18	GH018	曾侣	技术部	博士	女	40	110102197811272006						
21	19	GH019	秦声	技术部	硕士	男	42	110102197703089839						
22	20	GH020	俞宰	销售部	专科	女	38	110102198007011389						

图 8-38　计算技术部博士学历的人数

	A	B	C	D	E	F	G	H	I	J	K	L	M	N
1	员工信息表													
2	序号	工号	姓名	部门	学历	性别	年龄	身份证号			技术部	销售部	人力部	财务部
3	1	GH001	凌怜	财务部	本科	女	39	110102197909168922		男	1	1	2	2
4	2	GH002	戚感	人力部	硕士	女	32	110102198703155582		女	6	5	2	1
5	3	GH003	彭庠	人力部	本科	男	24	110102199411223335						
6	4	GH004	浦员	销售部	专科	女	48	110102197103167646			技术部	销售部	人力部	财务部
7	5	GH005	霍盈冬	财务部	本科	男	35	110102198307052975		博士	2	0	0	0
8	6	GH006	纪战	技术部	硕士	女	53	110102196507086409		硕士	4	0	1	0
9	7	GH007	逄嫣	技术部	博士	女	43	110102197512248328		本科	1	1	3	3
10	8	GH008	茅弓	销售部	专科	女	41	110102197705093543		专科	0	5	0	0
11	9	GH009	卢册	销售部	专科	女	25	110102199309127829		高中	0	0	0	0
12	10	GH010	姜念柳	人力部	本科	男	48	110102197012139558						
13	11	GH011	夏夫生	技术部	硕士	女	26	110102199211042821						
14	12	GH012	路葭琪	销售部	本科	女	33	110102198509053984						
15	13	GH013	强以	技术部	硕士	女	41	110102197711057728						
16	14	GH014	全睿耘	技术部	本科	女	51	110102196710202648						
17	15	GH015	樊以蕾	人力部	本科	女	38	110102198010021860						
18	16	GH016	姬员	财务部	本科	男	34	110102198504178054						
19	17	GH017	盛荣树	销售部	专科	男	42	110102197704094616						
20	18	GH018	曾侣	技术部	博士	女	40	110102197811272006						
21	19	GH019	秦声	技术部	硕士	男	42	110102197703089839						
22	20	GH020	俞宰	销售部	专科	女	38	110102198007011389						

图 8-39　计算各个部门不同学历的人数

8.2.4　统计不同年龄段的员工人数

统计不同年龄段的员工人数的操作步骤如下：

（1）以 8.2.3 节的员工信息表为基础，在 J14:J18 单元格区域中输入各年龄段的标题，然后在 K13 单元格中输入“人数”，如图 8-40 所示。

（2）选择 K14:K18 单元格区域，然后输入下面的数组公式，按 Ctrl+Shift+Enter 组合键结束，计算出 20 岁以下、20 ～ 29 岁、30 ～ 39 岁、40 ～ 49 岁、50 岁及以上等不同年龄段的员工人数，如图 8-41 所示。

```
=FREQUENCY(G3:G22,{19,29,39,49})
```

J	K	L	M	N
	技术部	销售部	人力部	财务部
男	1	1	2	2
女	6	5	2	1
	技术部	销售部	人力部	财务部
博士	2	0	0	0
硕士	4	0	1	0
本科	1	1	3	3
专科	0	5	0	0
高中	0	0	0	0
	人数			
20岁以下				
20~29岁				
30~39岁				
40~49岁				
50岁及以上				

图 8-40　输入各年龄段基础数据

K14　{=FREQUENCY(G3:G22,{19,29,39,49})}

	A	B	C	D	E	F	G	H	I	J	K	L	M	N
1	员工信息表													
2	序号	工号	姓名	部门	学历	性别	年龄	身份证号			技术部	销售部	人力部	财务部
3	1	GH001	凌怜	财务部	本科	女	39	110102197909168922		男	1	1	2	2
4	2	GH002	戚感	人力部	硕士	女	32	110102198703155582		女	6	5	2	1
5	3	GH003	彭庠	人力部	本科	男	24	110102199411223335						
6	4	GH004	浦员	销售部	专科	女	48	110102197103167646			技术部	销售部	人力部	财务部
7	5	GH005	霍盈冬	财务部	本科	男	35	110102198307052975		博士	2	0	0	0
8	6	GH006	纪战	技术部	硕士	女	53	110102196507086409		硕士	4	0	1	0
9	7	GH007	逄嫣	技术部	博士	女	43	110102197512248328		本科	1	1	3	3
10	8	GH008	茅弓	销售部	专科	女	41	110102197705093543		专科	0	5	0	0
11	9	GH009	卢册	销售部	专科	女	25	110102199309127829		高中	0	0	0	0
12	10	GH010	姜念柳	人力部	本科	男	48	110102197012139558						
13	11	GH011	夏夫生	技术部	硕士	女	26	110102199211042821			人数			
14	12	GH012	路葭琪	销售部	本科	女	33	110102198509053984		20岁以下	0			
15	13	GH013	强以	技术部	硕士	女	41	110102197711057728		20~29岁	3			
16	14	GH014	全睿耘	技术部	本科	女	51	110102196710202648		30~39岁	7			
17	15	GH015	樊以蕾	人力部	本科	女	38	110102198010021860		40~49岁	8			
18	16	GH016	姬员	财务部	本科	男	34	110102198504178054		50岁及以上	2			
19	17	GH017	盛荣树	销售部	专科	男	42	110102197704094616						
20	18	GH018	曾侣	技术部	博士	女	40	110102197811272006						
21	19	GH019	秦声	技术部	硕士	男	42	110102197703089839						
22	20	GH020	俞宰	销售部	专科	女	38	110102198007011389						

图 8-41　计算不同年龄段的员工人数

交叉参考：有关 FREQUENCY 函数的详细内容，请参考本书第 3 章。

8.2.5　制作各部门男女员工人数对比条形图

为了更加直观地对比分析各部门男女员工的人数，可以创建如图 8-42 所示的条形图。以 8.2.2 节中统计出的各部门男女员工人数为基础数据，创建对比条形图的操作步骤如下：

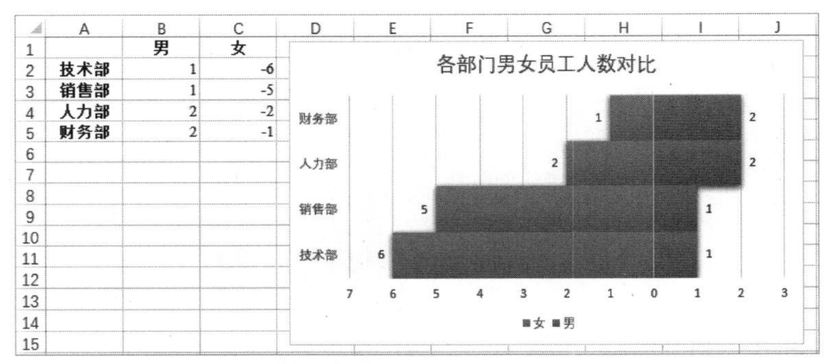

	男	女
技术部	1	-6
销售部	1	-5
人力部	2	-2
财务部	2	-1

图 8-42　各部门男女员工人数对比条形图

（1）在 8.2.2 节中的统计数据所在的工作簿中添加一个新的工作表，将该工作表命名为“男女员工对比条形图”。

（2）在“员工信息表”工作表中选择员工人数统计结果所在的单元格区域，本例为 J2:N4，然后按 Ctrl+C 组合键，将其复制到剪贴板。

（3）右击右侧的任意一个空单元格，如 P2，然后在弹出的快捷菜单中单击“粘贴选项”中的“转置”命令，如图 8-43 所示。

（4）对 J2:N4 单元格区域的行列方向进行转置后，得到数据区域是 P2:R6，如图 8-44 所示。

（5）选择 P2:R6 单元格区域并按 Ctrl+X 组合键，将该区域中的数据剪切到剪贴板。

（6）激活“男女员工对比条形图”工作表，单击 A1 单元格，按 Ctrl+V 组合键，将数据粘贴到以 A1 单元格为左上角的区域中。然后将该区域的首行和首列中的文字设置加粗和居中对齐，如图 8-45 所示。

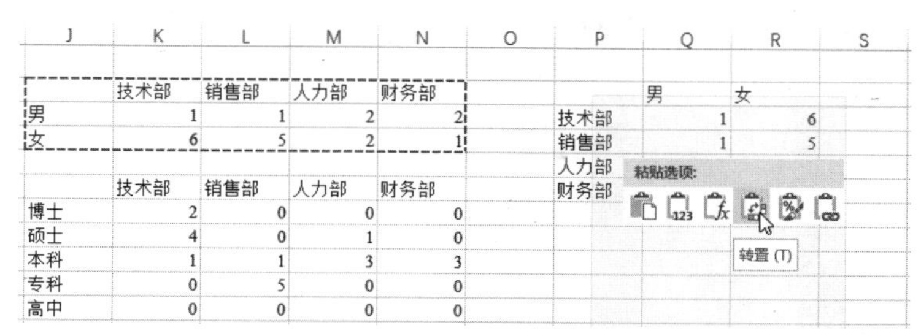

图 8-43　对员工人数统计结果进行行列转置

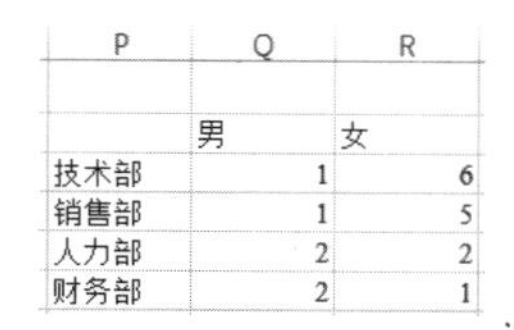

	男	女
技术部	1	6
销售部	1	5
人力部	2	2
财务部	2	1

图 8-44　转置后的数据区域

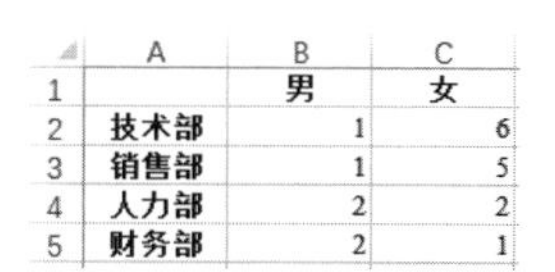

	A	B	C
1		男	女
2	技术部	1	6
3	销售部	1	5
4	人力部	2	2
5	财务部	2	1

图 8-45　移动转置后的数据区域的位置

（7）在任意一个空单元格中输入 -1，然后选择该单元格并进行复制。

（8）选择表示女员工人数的区域 C2:C5，然后右击该选区，在弹出的快捷菜单中单击“选择性粘贴”命令，在打开的对话框中选择“乘”选项，如图 8-46 所示。

（9）单击“确定”按钮，将表示女员工人数的数字转换为负数，如图 8-47 所示。

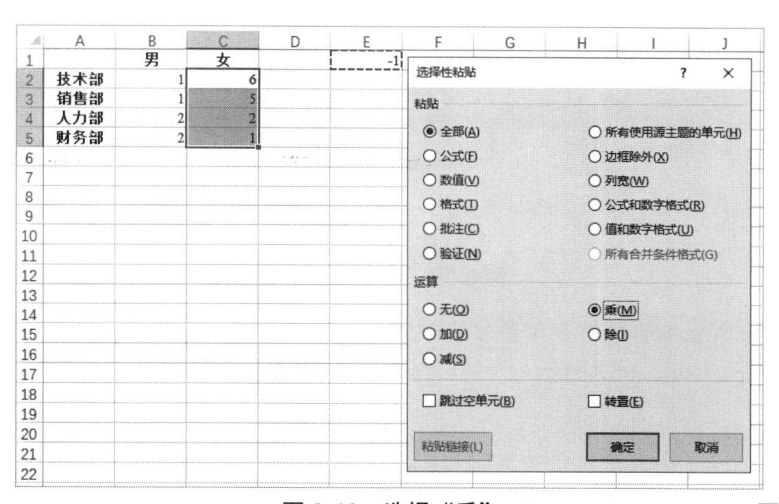

图 8-46　选择“乘”

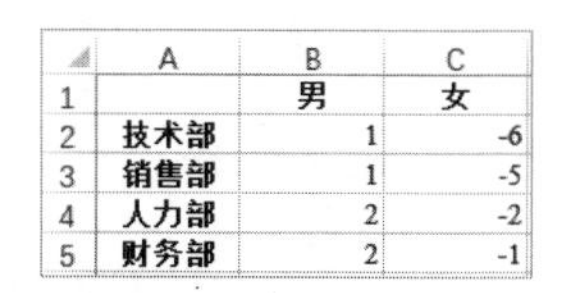

	A	B	C
1		男	女
2	技术部	1	-6
3	销售部	1	-5
4	人力部	2	-2
5	财务部	2	-1

图 8-47　将女员工人数转换为负数

（10）单击 A1:C5 单元格区域中的任意一个单元格，然后在功能区“插入”|“图表”组中单击“插入柱形图或条形图”按钮，在打开的列表中选择“簇状条形图”，如图 8-48 所示。

（11）在工作表中插入一个簇状条形图。双击图表的纵坐标轴，打开“设置坐标轴格式”窗格，如图 8-49 所示。在“坐标轴选项”选项卡的“坐标轴选项”类别中，将“刻度线”中的“主刻度线类型”设置为“无”，将“标签”中的“标签位置”设置为“低”。此时的条形图如图 8-50 所示。

（12）单击“坐标轴选项”选项卡右侧的下拉按钮，在下拉菜单中单击“水平（值）轴”命令，如图 8-51 所示。

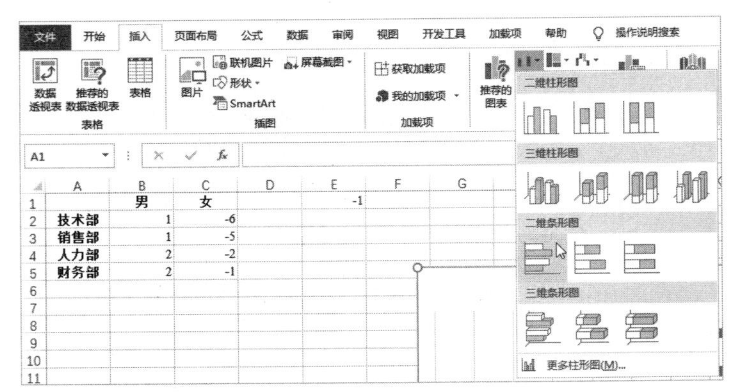

图 8-48　选择“簇状条形图”

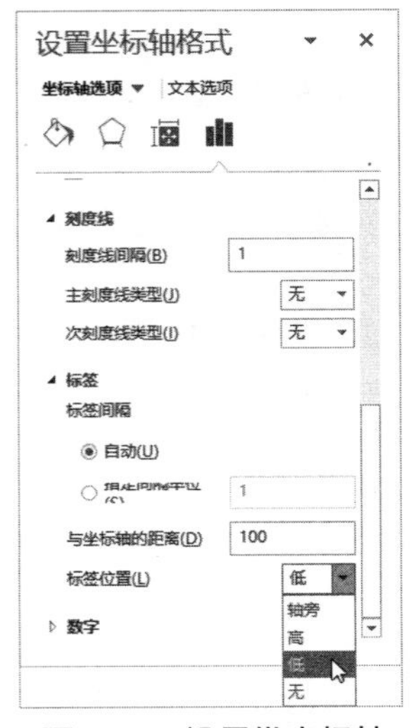

图 8-49　设置纵坐标轴

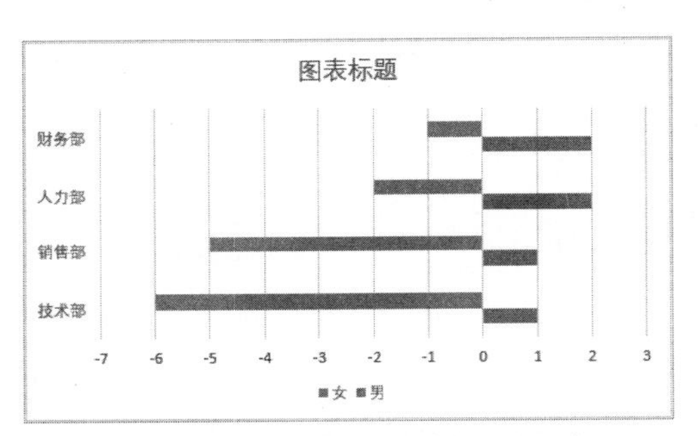

图 8-50　设置纵坐标轴后的图表

（13）将窗格切换到横坐标轴的设置界面，在“数字”类别中的“格式代码”文本框中输入“0;0;0”，然后单击“添加”按钮，如图 8-52 所示。

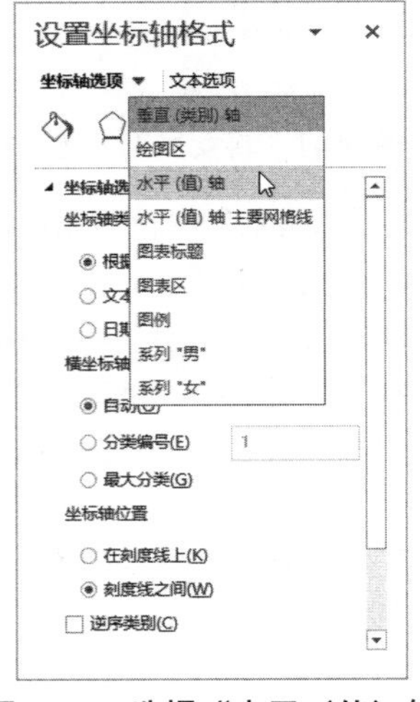

图 8-51　选择“水平（值）轴”

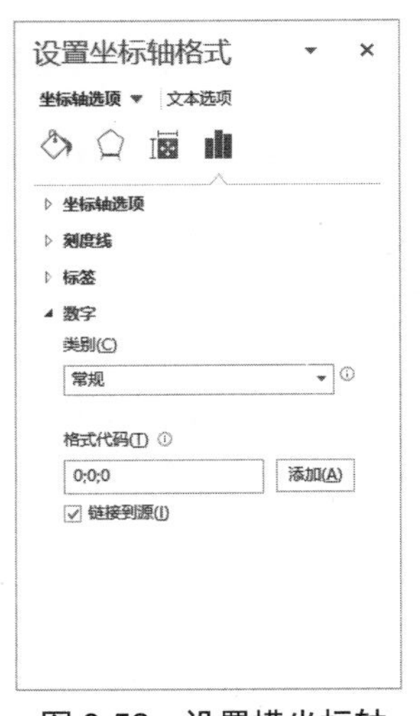

图 8-52　设置横坐标轴

（14）单击“坐标轴选项”选项卡右侧的下拉按钮，在下拉菜单中选择任意一个数据系列，如“系列男”如图 8-53 所示。

（15）将窗格切换到数据系列的设置界面，在“系列选项”类别中将“系列重叠”设置为“100%”，将“分类间距”设置为“0%”，如图 8-54 所示。

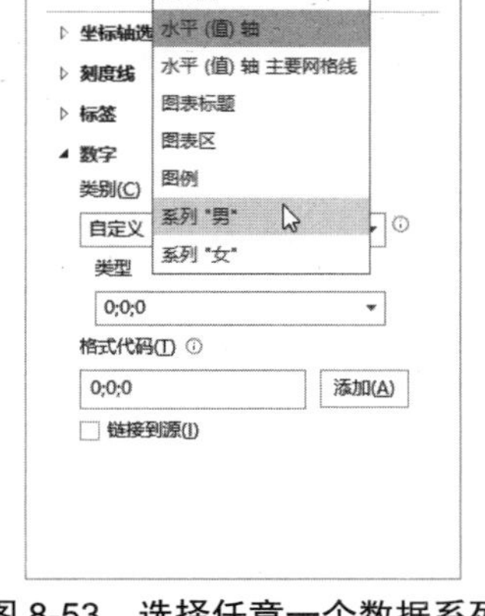

图 8-53　选择任意一个数据系列

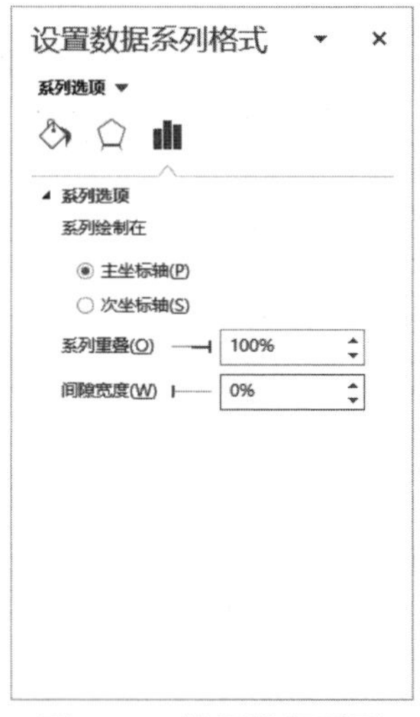

图 8-54　设置数据系列

（16）关闭格式设置窗格，选择图表的图表区，然后在功能区“图表工具”|“设计”|“图表布局”组中单击“添加图表元素”按钮，在下拉菜单中单击“数据标签”|“数据标签外”命令，为数据系列添加数据标签，如图 8-55 所示。

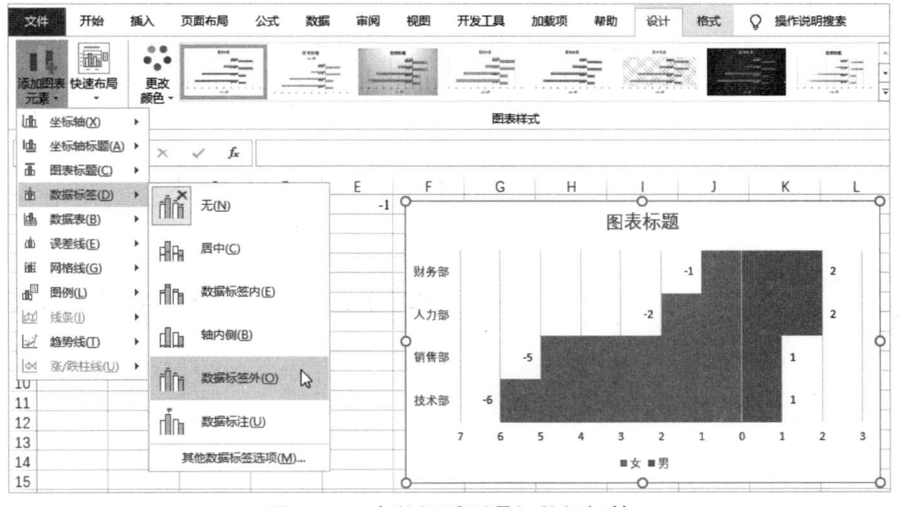

图 8-55　为数据系列添加数据标签

提示：为了让负数的数据标签显示为正数，可以使用步骤 11 中的方法，将负数标签的数字格式设置为“0;0;0”。设置方法是右击图表中包含负数的数据标签，在弹出的快捷菜单中单击“设置数据标签格式”命令，如图 8-56 所示，然后在打开的窗格中进行设置。

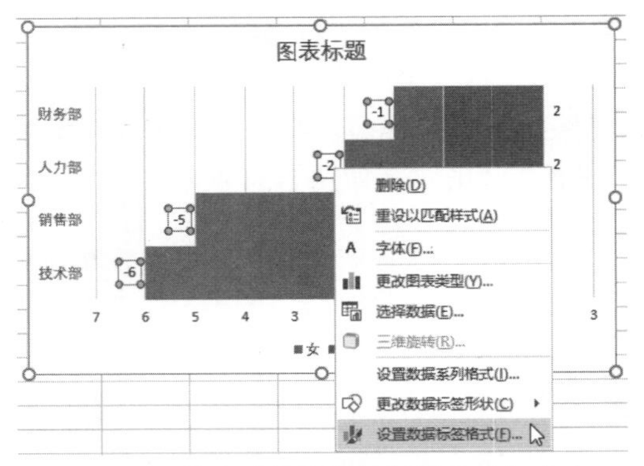

图 8-56 单击“设置数据标签格式”命令

（17）将图表标题设置为“各部门男女员工人数对比”。然后单击其中一个数据系列，在功能区“图表工具”|“格式”|“形状样式”组中设置数据系列的形状外观，对另一个数据系列也做同样的设置。

交叉参考：有关图表的详细内容，请参考本书第 7 章。

第 9 章
处理客户信息

客户是企业生存和发展的重要资源，客户范围会随着业务的不断增长而快速扩大。为了更好地了解业务发展状况，以及每个客户的层次和规模，同时保持与现有客户的友好合作关系，并制订新客户的开发计划，企业需要对已有客户进行系统化的管理。本章将介绍客户资料表的创建与设置、客户销售额占比分析与排名、客户等级划分与统计等内容。

9.1 创建和设置客户资料表

本节将介绍创建客户资料表并为其设置基本的格式，还将介绍为客户资料表设置隔行底纹效果的方法。本章后续内容对客户进行分析的数据都来源于客户资料表。

9.1.1 创建客户资料表

创建客户资料表的操作步骤如下：

（1）新建一个 Excel 工作簿，双击 Sheet1 工作表标签，输入“客户资料表”，然后按 Enter 键确认。

（2）在 A1:E1 单元格区域中输入各列的标题，如图 9-1 所示。

（3）选择 A1:E1 单元格区域，然后在功能区“开始”|“对齐方式”组中单击“居中”按钮，将各列标题在单元格中居中对齐，如图 9-2 所示。

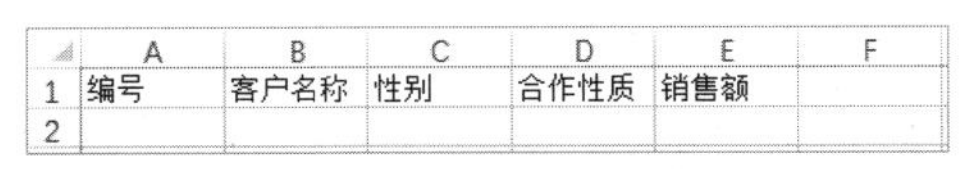

A
B
C
D
E
F
1
编号
客户名称
性别
合作性质
销售额
2

图 9-1　输入标题

文件
开始
插入
页面布局
公式
数据
审阅
视图
开发工具
宋体
11
粘贴
剪贴板
字体
对齐方式
居中
将文本居中对齐。
A1
编号
1
编号
客户名称
性别
合作性质
销售额
2

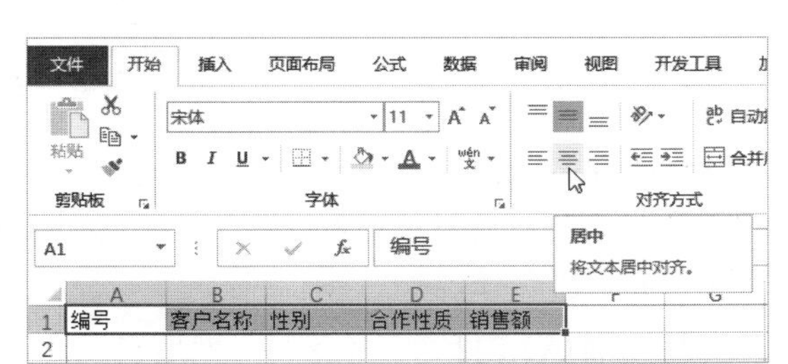

图 9-2　将各列标题设置为居中对齐

（4）保持 A1:E1 单元格区域的选中状态，在功能区“开始”|“字体”组中单击“加粗”按钮，将各列标题设置为字体加粗，如图 9-3 所示。

图 9-3　将各列标题设置为字体加粗

（5）在 A2 单元格中输入 1，按住 Ctrl 键，然后向下拖动 A2 单元格右下角的填充柄，直到 A11 单元格为止，自动在 A2:A11 单元格区域中输入编号 1 ～ 10，如图 9-4 所示。

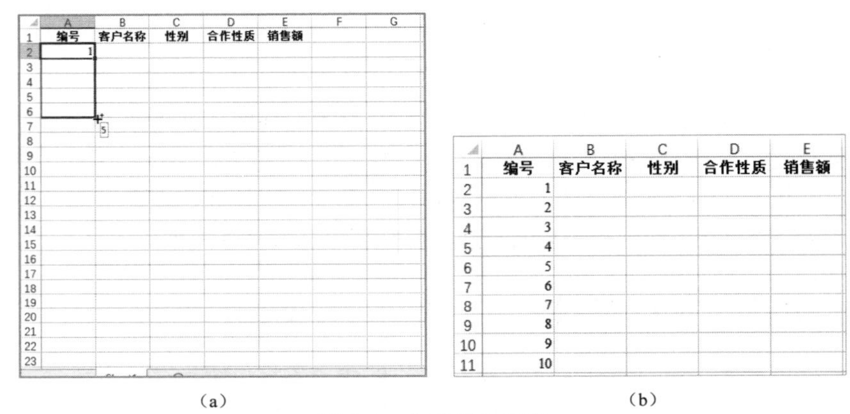

（a）　　　　　　　　　　　　（b）

图 9-4　自动输入编号

（6）在 B2:E11 单元格区域中输入客户资料表的其他内容，如图 9-5 所示。

	A	B	C	D	E
1	编号	客户名称	性别	合作性质	销售额
2	1	蒋云希	男	代理商	28800
3	2	栾便	女	代理商	9200
4	3	权伴	男	代理商	37900
5	4	寇天灵	女	代理商	20500
6	5	项揄彤	女	代理商	21200
7	6	段纪彤	男	代理商	12900
8	7	步芊怿	男	代理商	35100
9	8	冯闻轩	女	代理商	7100
10	9	臧利廷	女	代理商	13700
11	10	邱曼珍	男	代理商	11600

图 9-5　输入客户资料表的其他内容

技巧：由于本例中所有客户的“合作性质”一项都是“代理商”，因此可以输入一个“代理商”之后，通过拖动填充柄进行复制。或者选择 G2:G11 单元格区域，然后输入“代理商”并按 Ctrl+Enter 组合键。

（7）选择 A2:E11 单元格区域，然后在功能区“开始”|“对齐方式”组中单击“居中”按钮，将各列数据在单元格中居中对齐，如图 9-6 所示。

图 9-6　将各列数据在单元格中居中对齐

交叉参考：有关设置单元格格式的详细内容，请参考本书第 2 章。

9.1.2　为客户资料表设置隔行底纹效果

为了使客户资料表中的数据看起来更加清晰，可以为客户资料表设置隔行底纹，即相邻的两行使用不同的颜色作为单元格的背景。设置隔行底纹的一种方法是手动为间隔的行设置背景色，当数据有很多行时，这种方法效率较低。另一种方法是通过条件格式自动为间隔的行设置背景色。本小节将介绍使用第二种方法来设置隔行底纹，操作步骤如下：

（1）选择客户资料表中的所有数据，本例为 A1:E11 单元格区域，确保 A1 单元格是活动单元格。

（2）在功能区“开始” | “样式”组中单击“条件格式”按钮，然后在下拉菜单中单击“新建规则”命令，如图 9-7 所示。

图 9-7　单击“新建规则”命令

交叉参考：有关条件格式的详细内容，请参考本书第 2 章。

（3）打开“新建格式规则”对话框，在“选择规则类型”列表框中选择“使用公式确定要设置格式的单元格”选项，然后在“为符合此公式的值设置格式”文本框中输入下面的公式，如图 9-8 所示。

```
=MOD(ROW(A1),2)=1
```

技巧：由于 MOD(ROW(A1),2) 返回的不是 1 就是 0，而所有非 0 数字等价于逻辑值 TRUE，因此上面的公式可以简化为“=MOD(ROW(A1),2)”，即把原公式结尾部分的“=1”删除。

（4）单击“格式”按钮，打开“设置单元格格式”对话框，在“填充”选项卡中为单元格选择一种背景色，如图 9-9 所示。

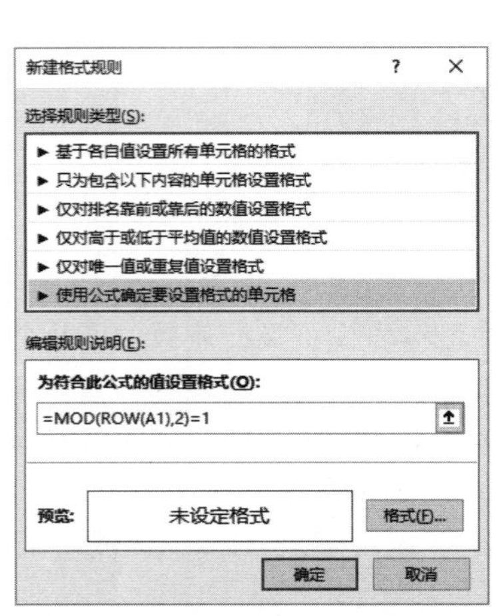

图 9-8　使用公式作为条件格式规则

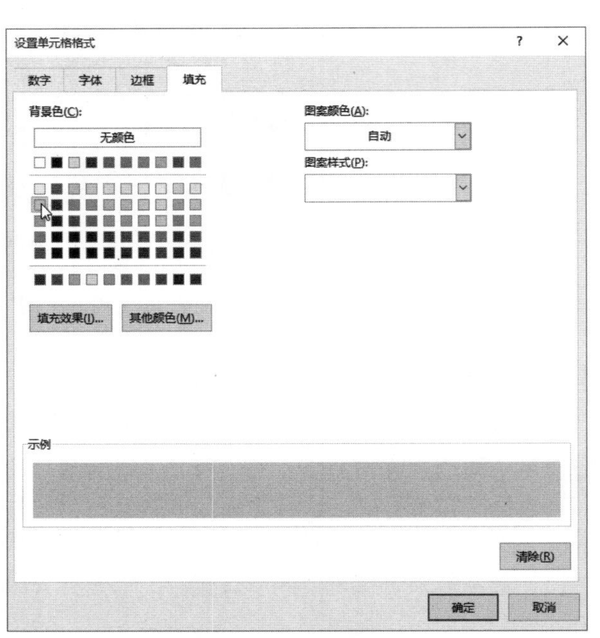

图 9-9　选择背景色

（5）单击“确定”按钮，返回“新建格式规则”对话框，上一步选择的颜色将会显示在“预览”区域中，如图 9-10 所示。

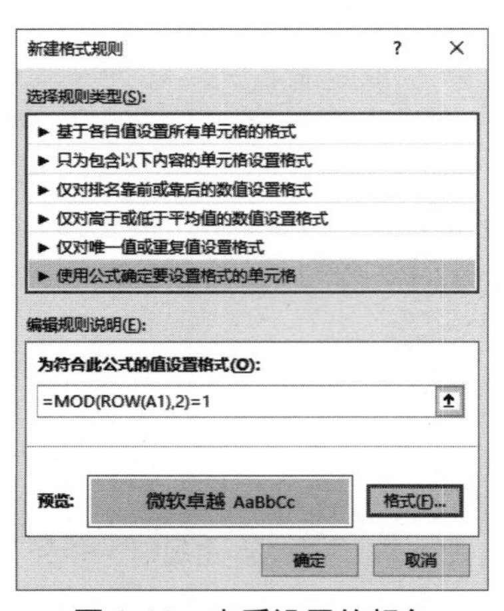

图 9-10　查看设置的颜色

（6）确认无误后，单击“确定”按钮，将自动为选区中的奇数行设置指定的背景色，如图 9-11 所示。

提示：如果要为数据区域中的所有偶数行设置底纹，则可以将本例中的公式改为下面的形式，效果如图 9-12 所示。

```
=MOD(ROW(A1),2)=0
```

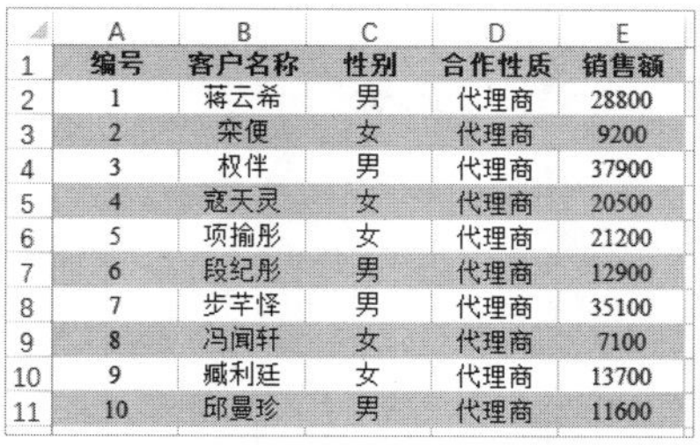

	A	B	C	D	E
1	编号	客户名称	性别	合作性质	销售额
2	1	蒋云希	男	代理商	28800
3	2	栾便	女	代理商	9200
4	3	权伴	男	代理商	37900
5	4	寇天灵	女	代理商	20500
6	5	项揄彤	女	代理商	21200
7	6	段纪彤	男	代理商	12900
8	7	步芊怿	男	代理商	35100
9	8	冯闻轩	女	代理商	7100
10	9	臧利廷	女	代理商	13700
11	10	邱曼珍	男	代理商	11600

图 9-11　使用条件格式自动为数据区域设置隔行底纹

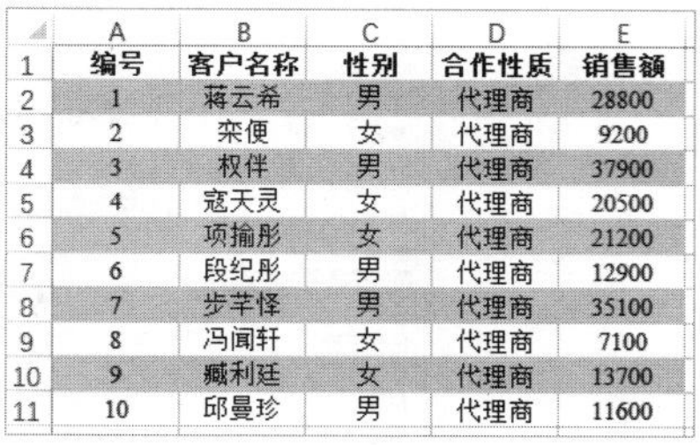

	A	B	C	D	E
1	编号	客户名称	性别	合作性质	销售额
2	1	蒋云希	男	代理商	28800
3	2	栾便	女	代理商	9200
4	3	权伴	男	代理商	37900
5	4	寇天灵	女	代理商	20500
6	5	项揄彤	女	代理商	21200
7	6	段纪彤	男	代理商	12900
8	7	步芊怿	男	代理商	35100
9	8	冯闻轩	女	代理商	7100
10	9	臧利廷	女	代理商	13700
11	10	邱曼珍	男	代理商	11600

图 9-12　为所有偶数行设置底纹效果

交叉参考：有关 MOD 和 ROW 函数的详细内容，请参考本书第 3 章。

9.2　客户销售额占比分析与排名

通过对客户销售额进行占比分析与排名，可以更好地了解客户的实力与贡献度，从而继续挖掘大客户的潜力并帮扶小客户提升业绩。

9.2.1　计算客户销售额所占的比率

销售额所占比例是指某个客户的销售额占所有客户销售额总和的百分比。本小节以客户资料表中的数据为基础，计算客户销售额所占比率的操作步骤如下：

（1）在客户资料表的 F1 单元格中输入“所占比率”，并为该单元格设置加粗和居中对齐。

（2）选择 F2:F11 单元格区域，右击选区，在弹出的快捷菜单中单击“设置单元格格式”命令，如图 9-13 所示。

	A	B	C	D	E	F	G	H
1	编号	客户名称	性别	合作性质	销售额	所占比率		
2	1	蒋云希	男	代理商	28800			
3	2	栾便	女	代理商	9200			
4	3	权伴	男	代理商	37900			
5	4	寇天灵	女	代理商	20500			
6	5	项揄彤	女	代理商	21200			
7	6	段纪彤	男	代理商	12900			
8	7	步芊怿	男	代理商	35100			
9	8	冯闻轩	女	代理商	7100			
10	9	臧利廷	女	代理商	13700			
11	10	邱曼珍	男	代理商	11600			

剪切(T)
复制(C)
粘贴选项:
选择性粘贴(S)...
智能查找(L)
插入(I)...
删除(D)...
清除内容(N)
快速分析(Q)
筛选(E)
排序(O)
插入批注(M)
设置单元格格式(F)...
从下拉列表中选择(K)...
显示拼音字段(S)
定义名称(A)...
链接(I)

图 9-13　单击“设置单元格格式”命令

（3）打开“设置单元格格式”对话框，切换到“数字”选项卡，在“分类”列表框中选择“百分比”，然后将“小数位数”设置为 0，如图 9-14 所示。

图 9-14　设置百分比格式

（4）单击“确定”按钮，将 F2:F11 单元格区域的数字格式设置为“百分比”。

（5）单击 F2 单元格，然后输入下面的公式，计算第一个客户的销售额占比，如图 9-15 所示。

```
=E2/SUM($E$2:$E$11)
```

（6）将光标指向 F2 单元格右下角的填充柄，当光标变为十字形时双击，将 F2 单元格中的公式向下复制到 F11 单元格，自动计算出其他客户的销售额占比，如图 9-16 所示。

F2　=E2/SUM($E$2:$E$11)

	A	B	C	D	E	F
1	编号	客户名称	性别	合作性质	销售额	所占比率
2	1	蒋云希	男	代理商	28800	15%
3	2	栾便	女	代理商	9200	
4	3	权伴	男	代理商	37900	
5	4	寇天灵	女	代理商	20500	
6	5	项揄彤	女	代理商	21200	
7	6	段纪彤	男	代理商	12900	
8	7	步芊怿	男	代理商	35100	
9	8	冯闻轩	女	代理商	7100	
10	9	臧利廷	女	代理商	13700	
11	10	邱曼珍	男	代理商	11600	

图 9-15　计算第一个客户的销售额占比

	A	B	C	D	E	F
1	编号	客户名称	性别	合作性质	销售额	所占比率
2	1	蒋云希	男	代理商	28800	15%
3	2	栾便	女	代理商	9200	5%
4	3	权伴	男	代理商	37900	19%
5	4	寇天灵	女	代理商	20500	10%
6	5	项揄彤	女	代理商	21200	11%
7	6	段纪彤	男	代理商	12900	7%
8	7	步芊怿	男	代理商	35100	18%
9	8	冯闻轩	女	代理商	7100	4%
10	9	臧利廷	女	代理商	13700	7%
11	10	邱曼珍	男	代理商	11600	6%

图 9-16　自动计算其他客户的销售额占比

交叉参考：有关 SUM 函数的详细内容，请参考本书第 3 章。

9.2.2　根据销售额为客户排名

以 9.2.1 节制作完成的客户资料表为基础，根据销售额为客户排名的操作步骤如下：

（1）在客户资料表的 G1 单元格中输入“排名”，并为该单元格设置加粗和居中对齐。

（2）单击 G2 单元格，然后输入下面的公式，计算第一个客户的销售额排名，如图 9-17 所示。

```
=RANK.EQ(E2,$E$2:$E$11)
```

交叉参考：有关 RANK.EQ 函数的详细内容，请参考本书第 3 章。

（3）将光标指向 G2 单元格右下角的填充柄，当光标变为十字形时双击，将 G2 单元格中的公式向下复制到 G11 单元格，自动计算出其他客户的销售额排名，如图 9-18 所示。

G2　=RANK.EQ(E2,$E$2:$E$11)

	A	B	C	D	E	F	G
1	编号	客户名称	性别	合作性质	销售额	所占比率	排名
2	1	蒋云希	男	代理商	28800	15%	3
3	2	栾便	女	代理商	9200	5%	
4	3	权伴	男	代理商	37900	19%	
5	4	寇天灵	女	代理商	20500	10%	
6	5	项揄彤	女	代理商	21200	11%	
7	6	段纪彤	男	代理商	12900	7%	
8	7	步芊怿	男	代理商	35100	18%	
9	8	冯闻轩	女	代理商	7100	4%	
10	9	臧利廷	女	代理商	13700	7%	
11	10	邱曼珍	男	代理商	11600	6%	

图 9-17　计算第一个客户的销售额排名

	A	B	C	D	E	F	G
1	编号	客户名称	性别	合作性质	销售额	所占比率	排名
2	1	蒋云希	男	代理商	28800	15%	3
3	2	栾便	女	代理商	9200	5%	9
4	3	权伴	男	代理商	37900	19%	1
5	4	寇天灵	女	代理商	20500	10%	5
6	5	项揄彤	女	代理商	21200	11%	4
7	6	段纪彤	男	代理商	12900	7%	7
8	7	步芊怿	男	代理商	35100	18%	2
9	8	冯闻轩	女	代理商	7100	4%	10
10	9	臧利廷	女	代理商	13700	7%	6
11	10	邱曼珍	男	代理商	11600	6%	8

图 9-18　自动计算其他客户的销售额排名

9.2.3　使用饼图分析客户销售额占比

为了直观显示客户销售额占比情况，可以将表示占比率的数据绘制到饼图中，操作步骤如下：

（1）选择客户资料表中客户名称所在的区域，本例为 B1:B11。按住 Ctrl 键，然后选择销售额所在的区域，本例为 E1:E11，这样将同时选中 B1:B11 和 E1:E11 两个单元格区域，如图 9-19 所示。

	A	B	C	D	E	F	G
1	编号	客户名称	性别	合作性质	销售额	所占比率	排名
2	1	蒋云希	男	代理商	28800	15%	3
3	2	栾便	女	代理商	9200	5%	9
4	3	权伴	男	代理商	37900	19%	1
5	4	寇天灵	女	代理商	20500	10%	5
6	5	项揄彤	女	代理商	21200	11%	4
7	6	段纪彤	男	代理商	12900	7%	7
8	7	步芊怿	男	代理商	35100	18%	2
9	8	冯闻轩	女	代理商	7100	4%	10
10	9	臧利廷	女	代理商	13700	7%	6
11	10	邱曼珍	男	代理商	11600	6%	8

图 9-19　同时选择“客户名称”和“销售额”两列数据

（2）在功能区“插入”|“图表”组中单击“插入饼图或圆环图”按钮，然后在下拉菜单中单击“饼图”，如图 9-20 所示。

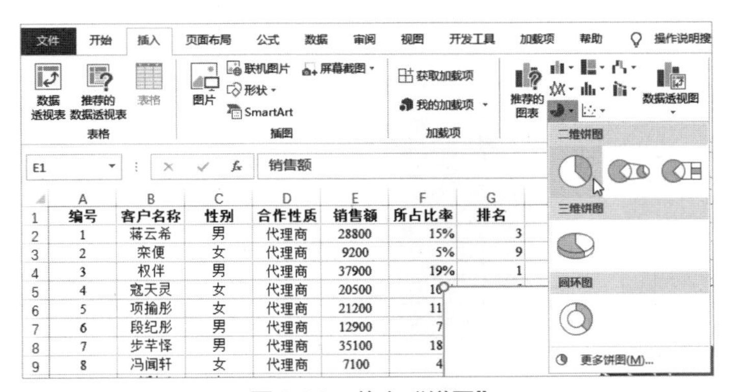

图 9-20　单击“饼图”

（3）在客户资料表中插入一个饼图，如图 9-21 所示。

（4）单击图表顶部的标题，以将其选中，再次单击图表标题，进入编辑状态，删除原有标题并输入“客户销售额占比分析”，如图 9-22 所示。

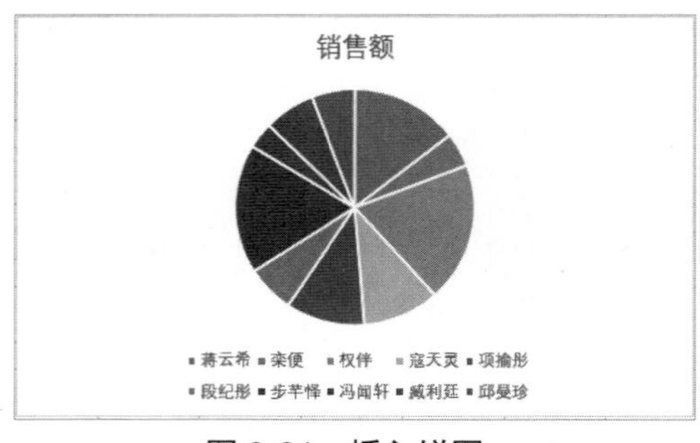

图 9-21　插入饼图

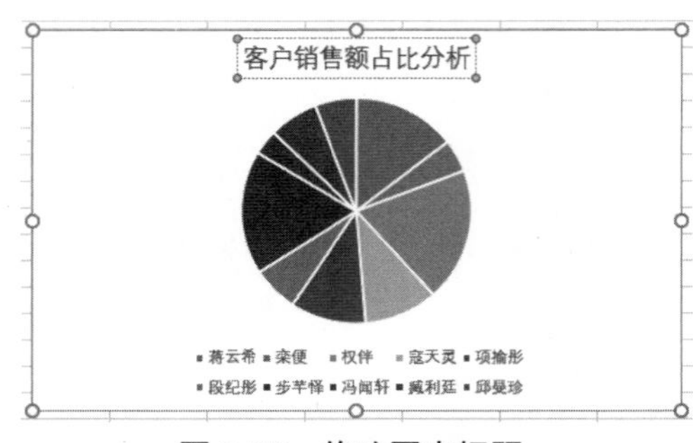

图 9-22　修改图表标题

（5）单击图表区以选中图表，然后在功能区“图表工具”|“设计”选项卡的“图表布局”组中单击“添加图表元素”按钮，在下拉菜单中单击“图例”|“无”命令，删除饼图中的图例，如图 9-23 所示。

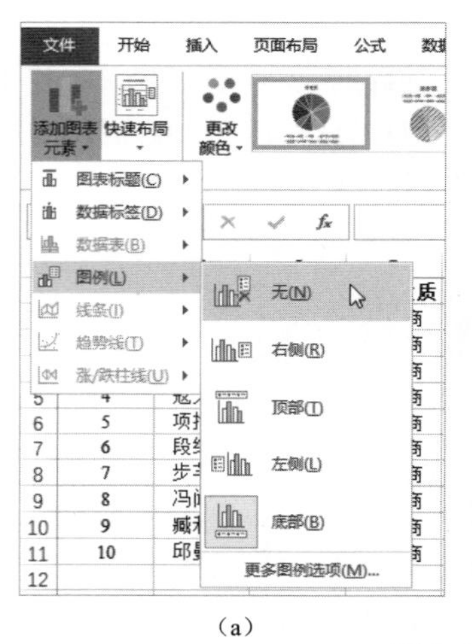

（a）

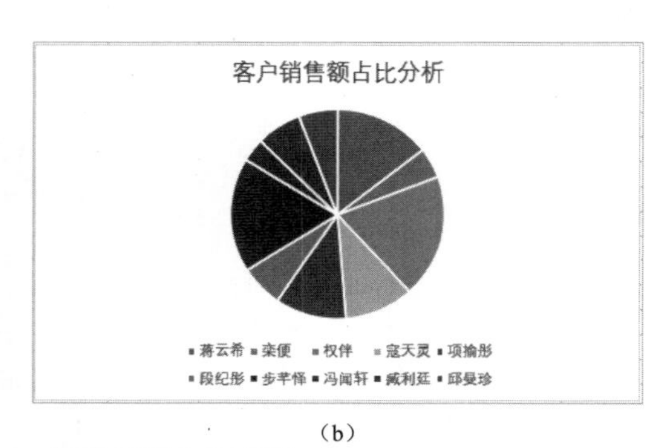

（b）

图 9-23　删除饼图中的图例

（6）右击饼图的数据系列，在弹出的快捷菜单中单击“添加数据标签”|“添加数据标注”命令，如图 9-24 所示。

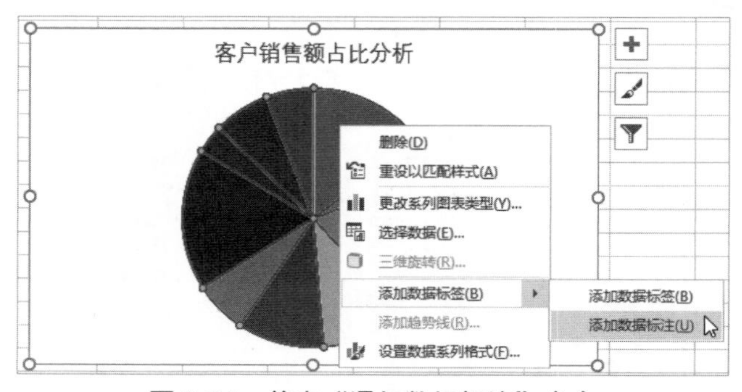

图 9-24　单击“添加数据标注”命令

（7）将在饼图中显示标注形式的数据，这些对应于客户名称和销售额所占比率，如图 9-25 所示。

（8）为了显示每个客户的销售额，可以右击任意一个数据标注，然后在弹出的快捷菜单中单击“设置数据标签格式”命令，如图 9-26 所示。

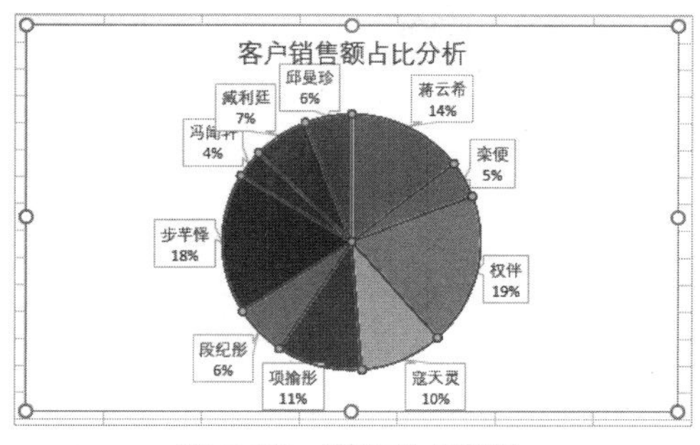

图 9-25　添加数据标注

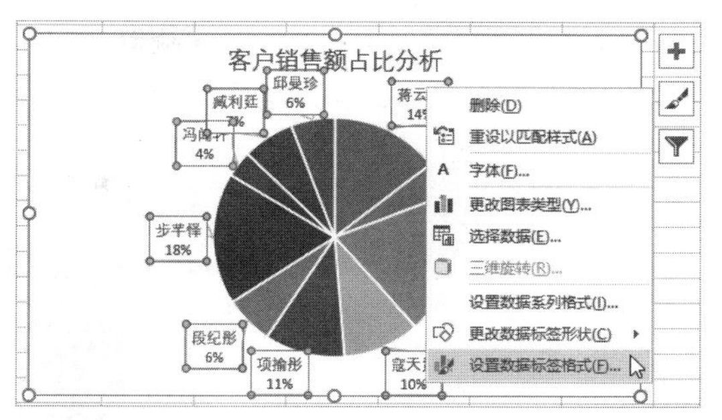

图 9-26　单击“设置数据标签格式”命令

（9）打开“设置数据标签格式”窗格，在“标签选项”选项卡中选中“值”复选框，即可在数据标注中添加销售额的显示，如图 9-27 所示。

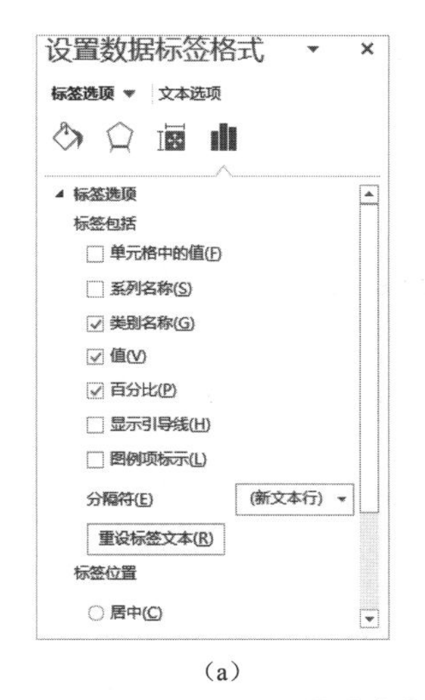

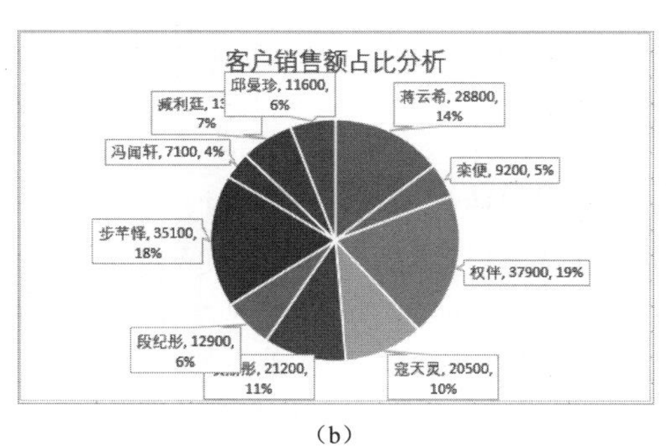

（a）　　　　（b）

图 9-27　通过选中“值”复选框在数据标注中添加销售额

（10）如果希望每个数据标注中的内容都显示在一行，则可以打开“设置数据标签格式”窗格中，在“文本选项”选项卡中选中“根据文字调整形状大小”复选框，并取消选中“形状中的文字自动换行”复选框，如图 9-28 所示。

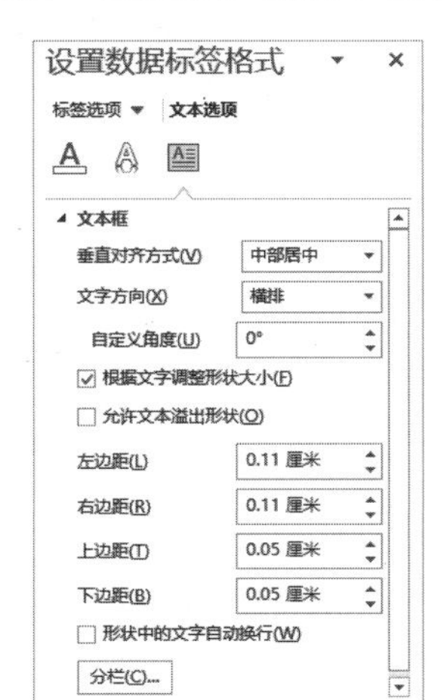

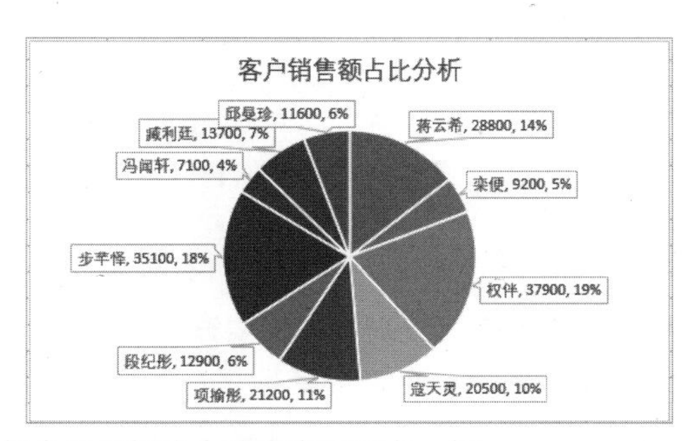

图 9-28　让每个数据标注中的内容显示在一行

（11）为了避免数据标注互相重叠，可以单击任意一个数据标注，然后再次单击要移动位置的数据标注，以将其单独选中，拖动该数据标注即可移动它的位置，如图 9-29 所示。

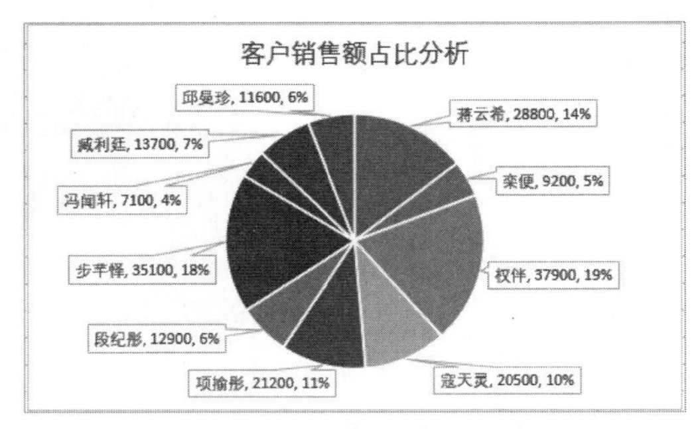

图 9-29　调整数据标注的位置

交叉参考：有关图表的详细内容，请参考本书第 7 章。

9.3　客户等级分析

可以根据客户的销售额为客户评级，然后根据评级结果，统计出各个级别客户的数量，从而可以更好地掌握客户的销售能力与实力，为公司的客户维护和发展计划提供帮助。

9.3.1　根据销售额为客户评级

假设客户等级的划分标准是：销售额大于或等于 30 000 元的客户为 A 级代理商，销售额大于或等于 10 000 元且小于 30 000 元的客户为 B 级代理商，小于 10 000 元的客户为 C 级代理商。以 9.2.2 节制作完成的客户资料表为基础，使用以上标准为客户评级的操作步骤如下：

（1）在客户资料表的 H1 单元格中输入“等级”，并为该单元格设置加粗和居中对齐。

（2）单击 H2 单元格，然后输入下面的公式，根据销售额对第一个客户进行评级，如图 9-30 所示。

```
=IF(E2>=30000,"A",IF(E2>=10000,"B","C"))
```

H2　=IF(E2>=30000,"A",IF(E2>=10000,"B","C"))

	A	B	C	D	E	F	G	H
1	编号	客户名称	性别	合作性质	销售额	所占比率	排名	等级
2	1	蒋云希	男	代理商	28800	15%	3	B
3	2	栾便	女	代理商	9200	5%	9	
4	3	权伴	男	代理商	37900	19%	1	
5	4	寇天灵	女	代理商	20500	10%	5	
6	5	项揄彤	女	代理商	21200	11%	4	
7	6	段纪彤	男	代理商	12900	7%	7	
8	7	步芊怿	男	代理商	35100	18%	2	
9	8	冯闻轩	女	代理商	7100	4%	10	
10	9	臧利廷	女	代理商	13700	7%	6	
11	10	邱曼珍	男	代理商	11600	6%	8	

图 9-30　根据销售额对第一个客户进行评级

交叉参考：有关 IF 函数的详细内容，请参考本书第 3 章。

（3）将光标指向 H2 单元格右下角的填充柄，当光标变为十字形时双击，将 H2 单元格中的公式向下复制到 H11 单元格，自动对其他客户进行评级，如图 9-31 所示。

	A	B	C	D	E	F	G	H
1	编号	客户名称	性别	合作性质	销售额	所占比率	排名	等级
2	1	蒋云希	男	代理商	28800	15%	3	B
3	2	栾便	女	代理商	9200	5%	9	C
4	3	权伴	男	代理商	37900	19%	1	A
5	4	寇天灵	女	代理商	20500	10%	5	B
6	5	项揄彤	女	代理商	21200	11%	4	B
7	6	段纪彤	男	代理商	12900	7%	7	B
8	7	步芊怿	男	代理商	35100	18%	2	A
9	8	冯闻轩	女	代理商	7100	4%	10	C
10	9	臧利廷	女	代理商	13700	7%	6	B
11	10	邱曼珍	男	代理商	11600	6%	8	B

图 9-31　自动对其他客户进行评级

技巧：本例还可以使用 LOOKUP 函数代替多层嵌套的 IF 函数。由于 LOOKUP 函数的特点是查找不到精确值时，会返回小于或等于查找值的最大值，因此可以将本例等级划分标准的几个分段值作为 LOOKUP 函数的查找区间，将等级划分标准包括的销售额和对应等级以常量数组的形式输入到公式中，使用该公式同样可以得到正确的结果，如图 9-32 所示。当要检测的区段数量较多时，使用 LOOKUP 函数具有明显的优势。

```
=LOOKUP(E2,{0,"C";10000,"B";30000,"A"})
```

H2　=LOOKUP(E2,{0,"C";10000,"B";30000,"A"})

	A	B	C	D	E	F	G	H
1	编号	客户名称	性别	合作性质	销售额	所占比率	排名	等级
2	1	蒋云希	男	代理商	28800	15%	3	B
3	2	栾便	女	代理商	9200	5%	9	C
4	3	权伴	男	代理商	37900	19%	1	A
5	4	寇天灵	女	代理商	20500	10%	5	B
6	5	项揄彤	女	代理商	21200	11%	4	B
7	6	段纪彤	男	代理商	12900	7%	7	B
8	7	步芊怿	男	代理商	35100	18%	2	A
9	8	冯闻轩	女	代理商	7100	4%	10	C
10	9	臧利廷	女	代理商	13700	7%	6	B
11	10	邱曼珍	男	代理商	11600	6%	8	B

图 9-32　使用 LOOKUP 函数代替多层嵌套的 IF 函数

交叉参考：有关 LOOKUP 函数的详细内容，请参考本书第 3 章。

9.3.2　创建客户等级统计表

为了统计不同级别代理商的数量，需要创建客户等级统计表，以 9.3.1 节制作完成的客户资料表为基础，操作步骤如下：

（1）在 J1 单元格中输入“客户等级统计”，然后在 J2:J5 单元格区域中分别输入“A 级代理”“B 级代理”“C 级代理”和“合计”，如图 9-33 所示。

	A	B	C	D	E	F	G	H	I	J	K
1	编号	客户名称	性别	合作性质	销售额	所占比率	排名	等级		客户等级统计	
2	1	蒋云希	男	代理商	28800	15%	3	B		A级代理	
3	2	栾便	女	代理商	9200	5%	9	C		B级代理	
4	3	权伴	男	代理商	37900	19%	1	A		C级代理	
5	4	寇天灵	女	代理商	20500	10%	5	B		合计	
6	5	项揄彤	女	代理商	21200	11%	4	B			
7	6	段纪彤	男	代理商	12900	7%	7	B			
8	7	步芊怿	男	代理商	35100	18%	2	A			
9	8	冯闻轩	女	代理商	7100	4%	10	C			
10	9	臧利廷	女	代理商	13700	7%	6	B			
11	10	邱曼珍	男	代理商	11600	6%	8	B			

图 9-33　输入统计表的标题

（2）选择 J1 和 K1 单元格，然后在功能区“开始”|“对齐方式”组中单击“合并后居中”

按钮，将这两个单元格合并到一起，并将文字“客户等级统计”居中显示，如图 9-34 所示。

J1　客户等级统计

	A	B	C	D	E	F	G	H	I	J	K
1	编号	客户名称	性别	合作性质	销售额	所占比率	排名	等级		客户等级统计	
2	1	蒋云希	男	代理商	28800	15%	3	B		A级代理	
3	2	栾便	女	代理商	9200	5%	9	C		B级代理	
4	3	权伴	男	代理商	37900	19%	1	A		C级代理	
5	4	寇天灵	女	代理商	20500	10%	5	B		合计	
6	5	项揄彤	女	代理商	21200	11%	4	B			
7	6	段纪彤	男	代理商	12900	7%	7	B			
8	7	步芊怿	男	代理商	35100	18%	2	A			
9	8	冯闻轩	女	代理商	7100	4%	10	C			
10	9	臧利廷	女	代理商	13700	7%	6	B			
11	10	邱曼珍	男	代理商	11600	6%	8	B			

图 9-34　合并 J1 和 K1 单元格

（3）在功能区“开始”|“字体”组中单击“加粗”按钮，将“客户等级统计”设置为字体加粗。然后选择 J2:J5 单元格区域，在功能区“开始”|“对齐方式”组中单击“居中”按钮，将 J2:J5 单元格区域中的内容设置为居中对齐，如图 9-35 所示。

	A	B	C	D	E	F	G	H	I	J	K
1	编号	客户名称	性别	合作性质	销售额	所占比率	排名	等级		客户等级统计	
2	1	蒋云希	男	代理商	28800	15%	3	B		A级代理	
3	2	栾便	女	代理商	9200	5%	9	C		B级代理	
4	3	权伴	男	代理商	37900	19%	1	A		C级代理	
5	4	寇天灵	女	代理商	20500	10%	5	B		合计	
6	5	项揄彤	女	代理商	21200	11%	4	B			
7	6	段纪彤	男	代理商	12900	7%	7	B			
8	7	步芊怿	男	代理商	35100	18%	2	A			
9	8	冯闻轩	女	代理商	7100	4%	10	C			
10	9	臧利廷	女	代理商	13700	7%	6	B			
11	10	邱曼珍	男	代理商	11600	6%	8	B			

图 9-35　设置客户等级统计表中各标题的格式

（4）单击 K2 单元格，然后输入下面的公式，计算出等级为 A 级的客户数量，如图 9-36 所示。

```
=COUNTIF($H$2:$H$11,LEFT(J2))
```

K2　=COUNTIF($H$2:$H$11,LEFT(J2))

	A	B	C	D	E	F	G	H	I	J	K
1	编号	客户名称	性别	合作性质	销售额	所占比率	排名	等级		客户等级统计	
2	1	蒋云希	男	代理商	28800	15%	3	B		A级代理	2
3	2	栾便	女	代理商	9200	5%	9	C		B级代理	
4	3	权伴	男	代理商	37900	19%	1	A		C级代理	
5	4	寇天灵	女	代理商	20500	10%	5	B		合计	
6	5	项揄彤	女	代理商	21200	11%	4	B			
7	6	段纪彤	男	代理商	12900	7%	7	B			
8	7	步芊怿	男	代理商	35100	18%	2	A			
9	8	冯闻轩	女	代理商	7100	4%	10	C			
10	9	臧利廷	女	代理商	13700	7%	6	B			
11	10	邱曼珍	男	代理商	11600	6%	8	B			

图 9-36　计算等级为 A 级的客户数量

交叉参考：有关 COUNTIF 和 LEFT 函数的详细内容，请参考本书第 3 章。

（5）将光标指向 K3 单元格右下角的填充柄，当光标变为十字形时，单击并向下拖动填充柄，将公式向下复制到 K4 单元格，自动计算出其他等级的客户数量，如图 9-37 所示。

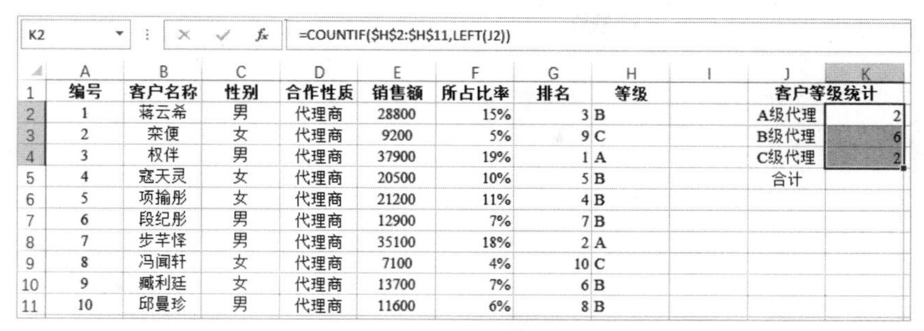

	A	B	C	D	E	F	G	H	I	J	K
1	编号	客户名称	性别	合作性质	销售额	所占比率	排名	等级		客户等级统计	
2	1	蒋云希	男	代理商	28800	15%	3	B		A级代理	2
3	2	栾便	女	代理商	9200	5%	9	C		B级代理	6
4	3	权伴	男	代理商	37900	19%	1	A		C级代理	2
5	4	寇天灵	女	代理商	20500	10%	5	B		合计	
6	5	项揄彤	女	代理商	21200	11%	4	B			
7	6	段纪彤	男	代理商	12900	7%	7	B			
8	7	步芊怿	男	代理商	35100	18%	2	A			
9	8	冯闻轩	女	代理商	7100	4%	10	C			
10	9	藏利廷	女	代理商	13700	7%	6	B			
11	10	邱曼珍	男	代理商	11600	6%	8	B			

图 9-37　自动计算其他等级的客户数量

（6）单击 K5 单元格，然后输入下面的公式，计算出所有等级的客户总数，如图 9-38 所示。

```
=SUM(K2:K4)
```

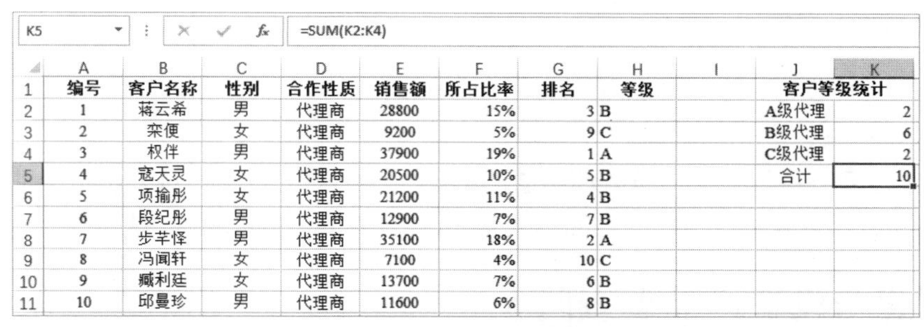

	A	B	C	D	E	F	G	H	I	J	K
1	编号	客户名称	性别	合作性质	销售额	所占比率	排名	等级		客户等级统计	
2	1	蒋云希	男	代理商	28800	15%	3	B		A级代理	2
3	2	栾便	女	代理商	9200	5%	9	C		B级代理	6
4	3	权伴	男	代理商	37900	19%	1	A		C级代理	2
5	4	寇天灵	女	代理商	20500	10%	5	B		合计	10
6	5	项揄彤	女	代理商	21200	11%	4	B			
7	6	段纪彤	男	代理商	12900	7%	7	B			
8	7	步芊怿	男	代理商	35100	18%	2	A			
9	8	冯闻轩	女	代理商	7100	4%	10	C			
10	9	藏利廷	女	代理商	13700	7%	6	B			
11	10	邱曼珍	男	代理商	11600	6%	8	B			

图 9-38　计算所有等级的客户总数

第 10 章 处理抽样与调查问卷数据

在企业制定经济决策之前，通常都会进行市场和产品的调研，并对调研结果进行分析，以便做出正确的决策。本章将介绍设计产品调查问卷，以及对调查问卷结果进行统计和分析的方法。

10.1 创建与设置产品调查问卷

为了便于用户填写调查问卷中的问题，在 Excel 中设计调查问卷时，通常需要借助控件来提供相关的便捷功能，以使调查问卷显得更专业。本节除了介绍设计调查问卷之外，还将介绍如何为调查问卷设置保护措施，以防被他人随意修改。

10.1.1 设计产品调查问卷

如图 10-1 所示，本例制作的产品调查问卷主要包括选择题和填空题两类，选择题又分为单项选择题和从下拉列表中选择两种。

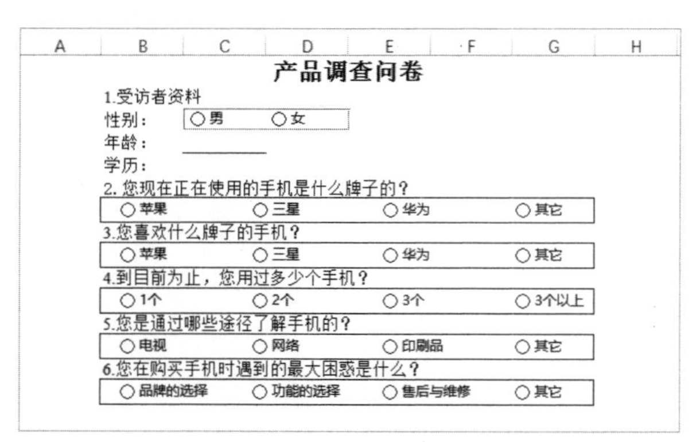

图 10-1 产品调查问卷

设计产品调查问卷的操作步骤如下：

（1）新建一个 Excel 工作簿，在 Sheet1 工作表中输入产品调查问卷的基本内容，如图 10-2 所示。

	A	B	C	D	E	F
1		产品调查问卷				
2		1.受访者资料				
3		性别：				
4		年龄：				
5		学历：				
6		2. 您现在正在使用的手机是什么牌子的？				
7						
8		3.您喜欢什么牌子的手机？				
9						
10		4.到目前为止，您用过多少个手机？				
11						
12		5.您是通过哪些途径了解手机的？				
13						
14		6.您在购买手机时遇到的最大困惑是什么？				

图 10-2　输入产品调查问卷的基本内容

（2）选择 B1:G1 单元格区域，在功能区“开始”|“对齐方式”组中单击“合并后居中”按钮，将该区域中的单元格合并到一起，如图 10-3 所示。

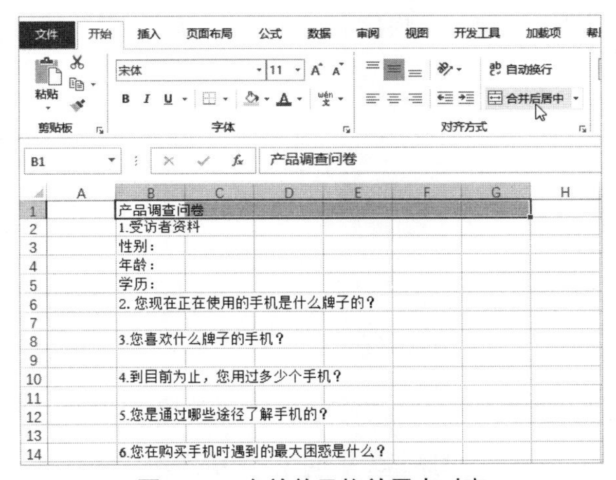

图 10-3　合并单元格并居中对齐

（3）单击合并后的 B1 单元格，在功能区“开始”|“字体”组中单击“加粗”按钮，为其设置加粗格式。然后在“字号”下拉列表中选择 16，为标题设置字体大小，如图 10-4 所示。

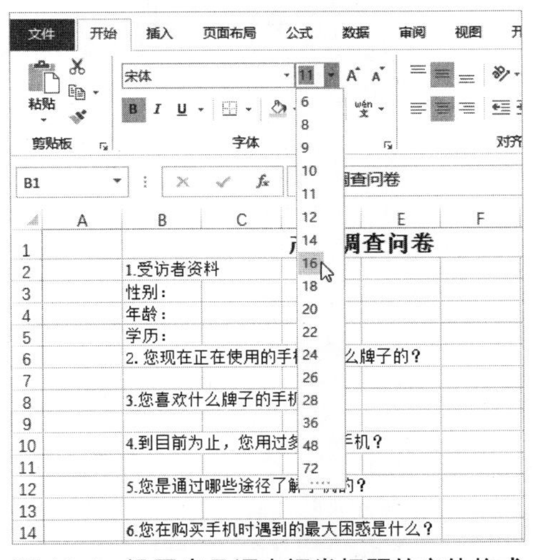

图 10-4　设置产品调查问卷标题的字体格式

（4）在功能区“开发工具”|“控件”组中单击“插入”按钮，然后在列表框的“表单控件”类别中单击“分组框”，如图 10-5 所示。

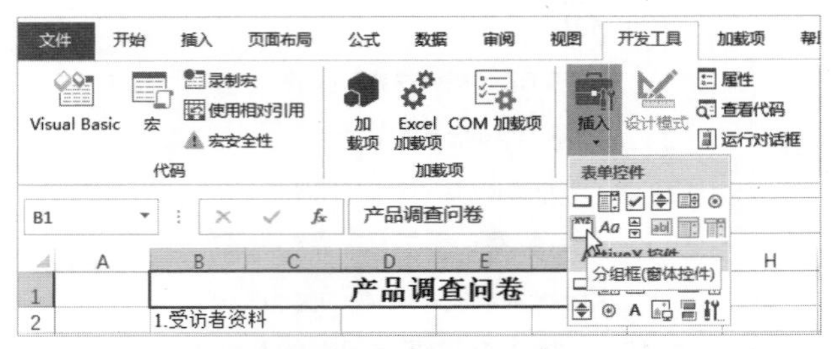

图 10-5　单击“分组框”

（5）在工作表中的“性别”右侧绘制一个分组框，如图 10-6 所示。可以在选中分组框的情况下，通过拖动分组框边缘上的控制点来调整分组框的大小。

（6）右击分组框的边框，在弹出的快捷菜单中单击“编辑文字”命令，如图 10-7 所示。

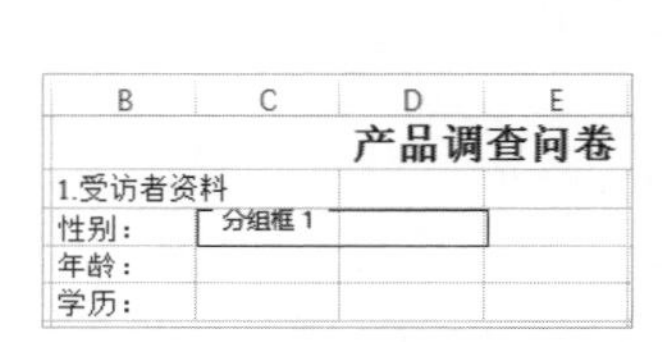

图 10-6　绘制一个分组框

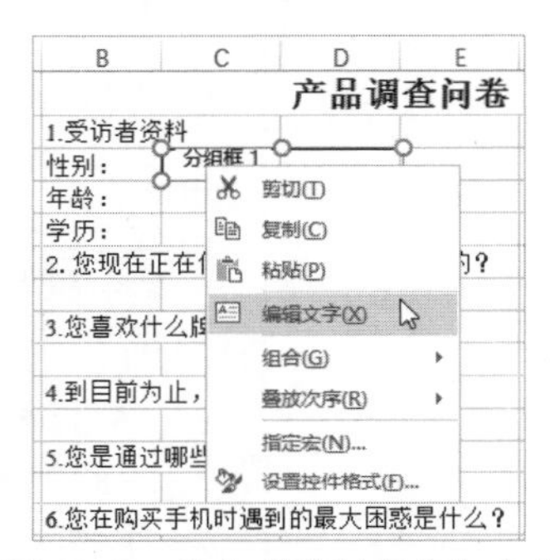

图 10-7　单击“编辑文字”命令

（7）进入编辑状态，按 Delete 键删除分组框左上角的默认文字，如图 10-8 所示。

（8）右击分组框的边框，在弹出的快捷菜单中单击“设置控件格式”命令，在“控制”选项卡中选中“三维阴影”复选框，如图 10-9 所示。

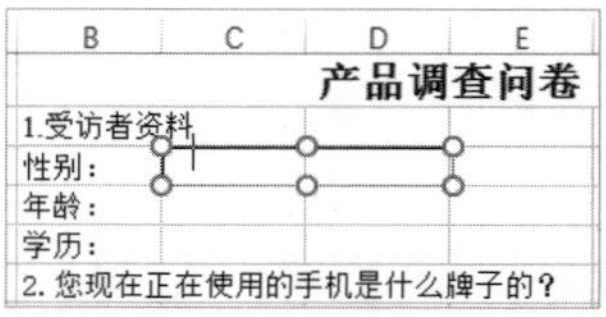

图 10-8　删除分组框中的默认文字

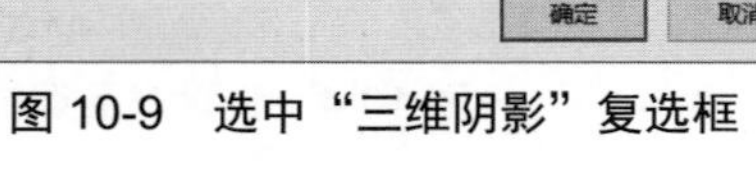

图 10-9　选中“三维阴影”复选框

（9）单击“确定”按钮关闭对话框。然后在功能区“开发工具”|“控件”组中单击“插入”按钮，然后在列表框的“表单控件”类别中单击“选项按钮”，如图 10-10 所示。

（10）在已创建的分组框中绘制一个选项按钮，如图 10-11 所示。

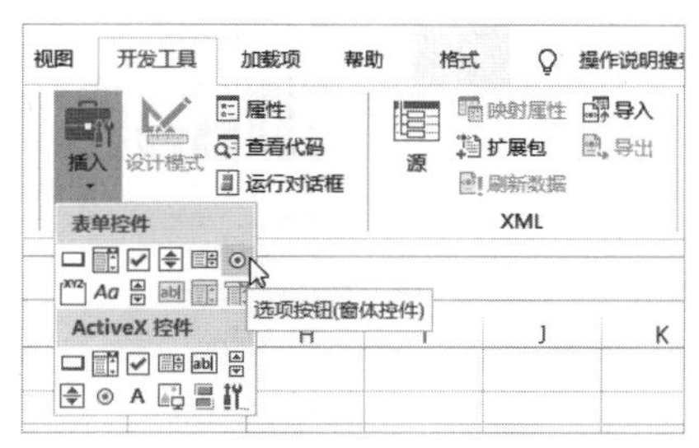

图 10-10　单击“选项按钮”

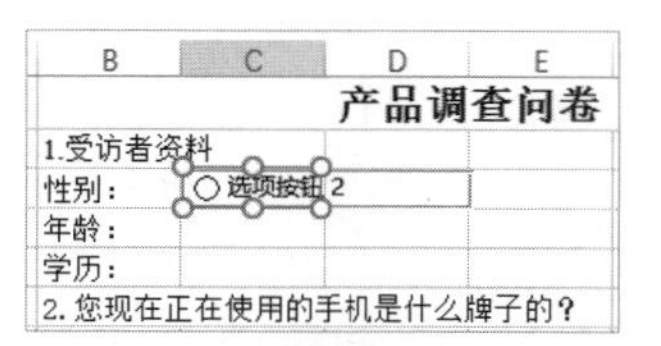

图 10-11　绘制一个选项按钮

（11）右击选项按钮，在弹出的快捷菜单中单击“编辑文字”命令，按 Delete 键将其中的默认文字删除，然后输入“男”，如图 10-12 所示。

（12）单击上一步设置后的选项按钮，在按住 Shift 和 Ctrl 键的同时向右拖动，在相同的水平位置上复制出一个相同的选项按钮，将新复制的选项按钮的标题改为“女”，如图 10-13 所示。

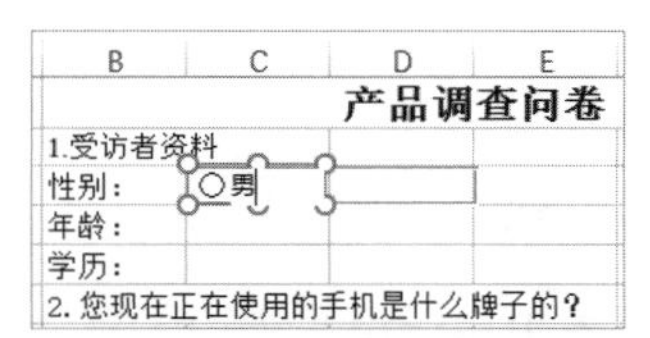

图 10-12　修改选项按钮的标题

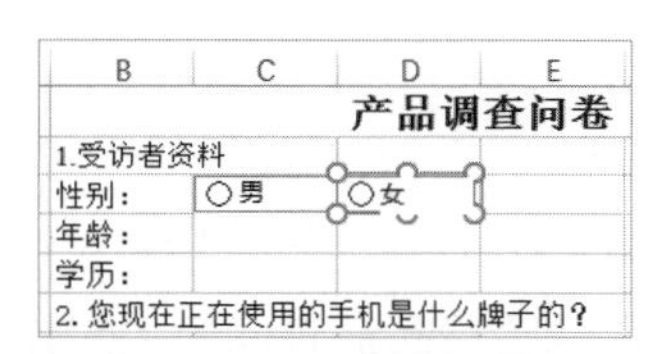

图 10-13　复制选项按钮控件

（13）在功能区“插入”|“插图”组中单击“形状”按钮，然后在打开的列表中选择“直线”，如图 10-14 所示。

（14）按住 Shift 键的同时，在 C4 单元格的底部绘制一条水平直线，如图 10-15 所示。绘制后，可以在选中直线的情况下，使用方向键微调直线的位置。

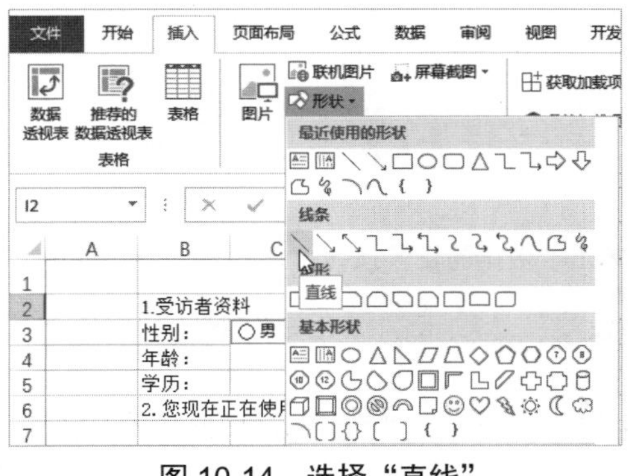

图 10-14　选择“直线”

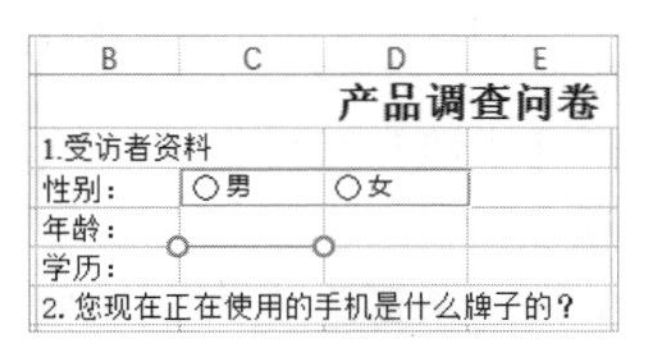

图 10-15　绘制一条直线

（15）单击上一步绘制的直线，以将其选中，然后在功能区“绘图工具”|“格式”选项卡的“形状样式”组中单击“形状轮廓”按钮，在打开的颜色列表中选择“黑色”，如图 10-16 所示。

（16）在工作簿中添加一个新的工作表，将其名称设置为“学历”。然后在这个工作表的 A1:A7 单元格区域中输入学历的名称，如图 10-17 所示。

图 10-16　设置直线的颜色

图 10-17　在一个新工作表中输入学历的名称

（17）激活包含产品调查问卷的工作表，单击该工作表中用于填写学历的单元格，本例单击 C5。然后在功能区“数据”|“数据工具”组中单击“数据验证”按钮，如图 10-18 所示。

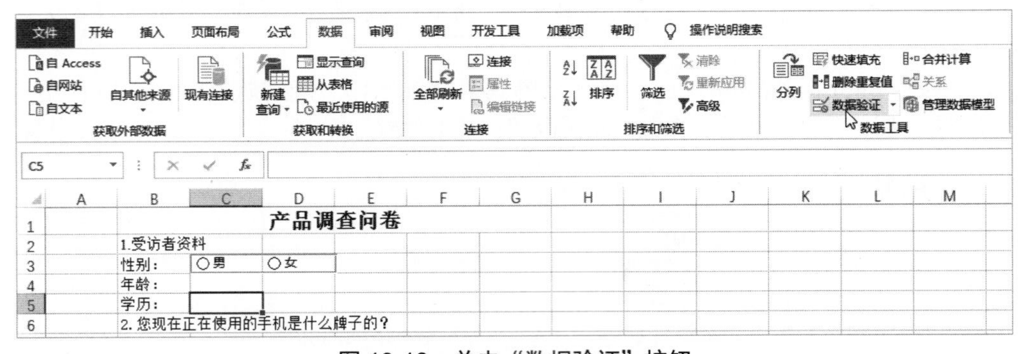

图 10-18　单击“数据验证”按钮

（18）打开“数据验证”对话框，在“设置”选项卡的“允许”下拉列表中选择“序列”，如图 10-19 所示。

（19）单击“来源”文本框右侧的按钮，在“学历”工作表中选择 A1:A7 单元格区域，如图 10-20 所示。

（20）单击按钮，返回“数据验证”对话框，所选择的区域被自动填入到“来源”文本框中，如图 10-21 所示。

（21）单击“确定”按钮，关闭“数据验证”对话框。单击 C5 单元格，然后单击该单元格右侧的下拉按钮，在打开的下拉列表中显示了各个学历，如图 10-22 所示，从中选择一项，即可将其自动输入到 C5 单元格中。

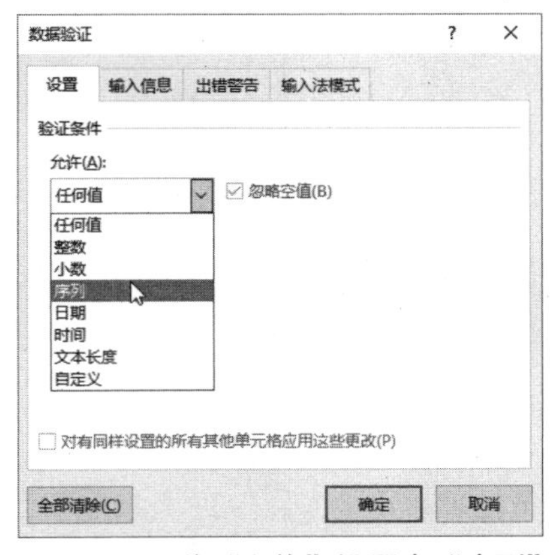

图 10-19　将“允许”设置为“序列”

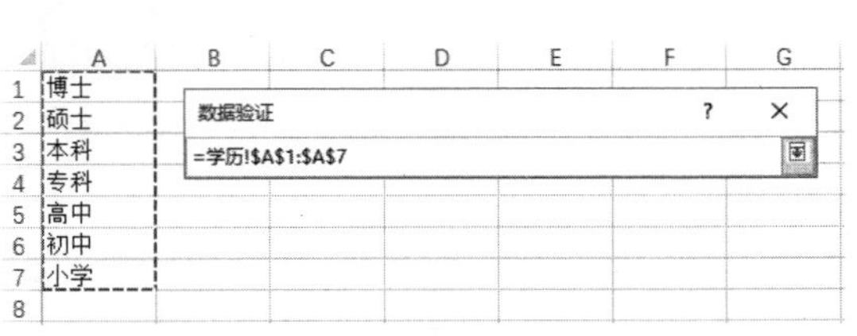

图 10-20　选择学历所在的单元格区域

图 10-21　学历所在的区域被自动填入到“来源”文本框中

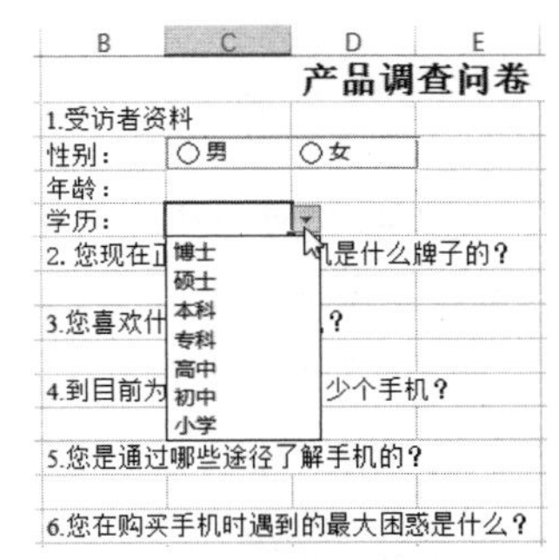

图 10-22　通过列表选择输入学历

（22）使用与前面创建性别选项按钮相同的方法，在工作表中的第 7 行插入一个分组框，删除分组框中的默认文字。然后在分组框中插入 4 个选项按钮，并将其中的文字修改为所需的内容，如图 10-23 所示。

（23）在功能区“开始”|“编辑”组中单击“查找和选择”按钮，然后在下拉菜单中单击“选择对象”命令，如图 10-24 所示。

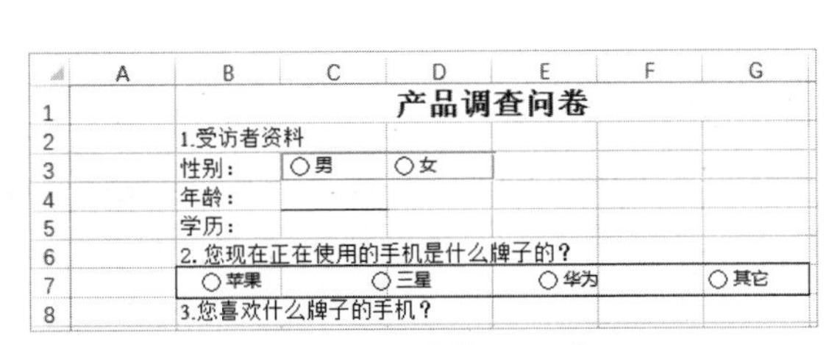

图 10-23　创建第 2 组选项

图 10-24　单击“选择对象”命令

（24）进入对象选择模式，拖动鼠标框选位于第 7 行的分组框，及其中包含的 4 个选项按钮，将它们同时选中，如图 10-25 所示。

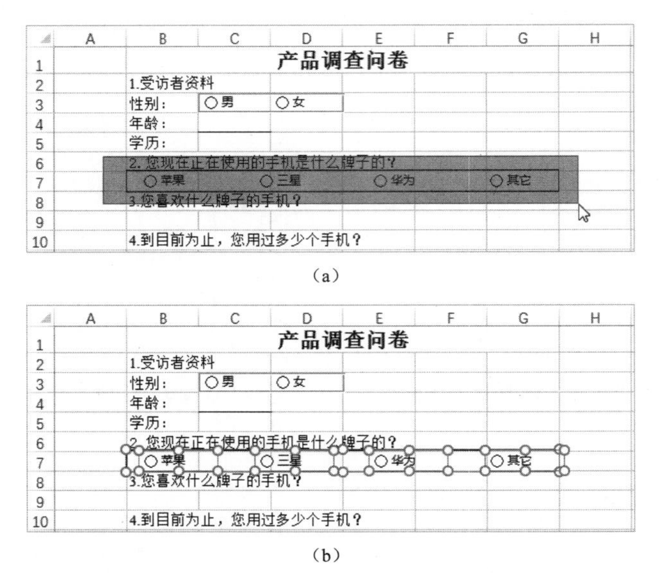

（a）

（b）

图 10-25　同时选择分组框及其中包含的所有选项按钮

提示：按 ESC 键可以退出对象选择模式。

（25）右击选中的任意一个对象，在弹出的快捷菜单中单击“组合”|“组合”命令，如图 10-26 所示，将分组框及其中的 4 个选项按钮组合为一个整体，以便于统一对它们执行移动和复制等操作。

图 10-26　同时选择分组框和 4 个选项

（26）选择组合后的控件，按住 Shift 键和 Ctrl 键的同时向下拖动鼠标，将组合控件以相同的垂直位置复制到其他几个题目下方的空行处，然后修改选项按钮中的文字，如图 10-27 所示。

（27）在功能区“视图”|“显示”组中取消选中“网格线”复选框，隐藏工作表中的网格线，如图 10-28 所示。

	A	B	C	D	E	F	G	H
1		产品调查问卷						
2		1.受访者资料						
3		性别：	○男	○女				
4		年龄：						
5		学历：						
6		2. 您现在正在使用的手机是什么牌子的？						
7		○苹果		○三星		○华为		○其它
8		3.您喜欢什么牌子的手机？						
9		○苹果		○三星		○华为		○其它
10		4.到目前为止，您用过多少个手机？						
11		○1个		○2个		○3个		○3个以上
12		5.您是通过哪些途径了解手机的？						
13		○电视		○网络		○印刷品		○其它
14		6.您在购买手机时遇到的最大困惑是什么？						
15		○品牌的选择		○功能的选择		○售后与维修		○其它
16								

图 10-27　复制组合控件并修改选项按钮的标题

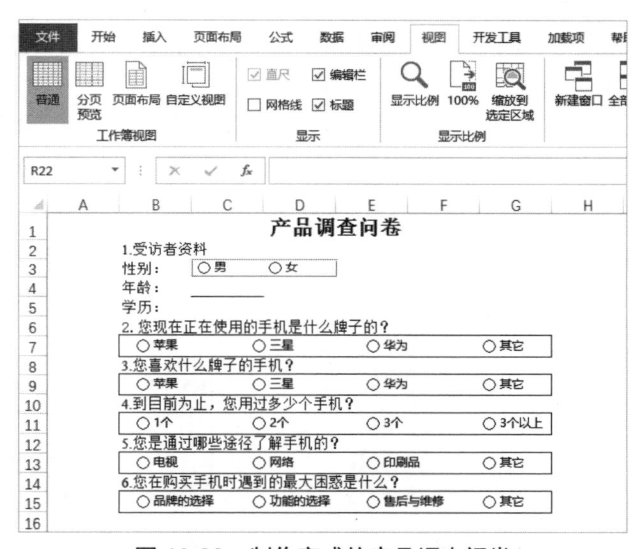

图 10-28　制作完成的产品调查问卷

10.1.2　禁止别人随意修改产品调查问卷

为了避免填写问卷的用户不小心修改了问卷的内容，应该在将产品调查问卷分发给其他用户之前，通过 Excel 中的工作表保护功能，对产品调查问卷实施保护设置。本例要实现的保护功能是，只允许用户编辑年龄和学历所在的 C4 和 C5 单元格，禁止修改其他单元格中的内容，但是可以正常使用选项按钮，操作步骤如下：

（1）打开 10.1.1 节制作好的产品调查问卷，然后在功能区“审阅”|“保护”组中单击“允许编辑区域”按钮，如图 10-29 所示。

图 10-29　单击“允许编辑区域”按钮

（2）打开“允许用户编辑区域”对话框，单击“新建”按钮，如图 10-30 所示。

（3）打开“新区域”对话框，单击[↑]按钮，在工作表中选择允许用户编辑的“年龄”和“学历”所在的 C4 和 C5 单元格，如图 10-31 所示。

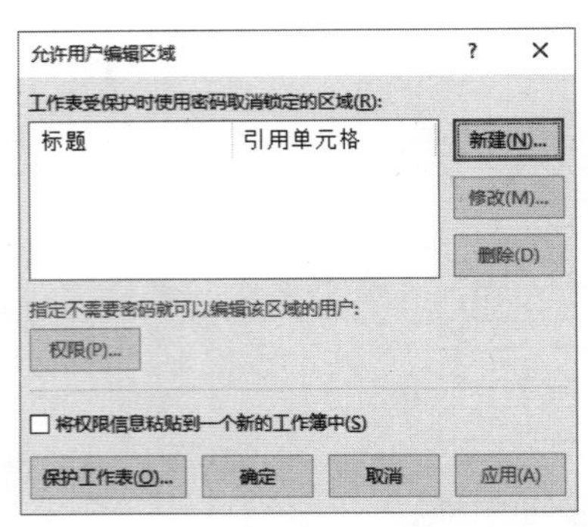

图 10-30　单击“新建”按钮

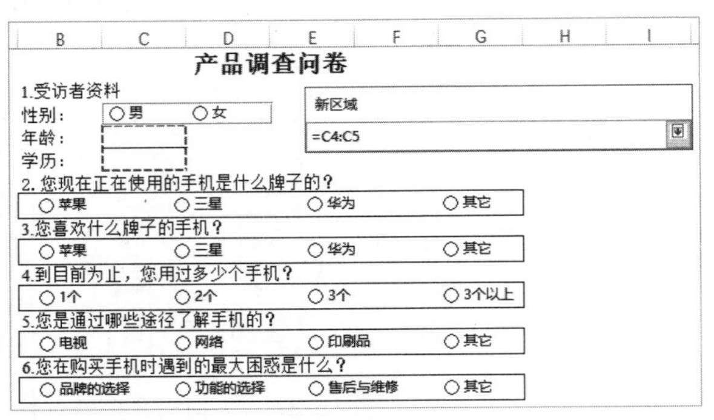

图 10-31　选择允许用户编辑的单元格

（4）单击按钮，返回“新区域”对话框，上一步选择的单元格被自动填入“引用单元格”文本框，如图 10-32 所示。

（5）单击“确定”按钮，返回“允许用户编辑区域”对话框，用户在前面选择的单元格被添加到列表框中，如图 10-33 所示。

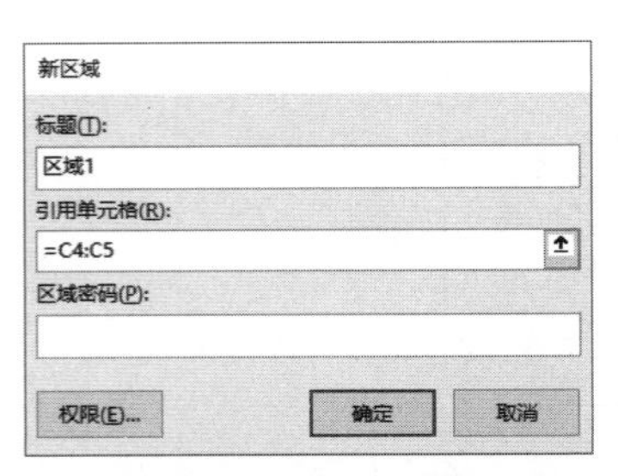

图 10-32　自动填入用户选择的单元格

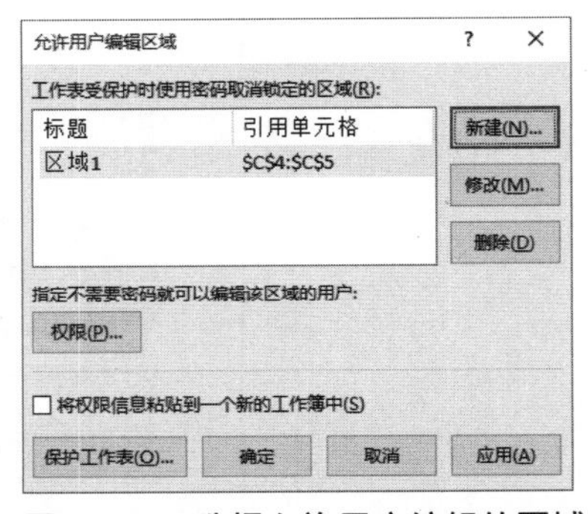

图 10-33　选择允许用户编辑的区域

（6）单击“保护工作表”按钮，打开“保护工作表”对话框，在文本框中输入任意指定的密码（本例为 666），如图 10-34 所示。

（7）单击“确定”按钮，在显示的另一个对话框中重复输入一遍相同的密码，如图 10-35 所示。然后单击“确定”按钮，完成对产品调查问卷所在工作表的保护。

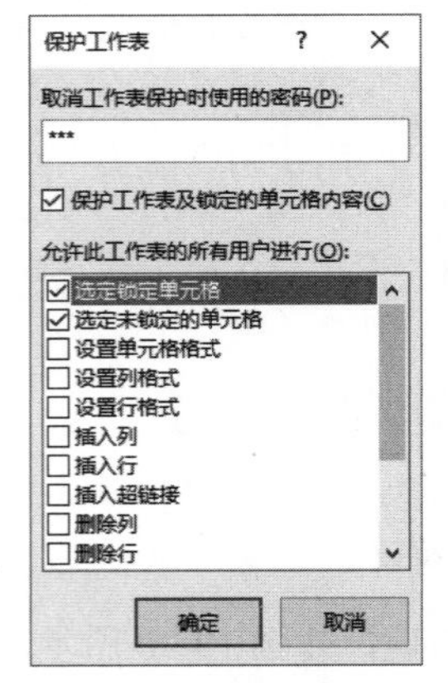

图 10-34　设置工作表密码

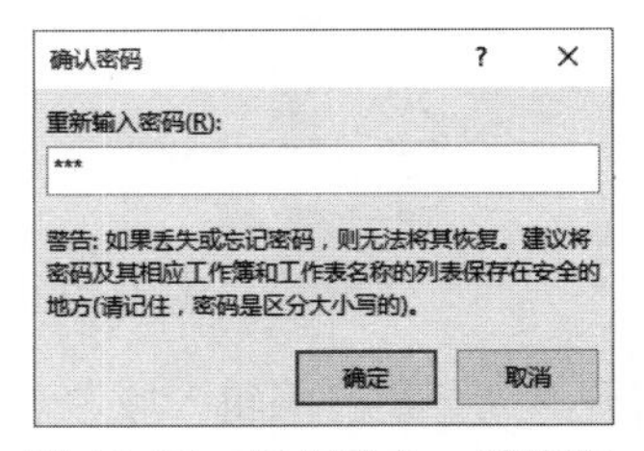

图 10-35　重复输入一遍密码

如此用户只能修改 C4 和 C5 单元格中的内容，也就是可以输入年龄或选择学历，而不能编辑其他单元格，但是可以通过选择不同的选项按钮来做选择题。

10.2　统计与分析调查结果

调查问卷的目的就是对现有顾客和潜在顾客进行分析，以便可以及时调整产品的方向，本节将介绍对调查问卷结果进行统计和分析的方法。

10.2.1　统计产品调查问卷结果

如图 10-36 所示为几十份调查问卷的收集结果，这些数据位于名为“调查结果”的工作表中。如果要分析不同年龄段的用户使用手机的情况，则可以使用数据透视表功能，操作步骤如下：

	A	B	C	D	E	F
1	编号	手机品牌	20-29岁	30-39岁	40-49岁	50-59岁
2	DC001	苹果		√	√	√
3	DC002	华为	√	√		√
4	DC003	其它		√	√	√
5	DC004	三星	√		√	√
6	DC005	三星	√	√	√	√
7	DC006	苹果	√			√
8	DC007	其它				
9	DC008	其它	√			√
10	DC009	苹果			√	
11	DC010	苹果	√		√	√
12	DC011	苹果	√	√		√
13	DC012	华为	√			
14	DC013	苹果	√	√	√	
15	DC014	其它			√	√
16	DC015	华为				
17	DC016	三星				√
18	DC017	华为			√	
19	DC018	其它		√	√	
20	DC019	三星		√		

图 10-36　调查问卷的收集结果

（1）在“调查结果”工作表的数据区域中单击任意一个单元格，然后在功能区“插入”|“表格”组中单击“数据透视表”按钮，如图 10-37 所示。

（2）打开“创建数据透视表”对话框，“表 / 区域”文本框中已经自动填入了调查结果所在的整个数据区域，如图 10-38 所示。

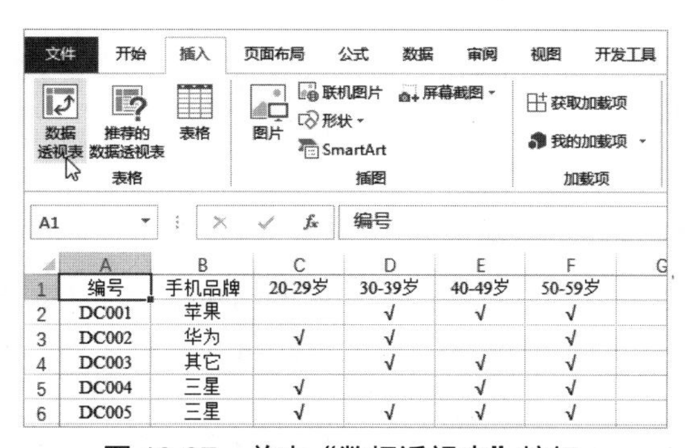

图 10-37　单击“数据透视表”按钮

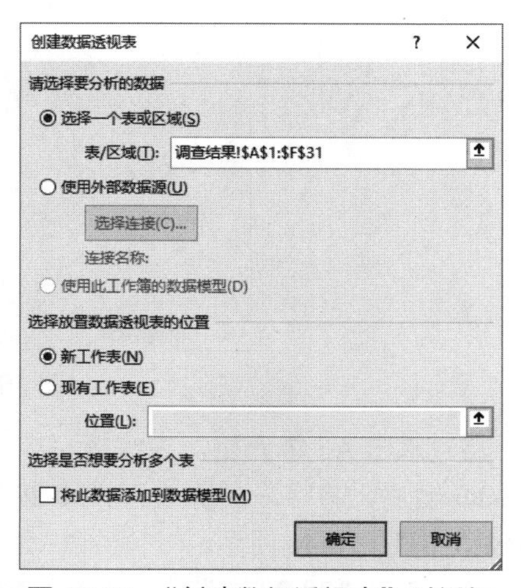

图 10-38　“创建数据透视表”对话框

（3）保持所有选项的默认设置，直接单击“确定”按钮，将在一个新建的工作表中创建空白的数据透视表，并自动打开“数据透视表字段”窗格，如图 10-39 所示。

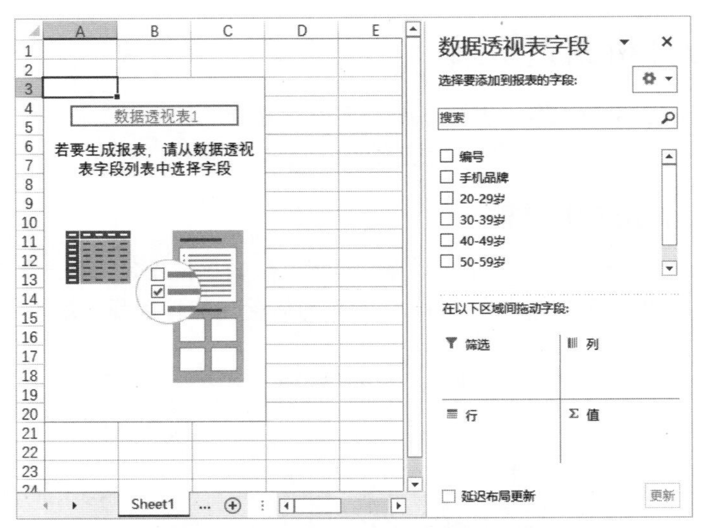

图 10-39　创建空白的数据透视表

（4）在“数据透视表字段”窗格中对字段进行以下布局，如图 10-40 所示。

- 将“手机品牌”字段移动到列区域。
- 将“20-29 岁”“30-39 岁”“40-49 岁”和“50-59 岁”字段全部移动到值区域。
- 将列区域中的“数值”字段移动到行区域。

图 10-40　对字段进行布局

（5）单击 A5 单元格，在编辑栏中将“计数项：”删除，并在内容的结尾输入一个空格，按 Enter 键后，将字段名称改为“20-29 岁”。使用相同的方法，修改 A6:A8 单元格区域中的字段名称，如图 10-41 所示。

（6）右击“20-29 岁”字段所在行中的任意一个单元格，在弹出的快捷菜单中单击“值显示

方式”|“行汇总的百分比”命令，如图 10-42 所示。

	A	B	C	D	E	F
1						
2						
3		列标签				
4	值	华为	苹果	其它	三星	总计
5	20-29岁	4	6	2	2	14
6	30-39岁	3	4	4	4	15
7	40-49岁	4	5	4	3	16
8	50-59岁	4	4	5	4	17

图 10-41　修改字段名称

图 10-42　单击“行汇总的百分比”命令

（7）将该行中的所有数据总计为 100%，每项数据以占总数的百分比来显示，如图 10-43 所示。

（8）使用相同的方法对其他年龄段中的数据进行设置，结果如图 10-44 所示。

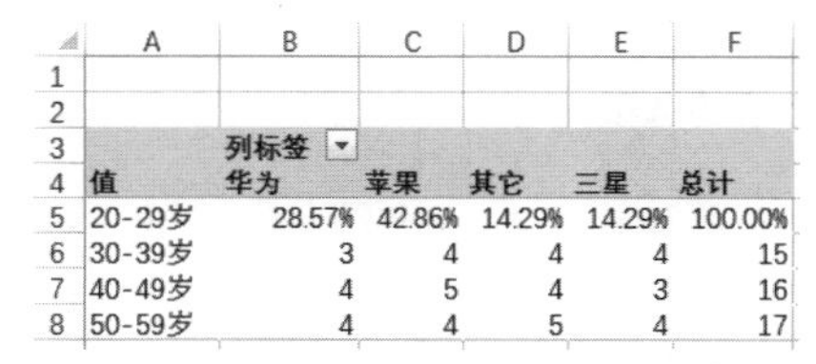

	A	B	C	D	E	F
1						
2						
3		列标签				
4	值	华为	苹果	其它	三星	总计
5	20-29岁	28.57%	42.86%	14.29%	14.29%	100.00%
6	30-39岁	3	4	4	4	15
7	40-49岁	4	5	4	3	16
8	50-59岁	4	4	5	4	17

图 10-43　将数据显示为占同行总数的百分比

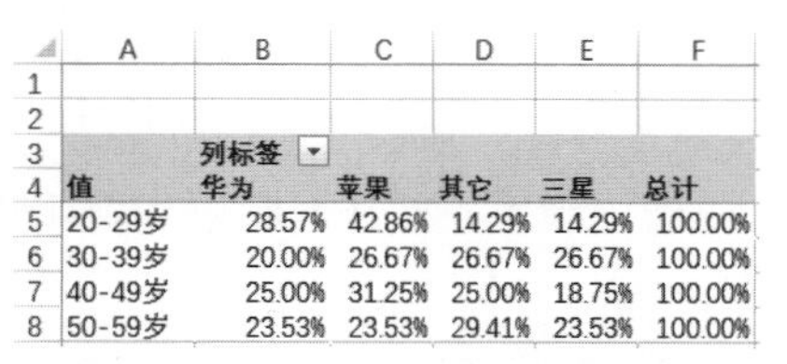

	A	B	C	D	E	F
1						
2						
3		列标签				
4	值	华为	苹果	其它	三星	总计
5	20-29岁	28.57%	42.86%	14.29%	14.29%	100.00%
6	30-39岁	20.00%	26.67%	26.67%	26.67%	100.00%
7	40-49岁	25.00%	31.25%	25.00%	18.75%	100.00%
8	50-59岁	23.53%	23.53%	29.41%	23.53%	100.00%

图 10-44　统计不同年龄段的手机使用情况

10.2.2　对调查问卷结果数据进行回归分析

有时需要对产品调查结果所收集到的数据进行回归分析，以便找出产品价位与用户满意度之间的关系。使用 Excel 分析工具库中的回归分析工具，可以轻松完成这类工作，操作步骤如下：

（1）新建一个 Excel 工作簿，在 Sheet1 工作表中输入基础，如图 10-45 所示。

（2）在 Excel 中加载分析工具库加载项，具体方法请参考第 5 章。

（3）在功能区“数据”|“分析”组中单击“数据分析”按钮，打开“数据分析”对话框，在列表框中选择“回归”，如图 10-46 所示。

	A	B
1	调查结果数据	
2	产品价位	用户满意度
3	3600	5
4	3300	2
5	4900	4
6	3600	1
7	3200	2
8	4600	3
9	3000	5
10	1500	3
11	1900	2
12	1600	2

图 10-45　输入基础数据

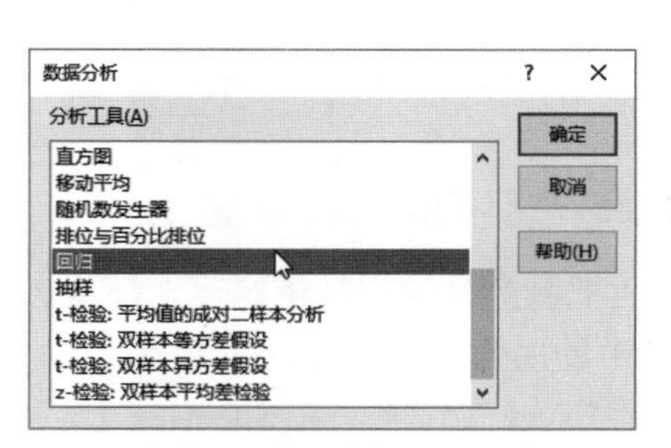

图 10-46　选择“回归”

（4）单击“确定”按钮，打开“回归”对话框，进行以下设置，如图 10-47 所示。

- 将“Y 值输入区域”设置为用户满意度所在的数据区域，本例为 B2:B12。
- 将“X 值输入区域”设置为产品价位所在的数据区域，本例为 A2:A12。
- 选中“标志”和“置信度”复选框，置信度的值保持默认为 95%。
- 在“输出选项”类别中选择“输出区域”选项，然后选择当前工作表中的 D1 单元格。
- 选中“残差”和“正态分布”两个类别中的所有复选框。

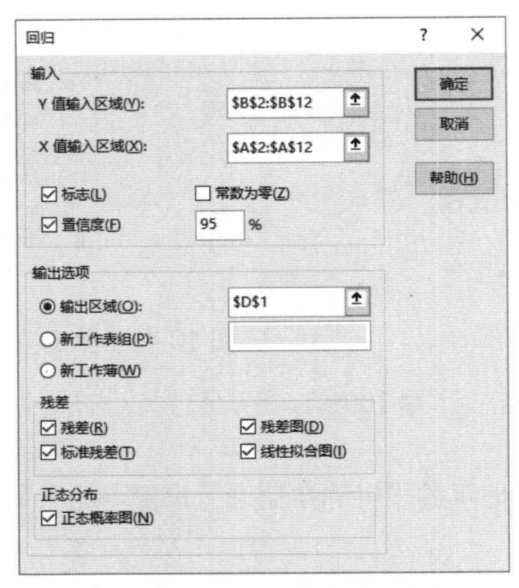

图 10-47　设置回归分析的选项

（5）单击“确定”按钮，将以当前工作表的 D1 单元格为起点，显示回归分析的结果，如图 10-48 所示。

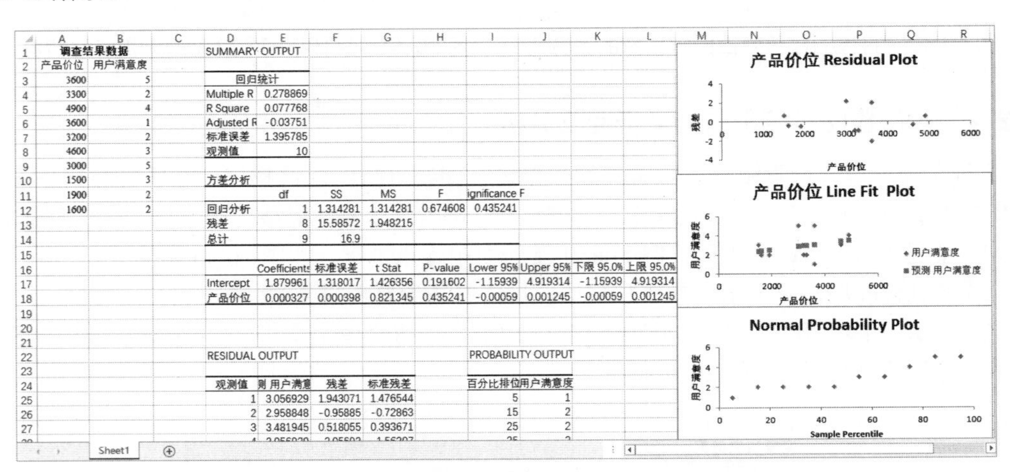

图 10-48　回归分析结果

10.2.3　抽样调查产品的市场满意度

为了从总体上把握产品的市场满意度，还应该对调查问卷的结果进行抽样分析。可以使用 Excel 分析工具库中的抽样分析工具完成这类工作，操作步骤如下：

（1）新建一个 Excel 工作簿，在 Sheet1 工作表中输入基础，如图 10-49 所示。

	A	B	C	D	E	F	G	H	I
1			产品调查结果				抽样	分析指标	计算结果
2	89	72	51	36	77			样本个数	
3	34	56	11	67	13			样本均数	
4	91	84	85	31	78			标准差	
5	39	36	41	49	79			标准误差	
6	44	86	39	49	94			t值	
7	60	65	96	37	86			评分上限	
8	76	65	32	51	83			评分下限	
9	92	60	92	86	61				
10	35	13	42	46	13				
11	19	52	72	60	78				

图 10-49　输入基础数据

（2）在 Excel 中加载分析工具库加载项，具体方法请参考第 5 章。

（3）在功能区“数据”|“分析”组中单击“数据分析”按钮，打开“数据分析”对话框，在列表框中选择“抽样”，如图 10-50 所示。

（4）单击“确定”按钮，打开“抽样”对话框，进行以下设置，如图 10-51 所示。

- 将“输入区域”设置为 A2:E11 单元格区域。
- 在“抽样方法”类别中选择“随机”选项，然后在“样本数”文本框中输入 10。
- 在“输出选项”类别中选择“输出区域”选项，然后选择当前工作表中的 G2 单元格。

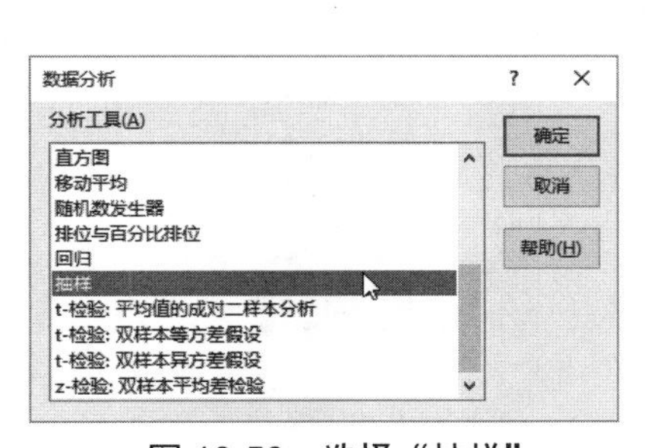

图 10-50　选择“抽样”

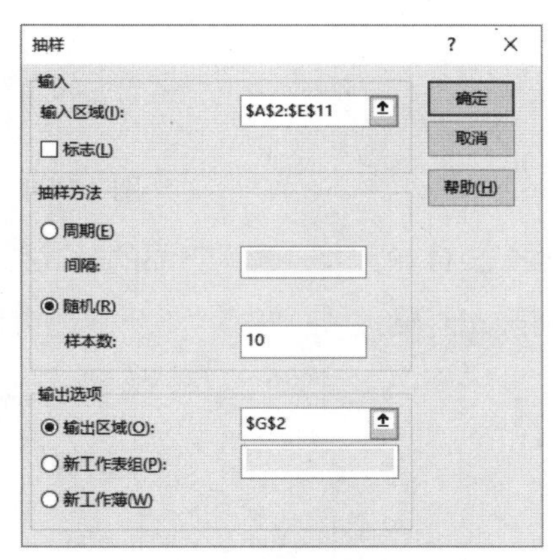

图 10-51　设置抽样的选项

（5）单击“确定”按钮，10 个被随机抽取的样本自动输入到 G2:G11 单元格区域中，如图 10-52 所示。

	A	B	C	D	E	F	G	H	I
1			产品调查结果				抽样	分析指标	计算结果
2	89	72	51	36	77		34	样本个数	
3	34	56	11	67	13		94	样本均数	
4	91	84	85	31	78		44	标准差	
5	39	36	41	49	79		31	标准误差	
6	44	86	39	49	94		13	t值	
7	60	65	96	37	86		32	评分上限	
8	76	65	32	51	83		65	评分下限	
9	92	60	92	86	61		79		
10	35	13	42	46	13		92		
11	19	52	72	60	78		52		

图 10-52　自动抽取 10 个样本

（6）单击 I2 单元格，输入下面的公式并按 Enter 键，计算出样本的个数，如图 10-53 所示。

```
=COUNT(G2:G11)
```

I2 =COUNT(G2:G11)

	A	B	C	D	E	F	G	H	I
1	产品调查结果						抽样	分析指标	计算结果
2	89	72	51	36	77		34	样本个数	10
3	34	56	11	67	13		94	样本均数	
4	91	84	85	31	78		44	标准差	
5	39	36	41	49	79		31	标准误差	
6	44	86	39	49	94		13	t值	
7	60	65	96	37	86		32	评分上限	
8	76	65	32	51	83		65	评分下限	
9	92	60	92	86	61		79		
10	35	13	42	46	13		92		
11	19	52	72	60	78		52		

图 10-53　计算样本的个数

（7）单击 I3 单元格，输入下面的公式并按 Enter 键，计算出样本的平均值，如图 10-54 所示。

```
=AVERAGE(G2:G11)
```

I3 =AVERAGE(G2:G11)

	A	B	C	D	E	F	G	H	I
1	产品调查结果						抽样	分析指标	计算结果
2	89	72	51	36	77		34	样本个数	10
3	34	56	11	67	13		94	样本均数	53.6
4	91	84	85	31	78		44	标准差	
5	39	36	41	49	79		31	标准误差	
6	44	86	39	49	94		13	t值	
7	60	65	96	37	86		32	评分上限	
8	76	65	32	51	83		65	评分下限	
9	92	60	92	86	61		79		
10	35	13	42	46	13		92		
11	19	52	72	60	78		52		

图 10-54　计算样本的平均值

（8）单击 I4 单元格，输入下面的公式并按 Enter 键，计算出样本的标准差，如图 10-55 所示。

```
=STDEV(G2:G11)
```

I4 =STDEV(G2:G11)

	A	B	C	D	E	F	G	H	I
1	产品调查结果						抽样	分析指标	计算结果
2	89	72	51	36	77		34	样本个数	10
3	34	56	11	67	13		94	样本均数	53.6
4	91	84	85	31	78		44	标准差	27.861563
5	39	36	41	49	79		31	标准误差	
6	44	86	39	49	94		13	t值	
7	60	65	96	37	86		32	评分上限	
8	76	65	32	51	83		65	评分下限	
9	92	60	92	86	61		79		
10	35	13	42	46	13		92		
11	19	52	72	60	78		52		

图 10-55　计算样本的标准差

（9）单击 I5 单元格，输入下面的公式并按 Enter 键，计算出样本的标准误差，如图 10-56 所示。

```
=I4/SQRT(I2)
```

I5 =I4/SQRT(I2)

	A	B	C	D	E	F	G	H	I
1	产品调查结果						抽样	分析指标	计算结果
2	89	72	51	36	77		34	样本个数	10
3	34	56	11	67	13		94	样本均数	53.6
4	91	84	85	31	78		44	标准差	27.861563
5	39	36	41	49	79		31	标准误差	8.8105997
6	44	86	39	49	94		13	t值	
7	60	65	96	37	86		32	评分上限	
8	76	65	32	51	83		65	评分下限	
9	92	60	92	86	61		79		
10	35	13	42	46	13		92		
11	19	52	72	60	78		52		

图 10-56　计算样本的标准误差

（10）单击 I6 单元格，输入下面的公式并按 Enter 键，计算出样本的 t 值，如图 10-57 所示。

```
=TINV(0.05,I2-1)
```

I6　=TINV(0.05,I2-1)

	A	B	C	D	E	F	G	H	I
1	产品调查结果						抽样	分析指标	计算结果
2	89	72	51	36	77		34	样本个数	10
3	34	56	11	67	13		94	样本均数	53.6
4	91	84	85	31	78		44	标准差	27.861563
5	39	36	41	49	79		31	标准误差	8.8105997
6	44	86	39	49	94		13	t值	2.2621572
7	60	65	96	37	86		32	评分上限	
8	76	65	32	51	83		65	评分下限	
9	92	60	92	86	61		79		
10	35	13	42	46	13		92		
11	19	52	72	60	78		52		

图 10-57　计算样本的 t 值

（11）单击 I7 单元格，输入下面的公式并按 Enter 键，计算出评分上限，如图 10-58 所示。

```
=I3-I5*I6
```

I7　=I3-I5*I6

	A	B	C	D	E	F	G	H	I
1	产品调查结果						抽样	分析指标	计算结果
2	89	72	51	36	77		34	样本个数	10
3	34	56	11	67	13		94	样本均数	53.6
4	91	84	85	31	78		44	标准差	27.861563
5	39	36	41	49	79		31	标准误差	8.8105997
6	44	86	39	49	94		13	t值	2.2621572
7	60	65	96	37	86		32	评分上限	33.669039
8	76	65	32	51	83		65	评分下限	
9	92	60	92	86	61		79		
10	35	13	42	46	13		92		
11	19	52	72	60	78		52		

图 10-58　计算评分上限

（12）单击 I8 单元格，输入下面的公式并按 Enter 键，计算出评分下限，如图 10-59 所示。

```
=I3+I5*I6
```

I8　=I3+I5*I6

	A	B	C	D	E	F	G	H	I
1	产品调查结果						抽样	分析指标	计算结果
2	89	72	51	36	77		34	样本个数	10
3	34	56	11	67	13		94	样本均数	53.6
4	91	84	85	31	78		44	标准差	27.861563
5	39	36	41	49	79		31	标准误差	8.8105997
6	44	86	39	49	94		13	t值	2.2621572
7	60	65	96	37	86		32	评分上限	33.669039
8	76	65	32	51	83		65	评分下限	73.530961
9	92	60	92	86	61		79		
10	35	13	42	46	13		92		
11	19	52	72	60	78		52		

图 10-59　计算评分下限

（13）选择 H10 和 H11 单元格，然后在功能区“开始”|“对齐方式”组中单击“合并后居中”按钮，将这两个单元格合并到一起。使用相同的方法，将 I10 和 I11 单元格也合并到一起，如图 10-60 所示。

（14）在合并后的 H10 单元格中输入“产品评分 95% 置信区间”，如图 10-61 所示。

G	H	I
抽样	分析指标	计算结果
34	样本个数	10
94	样本均数	53.6
44	标准差	27.861563
31	标准误差	8.8105997
13	t值	2.2621572
32	评分上限	33.669039
65	评分下限	73.530961
79		
92		
52		

图 10-60　合并单元格

G	H	I
抽样	分析指标	计算结果
34	样本个数	10
94	样本均数	53.6
44	标准差	27.861563
31	标准误差	8.8105997
13	t值	2.2621572
32	评分上限	33.669039
65	评分下限	73.530961
79		
92	分95%置	
52		

图 10-61　在 H10 单元格中输入内容

（15）单击 H10 单元格，然后在编辑栏中单击 % 符号的右侧，再按 Alt+Enter 组合键，将“置信区间”几个字转到下一行显示，如图 10-62 所示。

H10　产品评分95%
置信区间

	A	B	C	D	E	F	G	H	I
1	产品调查结果						抽样	分析指标	计算结果
2	89	72	51	36	77		34	样本个数	10
3	34	56	11	67	13		94	样本均数	53.6
4	91	84	85	31	78		44	标准差	27.861563
5	39	36	41	49	79		31	标准误差	8.8105997
6	44	86	39	49	94		13	t值	2.2621572
7	60	65	96	37	86		32	评分上限	33.669039
8	76	65	32	51	83		65	评分下限	73.530961
9	92	60	92	86	61		79		
10	35	13	42	46	13		92		
11	19	52	72	60	78		52	置信区间	

图 10-62　在单元格中将长文字拆分为两行

（16）使用鼠标拖动 H 与 I 列之间的分隔线，调整 H 列的宽度，使 H11 单元格中的文字可以完整显示，如图 10-63 所示。

（17）在 I10 单元格中手动输入四舍五入后的评分上限和评分下限的值，或者使用下面的公式自动得到结果，如图 10-64 所示。

```
=ROUND(I7,0)&"~"&ROUND(I8,0)
```

宽度: 13.13 (110 像素)

G	H	I	J
抽样	分析指标	计算结果	
34	样本个数	10	
94	样本均数	53.6	
44	标准差	27.861563	
31	标准误差	8.8105997	
13	t值	2.2621572	
32	评分上限	33.669039	
65	评分下限	73.530961	
79			
92	产品评分95%		
52	置信区间		

图 10-63　调整 H 列的宽度

I10　=ROUND(I7,0)&"~"&ROUND(I8,0)

	A	B	C	D	E	F	G	H	I
1	产品调查结果						抽样	分析指标	计算结果
2	89	72	51	36	77		34	样本个数	10
3	34	56	11	67	13		94	样本均数	53.6
4	91	84	85	31	78		44	标准差	27.861563
5	39	36	41	49	79		31	标准误差	8.8105997
6	44	86	39	49	94		13	t值	2.2621572
7	60	65	96	37	86		32	评分上限	33.669039
8	76	65	32	51	83		65	评分下限	73.530961
9	92	60	92	86	61		79		
10	35	13	42	46	13		92	产品评分95%	34~74
11	19	52	72	60	78		52	置信区间	

图 10-64　输入四舍五入后的评分上限和评分下限的值

第 11 章 处理销售数据

定期对阶段性的销售数据进行统计和分析，是企业经营活动中的一项重要工作，这样做不但可以及时地了解和总结当前的销售状况，还可以对未来的销售策略和计划进行调整，以适应日新月异的市场变化。本章将从 3 个方面来介绍对销售数据进行处理和分析的方法，包括销售费用预测分析、销售额分析和产销率分析。

11.1 销售费用预测分析

销售费用是指在销售过程中产生的一些费用，包括广告费、材料费、场地费、餐饮费、差旅费等。由于销售费用具有很多不确定的因素，因此通常较难控制。为了减少企业的销售成本，需要对销售费用进行严格控制。使用 Excel 中的公式、函数和图表，可以预测未来的销售费用，以便在更合理的范围内控制销售费用，创造出更大的利润空间。

11.1.1 使用公式和函数预测销售费用

使用 TREND 或 FORECAST 函数可以对销售费用进行预测，操作步骤如下：

（1）新建一个 Excel 工作簿，双击 Sheet1 工作表标签，输入“TREND 函数”，然后按 Enter 键确认。

（2）在 A1:B8 单元格区域中输入基础数据，A 列为 1 ～ 7 月，B 列为每月支出的销售费用，保持 B8 单元格为空，该单元格用于存放预测的数据，如图 11-1 所示。

	A	B
1	月份	销售费用
2	1月	12717
3	2月	13031
4	3月	25738
5	4月	17388
6	5月	20609
7	6月	29691
8	7月	

图 11-1 输入基础数据

（3）单击 B8 单元格，输入下面的公式并按 Enter 键，根据前 6 个月的销售费用，预测出 7 月份的销售费用，如图 11-2 所示。

```
=ROUND(TREND(B2:B7,--LEFT(A2:A7),--LEFT(A8)),0)
```

B8 =ROUND(TREND(B2:B7,--LEFT(A2:A7),--LEFT(A8)),0)

	A	B	C	D	E	F	G	H
1	月份	销售费用						
2	1月	12717						
3	2月	13031						
4	3月	25738						
5	4月	17388						
6	5月	20609						
7	6月	29691						
8	7月	29788						

图 11-2　使用 TREND 函数预测销售费用

公式说明：TREND 函数的几个参数都必须使用数值类型的数据，而 A 列中的月份是掺杂了“月”字的文本格式，因此使用 LEFT 函数提取 A 列每个单元格左侧的第一个字符，即月份的数字，然后使用双负符号“--”将文本型数字转换为数值。TREND 函数的第三个参数，即“--LEFT(A8)”部分的设置方法与此相同。

TREND 函数用于计算一条线性回归拟合线的值。即找到适合已知数组 known_y's 和 known_x's 的直线（最小二乘法），并返回指定数组 new_x's 在直线上对应的 y 值，语法如下：

```
TREND(known_y's,[known_x's],[new_x's],[const])
```

- known_y's（必选）：指定从属变量（因变量）的实测值，可以是数组或单元格区域。
- known_x's（可选）：指定独立变量（自变量）的实测值，可以是数组或单元格区域。如果省略该参数，则假设该参数为数组 {1,2,3,...}，其大小与 known_y's 参数相同。
- new_x's（可选）：要通过 TREND 函数返回的对应 y 值的一组新的 x 值，可以是数组或单元格区域。如果省略该参数，则假设它与 known_x's 参数相同。如果同时省略 known_x's 和 new_x's 参数，则假设它们为数组 {1,2,3,...}，其大小与 known_y's 参数相同。
- const（可选）：一个逻辑值，用于指定是否将常量 b 强制设置为 0。如果 const 参数为 TRUE 或省略，b 将按正常计算；如果 const 参数为 FALSE，b 将被设置为 0，m 值将被调整以满足公式 $y=mx$。

注意：如果 known_y's 参数中的任何数小于或等于 0，TREND 函数将返回 #NUM! 错误值。known_y's 和 known_x's 参数都必须为数值，如果是其他类型的值，TREND 函数将返回 #VALUE! 错误值。如果 known_y's 和 known_x's 参数中有一个为空，TREND 函数将返回 #VALUE! 错误值。new_x's 参数中的第一个值必须为数值，如果是其他类型的值，TREND 函数将返回 #VALUE! 错误值。

使用 FORECAST 函数也可以预测销售费用，操作步骤如下：

（1）复制前面制作完成的“TREND 函数”工作表，并将其名称修改为“FORECAST 函数”。

（2）在“FORECAST 函数”工作表中单击 B8 单元格，然后输入下面的公式并按 Enter 键，预测出 7 月份的销售费用，与使用 TREND 函数进行预测的结果相同，如图 11-3 所示。

```
=ROUND(FORECAST(--LEFT(A8),B2:B7,--LEFT(A2:A7)),0)
```

B8　=ROUND(FORECAST(--LEFT(A8),B2:B7,--LEFT(A2:A7)),0)

	A	B	C	D	E	F	G	H
1	月份	销售费用						
2	1月	12717						
3	2月	13031						
4	3月	25738						
5	4月	17388						
6	5月	20609						
7	6月	29691						
8	7月	29788						

图 11-3　使用 FORECAST 函数预测销售费用

FORECAST 函数用于根据已有的数值计算或预测未来值，该预测值为基于给定的 x 值推导出的 y 值，已知的数值为已有的 x 值和 y 值，再利用线性回归对新值进行预测，语法如下：

```
FORECAST(x,known_y's,known_x's)
```

- x：要进行预测的数据点，可以是直接输入的数字或单元格引用。
- known_y's（必选）：指定从属变量（因变量）的实测值，可以是数组或单元格区域。
- known_x's（必选）：指定独立变量（自变量）的实测值，可以是数组或单元格区域。

注意： x 参数必须为数值类型或可转换为数值的数据，否则 FORECAST 函数将返回 #VALUE! 错误值。known_y's 和 known_x's 参数都必须为数值，其他类型的值都将被忽略。如果 known_y's 和 known_x's 参数包含的数据点的个数不同，FORECAST 函数将返回 #N/A 错误值。如果 known_y's 和 known_x's 参数中有一个为空，或者 known_y's 或 known_x's 参数包含的数据点的个数小于 2 个，FORECAST 函数将返回 #DIV/0! 错误值。如果 known_x's 参数的方差为 0，FORECAST 函数将返回 #DIV/0! 错误值。

11.1.2　使用图表预测销售费用

利用 Excel 中的图表来预测销售费用，使销售趋势更加清晰直观。以 11.1.1 节中的数据为基础，使用图表预测销售费用的操作步骤如下：

（1）选择 A1:B7 单元格区域，然后在功能区“插入”|“图表”组中单击“插入折线图或面积图”按钮，在打开的列表中选择“折线图”，如图 11-4 所示。

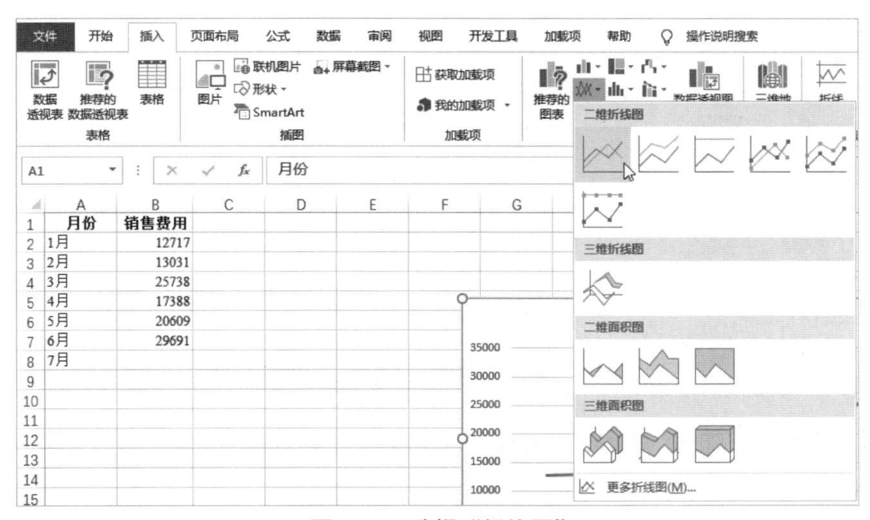

图 11-4　选择“折线图”

（2）在工作表中插入一个折线图，将图表标题设置为“销售费用预测”，如图 11-5 所示。

（3）右击图表中的数据系列，在弹出的快捷菜单中单击“添加趋势线”命令，如图 11-6 所示。

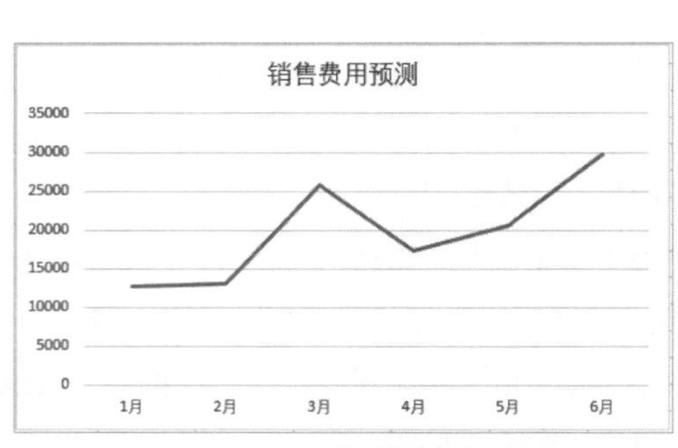

图 11-5　修改图表标题

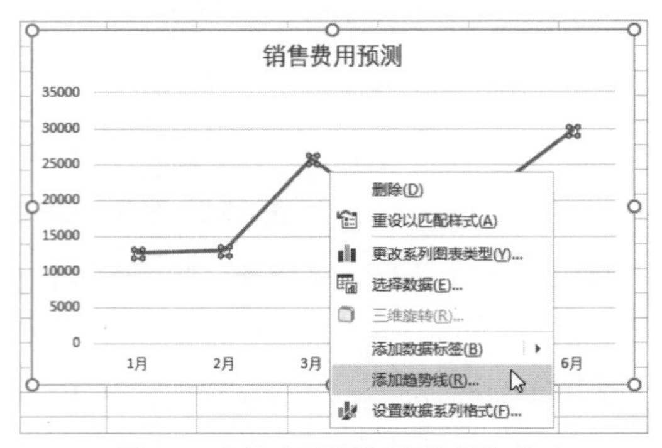

图 11-6　单击“添加趋势线”命令

（4）打开“设置趋势线格式”窗格，在“趋势线选项”选项卡的“趋势线选项”类别中选择“线性”选项，然后在下方选中“显示公式”复选框，如图 11-7 所示。

（5）关闭“设置趋势线格式”窗格，设置后的折线图如图 11-8 所示，添加了一条趋势线，并在趋势线附近显示一个线性公式。

```
y=2835.8x+9936.9
```

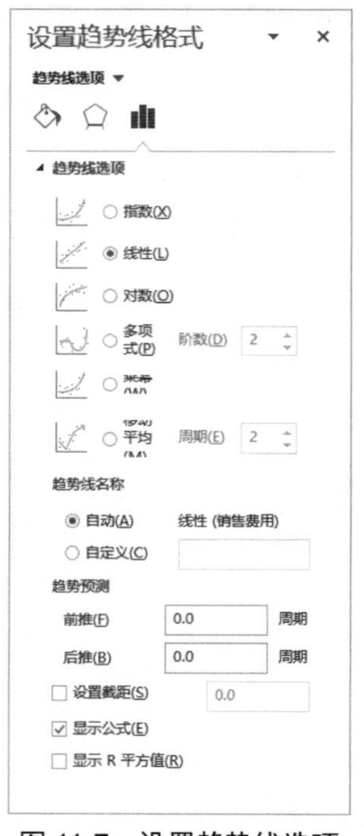

图 11-7　设置趋势线选项

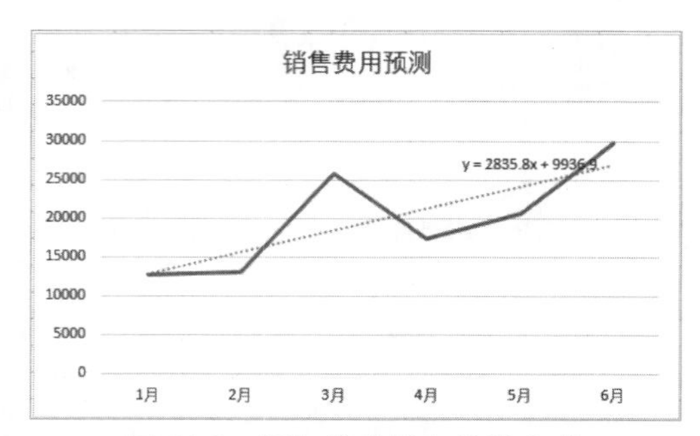

图 11-8　添加趋势线和线性公式

（6）单击工作表中的 B8 单元格，输入下面的公式并按 Enter 键，预测出 7 月份的销售费用，如图 11-9 所示。

```
=ROUND(2835.8*LEFT(A8)+9936.9,0)
```

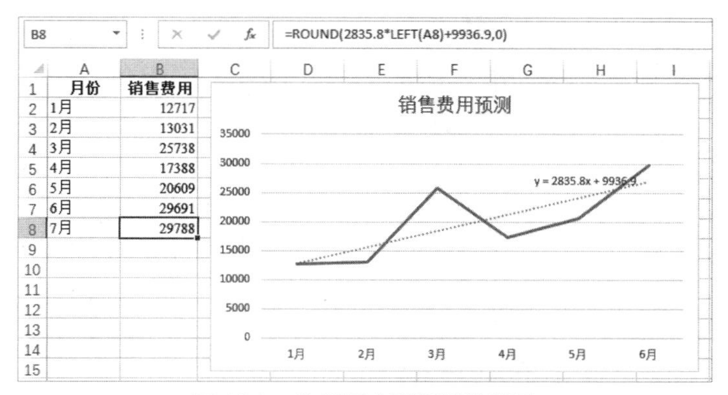

	A	B
1	月份	销售费用
2	1月	12717
3	2月	13031
4	3月	25738
5	4月	17388
6	5月	20609
7	6月	29691
8	7月	29788

图 11-9　使用图表预测销售费用

交叉参考：有关图表的详细内容，请参考本书第 7 章。

11.1.3　使用移动平均工具预测销售费用

移动平均是分析工具库中的一个工具，使用它可以为数据建立一个描述现象发展变化的动态趋势模型。例如，可能希望依次统计最近 3 个月的销售费用，1 ～ 3 月的销售费用平均值、2 ～ 4 月销售费用平均值、3 ～ 5 月销售费用平均值，这种统计方式就是移动平均，每次向下递增一个数量单位。使用移动平均工具预测销售费用的操作步骤如下：

（1）新建一个工作簿，在 Sheet1 工作表的 A1:C12 单元格区域中输入基础数据，如图 11-10 所示。

（2）在 Excel 中加载分析工具库加载项，具体方法请参考本书第 5 章。

（3）在功能区“数据”|“分析”组中单击“数据分析”按钮，打开“数据分析”对话框，在“分析工具”列表框中选择“移动平均”，如图 11-11 所示。

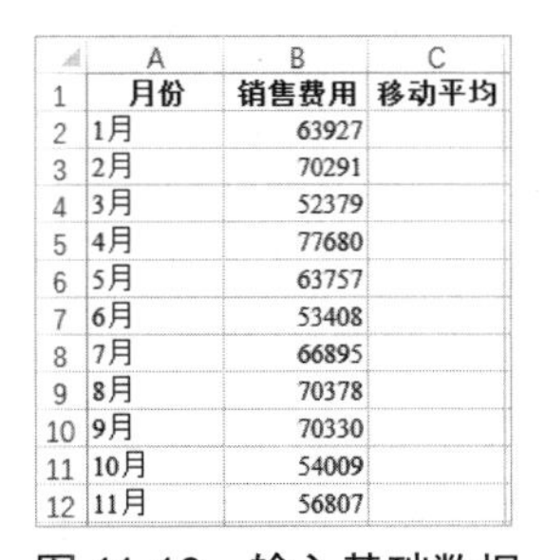

	A	B	C
1	月份	销售费用	移动平均
2	1月	63927	
3	2月	70291	
4	3月	52379	
5	4月	77680	
6	5月	63757	
7	6月	53408	
8	7月	66895	
9	8月	70378	
10	9月	70330	
11	10月	54009	
12	11月	56807	

图 11-10　输入基础数据

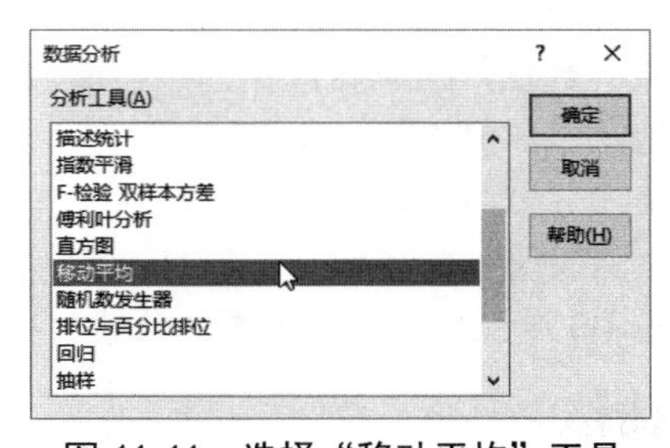

图 11-11　选择“移动平均”工具

（4）单击“确定”按钮，打开“移动平均”对话框，进行以下设置，如图 11-12 所示。

- 将“输入区域”设置销售费用所在的单元格区域，本例为 B2:B12。
- 将“间隔”设置为 3。
- 将“输出区域”设置为 C2 单元格。

（5）单击“确定”按钮，将在 C 列显示移动平均的计算结果，如图 11-13 所示。

（6）在 A13 单元格中输入“12 月”，然后在 B13 单元格中输入下面的公式并按 Enter 键，预测出 12 月份的销售费用，如图 11-14 所示。

```
=ROUND(AVERAGE(C10:C12),0)
```

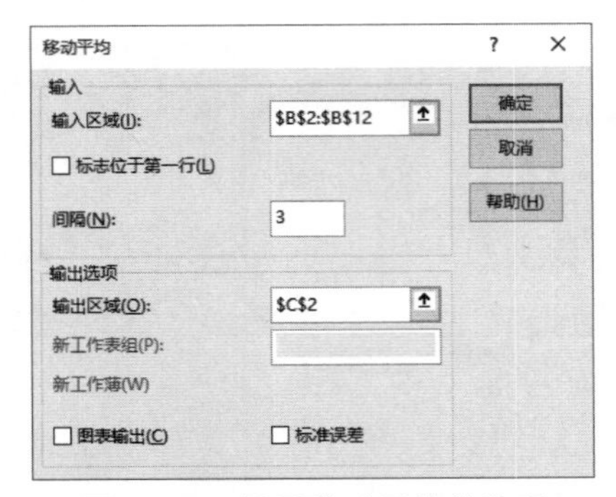

图 11-12　设置移动平均的选项

	A	B	C
1	月份	销售费用	移动平均
2	1月	63927	#N/A
3	2月	70291	#N/A
4	3月	52379	62199
5	4月	77680	66783.33
6	5月	63757	64605.33
7	6月	53408	64948.33
8	7月	66895	61353.33
9	8月	70378	63560.33
10	9月	70330	69201
11	10月	54009	64905.67
12	11月	56807	60382

图 11-13　移动平均分析结果

B13　=ROUND(AVERAGE(C10:C12),0)

	A	B	C	D	E	F
1	月份	销售费用	移动平均			
2	1月	63927	#N/A			
3	2月	70291	#N/A			
4	3月	52379	62199			
5	4月	77680	66783.33			
6	5月	63757	64605.33			
7	6月	53408	64948.33			
8	7月	66895	61353.33			
9	8月	70378	63560.33			
10	9月	70330	69201			
11	10月	54009	64905.67			
12	11月	56807	60382			
13	12月	64830				

图 11-14　使用移动平均工具预测销售费用

交叉参考：ROUND 和 AVERAGE 函数的详细内容，请参考本书第 3 章。

11.1.4　使用指数平滑工具预测销售费用

指数平滑是分析工具库中的一个工具，它能够跟踪变化，预测过程中添加最新的样本数据后，新数据代替原有数据，随着新数据的不断增加，原有数据会被逐渐淘汰。使用指数平滑工具预测销售费用的操作步骤如下：

（1）在 11.1.3 节数据的基础之上，对工作表稍加改造，输入一些新的内容，确保标题行与第一行数据之间保留一个空行，如图 11-15 所示。

（2）单击 B3 单元格，输入下面的公式并按 Enter 键，计算出初始值，如图 11-16 所示。

```
=SUM(B4:B6)/COUNT(B4:B6)
```

	A	B	C	D	E	F
1	月份	销售费用	α=0.25		α=0.75	
2			yt（元）	平方误差值	yt（元）	平方误差值
3						
4	1月	63927				
5	2月	70291				
6	3月	52379				
7	4月	77680				
8	5月	63757				
9	6月	53408				
10	7月	66895				
11	8月	70378				
12	9月	70330				
13	10月	54009				
14	11月	56807				
15	12月					

图 11-15　输入基础数据

B3　=SUM(B4:B6)/COUNT(B4:B6)

	A	B	C	D	E	F
1	月份	销售费用	α=0.25		α=0.75	
2			yt（元）	平方误差值	yt（元）	平方误差值
3		62199				
4	1月	63927				
5	2月	70291				
6	3月	52379				
7	4月	77680				
8	5月	63757				
9	6月	53408				
10	7月	66895				
11	8月	70378				
12	9月	70330				
13	10月	54009				
14	11月	56807				
15	12月					

图 11-16　计算初始值

（3）在 Excel 中加载分析工具库加载项，具体方法请参考本书第 5 章。

（4）在功能区“数据”|“分析”组中单击“数据分析”按钮，打开“数据分析”对话框，在“分析工具”列表框中选择“指数平滑”，如图 11-17 所示。

（5）单击“确定”按钮，打开“指数平滑”对话框，进行以下设置，如图 11-18 所示。

- 将“输入区域”设置为销售费用所在的单元格区域，本例为 B3:B14。
- 将“阻尼系数”设置为 1-α 的值，C1 单元格中 α 的值为 0.25，因此 1-0.25=0.75。
- 将“输出区域”设置为 C3 单元格。

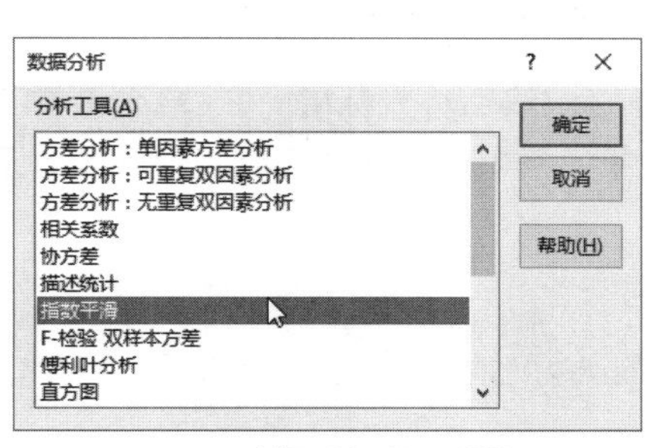

图 11-17　选择“指数平滑”工具

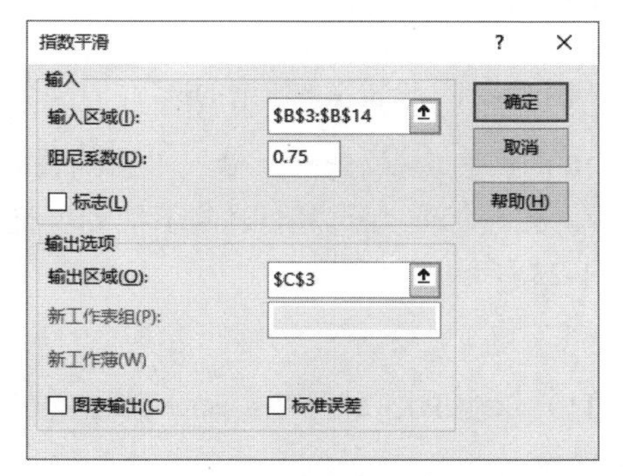

图 11-18　设置指数平滑的选项

（6）单击“确定”按钮，将在 C 列显示指数平滑的计算结果，如图 11-19 所示。

（7）单击 D3 单元格，输入下面的公式并按 Enter 键，然后将光标指向 D3 单元格右下角的填充柄，当光标变为十字形时向下拖动填充柄，将 D3 单元格中的公式向下复制到 D14 单元格，如图 11-20 所示。

```
=POWER(C3-B3,2)
```

	A	B	C	D	E	F
1	月份	销售费用	α=0.25		α=0.75	
2			yt（元）	平方误差值	yt（元）	平方误差值
3		62199	#N/A			
4	1月	63927	62199			
5	2月	70291	62631			
6	3月	52379	64546			
7	4月	77680	61504.25			
8	5月	63757	65548.19			
9	6月	53408	65100.39			
10	7月	66895	62177.29			
11	8月	70378	63356.72			
12	9月	70330	65112.04			
13	10月	54009	66416.53			
14	11月	56807	63314.65			
15	12月					

图 11-19　指数平滑分析结果

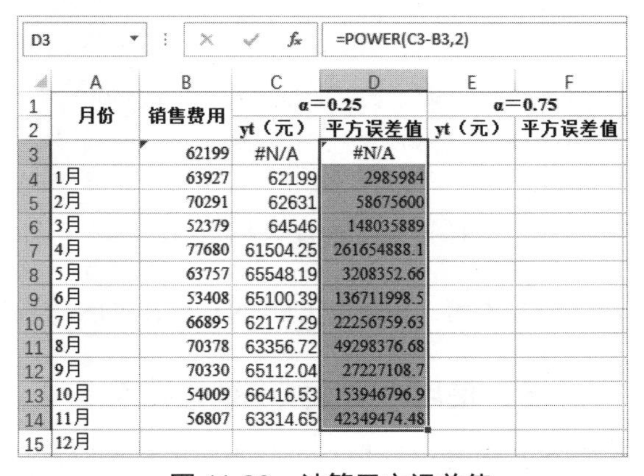
D3　=POWER(C3-B3,2)

	A	B	C	D	E	F
1	月份	销售费用	α=0.25		α=0.75	
2			yt（元）	平方误差值	yt（元）	平方误差值
3		62199	#N/A	#N/A		
4	1月	63927	62199	2985984		
5	2月	70291	62631	58675600		
6	3月	52379	64546	148035889		
7	4月	77680	61504.25	261654888.1		
8	5月	63757	65548.19	3208352.66		
9	6月	53408	65100.39	136711998.5		
10	7月	66895	62177.29	22256759.63		
11	8月	70378	63356.72	49298376.68		
12	9月	70330	65112.04	27227108.7		
13	10月	54009	66416.53	153946796.9		
14	11月	56807	63314.65	42349474.48		
15	12月					

图 11-20　计算平方误差值

（8）再次打开“指数平滑”对话框，进行以下设置，如图 11-21 所示。

- 将“输入区域”设置为销售费用所在的单元格区域，本例为 B3:B14。
- 将“阻尼系数”设置为 1-α 的值，E1 单元格中 α 的值为 0.75，因此 1-0.75=0.25。
- 将“输出区域”设置为 E3 单元格。

（9）单击“确定”按钮，将在 E 列显示指数平滑的计算结果，如图 11-22 所示。

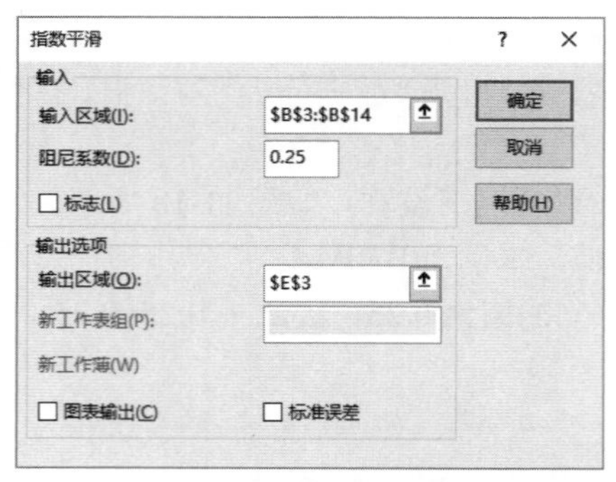

图 11-21　设置指数平滑的选项

	A	B	C	D	E	F
1	月份	销售费用	α=0.25		α=0.75	
2			yt（元）	平方误差值	yt（元）	平方误差值
3		62199	#N/A	#N/A	#N/A	
4	1月	63927	62199	2985984	62199	
5	2月	70291	62631	58675600	63495	
6	3月	52379	64546	148035889	68592	
7	4月	77680	61504.25	261654888.1	56432.25	
8	5月	63757	65548.19	3208352.66	72368.06	
9	6月	53408	65100.39	136711998.5	65909.77	
10	7月	66895	62177.29	22256759.63	56533.44	
11	8月	70378	63356.72	49298376.68	64304.61	
12	9月	70330	65112.04	27227108.7	68859.65	
13	10月	54009	66416.53	153946796.9	69962.41	
14	11月	56807	63314.65	42349474.48	57997.35	
15	12月					

图 11-22　指数平滑分析结果

（10）单击 F3 单元格，输入下面的公式并按 Enter 键，然后将光标指向 F3 单元格右下角的填充柄，当光标变为十字形时向下拖动填充柄，将 F3 单元格中的公式向下复制到 F14 单元格，如图 11-23 所示。

```
=POWER(E3-B3,2)
```

（11）单击 B15 单元格，输入下面的公式并按 Enter 键，预测出 12 月份的销售费用，如图 11-24 所示。

```
=ROUND(B14*0.75+E14*0.25,0)
```

F3　=POWER(E3-B3,2)

	A	B	C	D	E	F
1	月份	销售费用	α=0.25		α=0.75	
2			yt（元）	平方误差值	yt（元）	平方误差值
3		62199	#N/A	#N/A	#N/A	#N/A
4	1月	63927	62199	2985984	62199	2985984
5	2月	70291	62631	58675600	63495	46185616
6	3月	52379	64546	148035889	68592	262861369
7	4月	77680	61504.25	261654888.1	56432.25	451466880.1
8	5月	63757	65548.19	3208352.66	72368.06	74150397.38
9	6月	53408	65100.39	136711998.5	65909.77	156294143.7
10	7月	66895	62177.29	22256759.63	56533.44	107361896.5
11	8月	70378	63356.72	49298376.68	64304.61	36886061.82
12	9月	70330	65112.04	27227108.7	68859.65	2161921.512
13	10月	54009	66416.53	153946796.9	69962.41	254511391
14	11月	56807	63314.65	42349474.48	57997.35	1416940.947
15	12月					

图 11-23　计算平方误差值

B15　=ROUND(B14*0.75+E14*0.25,0)

	A	B	C	D	E	F
1	月份	销售费用	α=0.25		α=0.75	
2			yt（元）	平方误差值	yt（元）	平方误差值
3		62199	#N/A	#N/A	#N/A	#N/A
4	1月	63927	62199	2985984	62199	2985984
5	2月	70291	62631	58675600	63495	46185616
6	3月	52379	64546	148035889	68592	262861369
7	4月	77680	61504.25	261654888.1	56432.25	451466880.1
8	5月	63757	65548.19	3208352.66	72368.06	74150397.38
9	6月	53408	65100.39	136711998.5	65909.77	156294143.7
10	7月	66895	62177.29	22256759.63	56533.44	107361896.5
11	8月	70378	63356.72	49298376.68	64304.61	36886061.82
12	9月	70330	65112.04	27227108.7	68859.65	2161921.512
13	10月	54009	66416.53	153946796.9	69962.41	254511391
14	11月	56807	63314.65	42349474.48	57997.35	1416940.947
15	12月	57105				

图 11-24　使用指数平滑工具预测销售费用

交叉参考：SUM、COUNT 和 ROUND 函数的详细内容，请参考本书第 3 章。

11.1.5　使用内插值预测销售费用

内插值是指在相互对应的两组数据中，在第一组数据中的两个相邻的值之间插入一个中间值，按照两组数据的对应关系和趋势，计算出第二组数据中与该插入值对应的值。使用内插值预测销售费用的操作步骤如下：

（1）新建一个工作簿，在 Sheet1 工作表中输入基础数据，如图 11-25 所示。E1 单元格中的日期是要预测其销售费用的日期，该日期没有出现在 A 列中，因此需要根据现有数据进行预测。

（2）单击 E5 单元格，输入下面的公式并按 Enter 键，得到早于 E1 单元格中的所有日期中的最后一个日期，本例为 1 月 3 日。由于单元格的数字格式默认为常规，因此计算结果是一个数字，如图 11-26 所示。

```
=INDEX(A2:A9,MATCH(E1,A2:A9,1))
```

	A	B	C	D	E	F
1	日期	销售费用		日期	1月5日	
2	1月1日	320		销售费用		
3	1月3日	468				
4	1月6日	225			日期	销售费用
5	1月7日	326		上限		
6	1月8日	490		下限		
7	1月10日	254				
8	1月11日	496				
9	1月15日	435				

图 11-25　输入基础数据

E5　=INDEX(A2:A9,MATCH(E1,A2:A9,1))

	A	B	C	D	E	F	G
1	日期	销售费用		日期	1月5日		
2	1月1日	320		销售费用			
3	1月3日	468					
4	1月6日	225			日期	销售费用	
5	1月7日	326		上限	43468		
6	1月8日	490		下限			
7	1月10日	254					
8	1月11日	496					
9	1月15日	435					

图 11-26　计算日期上限

（3）单击单元格 E6，输入下面的公式并按 Enter 键，得到在 A 列中找到的步骤 2 中的日期的下一个日期，本例为 1 月 6 日。计算结果默认也是一个数字，如图 11-27 所示。

```
=INDEX(A2:A9,MATCH(E1,A2:A9,1)+1)
```

（4）选择 E5 和 E6 单元格，按 Ctrl+1 组合键打开“设置单元格格式”对话框，在“数字”选项卡的“分类”列表框中选择“日期”，然后在“类型”列表框中选择只显示月和日的日期格式，如图 11-28 所示。

E6　=INDEX(A2:A9,MATCH(E1,A2:A9,1)+1)

	A	B	C	D	E	F	G
1	日期	销售费用		日期	1月5日		
2	1月1日	320		销售费用			
3	1月3日	468					
4	1月6日	225			日期	销售费用	
5	1月7日	326		上限	43468		
6	1月8日	490		下限	43471		
7	1月10日	254					
8	1月11日	496					
9	1月15日	435					

图 11-27　计算日期下限

图 11-28　设置日期格式

（5）单击“确定”按钮，E5 和 E6 单元格中的数字将显示为日期，如图 11-29 所示。

（6）单击 F5 单元格，输入下面的公式并按 Enter 键，提取出与 E5 单元格中的日期对应的销售费用，如图 11-30 所示。

```
=VLOOKUP(E5,$A$2:$B$9,2,0)
```

（7）单击 F6 单元格，输入下面的公式并按 Enter 键，提取出与 E6 单元格中的日期对应的销售费用，如图 11-31 所示。

```
=VLOOKUP(E6,$A$2:$B$9,2,0)
```

	A	B	C	D	E	F
1	日期	销售费用		日期	1月5日	
2	1月1日	320		销售费用		
3	1月3日	468				
4	1月6日	225			日期	销售费用
5	1月7日	326		上限	1月3日	
6	1月8日	490		下限	1月6日	
7	1月10日	254				
8	1月11日	496				
9	1月15日	435				

图 11-29　将数字转换为日期

F5　=VLOOKUP(E5,$A$2:$B$9,2,0)

	A	B	C	D	E	F
1	日期	销售费用		日期	1月5日	
2	1月1日	320		销售费用		
3	1月3日	468				
4	1月6日	225			日期	销售费用
5	1月7日	326		上限	1月3日	468
6	1月8日	490		下限	1月6日	
7	1月10日	254				
8	1月11日	496				
9	1月15日	435				

图 11-30　提取日期上限的销售费用

（8）单击 E2 单元格，输入下面的公式并按 Enter 键，预测出与 E1 单元格中的日期对应的销售费用，如图 11-32 所示。

```
=ROUND(IF(E5=A9,B9,TREND(F5:F6,E5:E6,E1)),0)
```

F6　=VLOOKUP(E6,$A$2:$B$9,2,0)

	A	B	C	D	E	F
1	日期	销售费用		日期	1月5日	
2	1月1日	320		销售费用		
3	1月3日	468				
4	1月6日	225			日期	销售费用
5	1月7日	326		上限	1月3日	468
6	1月8日	490		下限	1月6日	225
7	1月10日	254				
8	1月11日	496				
9	1月15日	435				

图 11-31　提取日期下限的销售费用

E2　=ROUND(IF(E5=A9,B9,TREND(F5:F6,E5:E6,E1)),0)

	A	B	C	D	E	F	G	H
1	日期	销售费用		日期	1月5日			
2	1月1日	320		销售费用	306			
3	1月3日	468						
4	1月6日	225			日期	销售费用		
5	1月7日	326		上限	1月3日	468		
6	1月8日	490		下限	1月6日	225		
7	1月10日	254						
8	1月11日	496						
9	1月15日	435						

图 11-32　使用内插值预测销售费用

交叉参考： *有关 MATCH、INDEX、VLOOKUP、ROUND 和 IF 函数的详细内容，请参考本书第 3 章。*

11.1.6　制作可显示指定时间段内的销售费用图表

将销售费用绘制到图表中，可以直观了解和对比不同时间的销售费用情况。但是有时可能只关心某个时间段的销售费用情况，而不是所有销售费用。如图 11-33 所示，图表中显示的销售费用由 E1 和 E2 单元格中的数字所对应的数据区域中的行数决定。通过控件调整 E1 和 E2 单元格中的值，图表中绘制的数据范围会自动更新。

借助控件，可以制作出显示由用户指定的时间段内的销售费用图表，操作步骤如下：

（1）新建一个工作簿，在 Sheet1 工作表的 A1:B10 单元格区域中输入基础数据。然后在 D1 和 D2 单元格中输入“开始行”和“结束行”，如图 11-34 所示。

（2）在功能区“开发工具”|“控件”组中单击“插入”按钮，然后在列表框的“表单控件”类别中单击“数值调节钮（窗体控件）”，如图 11-35 所示。

（3）在 E1 和 E2 单元格中各插入一个数值调节钮控件，如图 11-36 所示。

（4）右击第一个数值调节钮控件，在弹出的快捷菜单中单击“设置控件格式”命令，如图 11-37 所示。

（5）打开“设置控件格式”对话框，在“控制”选项卡中进行以下设置，如图 11-38 所示。

- 将“当前值”设置为 2。
- 将“最小值”设置为 2。
- 将“最大值”设置为 10。
- 将“步长”设置为 1。

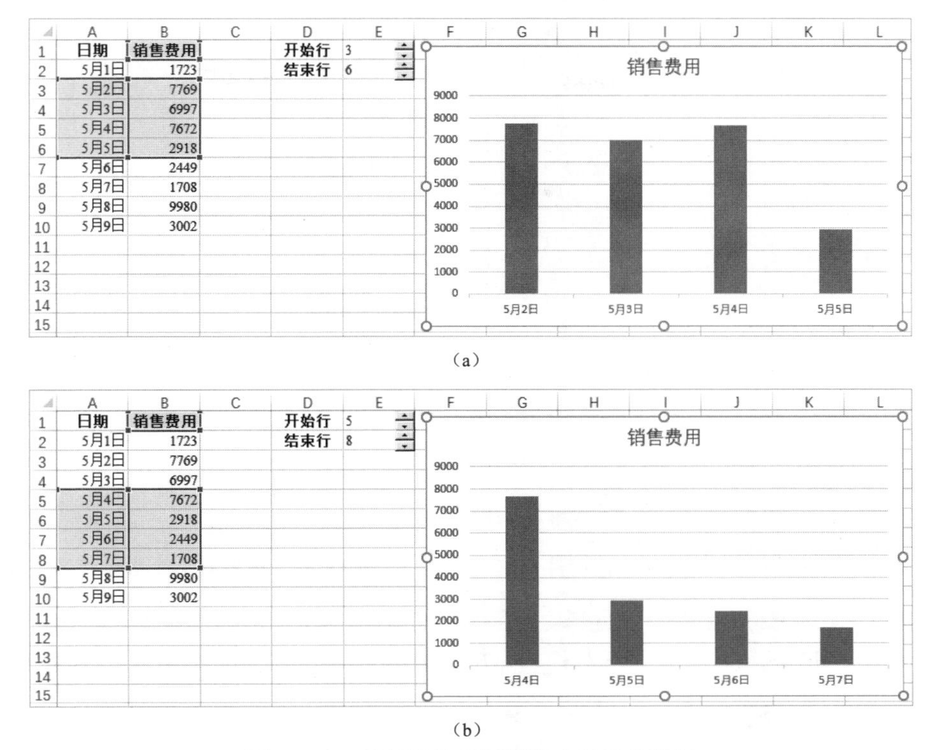

（a）

（b）

图 11-33　使用控件控制图表中显示的数据

	A	B	C	D
1	日期	销售费用		开始行
2	5月1日	1723		结束行
3	5月2日	7769		
4	5月3日	6997		
5	5月4日	7672		
6	5月5日	2918		
7	5月6日	2449		
8	5月7日	1708		
9	5月8日	9980		
10	5月9日	3002		

图 11-34　输入基础数据

审阅　视图　开发工具　加载项　帮助
COM 加载项　插入　设计模式　属性　查看代码　运行对话框　源
表单控件
ActiveX 控件
数值调节钮(窗体控件)

图 11-35　单击“数值调节钮（窗体控件）”

	A	B	C	D	E
1	日期	销售费用		开始行	
2	5月1日	1723		结束行	
3	5月2日	7769			
4	5月3日	6997			
5	5月4日	7672			
6	5月5日	2918			
7	5月6日	2449			
8	5月7日	1708			
9	5月8日	9980			
10	5月9日	3002			

图 11-36　插入两个数值调节钮控件

	A	B	C	D	E
1	日期	销售费用		开始行	
2	5月1日	1723		结束行	
3	5月2日	7769			
4	5月3日	6997			
5	5月4日	7672			
6	5月5日	2918			
7	5月6日	2449			
8	5月7日	1708			
9	5月8日	9980			
10	5月9日	3002			

剪切(T)
复制(C)
粘贴(P)
组合(G)
叠放次序(R)
指定宏(N)...
设置控件格式(F)...

图 11-37　单击“设置控件格式”命令

- 将“单元格链接”设置为 E1。
- 选中“三维阴影”复选框。

（6）单击“确定”按钮，完成第一个数值调节钮控件的设置。第二个数值调节钮控件的设置方法与此类似，唯一区别是将“单元格链接”设置为 E2 单元格，如图 11-39 所示。

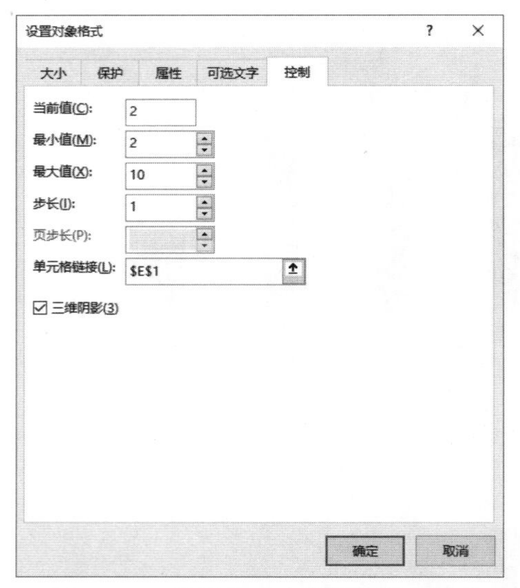

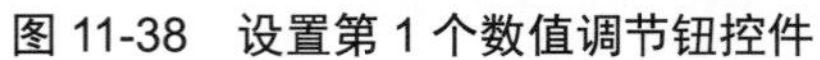
图 11-38　设置第 1 个数值调节钮控件

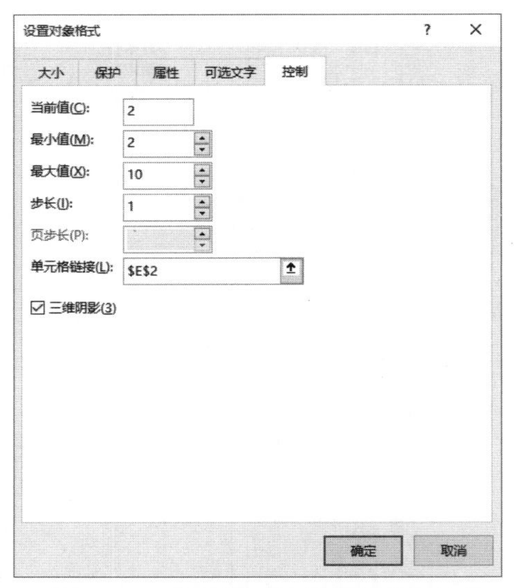

图 11-39　设置第 2 个数值调节钮控件

（7）选择 E1 和 E2 单元格，然后在功能区“开始”|“对齐方式”组中单击“左对齐”按钮，将这两个单元格中的内容设置为靠左对齐，以防默认右对齐的数据被控件盖住，如图 11-40 所示。

图 11-40　设置单元格的对齐方式

（8）单击 A1:B10 单元格区域中的任意一个单元格，然后在功能区“插入”|“图表”组中单击“插入柱形图或条形图”命令，在下拉菜单中单击“簇状柱形图”命令，如图 11-41 所示，在工作表中插入一个柱形图。

（9）创建两个名称。确保没有选中图表，然后在功能区“公式”|“定义的名称”组中单击“定义名称”按钮，打开“定义名称”对话框，在“名称”文本框中输入“日期”，在“引用位置”文本框中输入下面的公式，如图 11-42 所示。

```
=OFFSET(Sheet1!$A$2,$E$1-2,0,$E$2-$E$1+1,1)
```

（10）单击“确定”按钮，创建名称“日期”。使用相同的方法创建名称“销售费用”，将该名称的“引用位置”设置为下面的公式，如图 11-43 所示。

```
=OFFSET(Sheet1!$B$2,$E$1-2,0,$E$2-$E$1+1,1)
```

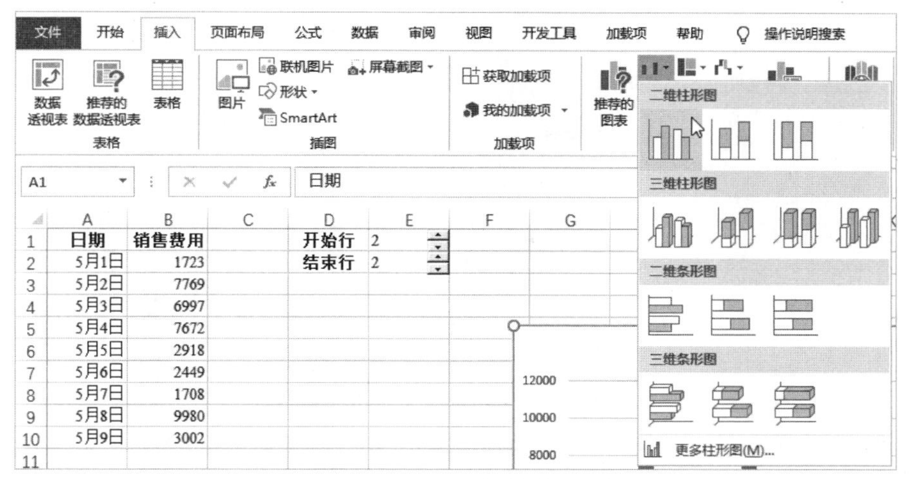

图 11-41　单击“簇状柱形图”

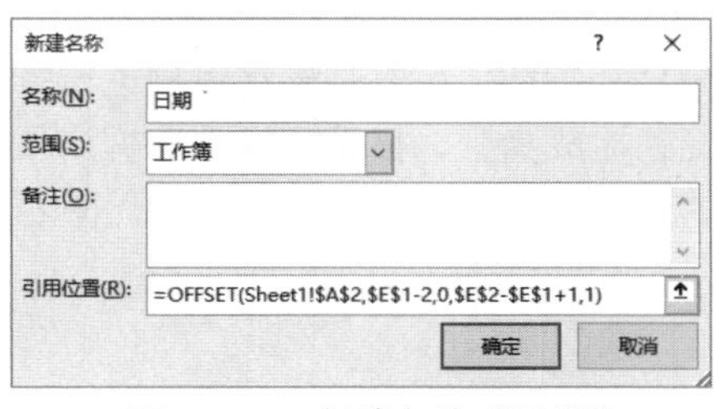

图 11-42　创建名称“日期”

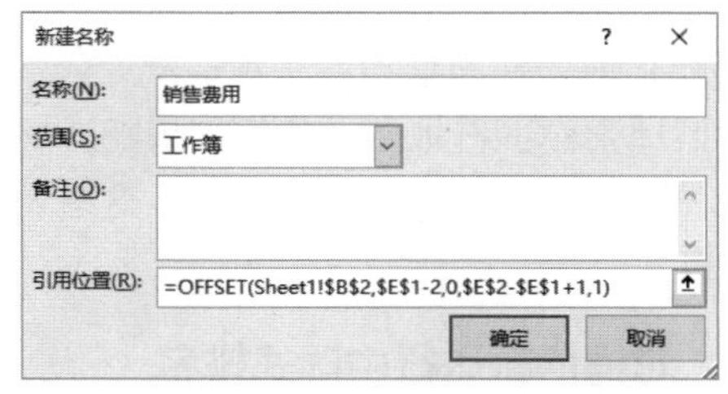

图 11-43　创建名称“销售费用”

（11）单击“确定”按钮，创建名称“销售费用”。

（12）单击图表中的数据系列，将在编辑栏中显示下面的公式，如图 11-44 所示。

```
=SERIES(Sheet1!$B$1,Sheet1!$A$2:$A$10,Sheet1!$B$2:$B$10,1)
```

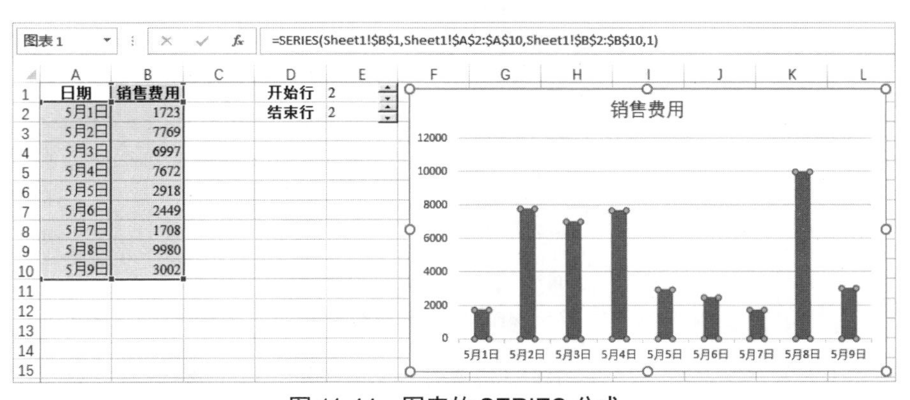

图 11-44　图表的 SERIES 公式

（13）使用前面创建的“日期”和“销售费用”两个名称替换上面公式中的 $A$2:$A$10 和 $B$2:$B$10，修改后的公式如下，如图 11-45 所示。

```
=SERIES(Sheet1!$B$1,Sheet1!日期,Sheet1!销售费用,1)
```

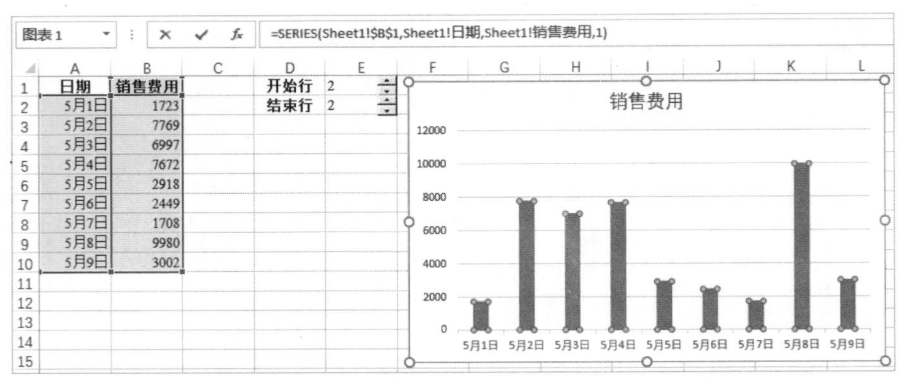

图 11-45 修改后的 SERIES 公式

（14）按 Enter 键确认公式的修改，图表中显示的内容会根据 E1 和 E2 单元格中的值自动更新。

11.2 销售额分析

销售额是衡量产品是否符合市场需求的重要依据和指标，可以基于销售额进行多方面的分析，如按照销售额进行排名、根据销售额计算员工的提成奖金、根据销售额分析产品在各个地区的市场占有率等。本节除了介绍以上这些常用的分析方法之外，还将介绍利用图表展示销售额的多种方式。

11.2.1 对销售额进行中国式排名

使用 RANK 函数进行排名时，将根据同名次的商品数量而自动跳过某些名次。而在中国式排名中，无论某个名次是否有重复，都不会影响下一个名次的产生。例如，如果存在两个第一名，那么下一个名次仍然为第二名，而不是第三名。对销售额进行中国式排名的操作步骤如下：

（1）新建一个 Excel 工作簿，在 Sheet1 工作表中输入基础数据，如图 11-46 所示。

	A	B	C
1	姓名	销售额	排名
2	瞿易蝶	1100	
3	商沁馨	3000	
4	解昕璇	2900	
5	许诗翠	2300	
6	蒲务	2000	
7	臧寻阳	1700	
8	明恺	2700	
9	郑争	1300	
10	历筱睿	2300	
11	虞外	1700	

图 11-46 输入基础数据

（2）单击 C2 单元格，输入下面的数组公式并按 Ctrl+Shift+Enter 组合键，计算出第一个员工的销售额排名，如图 11-47 所示。

```
=SUM(--IF(FREQUENCY($B$2:$B$11,$B$2:$B$11)>0,$B$2:$B$11>B2))+1
```

公式说明： 首先以每个销售额作为区间统计频率分布，然后通过 IF 函数忽略重复值并汇总大于 B2 单元格的个数。B2 单元格中的值在区域中的排名，等于不计重复值的情况下大于 B2 值的个数加 1。

C2　{=SUM(--IF(FREQUENCY($B$2:$B$11,$B$2:$B$11)>0,$B$2:$B$11>B2))+1}

	A	B	C	D	E	F	G	H	I	J
1	姓名	销售额	排名							
2	瞿易蝶	1100	8							
3	商沁鑿	3000								
4	解昕璇	2900								
5	许诗翠	2300								
6	蒲务	2000								
7	臧寻阳	1700								
8	明恺	2700								
9	郑争	1300								
10	历筱睿	2300								
11	虞外	1700								

图 11-47　计算第一个员工的销售额排名

（3）将光标指向 C2 单元格右下角的填充柄，当光标变为十字形时双击，将 C2 单元格中的公式向下复制到 C11 单元格，计算出其他员工的销售额排名，如图 11-48 所示。

	A	B	C
1	姓名	销售额	排名
2	瞿易蝶	1100	8
3	商沁鑿	3000	1
4	解昕璇	2900	2
5	许诗翠	2300	4
6	蒲务	2000	5
7	臧寻阳	1700	6
8	明恺	2700	3
9	郑争	1300	7
10	历筱睿	2300	4
11	虞外	1700	6

图 11-48　计算其他员工的销售额排名

交叉参考：有关 SUM、IF 和 FREQUENCY 函数的详细内容，请参考本书第 3 章。

11.2.2　制作销售额提成表

每个公司都会根据员工的销售业绩给予相应的奖励，通常是按照销售额的百分比作为员工的提成奖金。以 11.2.1 节制作完成的工作表为基础，制作销售额提成表的操作步骤如下：

（1）在 D1 和 E1 单元格中输入“提成比例”和“奖金”，并设置为加粗和居中对齐，如图 11-49 所示。

	A	B	C	D	E
1	姓名	销售额	排名	提成比例	奖金
2	瞿易蝶	1100	8		
3	商沁鑿	3000	1		
4	解昕璇	2900	2		
5	许诗翠	2300	4		
6	蒲务	2000	5		
7	臧寻阳	1700	6		
8	明恺	2700	3		
9	郑争	1300	7		
10	历筱睿	2300	4		
11	虞外	1700	6		

图 11-49　输入标题并设置格式

（2）在 G1 单元格中输入“提成标准”，然后选择 G1 和 H1 单元格，在功能区“开始”|“对齐方式”组中单击“合并后居中”按钮，将这两个单元格合并到一起，并为该单元格设置加粗格式，如图 11-50 所示。

（3）在 G2:H6 单元格区域中输入提成标准，如图 11-51 所示。本例的提成标准为：销售额小于 1 000 元没有提成，大于或等于 1 000 元且小于 2 000 元的提成比例为 10%，大于或等于 2 000 元且小于 3 000 元的提成比例为 15%，大于或等于 3 000 元的提成比例为 20%。

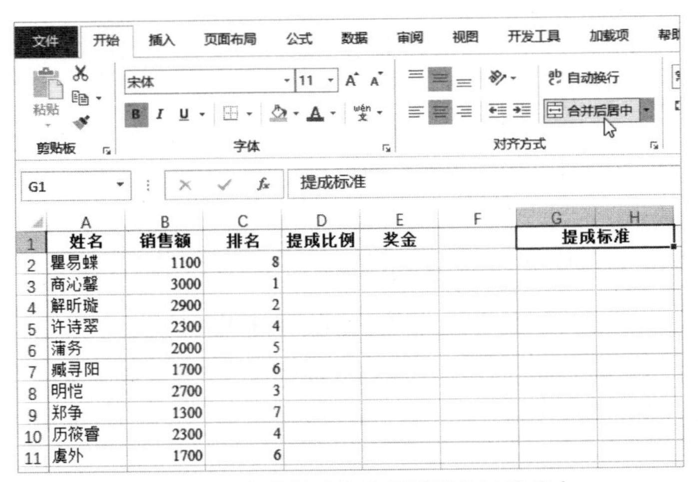

	A	B	C	D	E	F	G	H
1	姓名	销售额	排名	提成比例	奖金		提成标准	
2	瞿易蝶	1100	8					
3	商沁馨	3000	1					
4	解昕璇	2900	2					
5	许诗翠	2300	4					
6	蒲务	2000	5					
7	臧寻阳	1700	6					
8	明恺	2700	3					
9	郑争	1300	7					
10	历筱睿	2300	4					
11	虞外	1700	6					

图 11-50　合并单元格使标题跨单元格居中

	A	B	C	D	E	F	G	H
1	姓名	销售额	排名	提成比例	奖金		提成标准	
2	瞿易蝶	1100	8				销售额	提成比例
3	商沁馨	3000	1				0	0%
4	解昕璇	2900	2				1000	10%
5	许诗翠	2300	4				2000	15%
6	蒲务	2000	5				3000	20%
7	臧寻阳	1700	6					
8	明恺	2700	3					
9	郑争	1300	7					
10	历筱睿	2300	4					
11	虞外	1700	6					

图 11-51　输入提成标准

（4）单击 D2 单元格，输入下面的公式并按 Enter 键，计算出第一个员工的提成比例，如图 11-52 所示。

```
=LOOKUP(B2,$G$3:$H$6)
```

D2　=LOOKUP(B2,$G$3:$H$6)

	A	B	C	D	E	F	G	H
1	姓名	销售额	排名	提成比例	奖金		提成标准	
2	瞿易蝶	1100	8	0.1			销售额	提成比例
3	商沁馨	3000	1				0	0%
4	解昕璇	2900	2				1000	10%
5	许诗翠	2300	4				2000	15%
6	蒲务	2000	5				3000	20%
7	臧寻阳	1700	6					
8	明恺	2700	3					
9	郑争	1300	7					
10	历筱睿	2300	4					
11	虞外	1700	6					

图 11-52　计算第一个员工的提成比例

交叉参考：有关 LOOKUP 函数的详细内容，请参考本书第 3 章。

（5）将光标指向 D2 单元格右下角的填充柄，当光标变为十字形时双击，将 D2 单元格中的公式向下复制到 D11 单元格，计算出其他员工的提成比例，如图 11-53 所示。

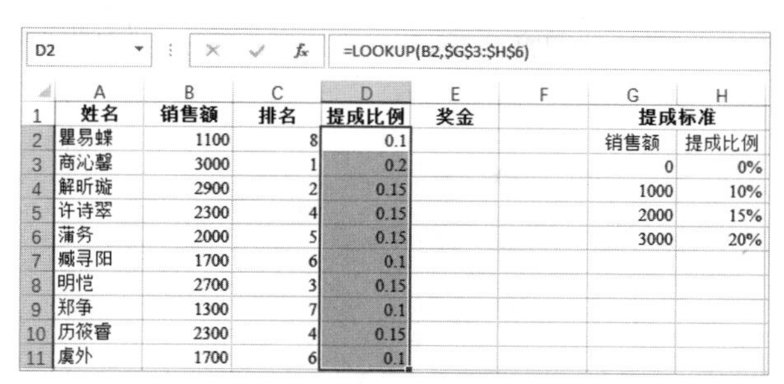

D2 =LOOKUP(B2,$G$3:$H$6)

	A	B	C	D	E	F	G	H
1	姓名	销售额	排名	提成比例	奖金		提成标准	
2	瞿易蝶	1100	8	0.1			销售额	提成比例
3	商沁馨	3000	1	0.2			0	0%
4	解昕璇	2900	2	0.15			1000	10%
5	许诗翠	2300	4	0.15			2000	15%
6	蒲务	2000	5	0.15			3000	20%
7	臧寻阳	1700	6	0.1				
8	明恺	2700	3	0.15				
9	郑争	1300	7	0.1				
10	历筱睿	2300	4	0.15				
11	虞外	1700	6	0.1				

图 11-53　计算其他员工的提成比例

（6）为了让 D 列中的提成比例以百分比格式显示，需要选择 D2:D11 单元格区域，按 Ctrl+1 组合键打开“设置单元格格式”对话框，在“数字”选项卡的“分类”下拉列表中选择“百分比”，然后将“小数位数”设置为 0，如图 11-54 所示。

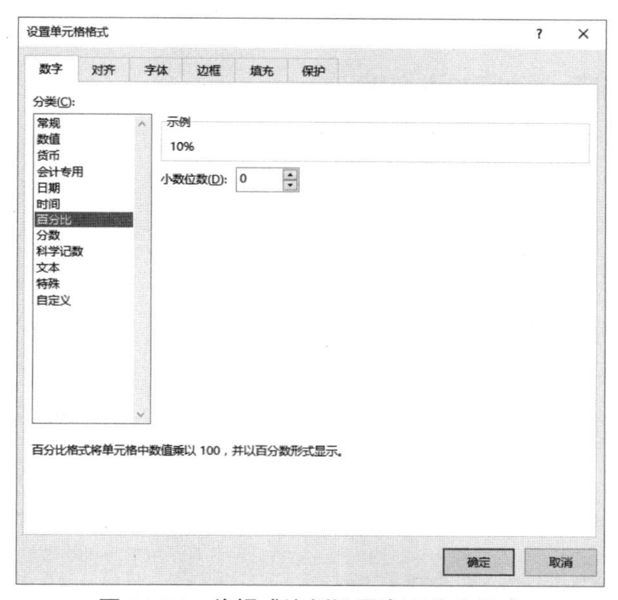

图 11-54　将提成比例设置为百分比格式

（7）单击“确定”按钮，将 D 列中的提成比例设置为百分比格式。

（8）单击 E2 单元格，输入下面的公式并按 Enter 键，计算出第一个员工的提成奖金，如图 11-55 所示。

```
=B2*D2
```

E2 =B2*D2

	A	B	C	D	E	F	G	H
1	姓名	销售额	排名	提成比例	奖金		提成标准	
2	瞿易蝶	1100	8	10%	110		销售额	提成比例
3	商沁馨	3000	1	20%			0	0%
4	解昕璇	2900	2	15%			1000	10%
5	许诗翠	2300	4	15%			2000	15%
6	蒲务	2000	5	15%			3000	20%
7	臧寻阳	1700	6	10%				
8	明恺	2700	3	15%				
9	郑争	1300	7	10%				
10	历筱睿	2300	4	15%				
11	虞外	1700	6	10%				

图 11-55　计算第一个员工的提成奖金

（9）双击单元格 E2 右下角的填充柄，将公式复制到单元格 E11，自动计算出其他员工的提成奖金，如图 11-56 所示。

```
=ROUND(C3*D3,0)
```

M21

	A	B	C	D	E	F	G	H
1	姓名	销售额	排名	提成比例	奖金		提成标准	
2	瞿易蝶	1100	8	10%	110		销售额	提成比例
3	商沁馨	3000	1	20%	600		0	0%
4	解昕璇	2900	2	15%	435		1000	10%
5	许诗翠	2300	4	15%	345		2000	15%
6	蒲务	2000	5	15%	300		3000	20%
7	臧寻阳	1700	6	10%	170			
8	明恺	2700	3	15%	405			
9	郑争	1300	7	10%	130			
10	历筱睿	2300	4	15%	345			
11	虞外	1700	6	10%	170			

图 11-56　计算其他员工的提成奖金

11.2.3　分析产品在各个地区的占有率

通过分析产品在各个地区的占有率，可以更好地了解产品在各个地区的销售情况，对未来销售计划的指定提供帮助。本节将使用数据透视表来分析产品在各个地区的占有率，操作步骤如下：

（1）假设本例已经使用数据源创建好了数据透视表，然后对字段进行以下布局，如图 11-57 所示。

- 将“月份”字段移动到报表筛选区域。
- 将“产品”字段移动到行区域。
- 将“地区”字段移动到列区域。
- 将“销售额”字段移动到值区域。

图 11-57　对字段进行布局

（2）右击值区域中的任意一个单元格，在弹出的快捷菜单中单击“值显示方式”|“行汇总的百分比”命令，将显示每种产品在各个地区的占有率，如图 11-58 所示。

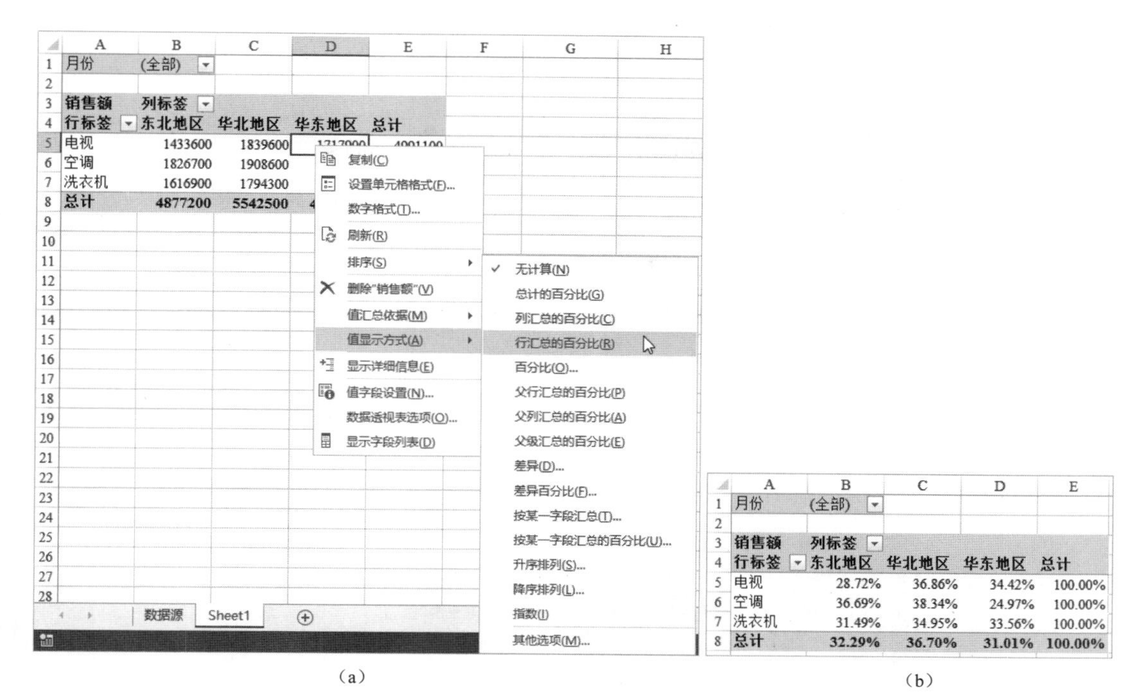

图 11-58　显示每种产品在各个地区的占有率

（3）在“数据透视表字段”窗格中，将“值”字段移动到值区域，此时的数据透视表如图 11-59 所示。

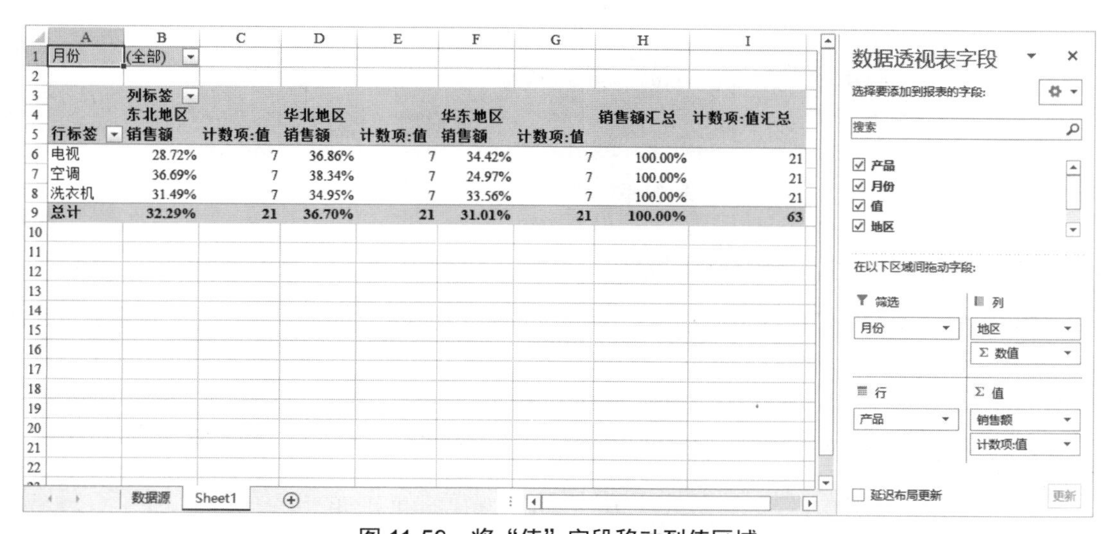

图 11-59　将“值”字段移动到值区域

（4）右击“计数项：值”字段中的任意一项，在弹出的快捷菜单中单击“值汇总依据”|“求和”命令，将计数改为求和，此时将在数据透视表中显示各个地区的销售额，如图 11-60 所示。

（5）将“销售额”字段的名称改为“占有率”，将“求和项：值”字段的名称改为“销售额”，如图 11-61 所示。

交叉参考：有关数据透视表的详细内容，请参考本书第 6 章。

	A	B	C	D	E	F	G	H	I
1	月份	(全部)							
2									
3		列标签							
4		东北地区		华北地区		华东地区		销售额汇总	计数项:值汇总
5	行标签	销售额	计数项:值	销售额	计数项:值	销售额	计数项:值		
6	电视	28.72%	7	36.86%	7	34.42%	7	100.00%	21
7	空调	36.69%			7	24.97%	7	100.00%	21
8	洗衣机	31.49%			7	33.56%	7	100.00%	21
9	总计	32.29%			21	31.01%	21	100.00%	63

复制(C)
设置单元格格式(F)...
数字格式(T)...
刷新(R)
排序(S)
删除"计数项:值"(V)
值汇总依据(M)
值显示方式(A)
显示详细信息(E)
值字段设置(N)...
数据透视表选项(O)...
显示字段列表(D)

求和(S)
计数(C)
平均值(A)
最大值(M)
最小值(I)
乘积(P)
其他选项(O)...

(a)

	A	B	C	D	E	F	G	H	I
1	月份	(全部)							
2									
3		列标签							
4		东北地区		华北地区		华东地区		销售额汇总	求和项:值汇总
5	行标签	销售额	求和项:值	销售额	求和项:值	销售额	求和项:值		
6	电视	28.72%	1433600	36.86%	1839600	34.42%	1717900	100.00%	4991100
7	空调	36.69%	1826700	38.34%	1908600	24.97%	1242900	100.00%	4978200
8	洗衣机	31.49%	1616900	34.95%	1794300	33.56%	1722700	100.00%	5133900
9	总计	32.29%	4877200	36.70%	5542500	31.01%	4683500	100.00%	15103200

(b)

图 11-60　将"计数项：值"字段的汇总方式改为求和

	A	B	C	D	E	F	G	H	I
1	月份	(全部)							
2									
3		列标签							
4		东北地区		华北地区		华东地区		占有率汇总	销售额汇总
5	行标签	占有率	销售额	占有率	销售额	占有率	销售额		
6	电视	28.72%	1433600	36.86%	1839600	34.42%	1717900	100.00%	4991100
7	空调	36.69%	1826700	38.34%	1908600	24.97%	1242900	100.00%	4978200
8	洗衣机	31.49%	1616900	34.95%	1794300	33.56%	1722700	100.00%	5133900
9	总计	32.29%	4877200	36.70%	5542500	31.01%	4683500	100.00%	15103200

图 11-61　修改字段的名称

11.2.4　使用迷你图显示销售额趋势

使用迷你图功能，可以在单元格中创建表示一系列数据变化趋势或突出显示特定数据点的微型图表，这样无须使用复杂的图表功能，就可以快速以可视化的方式展示单元格中的数据。使用迷你图显示销售额趋势的操作步骤如下：

（1）新建一个 Excel 工作簿，在 Sheet1 工作表中输入基础数据，如图 11-62 所示。

	A	B	C	D	E	F	G
1		1月	2月	3月	4月	5月	6月
2	电视	823	946	432	470	610	449
3	冰箱	554	600	239	590	337	885
4	空调	125	133	424	422	598	771

图 11-62　输入基础数据

（2）选择放置第一个迷你图的单元格，如 H2，然后在功能区"插入"|"迷你图"组中单击"折线"按钮，如图 11-63 所示。

（3）打开"创建迷你图"对话框，"位置范围"文本框中自动填入了打开该对话框之前在工作表中选择的单元格。用户在"数据范围"文本框中输入要创建迷你图的数据区域的地址，本例为 B2:G2。也可以单击"数据范围"文本框右侧的按钮，然后在工作表中拖动鼠标选择所需的数据区域，如图 11-64 所示。

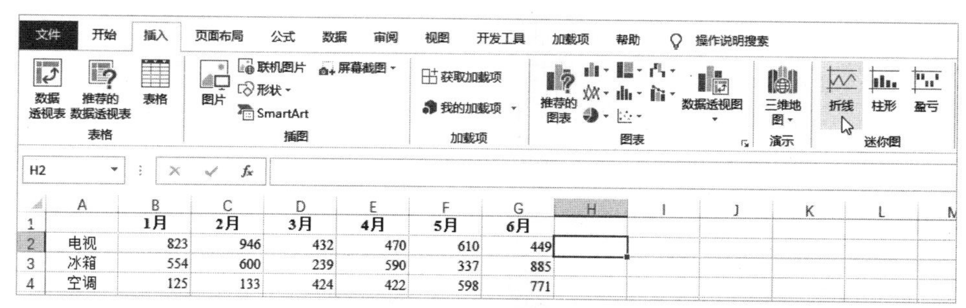

图 11-63　单击“折线”按钮

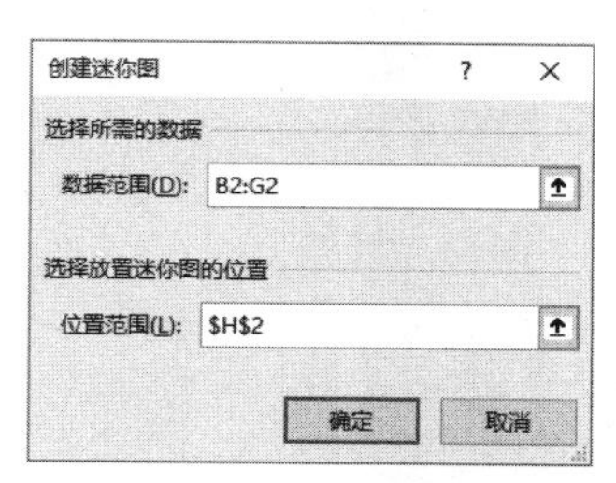

图 11-64　设置迷你图的选项

（4）单击“确定”按钮，在 H2 单元格中创建第一个折线迷你图，该迷你图展示的是 B2:G2 单元格区域中的数据，如图 11-65 所示。

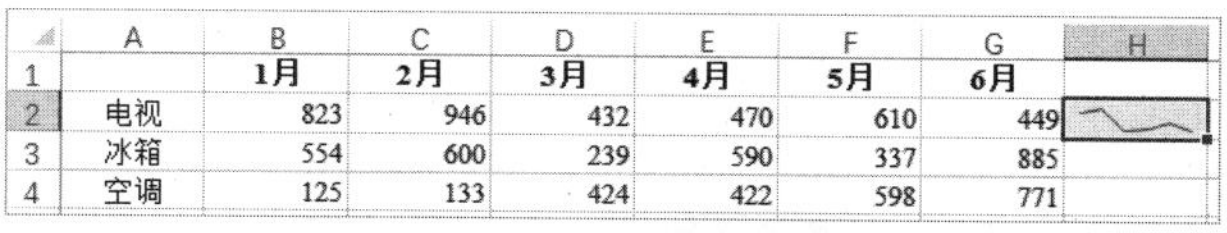

	A	B	C	D	E	F	G	H
1		1月	2月	3月	4月	5月	6月	
2	电视	823	946	432	470	610	449	
3	冰箱	554	600	239	590	337	885	
4	空调	125	133	424	422	598	771	

图 11-65　创建折线迷你图

（5）将光标指向 H2 单元格右下角的填充柄，当光标变为十字形时向下拖动填充柄，将 H2 单元格中的迷你图一直复制到 H4 单元格，如图 11-66 所示。

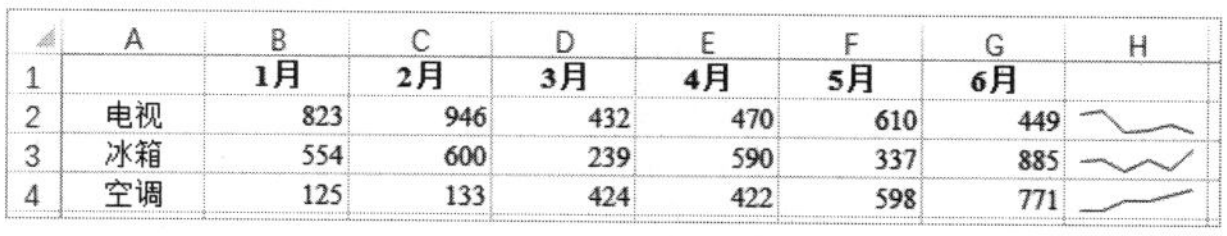

	A	B	C	D	E	F	G	H
1		1月	2月	3月	4月	5月	6月	
2	电视	823	946	432	470	610	449	
3	冰箱	554	600	239	590	337	885	
4	空调	125	133	424	422	598	771	

图 11-66　为其他产品的销售额创建迷你图

技巧：如果要在一个连续的区域中创建多个类型相同的迷你图，则可以选择要放置迷你图的单元格区域，然后在“创建迷你图”对话框的“数据范围”文本框中设置相应的数据区域，如图 11-67 所示。

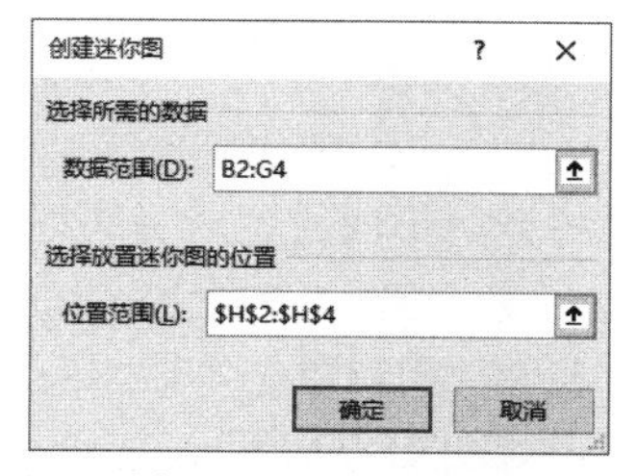

图 11-67　选择多个迷你图使用的数据范围

11.2.5　使用滚动条控制柱形图中销售额的显示

当柱形图中包含多个数据系列时，同时显示在柱形图中的所有数据系列会紧密排列在一起，图表的显示效果和直观清晰程度会大打折扣。如果不需要一次性浏览所有数据，那么可以为图表添加一个滚动条，使用滚动条来控制图表中显示数据的多少，如图 11-68 所示。

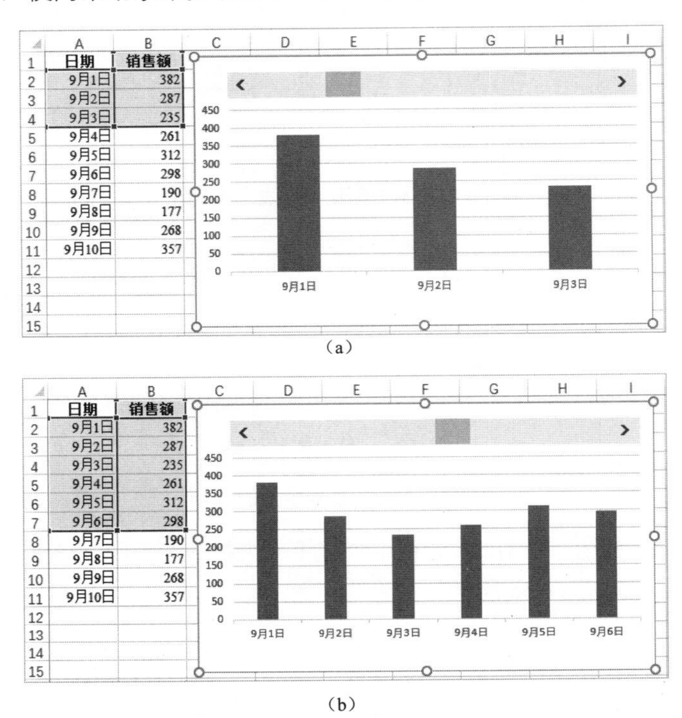

（a）

（b）

图 11-68　使用滚动条控制柱形图中销售额的显示

使用滚动条控制柱形图中销售额的显示的操作步骤如下：

（1）新建一个 Excel 工作簿，在 Sheet1 工作表中输入基础数据，如图 11-69 所示。

	A	B
1	日期	销售额
2	9月1日	382
3	9月2日	287
4	9月3日	235
5	9月4日	261
6	9月5日	312
7	9月6日	298
8	9月7日	190
9	9月8日	177
10	9月9日	268
11	9月10日	357

图 11-69　输入基础数据

（2）单击数据区域中的任意一个单元格，然后在功能区“插入”|“图表”组中单击“插入柱形图或条形图”按钮，在打开的列表中选择“簇状柱形图”，如图 11-70 所示。

（3）在工作表中插入一个簇状柱形图，选中图表标题，然后按 Delete 键将其删除。

（4）选择图表的绘图区，然后将光标指向绘图区上边框位于中间的控制点，当光标变为上下箭头时，按住鼠标左键并向下拖动，减小绘图区的大小，为上方留出一定空间，如图 11-71 所示。

（5）在功能区“开发工具”|“控件”组中单击“插入”按钮，然后在列表框的“表单控件”类别中单击“滚动条（窗体控件）”，如图 11-72 所示。

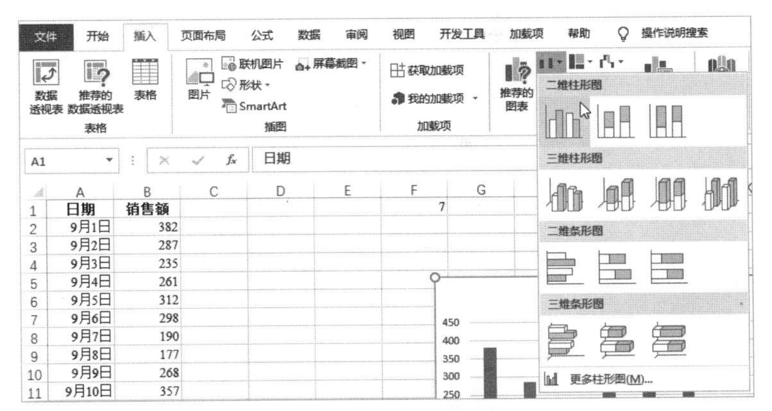

图 11-70　选择“簇状柱形图”

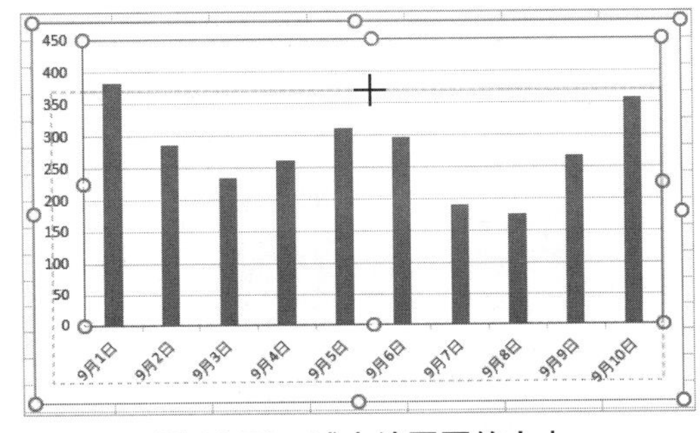

图 11-71　减小绘图区的大小

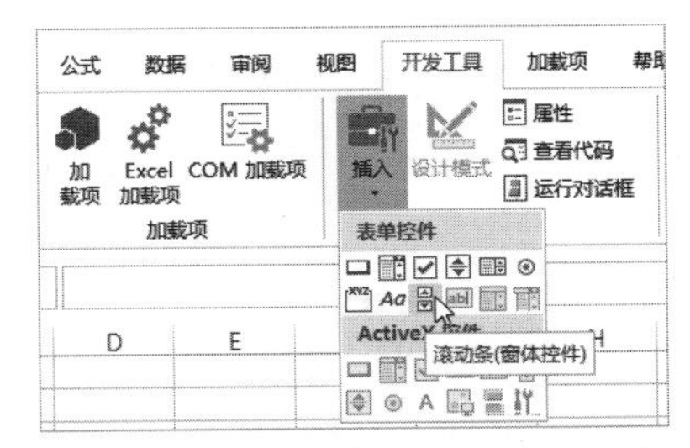

图 11-72　单击“滚动条（窗体控件）”

（6）在绘图区上方的空白处拖动鼠标插入一个滚动条控件，然后右击该控件，在弹出的快捷菜单中单击“设置控件格式”命令，如图 11-73 所示。

（7）打开“设置控件格式”对话框，在“控制”选项卡中进行以下设置，如图 11-74 所示。

- 将“最小值”设置为“1”，将“最大值”设置为“10”，该值需要根据数据源除了标题行以外的其他行的总数决定。
- 将“步长”设置为“1”，将“页步长”设置为“3”，这两项决定在单击滚动条两端的箭头或空白处时，滑块在滚动条中移动的距离。
- 将“单元格链接”设置为“D1”，该单元格可以是任意一个没被占用的单元格。

提示：如果使用“单元格链接”右侧的按钮在工作表中选择单元格，则对话框顶部的名称会变为“设置对象格式”。

（8）单击“确定”按钮关闭对话框，然后单击滚动条控件以外的其他位置，取消滚动条的选中状态。

（9）创建两个名称。确保没有选中图表，然后在功能区“公式”|“定义的名称”组中单击“定义名称”按钮，打开“定义名称”对话框，在“名称”文本框中输入“日期”，在“引用位置”文本框中输入下面的公式，如图 11-75 所示。

```
=OFFSET(Sheet1!$A$2,0,0,$D$1,1)
```

（10）单击“确定”按钮，创建名称“日期”。使用相同的方法创建名称“销售额”，将该名称的“引用位置”设置为下面的公式，如图 11-76 所示。

```
=OFFSET(Sheet1!$B$2,0,0,$D$1,1)
```

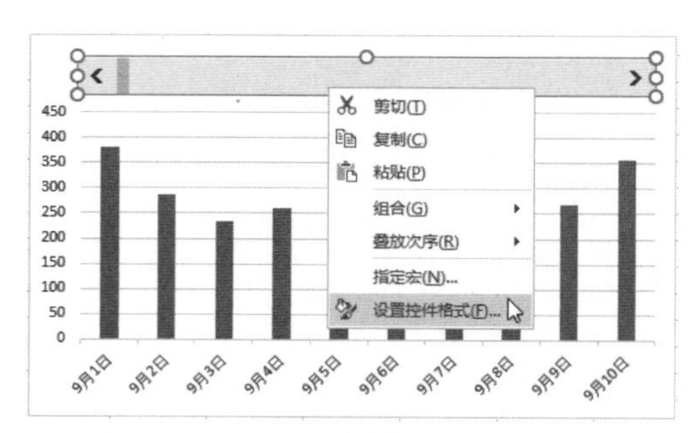

图 11-73　单击“设置控件格式”命令

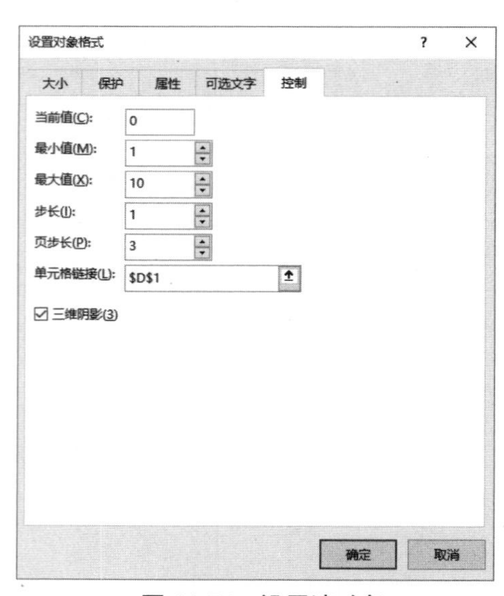

图 11-74　设置滚动条

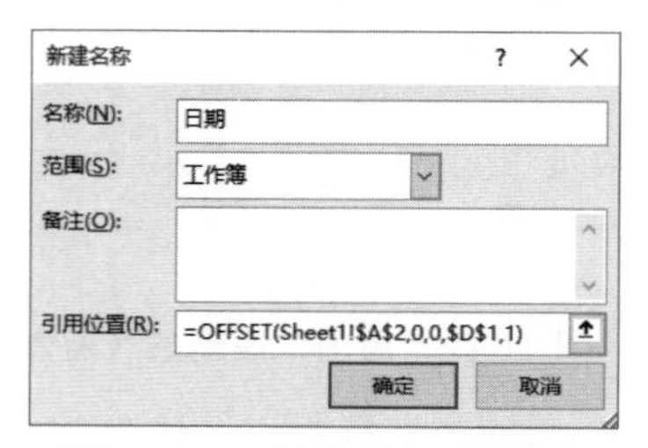

图 11-75　创建名称“日期”

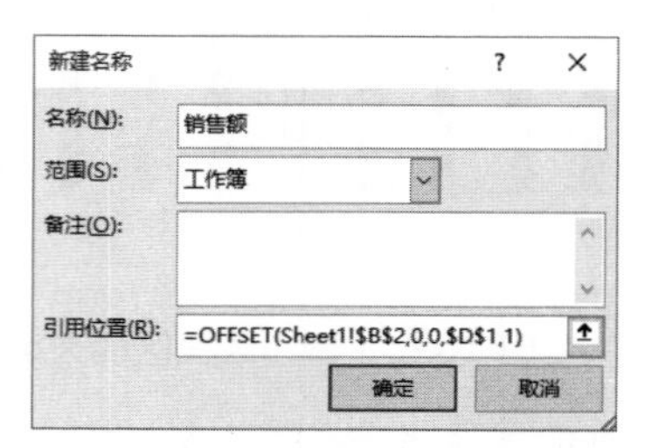

图 11-76　创建名称“销售额”

交叉参考： *有关创建名称和 OFFSET 函数的详细内容，请参考本书第 3 章。*

（11）单击“确定”按钮，创建名称“销售额”。

（12）单击图表中的数据系列，将在编辑栏中显示下面的公式，如图 11-77 所示。

```
=SERIES(Sheet1!$B$1,Sheet1!$A$2:$A$11,Sheet1!$B$2:$B$11,1)
```

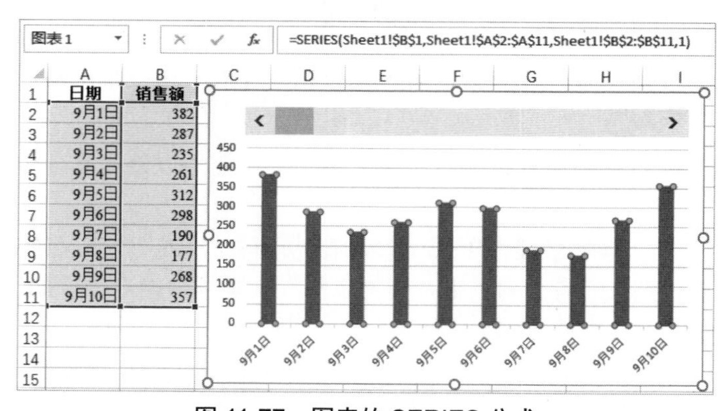

图 11-77　图表的 SERIES 公式

（13）使用前面创建的“日期”和“销售额”两个名称替换上面公式中的 $A$2:$A$11 和 $B$2:$B$11，修改后的公式如下，如图 11-78 所示。

```
=SERIES(Sheet1!$B$1,Sheet1!$A$2:$A$11,Sheet1!日期,Sheet1!销售额,1)
```

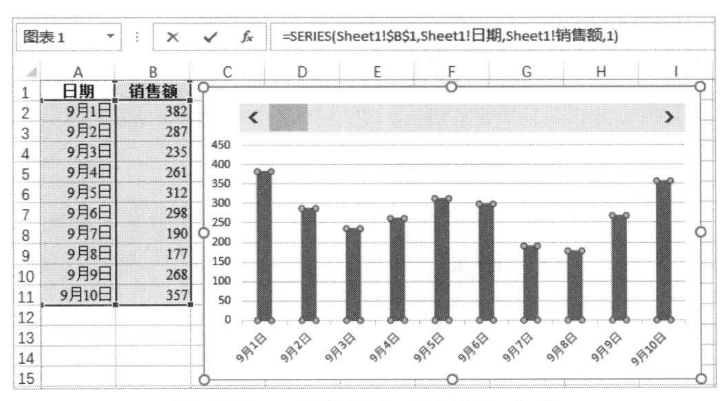

图 11-78　修改后的 SERIES 公式

（14）按 Enter 键确认公式的修改，之后就可以使用滚动条来控制柱形图上显示数据的多少，数据的数量由 D1 单元格中的值决定，该单元格中的值由每次拖动滚动条来动态改变。

11.2.6　在饼图中切换显示不同月份的销售额

饼图每次只能显示一个数据系列，如果创建的饼图包含多个数据系列，为了便于显示不同的数据系列，可以在饼图上添加一个下拉列表，其中包含所有数据系列的名称，用户可以从中选择要在饼图中显示的数据系列，如图 11-79 所示。

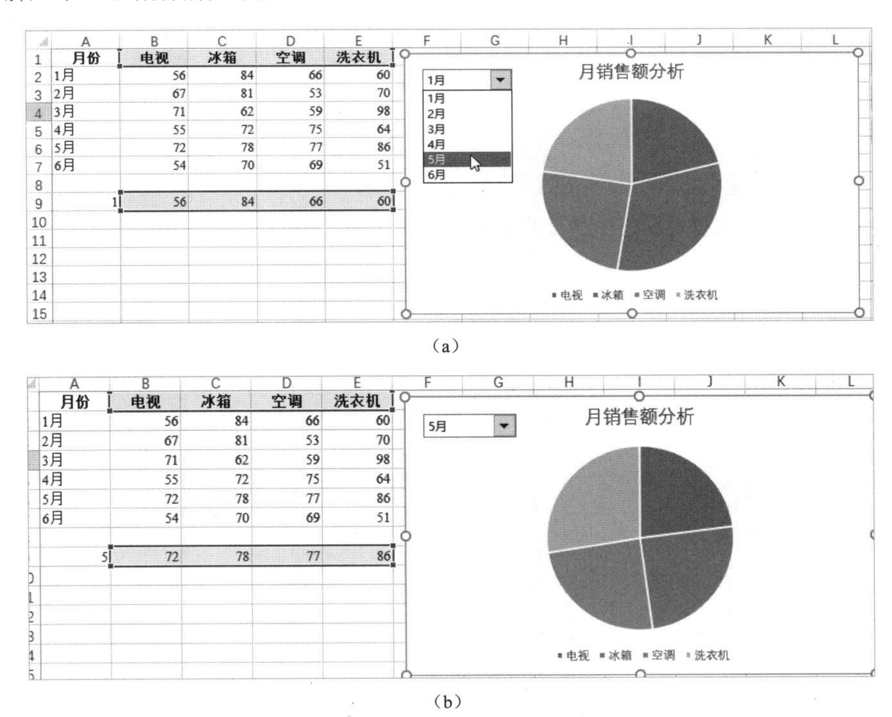

图 11-79　在饼图中切换显示不同月份的销售额

在饼图中切换显示不同月份的销售额的操作步骤如下：

（1）新建一个 Excel 工作簿，在 Sheet1 工作表中输入基础数据，如图 11-80 所示。

（2）根据数据区域中除去标题行以外的其他行的总数，在数据区域之外的一个单元格中输入总数范围内的任意一个数字。本例的数据区域位于 A1:E7，该区域共 7 行，除去标题行后共 6 行，因此，输入的数字位于 1 ～ 6。在 A9 单元格中输入 3，然后在 B9 单元格中输入下面的公式，使用 INDEX 函数在 B 列查找由 A9 单元格表示的行号所对应的数据，如图 11-81 所示。

```
=INDEX(B2:B7,$A$9)
```

	A	B	C	D	E
1	月份	电视	冰箱	空调	洗衣机
2	1月	56	84	66	60
3	2月	67	81	53	70
4	3月	71	62	59	98
5	4月	55	72	75	64
6	5月	72	78	77	86
7	6月	54	70	69	51

图 11-80　输入基础数据

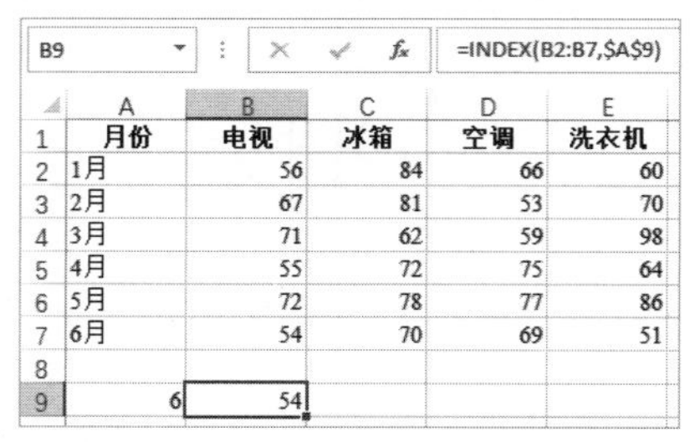
B9　=INDEX(B2:B7,$A$9)

	A	B	C	D	E
1	月份	电视	冰箱	空调	洗衣机
2	1月	56	84	66	60
3	2月	67	81	53	70
4	3月	71	62	59	98
5	4月	55	72	75	64
6	5月	72	78	77	86
7	6月	54	70	69	51
8					
9	6	54			

图 11-81　使用 INDEX 函数提取数据

（3）将光标指向 A9 单元格右下角的填充柄，当光标变为十字形时，向右拖动填充柄，将 A9 单元格中的公式向右复制到 E9 单元格，提取出由 A9 单元格表示的行号所对应的其他数据，如图 11-82 所示。

（4）选择 B1:E1 单元格区域，按住 Ctrl 键再选择 B9:E9 单元格区域，同时选中这两个区域，如图 11-83 所示。

B9　=INDEX(B2:B7,$A$9)

	A	B	C	D	E
1	月份	电视	冰箱	空调	洗衣机
2	1月	56	84	66	60
3	2月	67	81	53	70
4	3月	71	62	59	98
5	4月	55	72	75	64
6	5月	72	78	77	86
7	6月	54	70	69	51
8					
9	6	54	70	69	51

图 11-82　复制公式提取同行中的其他数据

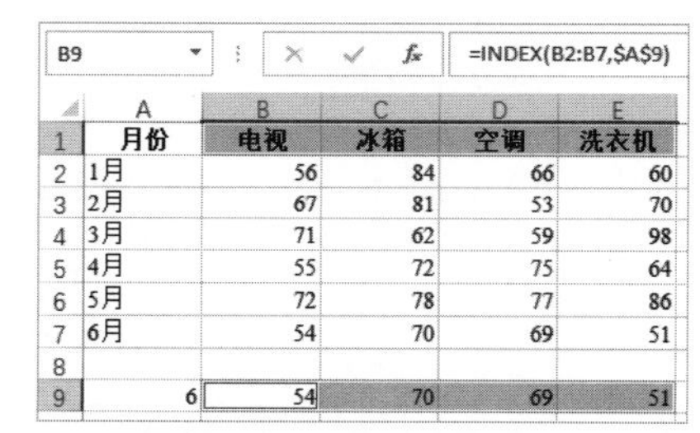
B9　=INDEX(B2:B7,$A$9)

	A	B	C	D	E
1	月份	电视	冰箱	空调	洗衣机
2	1月	56	84	66	60
3	2月	67	81	53	70
4	3月	71	62	59	98
5	4月	55	72	75	64
6	5月	72	78	77	86
7	6月	54	70	69	51
8					
9	6	54	70	69	51

图 11-83　同时选择标题行和提取出的数据行

（5）在功能区“插入”|“图表”组中单击“插入饼图或圆环图”按钮，在打开的列表中选择“饼图”，如图 11-84 所示。将在工作表中插入一个饼图，它的数据源就是之前选中的两个独立单元格区域。

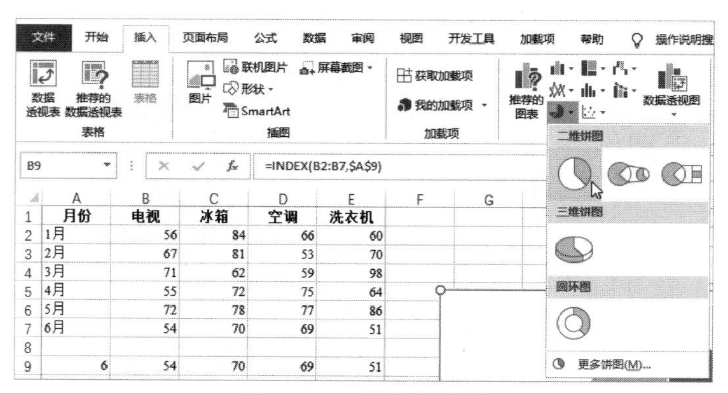

	A	B	C	D	E
1	月份	电视	冰箱	空调	洗衣机
2	1月	56	84	66	60
3	2月	67	81	53	70
4	3月	71	62	59	98
5	4月	55	72	75	64
6	5月	72	78	77	86
7	6月	54	70	69	51
8					
9	6	54	70	69	51

图 11-84　选择“饼图”

（6）在功能区“开发工具”|“控件”组中单击“插入”按钮，然后在列表框的“表单控件”类别中单击“组合框（窗体控件）”，如图 11-85 所示。

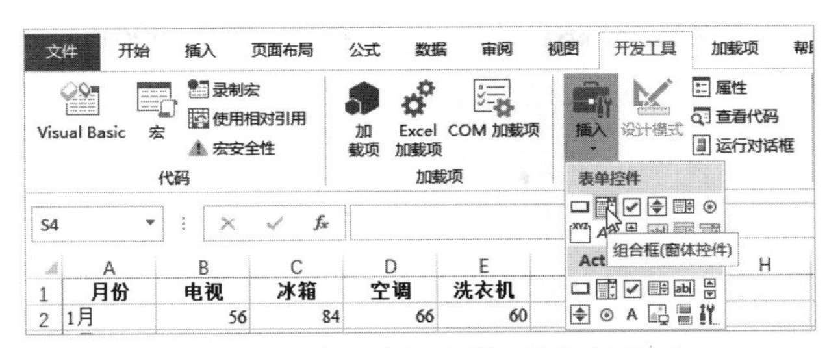

图 11-85　单击“组合框（窗体控件）”

（7）在图表上的适当位置拖动鼠标插入一个组合框控件，然后右击该控件，在弹出的快捷菜单中单击“设置控件格式”命令，如图 11-86 所示。

（8）打开“设置控件格式”对话框，在“控制”选项卡中进行以下设置，如图 11-87 所示。

- 将“数据源区域”设置为“A2:A7”。
- 将“单元格链接”设置为“A9”。

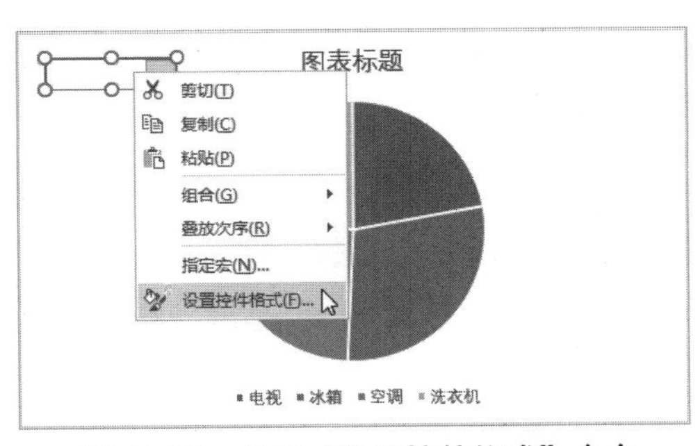

图 11-86　单击“设置控件格式”命令

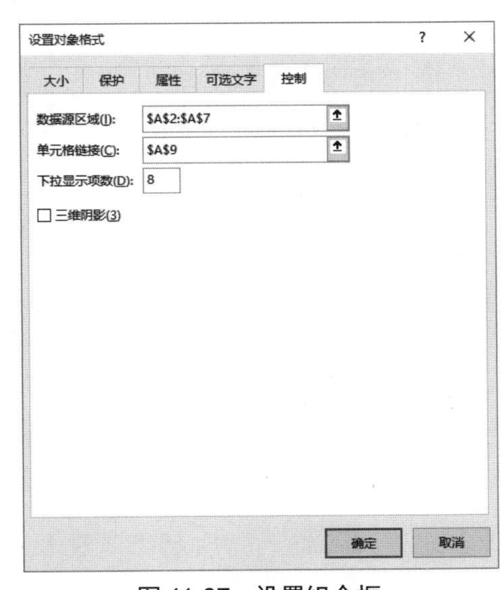

图 11-87　设置组合框

（9）单击“确定”按钮关闭对话框。单击组合框控件以外的其他位置，取消组合框的选中状态，最后将图表标题设置为“月销售额分析”。

提示：如果使用“单元格链接”右侧的按钮，在工作表中选择单元格，则对话框顶部的名称会变为“设置对象格式”。

11.2.7　制作可动态捕获数据源的图表

通过使用公式和名称作为图表的数据源，可以让图表动态捕获数据源的范围，当数据源的范围发生变化时，Excel 会使用数据源的最新范围绘制图表，用户不再需要手动指定数据源的范围。制作可动态捕获数据源的图表的操作步骤如下：

（1）新建一个 Excel 工作簿，在 Sheet1 工作表中输入基础数据，如图 11-88 所示。

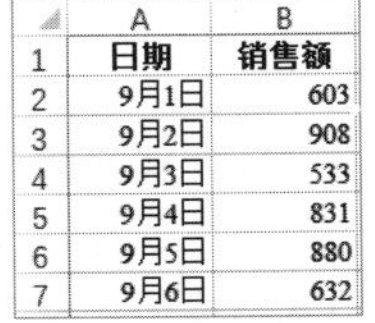

	A	B
1	日期	销售额
2	9月1日	603
3	9月2日	908
4	9月3日	533
5	9月4日	831
6	9月5日	880
7	9月6日	632

图 11-88　输入基础数据

（2）创建两个名称。在功能区“公式”|“定义的名称”组中单击“定义名称”按钮，打开“定义名称”对话框，在“名称”文本框中输入“日期”，在“引用位置”文本框中输入下面的公式，如图 11-89 所示。

```
=OFFSET(Sheet1!$A$2,0,0,COUNTA(Sheet1!$A:$A)-1,1)
```

交叉参考：有关创建名称、OFFSET 和 COUNTA 函数的详细内容，请参考本书第 3 章。

（3）单击“确定”按钮，创建名称“日期”。使用相同的方法创建名称“销售额”，将该名称的“引用位置”设置为下面的公式，如图 11-90 所示。

```
=OFFSET(Sheet1!$B$2,0,0,COUNTA(Sheet1!$B:$B)-1,1)
```

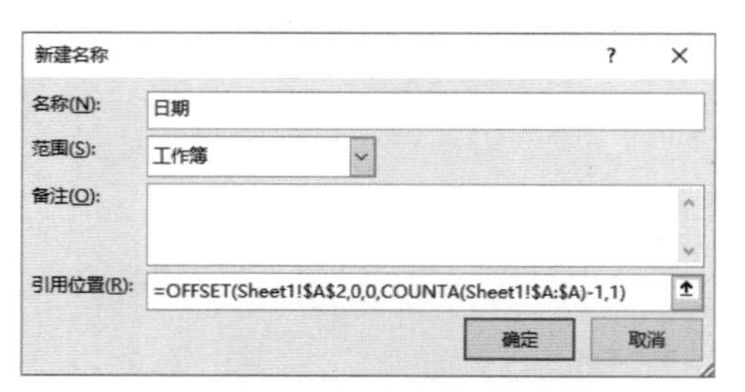

图 11-89　创建名称“日期”

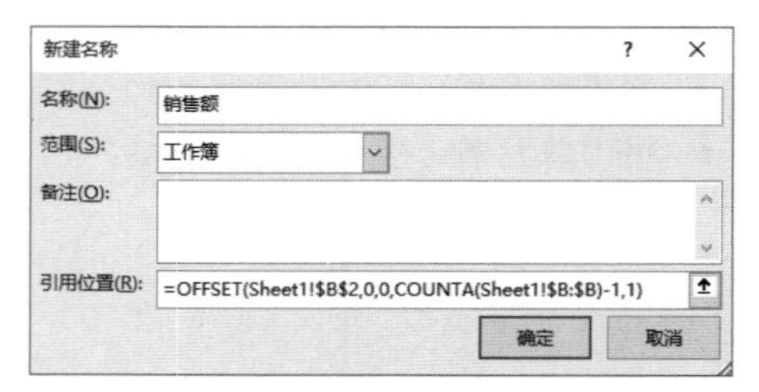

图 11-90　创建名称“销售额”

公式说明：在第一个公式中，使用 COUNTA 函数统计 A 列包含数据的行数，将计算结果减 1 得到去除标题行后的数据行数。然后使用 OFFSET 函数以 A2 单元格为起点获取 A 列去除标题以外的其他数据的区域范围。第二个公式的原理与此类似。公式中的 Sheet1 是数据源所在的工作表的名称，如果你的工作表不是这个名称，需要进行适当的修改。

（4）单击“确定”按钮，创建名称“销售额”。单击数据区域中的任意一个单元格，然后在功能区“插入”|“图表”组中单击“插入柱形图或条形图”按钮，在打开的列表中选择“簇状柱形图”，如图 11-91 所示。

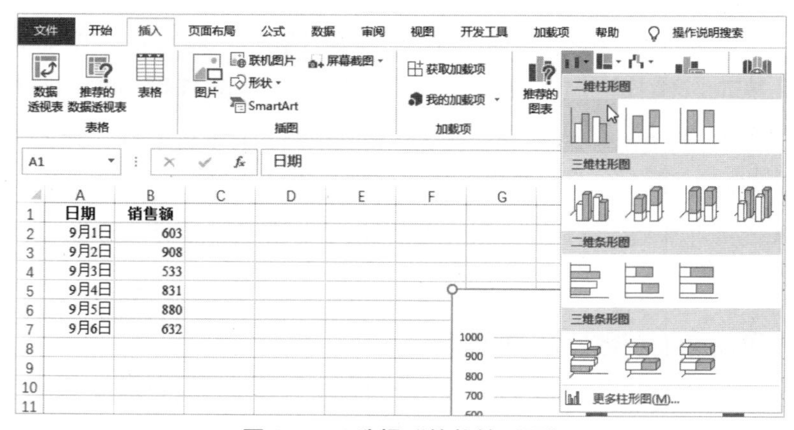

图 11-91　选择“簇状柱形图”

（5）在工作表中插入一个簇状柱形图，右击图表中的任意一个图表元素，在弹出的快捷菜单中单击“选择数据”命令，如图 11-92 所示。

（6）打开“选择数据源”对话框，单击“图例项（系列）”列表框中的“编辑”按钮，如图 11-93 所示。

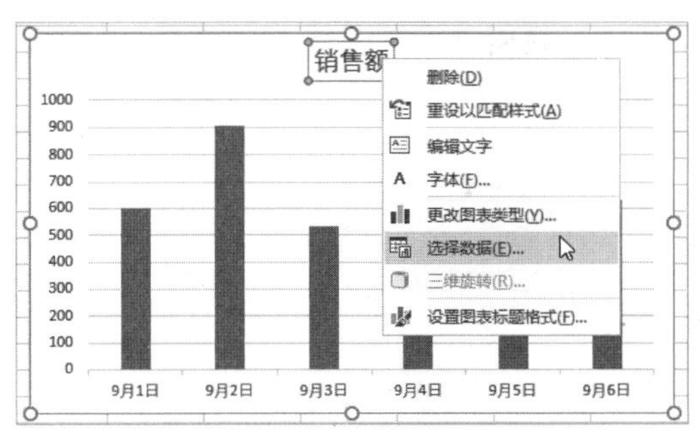

图 11-92　单击“选择数据”命令

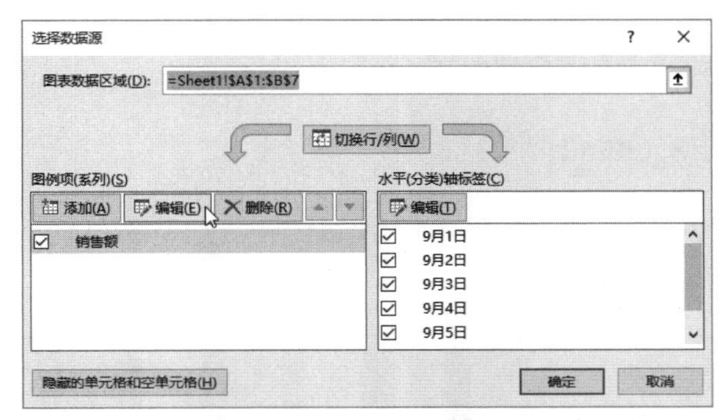

图 11-93　单击“图例项（系列）”列表框中的“编辑”按钮

（7）打开“编辑数据系列”对话框，将“系列值”文本框中感叹号右侧的内容改为前面创建的名称“销售额”，如图 11-94 所示。

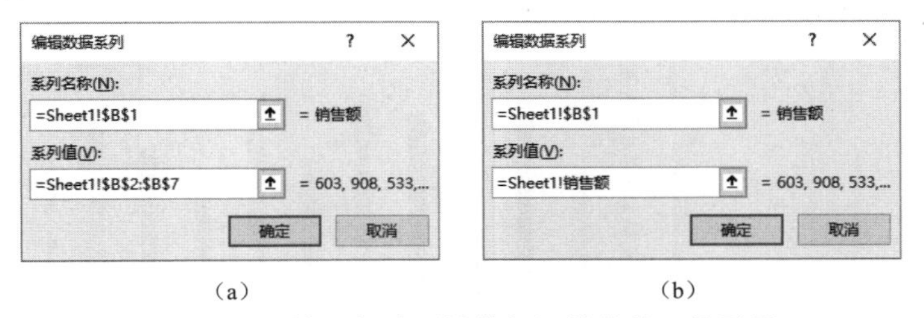

图 11-94　使用名称（销售额）替换单元格引用

（8）单击“确定”按钮，返回“选择数据源”对话框。然后单击“水平（分类）轴标签”列表框中的“编辑”按钮，如图 11-95 所示。

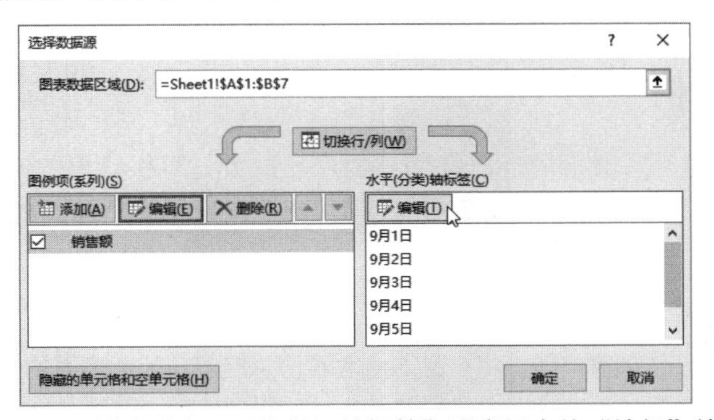

图 11-95　单击“水平（分类）轴标签”列表框中的“编辑”按钮

（9）打开“轴标签”对话框，将“轴标签区域”文本框中感叹号右侧的内容改为前面创建的名称“日期”，如图 11-96 所示，然后单击“确定”按钮。

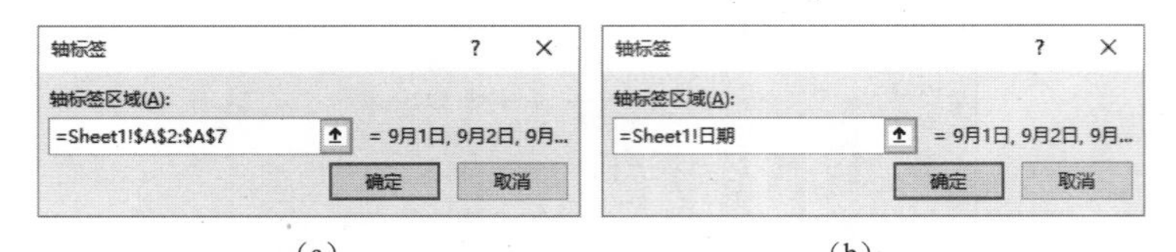

（a）　　　　（b）

图 11-96　使用名称（日期）替换单元格引用

（10）设置完成后，关闭“选择数据源”对话框，将图表标题设置为“日销售额分析”。以后在 A 列、B 列两列中添加数据时，Excel 会自动将新增数据绘制到图表中，如图 11-97 所示。从数据源中删除数据时的情况与此类似。

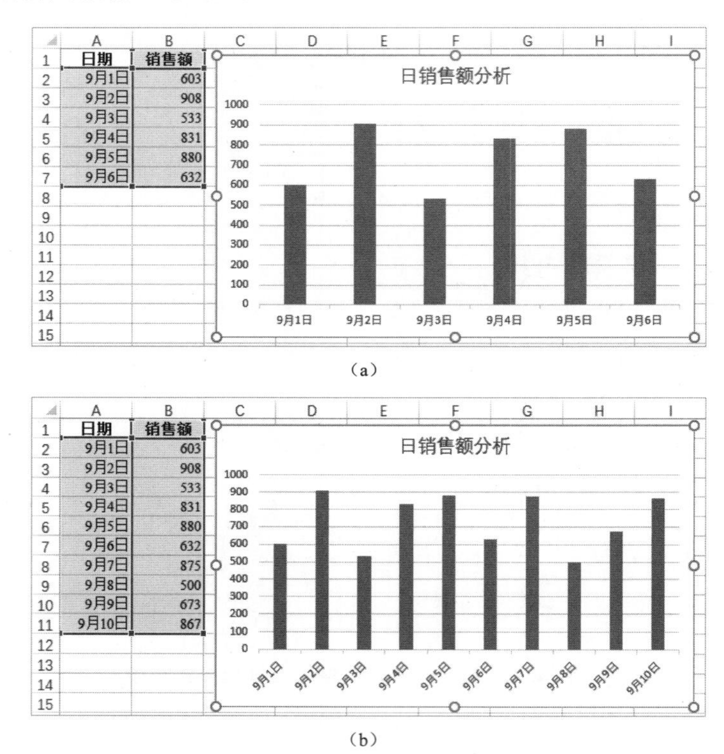

（b）

图 11-97　自动将新数据绘制到图表中

11.3　产销率分析

产销率是指企业在一段时期内，已经销售的产品总量与可供销售的产品总量之比。产销率反映了产品生产实现销售的程度，产销率越高，说明产品符合市场的需求程度越大，反之则越小。产销率的计算公式如下：

```
销售产值/总产值×100%
```

可以将产品出库数看作销售产值，将产品入库数看作总产值，因此下面的公式与上面的公式等效。

```
产品出库数/产品入库数×100%
```

11.3.1　计算产销率

本小节首先创建产品入库与出库的数据，然后再根据它们来计算产销率，操作步骤如下：

（1）新建一个 Excel 工作簿，在 Sheet1 工作表中输入基础数据，如图 11-98 所示。

	A	B	C	D
1	产品编号	入库数	出库数	产销率
2	CP-001	2000	1000	
3	CP-002	1000	600	
4	CP-003	3000	2700	
5	CP-004	2500	2000	
6	CP-005	1500	900	
7	CP-006	1000	800	

图 11-98　输入基础数据

（2）单击 D2 单元格，输入下面的公式并按 Enter 键，计算出第一个产品的产销率，如图 11-99 所示。

```
=C2/B2
```

（3）将光标指向 D2 单元格的右下角填充柄，当光标变为十字形时双击，将 D2 单元格中的公式向下复制到 D7 单元格，计算出其他产品的产销率，如图 11-100 所示。

D2　=C2/B2

	A	B	C	D
1	产品编号	入库数	出库数	产销率
2	CP-001	2000	1000	0.5
3	CP-002	1000	600	
4	CP-003	3000	2700	
5	CP-004	2500	2000	
6	CP-005	1500	900	
7	CP-006	1000	800	

图 11-99　计算第一个产品的产销率

D2　=C2/B2

	A	B	C	D
1	产品编号	入库数	出库数	产销率
2	CP-001	2000	1000	0.5
3	CP-002	1000	600	0.6
4	CP-003	3000	2700	0.9
5	CP-004	2500	2000	0.8
6	CP-005	1500	900	0.6
7	CP-006	1000	800	0.8

图 11-100　自动计算其他产品的产销率

（4）为了让 D 列中的产销率以百分比格式显示，需要选择 D2:D7 单元格区域，按 Ctrl+1 组合键打开“设置单元格格式”对话框，在“数字”选项卡的“分类”下拉列表中选择“百分比”，然后将“小数位数”设置为 0，如图 11-101 所示。

图 11-101　设置百分比格式不包含小数

（5）单击“确定”按钮，将 D 列中的产销率设置为百分比格式，如图 11-102 所示。

	A	B	C	D
1	产品编号	入库数	出库数	产销率
2	CP-001	2000	1000	50%
3	CP-002	1000	600	60%
4	CP-003	3000	2700	90%
5	CP-004	2500	2000	80%
6	CP-005	1500	900	60%
7	CP-006	1000	800	80%

图 11-102　将产销率设置为百分比格式

11.3.2　创建动态的产销率进度表

如图 11-103 所示是利用条件格式功能，以进度条的形式显示产销率的值。当产品入库数或出库数发生变化时，进度条的长度会动态改变，以反映产销率的最新值。

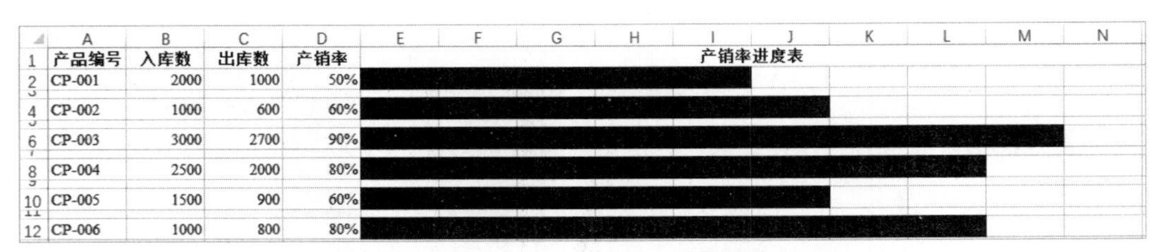

	A	B	C	D	E–N
1	产品编号	入库数	出库数	产销率	产销率进度表
2	CP-001	2000	1000	50%	
4	CP-002	1000	600	60%	
6	CP-003	3000	2700	90%	
8	CP-004	2500	2000	80%	
10	CP-005	1500	900	60%	
12	CP-006	1000	800	80%	

图 11-103　进度条的长度自动随产销率而变化

创建动态的产销率进度表的操作步骤如下：

（1）以 11.3.1 节制作完成的工作表为基础，选择 E1:N1 单元格区域，然后在功能区“开始”|“对齐方式”组中单击“合并后居中”按钮，将选区中的所有单元格合并到一起，如图 11-104 所示。

	A	B	C	D
1	产品编号	入库数	出库数	产销率
2	CP-001	2000	1000	50%
3	CP-002	1000	600	60%
4	CP-003	3000	2700	90%
5	CP-004	2500	2000	80%
6	CP-005	1500	900	60%
7	CP-006	1000	800	80%

图 11-104　合并 10 个单元格

（2）在合并后的单元格中输入“产销率进度表”，然后为其设置加粗格式，如图 11-105 所示。

	A	B	C	D	E–N
1	产品编号	入库数	出库数	产销率	产销率进度表
2	CP-001	2000	1000	50%	
3	CP-002	1000	600	60%	
4	CP-003	3000	2700	90%	
5	CP-004	2500	2000	80%	
6	CP-005	1500	900	60%	
7	CP-006	1000	800	80%	

图 11-105　输入标题并设置加粗格式

（3）选择 E2:N7 单元格区域，然后在功能区“开始”|“样式”组中单击“条件格式”按钮，在下拉菜单中单击“新建规则”命令，如图 11-106 所示。

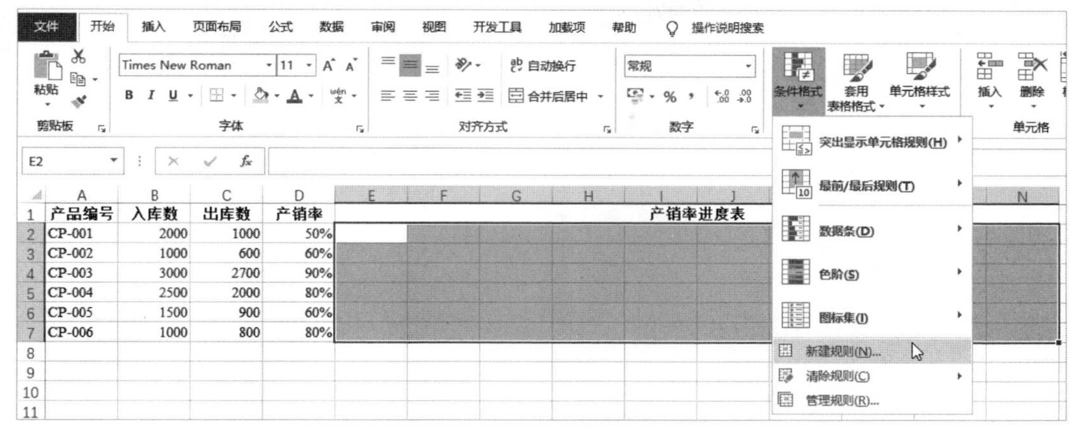

图 11-106　单击“新建规则”命令

交叉参考：有关条件格式的详细内容，请参考本书第 2 章。

（4）打开“新建格式规则”对话框，在“选择规则类型”列表框中选择“使用公式确定要设置格式的单元格”，然后在“为符合此公式的值设置格式”文本框中输入下面的公式，如图 11-107 所示。

```
=(COLUMN()-4)*10<=$D2*100
```

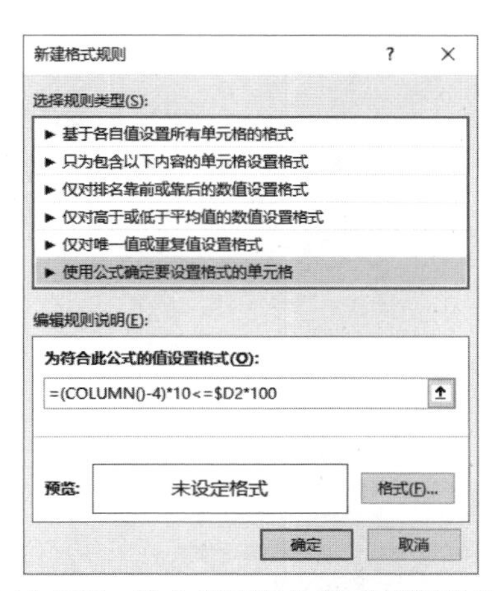

图 11-107　输入用于条件格式规则的公式

公式说明：COLUMN() 表示选区中活动单元格的列号，由于选区是从 E 列开始，因此 COLUMN()-4 返回数字 1。而选区共有 10 列，COLUMN()-4 就会依次返回 1 ～ 10，每个单元格表示 10%，10 个单元格就可以表示 100%。由于 COLUMN()-4 返回的是 1 ～ 10，将其结果乘以 10 就可以返回 10 ～ 100。为了保持度量上的统一，需要将 D 列中的产销率乘以 100，将产销率由小数变为整数。最后判断 (COLUMN()-4)*10 部分是否小于或等于 $D2*100 部分，如果是则为当前活动单元格设置指定的颜色。

注意：由于产销率是一个从 1% 到 100% 的值，如果想要使用进度条精确显示每一个可能的值，则需要在一个包含 100 列的单元格区域中设置条件格式，也就是说每一个单元格对应于一个百分点。但是为了更好地展示本例效果并简化烦琐的操作步骤，本例只在一个包含 10 列的单元格区域中设置条件格式，因此当产销率的个位数是一个非 0 的数字时，本例中的进度条无法精确显示产销率的值，但是读者可以根据本例中介绍的方法来举一反三。

（5）单击“格式”按钮，打开“设置单元格格式”对话框，在“填充”选项卡中选择一种颜色，如图 11-108 所示。

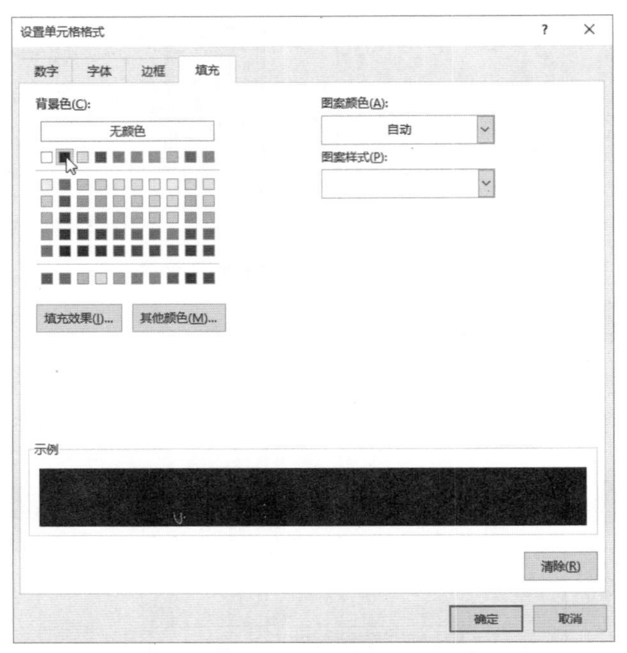

图 11-108　选择符合条件格式规则时设置的颜色

（6）单击“确定”按钮，返回“新建格式规则”对话框，上一步选择的颜色会显示在“预览”区域中，如图 11-109 所示。

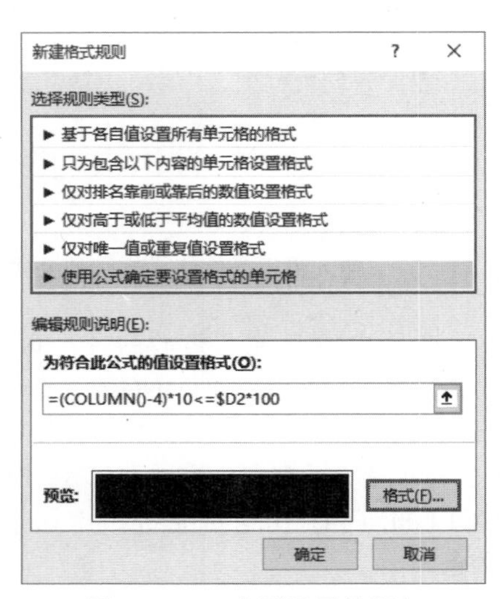

图 11-109　查看设置的颜色

（7）单击“确定”按钮，将在 E2:N7 单元格区域中显示如图 11-110 所示的进度条，每一行中的进度条的长度由同行 D 列中的单元格的值决定。

图 11-110 使用进度条显示产销率的值

（8）右击第 3 行的行号，在弹出的快捷菜单中单击“插入”命令，在第 3 行的上方插入一个空行，如图 11-111 所示。

	A	B	C
1	产品编号	入库数	出库数
2	CP-001	2000	1000
3			600
4			2700
5			2000
6			900
7			800

剪切(T)
复制(C)
粘贴选项:
选择性粘贴(S)...
插入(I)
删除(D)
清除内容(N)
设置单元格格式(F)...
行高(R)...
隐藏(H)
取消隐藏(U)

（a）

	A	B	C	D	E–N
1	产品编号	入库数	出库数	产销率	产销率进度表
2	CP-001	2000	1000	50%	
3					
4	-002	1000	600	60%	
5	CP-003	3000	2700	90%	
6	CP-004	2500	2000	80%	
7	CP-005	1500	900	60%	
8	CP-006	1000	800	80%	

（b）

图 11-111 单击“插入”命令插入一个空行

（9）使用相同的方法，在原来的第 4 ～ 7 行之上都插入一个空行，完成后的效果如图 11-112 所示。

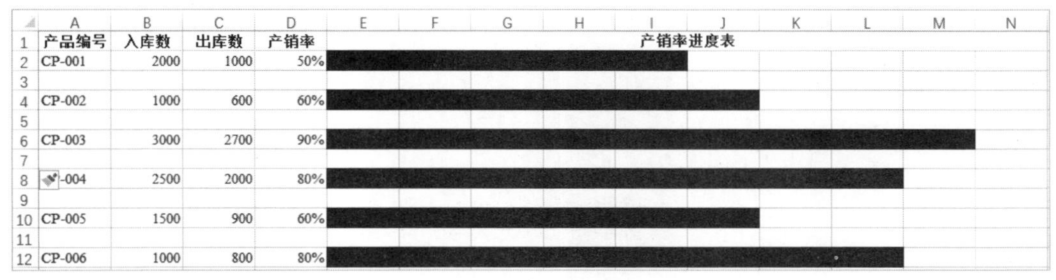

图 11-112 插入多个空行

（10）选择任意一个空行，按住 Ctrl 键再选择其他所有空行。然后右击任意一个选中的空行的行号，在弹出的快捷菜单中单击“行高”命令，如图 11-113 所示。

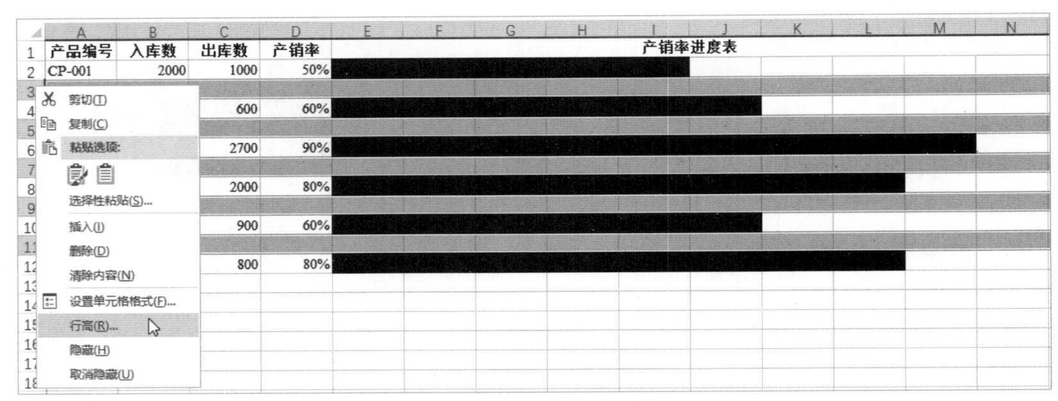

图 11-113　单击“行高”命令

（11）打开“行高”对话框，在“行高”文本框中输入一个较小的值，如输入 6，如图 11-114 所示，然后单击“确定”按钮即可。

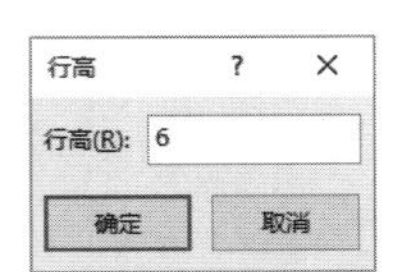

图 11-114　设置行高

第 12 章 处理投资决策数据

本章将介绍使用 Excel 中的公式和函数，对投资决策中的投资现值、投资终值、等额还款和投资回收期等常用参数进行计算的方法，这些参数反映项目投资获利的能力。等额还款的计算不仅用于财务工作，还常见于人们的日常生活中，如计算住房贷款的每月还款额。

12.1 计算投资现值、投资终值和等额还款

企业在做投资决策分析时，需要计算和分析项目的投入和预计回报，包括对投资现值、投资终值、等额还款等指标的计算。通过 Excel 中的财务函数，可以使计算过程变得更加容易。

12.1.1 计算投资现值

计算投资现值的操作步骤如下：

（1）新建一个 Excel 工作簿，双击 Sheet1 工作表标签，输入"投资现值"，然后按 Enter 键确认。

（2）单击 A1 单元格，然后输入"计算投资现值"并按 Enter 键，如图 12-1 所示。

（3）选择 A1 和 B1 单元格，然后在功能区"开始"|"对齐方式"组中单击"合并后居中"按钮，将这两个单元格合并到一起，如图 12-2 所示。

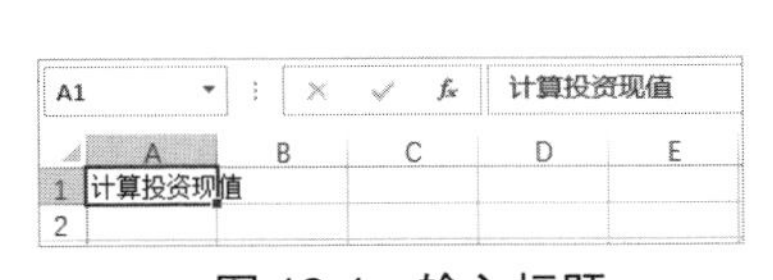

图 12-1 输入标题

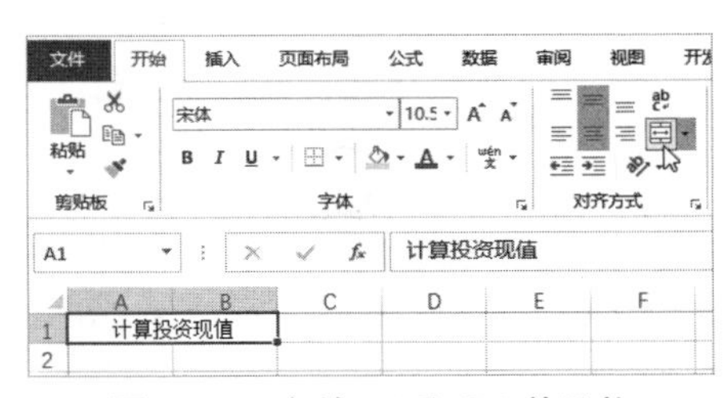

图 12-2 合并 A1 和 B1 单元格

（4）在 A2:A5 单元格区域中依次输入各行的标题，然后将光标指向 A、B 两列之间的分隔线，当光标变为左右箭头时双击，自动调整 A 列的宽度，如图 12-3 所示。

（5）将 A1 单元格设置为加粗字体，然后在 B2、B3、B4 单元格中输入要计算的基础数据，如图 12-4 所示。

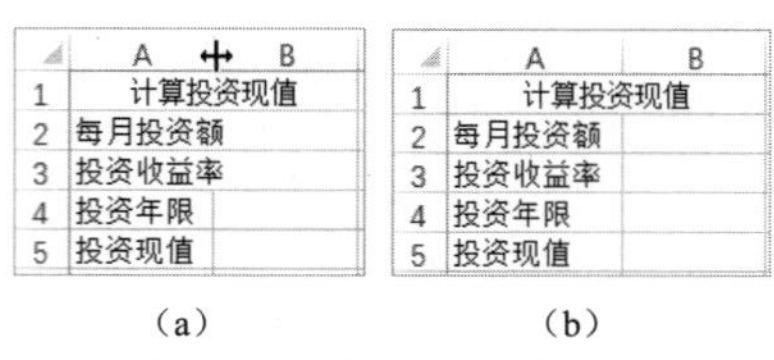

图 12-3 输入各行的标题

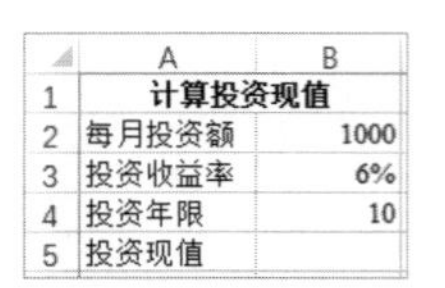

	A	B
1	计算投资现值	
2	每月投资额	1000
3	投资收益率	6%
4	投资年限	10
5	投资现值	

图 12-4 输入基础数据

（6）单击 B2 单元格，然后在功能区“开始” | “数字”组中打开“数字格式”下拉列表，从中选择“货币”，如图 12-5 所示。

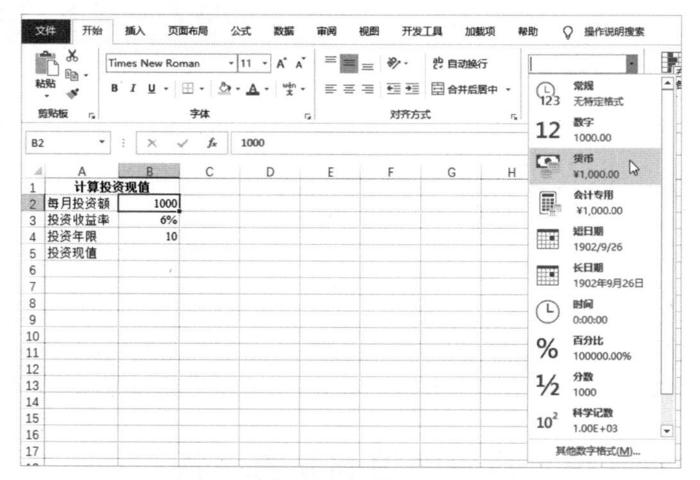

图 12-5 将每月投资额设置为货币格式

（7）单击 B4 单元格，按 Ctrl+1 组合键打开“设置单元格格式”对话框，在“数字”选项卡的“分类”列表框中选择“自定义”，然后在右侧的“类型”文本框中输入下面的自定义数字格式代码，如图 12-6 所示。

```
0"年"
```

图 12-6 自定义设置投资年限的显示方式

（8）单击“确定”按钮，为 B2 和 B4 单元格设置数字格式后的效果如图 12-7 所示。

（9）单击 B5 单元格，输入下面的公式并按 Enter 键，计算出投资现值，如图 12-8 所示。由于每月投资额属于现金流出，因此在公式中应该为 B2 单元格添加负号。

```
=PV(B3/12,B4*12,-B2,,0)
```

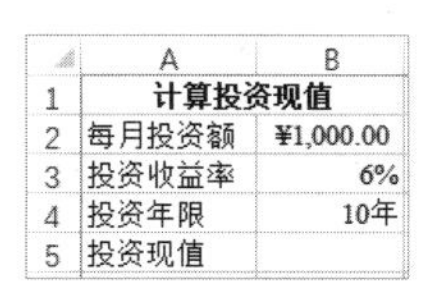

	A	B
1	计算投资现值	
2	每月投资额	¥1,000.00
3	投资收益率	6%
4	投资年限	10年
5	投资现值	

图 12-7　设置数字格式后的效果

B5　=PV(B3/12,B4*12,-B2,,0)

	A	B	C	D	E	F
1	计算投资现值					
2	每月投资额	¥1,000.00				
3	投资收益率	6%				
4	投资年限	10年				
5	投资现值	¥90,073.45				

图 12-8　计算投资现值

公式中的 PV 函数用于计算投资的现值，语法如下：

```
PV(rate,nper,pmt,[fv],[type])
```

- rate（必选）：表示投资期间的固定利率。
- nper（必选）：表示投资期的总数。
- pmt（必选）：表示在整个投资期间，每个周期的投资额。
- fv（可选）：表示投资的未来值。
- type（可选）：表示投资类型。如果在每个周期的期初投资则以“1”表示，如果在每个周期的期末投资则以“0”表示，省略该参数时默认其值为 0。

注意：必须确保 rate 和 nper 参数的单位相同。在本例中，对于 10 年期、年收益率为 6% 的投资，如果按月支付，rate 参数应该使用 6% 除以 12，即月收益率为 0.5%，而 nper 参数应该使用 10 乘以 12，即 120 个月。

12.1.2　计算投资终值

计算投资终值的操作步骤如下：

（1）将 12.1.1 节制作完成的“投资现值”工作表所在的工作簿，另存为“计算投资终值”名称的工作簿，然后将另存后的工作簿中的工作表的名称修改为“投资终值”。

（2）在“投资终值”工作表中单击 A1 单元格，然后将其中的名称修改为“计算投资终值”，如图 12-9 所示。

（3）将 A2:A5 单元格区域中的内容修改为“各期应付金额”“年利率”“付款期数”和“投资终值”。然后将光标指向 A、B 两列之间的分隔线，当光标变为左右箭头时双击，自动调整 A 列的宽度，如图 12-10 所示。

（4）将 B2、B3 和 B4 单元格中的内容修改为 1500、8% 和 36（以“月”为单位），并删除 B5 单元格中的内容，如图 12-11 所示。

	A	B
1	计算投资终值	
2	每月投资额	¥1,000.00
3	投资收益率	6%
4	投资年限	10年
5	投资现值	¥90,073.45

图 12-9　修改 A1 单元格中的内容

	A	B
1	计算投资终值	
2	各期应付金额	¥1,000.00
3	年利率	6%
4	付款期数	10年
5	投资终值	¥90,073.45

图 12-10　修改各行的标题

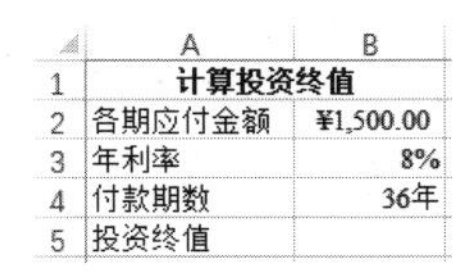

	A	B
1	计算投资终值	
2	各期应付金额	¥1,500.00
3	年利率	8%
4	付款期数	36年
5	投资终值	

图 12-11　输入基础数据

（5）单击 B4 单元格，然后在功能区“开始”|“数字”组中打开“数字格式”下拉列表，

从中选择“常规”命令，如图 12-12 所示。

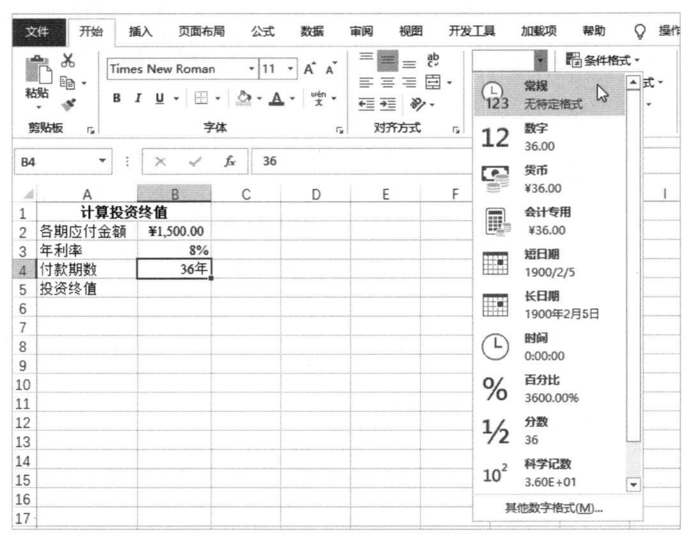

图 12-12 将付款期数设置为常规格式

（6）单击 B5 单元格，输入下面的公式并按 Enter 键，计算出投资终值，如图 12-13 所示。由于各期应付金额属于现金流出，因此在公式中应该为 B2 单元格添加负号。而 B4 单元格中的付款期数是以“月”为单位，因此公式中的 B4 不需要乘以 12。

```
=FV(B3/12,B4,-B2,,0)
```

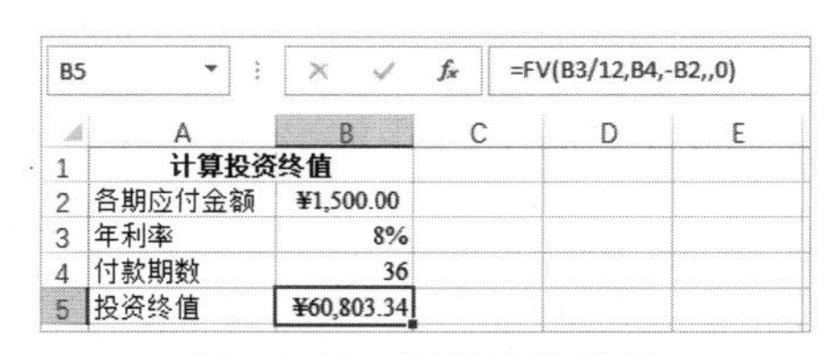

图 12-13 计算投资终值

公式中的 FV 函数用于计算在固定利率及等额分期付款方式下的某项投资的未来值，语法如下：

```
FV(rate,nper,pmt,[pv],[type])
```

- rate（必选）：表示投资期间的固定利率。
- nper（必选）：表示投资期的总数。
- pmt（必选）：表示在整个投资期间，每个周期的投资额。
- pv（可选）：表示初始投资额，默认为 0。
- type（可选）：表示投资类型。如果在每个周期的期初投资则以 1 表示，如果在每个周期的期末投资则以 0 表示，省略该参数时默认其值为 0。

注意：与 PV 函数类似，在 FV 函数中也必须确保 rate 和 nper 参数的单位相同。

12.1.3 计算等额还款

计算等额还款的操作步骤如下：

（1）将 12.1.2 节制作完成的“投资终值”工作表所在的工作簿，另存为“计算等额还款”名称的工作簿，然后将另存后的工作簿中的工作表的名称修改为“等额还款”。

（2）在“等额还款”工作表中单击 A1 单元格，然后将其中的名称修改为“计算等额还款”，如图 12-14 所示。

（3）将 A2:A5 单元格区域中的内容修改为“银行按揭贷款额”“年利率”“计划支付总月份数”和“每月还款额”。然后将光标指向 A、B 两列之间的分隔线，当光标变为左右箭头时双击，自动调整 A 列的宽度，如图 12-15 所示。

	A	B
1	计算等额还款	
2	各期应付金额	¥1,500.00
3	年利率	8%
4	付款期数	36
5	投资终值	¥60,803.34

图 12-14 修改 A1 单元格中的内容

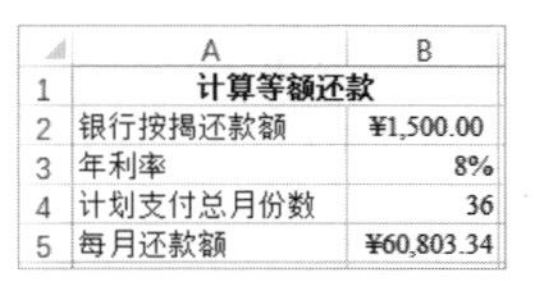

	A	B
1	计算等额还款	
2	银行按揭还款额	¥1,500.00
3	年利率	8%
4	计划支付总月份数	36
5	每月还款额	¥60,803.34

图 12-15 修改各行的标题

（4）将 B2、B3 和 B4 单元格中的内容修改为所需的数据，如 300000、5% 和 360（以“月”为单位），并删除 B5 单元格中的内容，如图 12-16 所示。

（5）单击 B5 单元格，输入下面的公式并按 Enter 键，计算出每月还款额，如图 12-17 所示。由于每月还款额属于现金流出，因此计算结果为负数。由于银行按揭贷款额属于现金流入，因此在公式中不需要为 B2 单元格添加负号。

```
=PMT(B3/12,B4,B2)
```

	A	B
1	计算等额还款	
2	银行按揭还款额	¥300,000.00
3	年利率	5%
4	计划支付总月份数	360
5	每月还款额	

图 12-16 输入基础数据

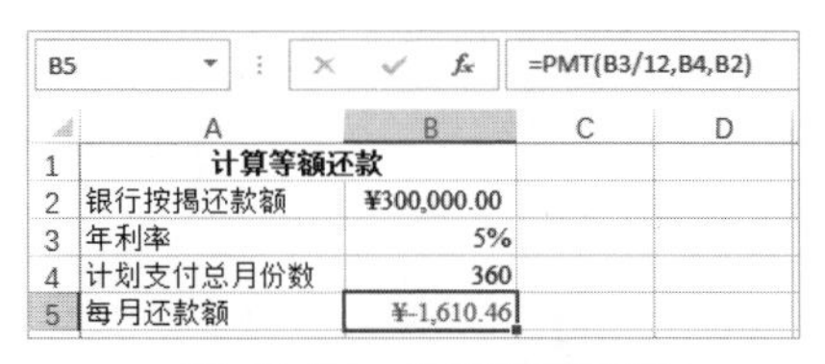

B5 =PMT(B3/12,B4,B2)

	A	B	C	D
1	计算等额还款			
2	银行按揭还款额	¥300,000.00		
3	年利率	5%		
4	计划支付总月份数	360		
5	每月还款额	¥-1,610.46		

图 12-17 计算等额还款

公式中的 PMT 函数用于计算基于固定利率及等额分期付款方式下贷款的每期付款额，语法如下：

```
PMT(rate,nper,pv,fv,[type])
```

- rate（必选）：表示贷款期间的固定利率。
- nper（必选）：表示付款期的总数。
- pv（必选）：表示现值，即贷款的本金。
- fv（可选）：表示贷款的未来值。省略该参数时默认其值为 0。
- type（可选）：表示付款类型。如果在每个周期的期初还贷则以 1 表示，如果在每个周期的期末还贷则以 0 表示，省略该参数时默认其值为 0。

注意：与 PV 和 FV 函数类似，PMT 函数中的 rate 和 nper 参数也必须确保单位相同。

12.2 计算累计净现金流量和投资回收期

在投资任何一个项目时，从投资到产出回报和收益都需要一个过程，这个过程的时间长短称为投资回收期。投资人最关心的指标是回收期，该指标直接影响投资人作出的决策。本节首先输入年净现金流量，然后利用公式和函数计算投资回收期。

投资回收期由投资回收期整数年和投资回收期小数年两部分组成，其中的整数年是累计净现金流量由负值变为正值的年份，小数年使用下面的公式计算，公式中的“-1”是确保投资回收期小数年是正数。

```
投资回收期以前年份累计净现金流量×(-1/投资回收期当年净现金流量)
```

12.2.1 计算累计净现金流量

计算累计净现金流量的操作步骤如下：

（1）新建一个 Excel 工作簿，双击 Sheet1 工作表标签，输入“投资回收期”，然后按 Enter 键确认。

（2）在 A1:A3 单元格区域中输入各行的标题，然后输入“年度”和“年净现金流量”的数据，如图 12-18 所示。

	A	B	C	D	E	F	G	H	I	J
1	年度	2010	2011	2012	2013	2014	2015	2016	2017	2018
2	年净现金流量	-100000	15000	20000	13000	30000	26000	10000	12000	28000
3	累计净现金流量									

图 12-18 输入基础数据

（3）单击 B3 单元格，输入下面的公式并按 Enter 键，计算出第一个年度的累计净现金流量，如图 12-19 所示。由于第一个年度只有它自己参与计算，因此计算结果与该年度的年净现金流量相同。

```
=SUM($B$2:B2)
```

	A	B	C	D	E	F	G	H	I	J
1	年度	2010	2011	2012	2013	2014	2015	2016	2017	2018
2	年净现金流量	-100000	15000	20000	13000	30000	26000	10000	12000	28000
3	累计净现金流量	-100000								

图 12-19 计算第一个年度的累计净现金流量

（4）将光标指向 B3 单元格右下角的填充柄，当光标变为十字形时按住鼠标左键并向右拖动，将公式复制到 J3 单元格，自动计算出其他年度的累计净现金流量，如图 12-20 所示。

	A	B	C	D	E	F	G	H	I	J
1	年度	2010	2011	2012	2013	2014	2015	2016	2017	2018
2	年净现金流量	-100000	15000	20000	13000	30000	26000	10000	12000	28000
3	累计净现金流量	-100000	-85000	-65000	-52000	-22000	4000	14000	26000	54000

图 12-20 自动计算其他年度的累计净现金流量

交叉参考：有关 SUM 函数的详细内容，请参考本书第 3 章。

12.2.2 计算投资回收期

以 12.2.1 节制作完成的“投资回收期”工作表为基础，计算投资回收期的操作步骤如下：

（1）在“投资回收期”工作表的 A5:A7 单元格区域中输入“整数年”“小数年”和“投资回收期”，如图 12-21 所示。

（2）单击 B5 单元格，输入下面的公式并按 Enter 键，计算出投资回收期的整数年，如图 12-22 所示。

```
=MATCH(0,B3:J3,1)
```

	A	B	C	D	E	F	G	H	I	J
1	年度	2010	2011	2012	2013	2014	2015	2016	2017	2018
2	年净现金流量	20000	-15000	30000	-10000	25000	-18000	-13000	28000	-12000
3	累计净现金流量	20000	5000	35000	25000	50000	32000	19000	47000	35000
4										
5	整数年									
6	小数年									
7	投资回收期									

图 12-21　输入基础数据

B5　fx　=MATCH(0,B3:J3,1)

	A	B	C	D	E	F	G	H	I	J
1	年度	2010	2011	2012	2013	2014	2015	2016	2017	2018
2	年净现金流量	-100000	15000	20000	13000	30000	26000	10000	12000	28000
3	累计净现金流量	-100000	-85000	-65000	-52000	-22000	4000	14000	26000	54000
4										
5	整数年	5								
6	小数年									
7	投资回收期									

图 12-22　计算投资回收期的整数年

（3）单击 B6 单元格，输入下面的公式并按 Enter 键，计算出投资回收期的小数年，如图 12-23 所示。

```
=INDEX(B3:J3,MATCH(0,B3:J3,1))*-1/INDEX(B2:J2,MATCH(0,B3:J3,1)+1)
```

B6　fx　=INDEX(B3:J3,MATCH(0,B3:J3,1))*-1/INDEX(B2:J2,MATCH(0,B3:J3,1)+1)

	A	B	C	D	E	F	G	H	I	J
1	年度	2010	2011	2012	2013	2014	2015	2016	2017	2018
2	年净现金流量	-100000	15000	20000	13000	30000	26000	10000	12000	28000
3	累计净现金流量	-100000	-85000	-65000	-52000	-22000	4000	14000	26000	54000
4										
5	整数年	5								
6	小数年	0.8461538								
7	投资回收期									

图 12-23　计算投资回收期的小数年

公式说明：INDEX(B3:J3,MATCH(0,B3:J3,1)) 部分用于计算投资回收期整数年所对应的累计净现金流量，INDEX(B2:J2,MATCH(0,B3:J3,1)+1) 部分用于计算下一年的年净现金流量。如果换个角度看，将 INDEX(B2:J2,MATCH(0,B3:J3,1)+1) 部分视为当年的年净现金流量，那么 INDEX(B3:J3,MATCH(0,B3:J3,1)) 部分就是投资回收期以前年份累计净现金流量，这样就正好符合投资回收期的计算公式中对各个参数的要求。

交叉参考：有关 MATCH 和 INDEX 函数的详细内容，请参考本书第 3 章。

（4）单击 B7 单元格，输入下面的公式并按 Enter 键，计算出投资回收期的完整时间，如图 12-24 所示。

```
=B5+B6
```

B7　fx　=B5+B6

	A	B	C	D	E	F	G	H	I	J
1	年度	2010	2011	2012	2013	2014	2015	2016	2017	2018
2	年净现金流量	-100000	15000	20000	13000	30000	26000	10000	12000	28000
3	累计净现金流量	-100000	-85000	-65000	-52000	-22000	4000	14000	26000	54000
4										
5	整数年	5								
6	小数年	0.8461538								
7	投资回收期	5.8461538								

图 12-24　计算投资回收期的完整时间

（5）选择 B5 单元格区域，按 Ctrl+1 组合键打开“设置单元格格式”对话框，在“数字”选项卡的“分类”列表框中选择“自定义”，然后在右侧的“类型”文本框中输入下面的数字格式代码，如图 12-25 所示。

```
0"年"
```

（6）单击“确定”按钮完成设置。选择 B6 和 B7 单元格，再次打开“设置单元格格式”对话框，在“数字”选项卡的“分类”列表框中选择“自定义”，然后在右侧的“类型”文本框中输入下面的数字格式代码，如图 12-26 所示。

```
0.00"年"
```

图 12-25 设置整数年的数字格式

图 12-26 设置小数年的数字格式

（7）单击“确定”按钮，设置后的年份的显示效果如图 12-27 所示。

	A	B	C	D	E	F	G	H	I	J
1	年度	2010	2011	2012	2013	2014	2015	2016	2017	2018
2	年净现金流量	-100000	15000	20000	13000	30000	26000	10000	12000	28000
3	累计净现金流量	-100000	-85000	-65000	-52000	-22000	4000	14000	26000	54000
4										
5	整数年	5年								
6	小数年	0.85年								
7	投资回收期	5.85年								

图 12-27 设置数字格式后的年份显示方式

交叉参考：有关自定义数字格式的详细内容，请参考本书第 2 章。

第 13 章 处理财务数据

与其他类型的数据相比，财务数据显得更加烦琐庞杂，统计和分析财务数据时很容易出错，由此可能会带来严重的经济损失。为了提高财务数据的处理效率和计算准确率，本章将介绍使用数据透视表处理和分析财务数据的方法，包括分析员工工资和财务报表两个部分。

13.1 统计员工工资

由于工资涉及的细目较为繁杂，采用手工计算的方式容易出错。为了避免人为疏忽或其他因素导致的错误，可以使用数据透视表来统计员工工资，尤其要从多个工作表中汇总工资数据时，数据透视表更是一种可靠且高效的做法。本节将介绍使用数据透视表以不同方式统计员工工资的方法。

13.1.1 统计公司全部工资总额

如图 13-1 所示为某公司 1 ～ 12 个月的工资明细表。现在需要汇总这些工资，以便对整个公司的工资情况进行分析。

	A	B	C	D	E	F	G	H	I	J
1	编号	姓名	性别	部门	基本工资	补助	奖金	应发合计	各项缴费合计	实发合计
2	1	江沂菲	女	销售部	5,800.00	114.00	177.00	6,091.00	242.00	5,849.00
3	2	花夜白	男	技术部	6,700.00	115.00	289.00	7,104.00	383.00	6,721.00
4	3	白书雁	男	财务部	5,200.00	147.00	219.00	5,566.00	312.00	5,254.00
5	4	毛冶	男	工程部	7,800.00	236.00	172.00	8,208.00	201.00	8,007.00
6	5	袁阳波	女	工程部	6,700.00	167.00	162.00	7,029.00	388.00	6,641.00
7	6	冷彰	女	销售部	5,400.00	238.00	243.00	5,881.00	350.00	5,531.00
8	7	柯岳	男	人力部	7,800.00	210.00	144.00	8,154.00	410.00	7,744.00
9	8	益嘉澍	男	客服部	7,100.00	295.00	276.00	7,671.00	314.00	7,357.00
10	9	宾人	女	人力部	5,400.00	265.00	176.00	5,841.00	327.00	5,514.00
11	10	许正诚	男	信息部	5,700.00	106.00	107.00	5,913.00	375.00	5,538.00
12	11	芮雅雪	女	人力部	7,200.00	195.00	100.00	7,495.00	450.00	7,045.00
13	12	商崭	女	信息部	5,000.00	175.00	157.00	5,332.00	458.00	4,874.00
14	13	计因	女	市场部	6,300.00	286.00	239.00	6,825.00	294.00	6,531.00
15	14	董婕	女	工程部	7,800.00	147.00	215.00	8,162.00	419.00	7,743.00
16	15	易恩佑	男	信息部	5,200.00	142.00	175.00	5,517.00	405.00	5,112.00
17	16	郑作瑜	男	人力部	7,100.00	206.00	193.00	7,499.00	413.00	7,086.00
18	17	程刈	女	财务部	7,600.00	140.00	219.00	7,959.00	212.00	7,747.00
19	18	毋凝夏	男	客服部	6,700.00	107.00	129.00	6,936.00	319.00	6,617.00
20	19	韶复	男	财务部	6,000.00	132.00	175.00	6,307.00	248.00	6,059.00
21	20	廉锐思	男	技术部	7,400.00	154.00	126.00	7,680.00	246.00	7,434.00
22	21	葛弘大	女	信息部	5,300.00	116.00	141.00	5,557.00	481.00	5,076.00
23	22	戈子	男	财务部	7,400.00	110.00	155.00	7,665.00	470.00	7,195.00

1月 | 2月 | 3月 | 4月 | 5月 | 6月 | 7月 | 8月 | 9月 | 10月 | 11月 | 12月

图 13-1　某公司一年 12 个月的工资明细表

由于数据区域包含的列数较多，为了便于汇总数据，本例使用 SQL 查询语句，统计公司全部工资总额的操作步骤如下：

（1）在各月工资明细表所在的工作簿中添加一个新的工作表，将其命名为“工资汇总表”。

（2）单击工资汇总表中的 A1 单元格，然后在功能区“数据”|“获取外部数据”组中单击“现有连接”按钮，如图 13-2 所示。

（3）打开“现有连接”对话框，单击“浏览更多”按钮，如图 13-3 所示。

图 13-2　单击“现有连接”按钮

图 13-3　单击“浏览更多”按钮

（4）打开“选取数据源”对话框，找到并双击当前工作簿，即工资汇总表所在的工作簿，如图 13-4 所示。

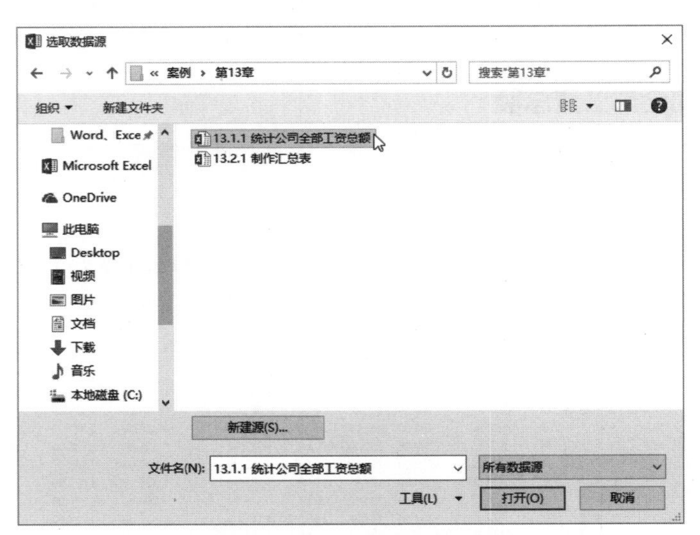

图 13-4　选择要作为数据源的工作簿

（5）打开“选择表格”对话框，选择任意一项，并选中“数据首行包含列标题”复选框，如图 13-5 所示。

（6）单击“确定”按钮，打开“导入数据”对话框，选择“数据透视表”选项，然后单击“属性”按钮，如图 13-6 所示。

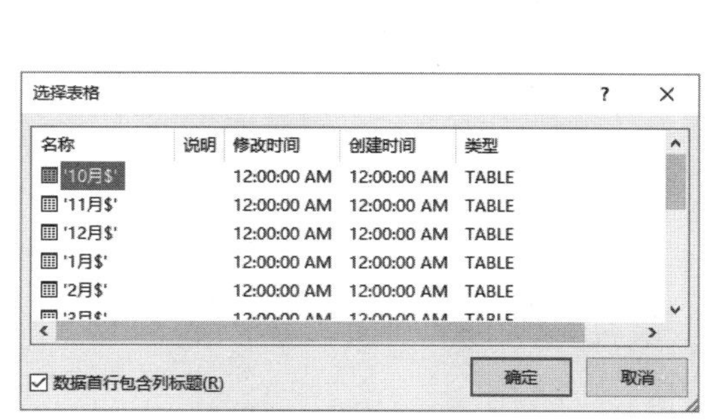

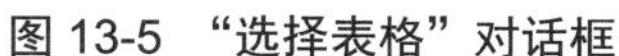
图 13-5 “选择表格”对话框

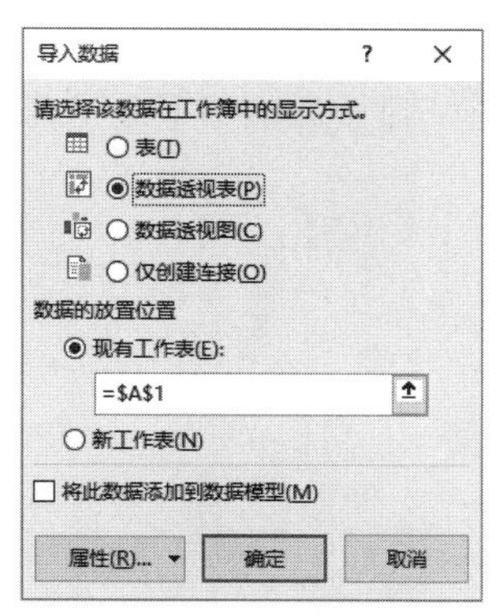

图 13-6 “导入数据”对话框

（7）打开“连接属性”对话框，在“定义”选项卡的“命令文本”文本框中输入下面的 SQL 语句，如图 13-7 所示。

图 13-7 输入 SQL 语句

```
select '1月'  as 月份,*  from [1月$]  union
select '2月'  as 月份,*  from [2月$]  union
select '3月'  as 月份,*  from [3月$]  union
select '4月'  as 月份,*  from [4月$]  union
select '5月'  as 月份,*  from [5月$]  union
select '6月'  as 月份,*  from [6月$]  union
select '7月'  as 月份,*  from [7月$]  union
select '8月'  as 月份,*  from [8月$]  union
select '9月'  as 月份,*  from [9月$]  union
select '10月' as 月份,*  from [10月$] union
select '11月' as 月份,*  from [11月$] union
select '12月' as 月份,*  from [12月$]
```

（8）单击“确定”按钮，返回“导入数据”对话框，再次单击“确定”按钮，在工资汇总表中创建一个空白的数据透视表，如图 13-8 所示。

图 13-8　使用 1 ～ 12 月的工资表中的数据作为数据源创建一个数据透视表

（9）为了在数据透视表中统计公司全部工资总额，需要对字段进行以下布局，完成后的结果如图 13-9 所示。

- 将“姓名”和“部门”字段移动到报表筛选区域。
- 将“月份”字段移动到行区域。
- 将其他有关金额的字段移动到值区域。

	A	B	C	D	E	F	G
1	姓名	(全部)					
2	部门	(全部)					
3							
4	行标签	求和项:基本工资	求和项:补助	求和项:奖金	求和项:应发合计	求和项:各项缴费合计	求和项:实发合计
5	10月	326700	9889	10183	346772	17856	328916
6	11月	326700	9461	10167	346328	19213	327115
7	12月	326700	10240	10546	347486	17185	330301
8	1月	326700	8959	10115	345774	17002	328772
9	2月	326700	10266	9869	346835	17226	329609
10	3月	326700	9394	10084	346178	17908	328270
11	4月	326700	10089	9615	346404	17584	328820
12	5月	326700	10627	10096	347423	17830	329593
13	6月	326700	9682	9378	345760	17825	327935
14	7月	326700	10399	9940	347039	16598	330441
15	8月	326700	10421	10438	347559	16776	330783
16	9月	326700	10302	9880	346882	17468	329414
17	总计	3920400	119729	120311	4160440	210471	3949969

图 13-9　统计公司全部工资总额

（10）单击 B4 单元格，按 F2 键进入“编辑”模式，删除“求和项 :”，然后在基本工资的结尾输入一个空格，最后按 Enter 键，将“求和项 : 基本工资”改为“基本工资”，如图 13-10 所示。

（11）使用相同的方法，将值区域中其他字段的名称中的“求和项 :”都删除，然后在功能区“数据透视表工具”|“分析”选项卡的“数据”组中单击“刷新”按钮，刷新后可以让各列的列宽自动与内容匹配，如图 13-11 所示。

（12）在功能区“数据透视表工具”|“设计”选项卡的“布局”组中单击“报表布局”按钮，在下拉菜单中单击“以表格形式显示”命令，将数据透视表的布局形式设置为表格布局，如图 13-12 所示。

	A	B	C	D	E	F	G
1	姓名	(全部)					
2	部门	(全部)					
3							
4	行标签	基本工资	求和项:补助	求和项:奖金	求和项:应发合计	求和项:各项缴费合计	求和项:实发合计
5	10月	326700	9889	10183	346772	17856	328916
6	11月	326700	9461	10167	346328	19213	327115
7	12月	326700	10240	10546	347486	17185	330301
8	1月	326700	8959	10115	345774	17002	328772
9	2月	326700	10266	9869	346835	17226	329609
10	3月	326700	9394	10084	346178	17908	328270
11	4月	326700	10089	9615	346404	17584	328820
12	5月	326700	10627	10096	347423	17830	329593
13	6月	326700	9682	9378	345760	17825	327935
14	7月	326700	10399	9940	347039	16598	330441
15	8月	326700	10421	10438	347559	16776	330783
16	9月	326700	10302	9880	346882	17468	329414
17	总计	3920400	119729	120311	4160440	210471	3949969

图 13-10　修改字段的名称

	A	B	C	D	E	F	G
1	姓名	(全部)					
2	部门	(全部)					
3							
4	行标签	基本工资	补助	奖金	应发合计	各项缴费合计	实发合计
5	10月	326700	9889	10183	346772	17856	328916
6	11月	326700	9461	10167	346328	19213	327115
7	12月	326700	10240	10546	347486	17185	330301
8	1月	326700	8959	10115	345774	17002	328772
9	2月	326700	10266	9869	346835	17226	329609
10	3月	326700	9394	10084	346178	17908	328270
11	4月	326700	10089	9615	346404	17584	328820
12	5月	326700	10627	10096	347423	17830	329593
13	6月	326700	9682	9378	345760	17825	327935
14	7月	326700	10399	9940	347039	16598	330441
15	8月	326700	10421	10438	347559	16776	330783
16	9月	326700	10302	9880	346882	17468	329414
17	总计	3920400	119729	120311	4160440	210471	3949969

图 13-11　修改值区域中所有字段的名称并调整列宽

	A	B	C	D	E	F	G
1	姓名	(全部)					
2	部门	(全部)					
3							
4	月份	基本工资	补助	奖金	应发合计	各项缴费合计	实发合计
5	10月	326700	9889	10183	346772	17856	328916
6	11月	326700	9461	10167	346328	19213	327115
7	12月	326700	10240	10546	347486	17185	330301
8	1月	326700	8959	10115	345774	17002	328772
9	2月	326700	10266	9869	346835	17226	329609
10	3月	326700	9394	10084	346178	17908	328270
11	4月	326700	10089	9615	346404	17584	328820
12	5月	326700	10627	10096	347423	17830	329593
13	6月	326700	9682	9378	345760	17825	327935
14	7月	326700	10399	9940	347039	16598	330441
15	8月	326700	10421	10438	347559	16776	330783
16	9月	326700	10302	9880	346882	17468	329414
17	总计	3920400	119729	120311	4160440	210471	3949969

图 13-12　将数据透视表的布局形式设置为表格布局

（13）选择月份字段中的“10 月”“11 月”和“12 月”3 项，然后将光标移动到选区的边框上，光标会变为十字箭头，如图 13-13 所示。

（14）当光标变为十字箭头时，按住鼠标左键，将选中的 3 个月份向下拖动到“9 月”的下方，拖动过程中显示的粗线指示了当前拖动到的位置，如图 13-14 所示。

	A	B
1	姓名	(全部)
2	部门	(全部)
3		
4	月份	基本工资
5	10月	326700
6	11月	326700
7	12月	326700
8	1月	326700
9	2月	326700

图 13-13　选择 10 ～ 12 月

	A	B	C	D	E	F	G
1	姓名	(全部)					
2	部门	(全部)					
3							
4	月份	基本工资	补助	奖金	应发合计	各项缴费合计	实发合计
5	10月	326700	9889	10183	346772	17856	328916
6	11月	326700	9461	10167	346328	19213	327115
7	12月	326700	10240	10546	347486	17185	330301
8	1月	326700	8959	10115	345774	17002	328772
9	2月	326700	10266	9869	346835	17226	329609
10	3月	326700	9394	10084	346178	17908	328270
11	4月	326700	10089	9615	346404	17584	328820
12	5月	326700	10627	10096	347423	17830	329593
13	6月	326700	9682	9378	345760	17825	327935
14	7月	326700	10399	9940	347039	16598	330441
15	8月	326700	10421	10438	347559	16776	330783
16	9月	326700	10302	9880	346882	17468	329414
17	总计	3920400	119729	120311	4160440	210471	3949969
18		A14:G16					

（a）

	A	B	C	D	E	F	G
1	姓名	(全部)					
2	部门	(全部)					
3							
4	月份	基本工资	补助	奖金	应发合计	各项缴费合计	实发合计
5	1月	326700	8959	10115	345774	17002	328772
6	2月	326700	10266	9869	346835	17226	329609
7	3月	326700	9394	10084	346178	17908	328270
8	4月	326700	10089	9615	346404	17584	328820
9	5月	326700	10627	10096	347423	17830	329593
10	6月	326700	9682	9378	345760	17825	327935
11	7月	326700	10399	9940	347039	16598	330441
12	8月	326700	10421	10438	347559	16776	330783
13	9月	326700	10302	9880	346882	17468	329414
14	10月	326700	9889	10183	346772	17856	328916
15	11月	326700	9461	10167	346328	19213	327115
16	12月	326700	10240	10546	347486	17185	330301
17	总计	3920400	119729	120311	4160440	210471	3949969
18							

（b）

图 13-14　将 10 ～ 12 月移动到正确的位置

13.1.2 统计各个部门的全年工资总额

以 13.1.1 节创建的数据透视表为基础，如果要统计各个部门的全年工资总额，则可以进行以下字段布局，完成后的结果如图 13-15 所示。

- 将“姓名”和“月份”字段移动到报表筛选区域。
- 将“部门”字段移动到行区域。
- 将其他有关金额的字段移动到值区域。

	A	B	C	D	E	F	G
1	姓名	(全部)					
2	月份	(全部)					
3							
4	部门	基本工资	补助	奖金	应发合计	各项缴费合计	实发合计
5	财务部	607200	19188	19363	645751	33607	612144
6	工程部	746400	21566	21955	789921	39258	750663
7	技术部	597600	16622	16026	630248	27664	602584
8	客服部	306000	9137	10189	325326	16794	308532
9	人力部	559200	16382	16719	592301	29164	563137
10	市场部	153600	5361	4821	163782	8186	155596
11	销售部	381600	12244	12129	405973	21271	384702
12	信息部	568800	19229	19109	607138	34527	572611
13	总计	3920400	119729	120311	4160440	210471	3949969

图 13-15 统计各个部门的全年工资总额

13.1.3 统计每个员工的全年工资总额

以 13.1.1 节创建的数据透视表为基础，如果要统计每个员工的全年工资总额，则可以进行以下字段布局，完成后的结果如图 13-16 所示。

- 将“月份”和“部门”字段移动到报表筛选区域。
- 将“姓名”字段移动到行区域。
- 将其他有关金额的字段移动到值区域。

	A	B	C	D	E	F	G
1	月份	(全部)					
2	部门	(全部)					
3							
4	姓名	基本工资	补助	奖金	应发合计	各项缴费合计	实发合计
5	白书雁	62400	2446	2166	67012	4037	62975
6	班阳舒	74400	2479	2615	79494	4198	75296
7	曹水蝶	78000	2576	2407	82983	4141	78842
8	曾培江	94800	1989	2657	99446	4434	95012
9	车伏	80400	2130	2674	85204	4172	81032
10	程刈	91200	2387	2152	95739	4066	91673
11	褚竟秋	79200	2610	2114	83924	3706	80218
12	丛骐恺	68400	2487	2330	73217	3735	69482
13	董婕	93600	2177	2470	98247	4130	94117
14	窦人	64800	2367	2336	69503	4453	65050
15	段亚仑	82800	2422	2301	87523	4022	83501
16	戈子	88800	2252	2273	93325	4313	89012
17	葛弘大	63600	2333	2120	68053	4539	63514
18	顾舒童	75600	2308	2630	80538	3876	76662
19	胡弈	79200	2219	2160	83579	4571	79008
20	花夜白	80400	2148	2326	84874	3889	80985

图 13-16 统计每个员工的全年工资总额

13.1.4 统计每个员工的月工资额

以 13.1.1 节创建的数据透视表为基础，如果要统计每个员工的月工资额，则可以进行以下字段布局，完成后的结果如图 13-17 所示。

- 将“部门”字段移动到报表筛选区域。

- 将“姓名”和“月份”字段依次移动到行区域，“姓名”为外部行字段，“月份”为内部行字段。
- 将其他有关金额的字段移动到值区域。

	A	B	C	D	E	F	G	H
1	部门	(全部)						
2								
3	姓名	月份	基本工资	补助	奖金	应发合计	各项缴费合计	实发合计
4	⊟白书雁	1月	5200	147	219	5566	312	5254
5		2月	5200	249	163	5612	233	5379
6		3月	5200	222	194	5616	284	5332
7		4月	5200	200	100	5500	456	5044
8		5月	5200	225	244	5669	460	5209
9		6月	5200	195	222	5617	421	5196
10		7月	5200	155	101	5456	270	5186
11		8月	5200	258	193	5651	299	5352
12		9月	5200	180	127	5507	213	5294
13		10月	5200	268	223	5691	397	5294
14		11月	5200	115	170	5485	317	5168
15		12月	5200	232	210	5642	375	5267
16	白书雁 汇总		62400	2446	2166	67012	4037	62975
17	⊟班阳叙	1月	6200	114	222	6536	225	6311
18		2月	6200	134	257	6591	310	6281
19		3月	6200	288	258	6746	217	6529
20		4月	6200	267	264	6731	235	6496

图 13-17　统计每个员工的月工资额

13.2　分析财务报表

使用数据透视表可以很方便地对利润表、资产负债表、现金流量表中的数据进行处理和分析，并制作出月报、季报、半年报和年报。通过数据透视表中的计算项功能，还可以轻松制作出累计报表。

13.2.1　制作利润汇总表

如图 13-18 所示为某公司 2018 年 1 ～ 12 月利润表的明细数据，现在需要汇总这些数据，以便分析公司的整体利润情况。

	A	B
1	利 润 表	
2	2018年1月	
3		单位：元
4	项　目	本月数
5	一、主营业务收入	8983816
6	减：主营业务成本	520798
7	主营业务税金及附加	713201
8	二、主营业务利润	7749817
9	加：其他业务利润	70801
10	减：营业费用	61571
11	管理费用	69880
12	财务费用	86455
13	三、营业利润	7602712
14	加：投资收益	96265
15	补贴收入	56922
16	营业外收入	89169
17	减：营业外支出	50009
18	四、利润总额	7795059
19	减：所得税	1774935
20	五、净利润	6020124

图 13-18　每个月的利润表

汇总 1 ～ 12 月利润表的操作步骤如下：

（1）按 Alt+D 组合键，然后按 P 键，打开“数据透视表和数据透视图向导”对话框，选择“多重合并计算数据区域”和“数据透视表”选项，然后单击“下一步”按钮，如图 13-19 所示。

（2）进入如图 13-20 所示的界面，选择“创建单页字段”选项，然后单击“下一步”按钮。

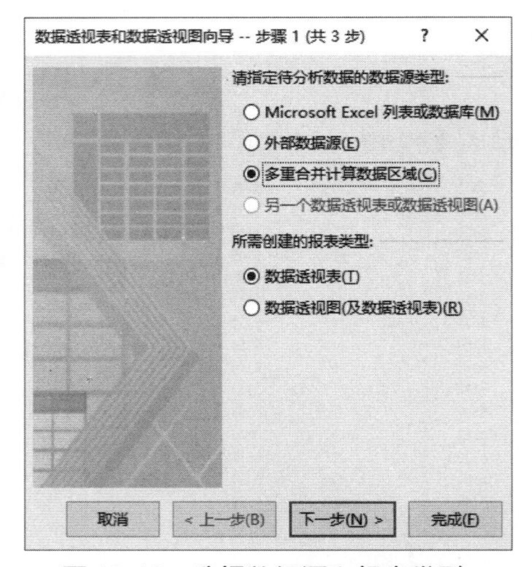

图 13-19 选择数据源和报表类型

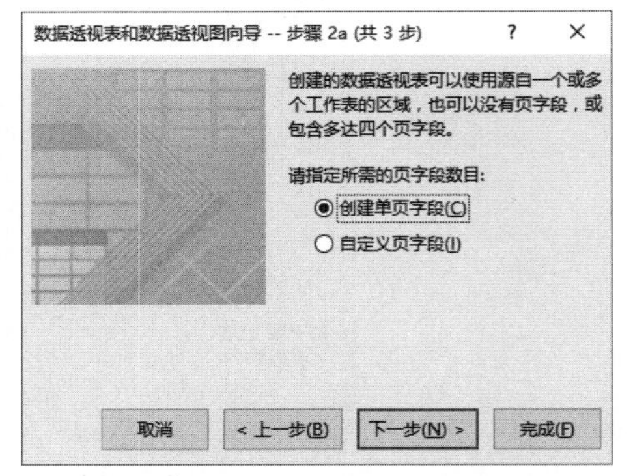

图 13-20 选择“创建单页字段”选项

（3）进入如图 13-21 所示的界面，需要将各月利润表所在的数据区域添加到“所有区域”列表框中。

（4）单击“选定区域”右侧的按钮，然后在“1 月”工作表中选择利润表所在的数据区域，本例为 A4:B20，如图 13-22 所示。

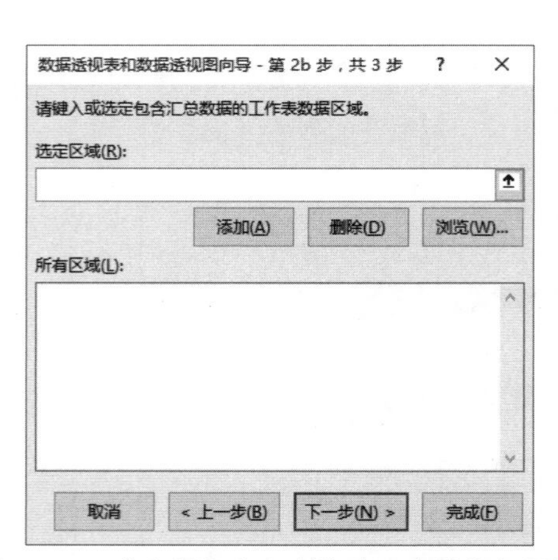

图 13-21 准备添加各月利润表所在的数据区域

	A	B
1	利 润 表	
2	2018年1月	
3		单位：元
4	项 目	本月数
5	一、主营业务收入	8983816
6	减：主营业务成本	520798
7	主营业务税金及附加	713201
8	二、主营业务利润	7749817
9	加：其他业务利润	70801
10	减：营业费用	61571
11	管理费用	69880
12	财务费用	86455
13	三、营业利润	7602712
14	加：投资收益	96265
15	补贴收入	56922
16	营业外收入	89169
17	减：营业外支出	50009
18	四、利润总额	7795059
19	减：所得税	1774935
20	五、净利润	6020124
21		
22	数据透视表和数据透视图向导 - 第 2b 步，共 ...	
23	'1月'!$A$4:$B$20	
24		

图 13-22 选择 1 月利润表所在的数据区域

（5）单击按钮，Excel 自动在“选定区域”文本框中填入选区的地址，单击“添加”按钮，将“选定区域”中的内容添加到“所有区域”列表框中，如图 13-23 所示。

（6）使用相同的方法，将其他 11 个月利润表所在的数据区域添加到“所有区域”列表框中，结果如图 13-24 所示。

（7）单击“下一步”按钮，进入如图 13-25 所示的界面，选择要将数据透视表创建在哪个位置上，如“新工作表”，然后单击“完成”按钮。

（a）

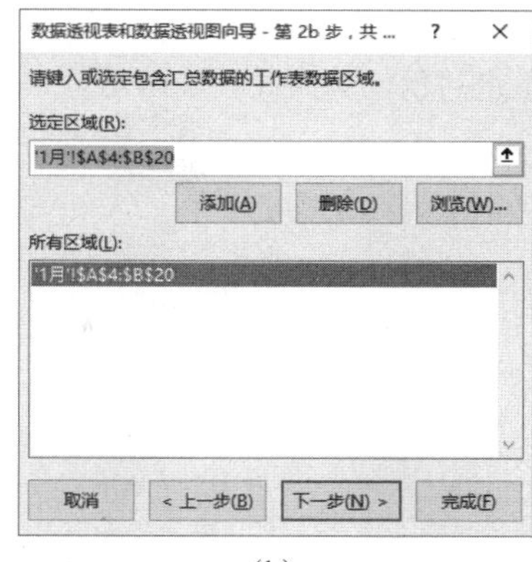

（b）

图 13-23　向“所有区域”列表框中添加数据区域

图 13-24　添加其他利润表所在的数据区域

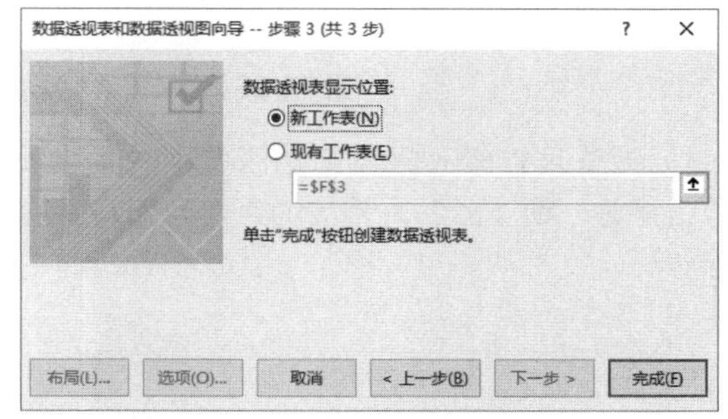

图 13-25　选择创建数据透视表的位置

（8）在新工作表中创建一个数据透视表，并自动完成了字段布局，如图 13-26 所示。“页 1”报表筛选字段中的项对应于每个工作表。

（9）单击 A1 单元格，将“页 1”修改为“月份”。单击 A4 单元格，将“行标签”修改为“项目”。单击 B3 单元格，将“列标签”修改为“单位：元”。单击 A3 单元格，删除原有内容后输入一个空格。经过以上修改后的数据透视表如图 13-27 所示。

	A	B	C
1	页1	(全部)	
2			
3	求和项:值	列标签	
4	行标签	本月数	总计
5	补贴收入	788175	788175
6	财务费用	860693	860693
7	管理费用	867583	867583
8	营业外收入	945372	945372
9	主营业务税金及附加	9090798	9090798
10	加：其他业务利润	893967	893967
11	加：投资收益	1029989	1029989
12	减：所得税	18263865	18263865
13	减：营业费用	883368	883368
14	减：营业外支出	907538	907538
15	减：主营业务成本	8665171	8665171
16	二、主营业务利润	72142885	72142885
17	三、营业利润	70425208	70425208
18	四、利润总额	72281206	72281206
19	五、净利润	54017341	54017341
20	一、主营业务收入	89898854	89898854
21	总计	401962013	401962013

图 13-26　将多个利润表中的数据汇总到一起

	A	B	C
1	月份	(全部)	
2			
3		单位：元	
4	项目	本月数	总计
5	补贴收入	788175	788175
6	财务费用	860693	860693
7	管理费用	867583	867583
8	营业外收入	945372	945372
9	主营业务税金及附加	9090798	9090798
10	加：其他业务利润	893967	893967
11	加：投资收益	1029989	1029989
12	减：所得税	18263865	18263865
13	减：营业费用	883368	883368
14	减：营业外支出	907538	907538
15	减：主营业务成本	8665171	8665171
16	二、主营业务利润	72142885	72142885
17	三、营业利润	70425208	70425208
18	四、利润总额	72281206	72281206
19	五、净利润	54017341	54017341
20	一、主营业务收入	89898854	89898854
21	总计	401962013	401962013

图 13-27　修改字段名称

（10）单击“月份”报表筛选字段右侧的下拉按钮，在打开的列表中显示的都是以“项”开头的内容，而不是月份，如图 13-28 所示。

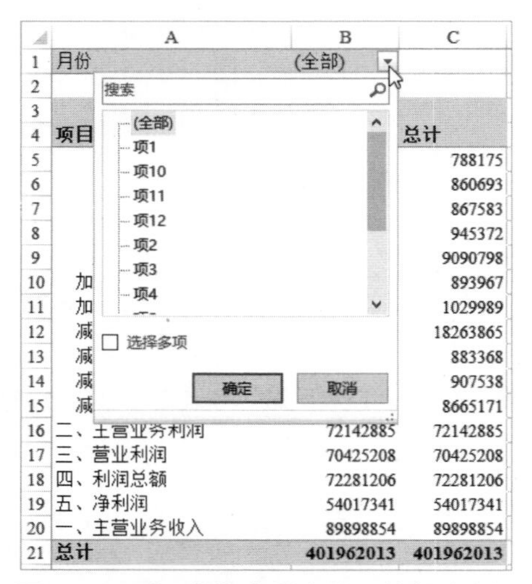

图 13-28 “月份”字段中的项的名称有误

（11）无法直接修改报表筛选区域中的字段项的名称，需要先将“月份”字段移动到行区域，然后将每一项重命名为相应的月份，如将“项 1”改为“10 月”。重命名前、后的效果如图 13-29 所示。

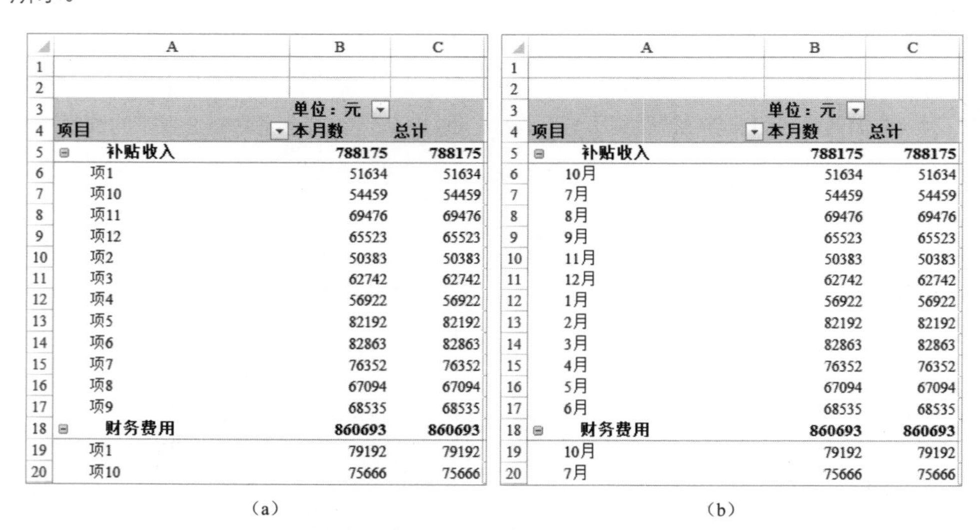

（a）

	A	B	C
1			
2			
3		单位：元	
4	项目	本月数	总计
5	⊟ 补贴收入	788175	788175
6	项1	51634	51634
7	项10	54459	54459
8	项11	69476	69476
9	项12	65523	65523
10	项2	50383	50383
11	项3	62742	62742
12	项4	56922	56922
13	项5	82192	82192
14	项6	82863	82863
15	项7	76352	76352
16	项8	67094	67094
17	项9	68535	68535
18	⊟ 财务费用	860693	860693
19	项1	79192	79192
20	项10	75666	75666

（b）

	A	B	C
1			
2			
3		单位：元	
4	项目	本月数	总计
5	⊟ 补贴收入	788175	788175
6	10月	51634	51634
7	7月	54459	54459
8	8月	69476	69476
9	9月	65523	65523
10	11月	50383	50383
11	12月	62742	62742
12	1月	56922	56922
13	2月	82192	82192
14	3月	82863	82863
15	4月	76352	76352
16	5月	67094	67094
17	6月	68535	68535
18	⊟ 财务费用	860693	860693
19	10月	79192	79192
20	7月	75666	75666

图 13-29 修改“月份”字段中各项的名称

（12）通过鼠标拖动的方法，将各个月份按顺序排列，然后将“月份”字段移动到报表筛选区域，再次打开该字段的筛选列表，其中的月份名称已正确显示，如图 13-30 所示。

（13）通过鼠标拖动的方法，将“项目”字段中的各项按正确的顺序排列，如图 13-31 所示。

（14）单击数据透视表中的任意一个单元格，然后在功能区“数据透视表工具”|“设计”选项卡的“布局”组中单击“总计”按钮，在下拉菜单中单击“对行和列禁用”命令，隐藏行总计和列总计。完成利润汇总表的最终效果如图 13-32 所示。

提示：为了便于查看，可以将数据透视表的报表布局改为表格布局形式。

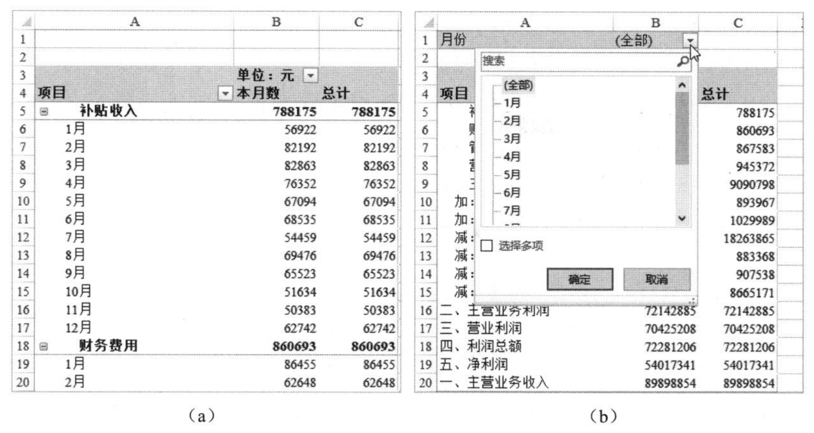

	A	B	C
1			
2			
3		单位：元	
4	项目	本月数	总计
5	补贴收入	788175	788175
6	1月	56922	56922
7	2月	82192	82192
8	3月	82863	82863
9	4月	76352	76352
10	5月	67094	67094
11	6月	68535	68535
12	7月	54459	54459
13	8月	69476	69476
14	9月	65523	65523
15	10月	51634	51634
16	11月	50383	50383
17	12月	62742	62742
18	财务费用	860693	860693
19	1月	86455	86455
20	2月	62648	62648

（a）　　　　　　　　　　　　　　　（b）

图 13-30　“月份”报表筛选字段中的月份名称已正确显示

	A	B	C
1	月份	(全部)	
2			
3		单位：元	
4	项目	本月数	总计
5	一、主营业务收入	89898854	89898854
6	减：主营业务成本	8665171	8665171
7	主营业务税金及附加	9090798	9090798
8	二、主营业务利润	72142885	72142885
9	加：其他业务利润	893967	893967
10	减：营业费用	883368	883368
11	管理费用	867583	867583
12	财务费用	860693	860693
13	三、营业利润	70425208	70425208
14	加：投资收益	1029989	1029989
15	补贴收入	788175	788175
16	营业外收入	945372	945372
17	减：营业外支出	907538	907538
18	四、利润总额	72281206	72281206
19	减：所得税	18263865	18263865
20	五、净利润	54017341	54017341
21	总计	401962013	401962013

图 13-31　调整“项目”字段中各项的排列顺序

	A	B
1	月份	(全部)
2		
3		单位：元
4	项目	本月数
5	一、主营业务收入	89898854
6	减：主营业务成本	8665171
7	主营业务税金及附加	9090798
8	二、主营业务利润	72142885
9	加：其他业务利润	893967
10	减：营业费用	883368
11	管理费用	867583
12	财务费用	860693
13	三、营业利润	70425208
14	加：投资收益	1029989
15	补贴收入	788175
16	营业外收入	945372
17	减：营业外支出	907538
18	四、利润总额	72281206
19	减：所得税	18263865
20	五、净利润	54017341

图 13-32　制作完成的利润汇总表

13.2.2　制作月报、季报和年报

以 13.2.1 节创建的数据透视表为基础，如果要制作月报表、季度报表和年报表，那么可以使用数据透视表的分组功能快速完成，操作步骤如下：

（1）将“月份”字段移动到行区域，将“项目”字段移动到报表筛选区域，如图 13-33 所示。

（2）选择“月份”字段中 1 ～ 3 月，右击选择区域并单击“组合”命令，如图 13-34 所示。

	A	B
1	项目	(全部)
2		
3		单位：元
4	月份	本月数
5	1月	41741534
6	2月	23209063
7	3月	24834266
8	4月	25046166
9	5月	33442904
10	6月	32892113
11	7月	39947310
12	8月	33205803
13	9月	34255515
14	10月	43035039
15	11月	33917218
16	12月	36435082

图 13-33　调整字段布局

图 13-34　单击“组合”命令

（3）为 1 ～ 3 月创建第一个分组，将该分组的名称修改为“第 1 季度”，如图 13-35 所示。

（4）使用相同的方法，为 4 ～ 6 月创建第二个分组，组名为“第 2 季度”，为 7 ～ 9 月创建第三个分组，组名为“第 3 季度”，为 10 ～ 12 月创建第四个分组，组名为“第 4 季度”。将自动增加的“月份 2”字段的名称修改为“季度”，如图 13-36 所示。

（5）选择“季度”字段中的所有项，然后为它们创建一个分组，将该分组命名为“全年”，将该分组上方的字段名称修改为“年度”，如图 13-37 所示。

A5　第1季度

	A	B	C	D
1	项目	(全部)		
2				
3			单位：元	
4	月份2	月份	本月数	
5	⊟第1季度	1月	41741534	
6		2月	23209063	
7		3月	24834266	
8	第1季度 汇总		89784863	
9	⊟4月	4月	25046166	
10	4月 汇总		25046166	

图 13-35　将 1 ～ 3 月组合为第 1 季度

	A	B	C
1	项目	(全部)	
2			
3			单位：元
4	季度	月份	本月数
5	⊟第1季度	1月	41741534
6		2月	23209063
7		3月	24834266
8	⊟第2季度	4月	25046166
9		5月	33442904
10		6月	32892113
11	⊟第3季度	7月	39947310
12		8月	33205803
13		9月	34255515
14	⊟第4季度	10月	43035039
15		11月	33917218
16		12月	36435082

图 13-36　制作季报

	A	B	C	D
1	项目	(全部)		
2				
3				单位：元
4	年度	季度	月份	本月数
5	⊟全年	⊟第1季度	1月	41741534
6			2月	23209063
7			3月	24834266
8		⊟第2季度	4月	25046166
9			5月	33442904
10			6月	32892113
11		⊟第3季度	7月	39947310
12			8月	33205803
13			9月	34255515
14		⊟第4季度	10月	43035039
15			11月	33917218
16			12月	36435082

图 13-37　制作年报

（6）将“月份”字段以及后来通过分组创建的“季度”和“年度”字段都移动到报表筛选区域，并将“项目”字段移动到行区域，如图 13-38 所示。

（7）将 A1:A3 单元格区域中的“月份”“季度”和“年度”分别修改为“月报”“季报”和“年报”，如图 13-39 所示。以后就可以使用报表筛选区域中的字段灵活地查看不同类型的报表了。

	A	B
1	月份	(全部)
2	季度	(全部)
3	年度	(全部)
4		
5		单位：元
6	项目	本月数
7	一、主营业务收入	89898854
8	减：主营业务成本	8665171
9	主营业务税金及附加	9090798
10	二、主营业务利润	72142885
11	加：其他业务利润	893967
12	减：营业费用	883368
13	管理费用	867583
14	财务费用	860693
15	三、营业利润	70425208
16	加：投资收益	1029989
17	补贴收入	788175
18	营业外收入	945372
19	减：营业外支出	907538
20	四、利润总额	72281206
21	减：所得税	18263865
22	五、净利润	54017341

图 13-38　重新布局字段

	A	B
1	月报	(全部)
2	季报	(全部)
3	年报	(全部)
4		
5		单位：元
6	项目	本月数
7	一、主营业务收入	89898854
8	减：主营业务成本	8665171
9	主营业务税金及附加	9090798
10	二、主营业务利润	72142885
11	加：其他业务利润	893967
12	减：营业费用	883368
13	管理费用	867583
14	财务费用	860693
15	三、营业利润	70425208
16	加：投资收益	1029989
17	补贴收入	788175
18	营业外收入	945372
19	减：营业外支出	907538
20	四、利润总额	72281206
21	减：所得税	18263865
22	五、净利润	54017341

图 13-39　制作完成的月报、季报和年报

13.2.3　制作累计报表

累计报表是指数据随着时间的推移进行累计，如第 1 季度报表包含 1 ～ 3 月的数据，第 2 季度报表包含 1 ～ 6 月的数据，第 3 季度报表包含 1 ～ 9 月的数据，第 4 季度报表包含一年 12 个月的所有数据。以 13.2.1 节创建的数据透视表为基础，通过数据透视表中的计算项功能可以

制作累计报表，操作步骤如下：

（1）将“月份”字段移动到行区域，将“项目”字段移动到报表筛选区域。

（2）选择“月份”字段中的任意一项，然后在功能区“数据透视表工具”|“分析”选项卡的“计算”组中单击“字段、项目和集”按钮，在下拉菜单中单击“计算项”命令。

（3）打开“在‘月份’中插入计算字段”对话框，在“名称”文本框中输入“第 1 季度报”。选择“字段”列表框中的“月份”，然后在“公式”文本框中创建下面的公式，如图 13-40 所示。

```
='1月'+ '2月'+ '3月'
```

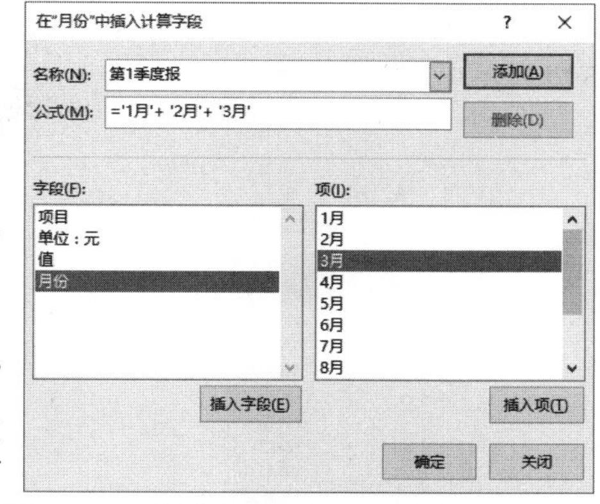

图 13-40　创建名为“第 1 季度报”的计算项

（4）单击“添加”按钮，创建名为“第 1 季度报”的计算项。按照相同的方法，创建“第 2 季度报”“第 3 季度报”“第 4 季度报”“年报”4 个计算项，如图 13-41 所示。各计算项的公式如下：

```
第2季度报：='1月'+'2月'+'3月'+'4月'+ '5月'+'6月'
第3季度报：='1月'+'2月'+'3月'+'4月'+'5月'+'6月'+'7月'+'8月'+'9月'
第4季度报：='1月'+'2月'+'3月'+'4月'+'5月'+'6月'+'7月'+'8月'+'9月'+'10月'+'11月'+'12月'
年报：=第4季度报
```

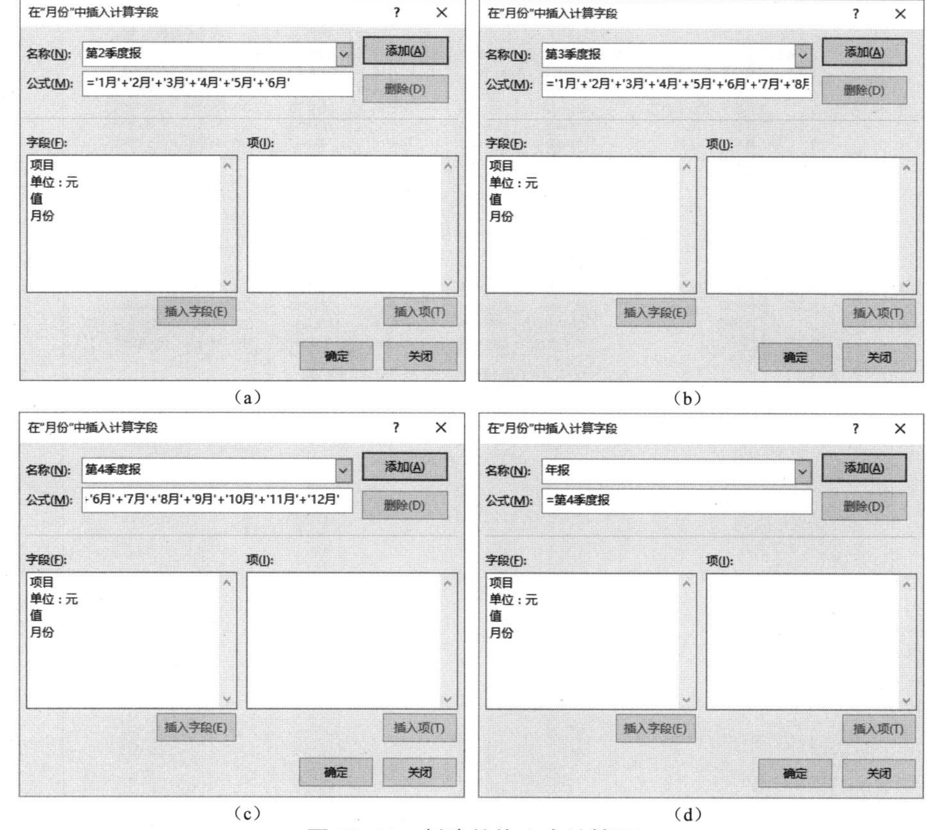

图 13-41　创建其他 4 个计算项

（5）创建好所有计算项之后，数据透视表的外观如图 13-42 所示。

（6）将“月份”字段移动到列区域，将“项目”移动到行区域。然后打开“月份”字段的下拉列表，只选中与季报和年报有关的复选框，如图 13-43 所示。

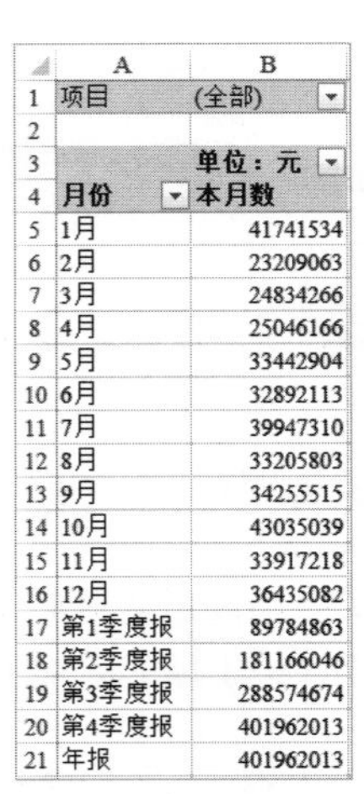

项目	(全部)
	单位：元
月份	本月数
1月	41741534
2月	23209063
3月	24834266
4月	25046166
5月	33442904
6月	32892113
7月	39947310
8月	33205803
9月	34255515
10月	43035039
11月	33917218
12月	36435082
第1季度报	89784863
第2季度报	181166046
第3季度报	288574674
第4季度报	401962013
年报	401962013

图 13-42　包含计算项的数据透视表

图 13-43　只选中与季报和年报有关的复选框

（7）单击“确定”按钮，在数据透视表中将只显示季报和年报的相关数据，如图 13-44 所示。

	单位：元	月份				
	本月数					本月数 汇总
项目	第1季度报	第2季度报	第3季度报	第4季度报	年报	
一、主营业务收入	20184526	40754231	64874736	89898854	89898854	305611201
减：主营业务成本	2113120	4318324	6492104	8665171	8665171	30253890
主营业务税金及附加	2157350	4269329	6945696	9090798	9090798	31553971
二、主营业务利润	15914056	32166578	51436936	72142885	72142885	243803340
加：其他业务利润	216683	451472	666212	893967	893967	3122301
减：营业费用	211162	433456	663670	883368	883368	3075024
管理费用	207912	405226	643846	867583	867583	2992150
财务费用	236652	436972	650844	860693	860693	3045854
三、营业利润	15475013	31342396	50144788	70425208	70425208	237812613
加：投资收益	283650	497303	758167	1029989	1029989	3599098
补贴收入	221977	433958	623416	788175	788175	2855701
营业外收入	254677	511775	765202	945372	945372	3422398
减：营业外支出	162549	425838	674089	907538	907538	3077552
四、利润总额	16072768	32359594	51617484	72281206	72281206	244612258
减：所得税	4268648	9334120	13979818	18263865	18263865	64110316
五、净利润	11804120	23025474	37637666	54017341	54017341	180501942

图 13-44　制作完成的累计报表

附录
Excel 快捷键和组合键

本部分列出了 Excel 中可以使用的快捷键和组合键，不止一个按键时，各按键之间以 + 号相连。

附表 1　工作簿基本操作

快捷键和组合键	功　　能
F10	打开或关闭功能区命令的按键提示
F12	打开“另存为”对话框
Ctrl+F1	显示或隐藏功能区
Ctrl+F4	关闭选定的工作簿窗口
Ctrl+F5	恢复选定工作簿窗口的窗口大小
Ctrl+F6	切换到下一个工作簿窗口
Ctrl+F7	使用方向键移动工作簿窗口
Ctrl+F8	调整工作簿窗口大小
Ctrl+F9	最小化工作簿窗口
Ctrl+N	创建一个新的空白工作簿
Ctrl+O	打开“打开”对话框
Ctrl+S	保存工作簿
Ctrl+W	关闭选定的工作簿窗口
Ctrl+F10	最大化或还原选定的工作簿窗口

附表 2　在工作表中移动和选择

快捷键和组合键	功　　能
Tab	在工作表中向右移动一个单元格
Enter	默认向下移动单元格，可在“Excel 选项”对话框“高级”选项卡中设置
Shift+Tab	可移到工作表中的前一个单元格

续表

快捷键和组合键	功　　能
Shift+Enter	向上移动单元格
方向键	在工作表中向上、下、左、右移动单元格
Ctrl+ 方向键	移到数据区域的边缘
Ctrl+ 空格键	可选择工作表中的整列
Shift+ 方向键	将单元格的选定范围扩大一个单元格
Shift+ 空格键	可选择工作表中的整行
Ctrl+A	选择整个工作表。如果工作表包含数据，则选择当前区域。 当插入点位于公式中某个函数名称的右边将打开“函数参数”对话框
Ctrl+Shift+ 空格键	选择整个工作表。如果工作表中包含数据，则选择当前区域。 当某个对象处于选定状态时，选择工作表上的所有对象
Ctrl+Shift+ 方向键	将单元格的选定范围扩展到活动单元格所在列或行中的最后一个非空单元格。 如果下一个单元格为空，则将选定范围扩展到下一个非空单元格
Home	移到行首
Home	当 Scroll Lock 处于开启状态时，移动到窗口左上角的单元格
End	当 Scroll Lock 处于开启状态时，移动到窗口右下角的单元格
PageUp	在工作表中上移一个屏幕
PageDown	在工作表中下移一个屏幕
Alt+PageUp	在工作表中向左移动一个屏幕
Alt+PageDown	在工作表中向右移动一个屏幕
Ctrl+End	移动到工作表中的最后一个单元格
Ctrl+Home	移到工作表的开头
Ctrl+PageUp	可移到工作簿中的上一个工作表
Ctrl+PageDown	可移到工作簿中的下一个工作表
Ctrl+Shift+*	选择环绕活动单元格的当前区域。在数据透视表中选择整个数据透视表
Ctrl+Shift+End	将单元格选定区域扩展到工作表中所使用的右下角的最后一个单元格
Ctrl+Shift+Home	将单元格的选定范围扩展到工作表的开头
Ctrl+Shift+PageUp	可选择工作簿中的当前和上一个工作表
Ctrl+Shift+PageDown	可选择工作簿中的当前和下一个工作表

附表 3　在工作表中编辑

快捷键和组合键	功　　能
Esc	取消单元格或编辑栏中的输入
Delete	在公式栏中删除光标右侧的一个字符
Backspace	在公式栏中删除光标左侧的一个字符
F2	进入单元格编辑状态
F3	打开“粘贴名称”对话框

续表

快捷键和组合键	功　能
F4	重复上一个命令或操作
F5	打开“定位”对话框
F8	打开或关闭扩展模式
F9	计算所有打开的工作簿中的所有工作表
F11	创建当前范围内数据的图表
Ctrl+'	将公式从活动单元格上方的单元格复制到单元格或编辑栏中
Ctrl+;	输入当前日期
Ctrl+`	在工作表中切换显示单元格值和公式
Ctrl+0	隐藏选定的列
Ctrl+6	在隐藏对象、显示对象和显示对象占位符之间切换
Ctrl+8	显示或隐藏大纲符号
Ctrl+9	隐藏选定的行
Ctrl+C	复制选定的单元格。连续按两次 Ctrl+C 组合键将打开 Office 剪贴板
Ctrl+D	使用“向下填充”命令将选定范围内最顶层单元格的内容和格式复制到下面的单元格中
Ctrl+F	打开“查找和替换”对话框的“查找”选项卡
Ctrl+G	打开“查找和替换”对话框的“定位”选项卡
Ctrl+H	打开“查找和替换”对话框的“替换”选项卡
Ctrl+K	打开“插入超链接”对话框或为现有超链接打开“编辑超链接”对话框
Ctrl+R	使用“向右填充”命令将选定范围最左边单元格的内容和格式复制到右边的单元格中
Ctrl+T	打开“创建表”对话框
Ctrl+V	粘贴已复制的内容
Ctrl+X	剪切选定的单元格
Ctrl+Y	重复上一个命令或操作
Ctrl+Z	撤销上一个命令或删除最后键入的内容
Ctrl+F2	打开打印面板
Ctrl+ 减号	打开用于删除选定单元格的“删除”对话框
Ctrl+Enter	使用当前内容填充选定的单元格区域
Alt+F8	打开“宏”对话框
Alt+F11	打开 Visual Basic 编辑器
Alt+Enter	在同一单元格中另起一个新行，即在一个单元格中换行输入
Shift+F2	添加或编辑单元格批注
Shift+F4	重复上一次查找操作
Shift+F5	打开“查找和替换”对话框的“查找”选项卡

续表

快捷键和组合键	功　能
Shift+F8	使用方向键将非邻近单元格或区域添加到单元格的选定范围中
Shift+F9	计算活动工作表
Shift+F11	插入一个新工作表
Ctrl+Alt+F9	计算所有打开的工作簿中的所有工作表
Ctrl+Shift+"	将值从活动单元格上方的单元格复制到单元格或编辑栏中
Ctrl+Shift+(	取消隐藏选定范围内所有隐藏的行
Ctrl+Shift+)	取消隐藏选定范围内所有隐藏的列
Ctrl+Shift+A	当插入点位于公式中某个函数名称的右边时，将会插入参数名称和括号
Ctrl+Shift+U	在展开和折叠编辑栏之间切换
Ctrl+Shift+ 加号	打开用于插入空白单元格的“插入”对话框
Ctrl+Shift+;	输入当前时间

附表 4　在工作表中设置格式

快捷键和组合键	功　能
Ctrl+B	应用或取消加粗格式设置
Ctrl+I	应用或取消倾斜格式设置
Ctrl+U	应用或取消下画线
Ctrl+1	打开“设置单元格格式”对话框
Ctrl+2	应用或取消加粗格式设置
Ctrl+3	应用或取消倾斜格式设置
Ctrl+4	应用或取消下画线
Ctrl+5	应用或取消删除线
Ctrl+Shift+ ～	应用“常规”数字格式
Ctrl+Shift+!	应用带有千位分隔符且负数用负号表示的“货币”格式
Ctrl+Shift+%	应用不带小数位的“百分比”格式
Ctrl+Shift+^	应用带有两位小数的“指数”格式
Ctrl+Shift+#	应用带有日、月和年的“日期”格式
Ctrl+Shift+@	应用带有小时和分钟以及 AM 或 PM 的“时间”格式
Ctrl+Shift+&	对选定单元格设置外边框
Ctrl+Shift+_	删除选定单元格的外边框
Ctrl+Shift+F、Ctrl+Shift+P	打开“设置单元格格式”对话框并切换到“字体”选项卡